The energy, water balance and carbon budget in bamboo ecosystems

竹林生态系统能量和水分平衡与碳通量特征

主　编：江　洪　周国模

副主编：余树全　刘玉莉　王　颖
　　　　陈晓峰　宋新章　张敏霞

上海交通大学出版社
SHANGHAI JIAO TONG UNIVERSITY PRESS

内容提要

中国是世界竹子分布的中心。我国竹林面积约占世界竹林面积的30%,居世界首位,竹林蓄积量及竹材、竹笋的产量也居世界首位。本研究是世界上首次在竹林通量观测系统中利用国际上先进的通量观测(Eddy Flux)仪器,分层安装在铁塔上,观测竹林二氧化碳通量、二氧化碳垂直分布廓线、竹林能量和水分平衡以及小气候等的动态变化,分析竹林碳同化和碳释放的昼夜及季节等时态过程及其与环境的关系;同时结合其他观测和遥感与模型等研究手段,比较精准地计算了毛竹林的固碳能力和水热及能量交换的过程。本书总结的成果可以为区域森林碳汇的发展和竹林生态系统的可持续经营管理提供科学依据。

本书的适用对象是有关高等学校和科研机构的研究人员、研究生,特别是生态学、环境科学、林学等学科的科研人员。

图书在版编目(CIP)数据

竹林生态系统能量和水分平衡与碳通量特征 / 江洪,
周国模主编.—上海:上海交通大学出版社,2016
ISBN 978 - 7 - 313 - 16252 - 6

Ⅰ.①竹…　Ⅱ.江…②周…　Ⅲ.①竹林—森林生态系统—能量—水量平衡—研究②竹林—森林生态系统—碳循环—研究　Ⅳ.①S795

中国版本图书馆 CIP 数据核字 (2016) 第 287516 号

竹林生态系统能量和水分平衡与碳通量特征

主　　编:江　洪　周国模
出版发行:上海交通大学出版社
邮政编码:200030
出 版 人:郑益慧
印　　制:虎彩印艺股份有限公司
开　　本:787 mm×1092 mm　1/16
字　　数:513 千字
版　　次:2016 年 12 月第 1 版
书　　号:ISBN 978 - 7 - 313 - 16252 - 6/S
定　　价:88.00 元

地　　址:上海市番禺路 951 号
电　　话:021 - 64071208
经　　销:全国新华书店
印　　张:23.75　插页:2
印　　次:2016 年 12 月第 1 次印刷

前　言

中国享有"世界竹子王国"的美誉,竹种资源丰富,有约 40 属,500 种,是世界竹子分布的中心和竹子栽培历史最悠久的国家之一。我国竹林面积约占世界竹林面积的 30%,其竹林蓄积量及竹材、竹笋的产量都居世界首位。竹林作为世界第二大森林,由于自身特殊的生物学特性,可以隔年采伐且不影响其植被层碳储量,与其他树种相比,固碳能力更持久。因此在应对气候变化过程中,竹林资源发挥着自身的优势和作用,大量的研究表明竹林固碳能力强。由于竹林生长速度较快,大大高于其他树种,其固碳速率也同样高于其他树种,如毛竹林植被层每公顷年固碳量为 4.91~5.45 tC,固碳能力是同等立地条件下速生杉木林的 1.41~1.57 倍,其固碳能力居亚热带森林树种之首(周国模等,2006)。不同属种竹林生态系统每公顷固碳能力由高到低依次为慈竹(135.95 tC)、苦竹(135.81 tC)、毛竹(105.7 tC)、龙竹(10.46 tC)(刘应芳等,2010;李江等,2006;王勇军等,2009)。1977—2003 年期间我国竹林生态系统碳储量以年均 54.81 TgC 的速度逐年递增,1999—2003 年碳储量为 837.92 TgC(王兵等,2008)。按未来 50 年我国竹林面积增长趋势,预测 2010 年、2020 年、2030 年、2040 年、2050 年我国竹林碳储量分别为727.08 TgC、839.16 TgC、914.43 TgC、966.80 TgC、1017.64 TgC,具有较大的碳汇潜力(Chen et al,2009)。另有研究表明,我国竹林生态系统占森林碳储量的 5.1%(郭起荣等,2005),在森林碳储量方面十分重要。由此可见,竹林资源不仅在局部区域上有较强的固碳能力,在全国森林碳储量总量方面也有重要的贡献。

探索全球生态系统碳水循环的过程与控制机制,评估陆地生态系统固定二氧化碳、甲烷等温室气体的能力和潜力,评价陆地生态系统的碳源、碳汇的分布及时空变化,寻找未来碳汇,并预测全球未来的气候变化趋势,已成为全球国际社会及国际科学组织(IGBP、WCRP、IHDP)关注的热点问题(于贵瑞等,2008)。因此,研究站点、区域、全球的碳、水循环及碳收支是目前应对气候变化、关注区域、全球可持续发展的核心问题之一,也是目前一系列科研计划的焦点。陆地生态系统碳循环是当前全球变化研究中的重点,它与全球气候变化间的关系密切而又复杂。一方面,CO_2 浓度的增加是气候变暖的主要原因;另一方面,气候变暖将导致全球陆地生态系统碳循环的变化,原有的碳平衡状态被破坏,同时也引发一系列环境问题(如海平面上升、降水格局变化等)(徐小峰等,2007)。陆地-大气系统的物质和能量交换是陆地生态系统碳循环和水循环的最为重要的过程和循环分量,每年大气中约有 14% 的碳与陆地生物圈发生交换,20% 的水从陆地蒸散作用中获得

(Friend A D et al，1997)。目前对于碳通量的研究方法主要有生物量估算法、同化箱测定法、模型模拟法、遥感估算法以及微气象学法。这些研究方法由于研究尺度和估算的精确度以及对研究区适应性的限制，各有利弊。微气象学方法主要有空气动力学法、热平衡法和涡度相关法，目前国际上以涡度相关法为主流（孙成，2014）。基于涡度相关技术的通量观测是在流体力学、微气象学的理论研究及气象观测仪器、计算机、无线传感和数据采集技术的发展条件下，近几年才广泛应用的（于贵瑞等，2008）。涡度相关法（Eddy Covariance，EC）是通过计算物理量的脉动与风速脉动的协方差求算湍流通量的方法。在观测和求算通量的过程中几乎没有假设，具有很好的理论基础，使用范围非常广。其最早被 Swinbank 应用于草地的显热和潜热通量测定（Holdridge LR，1998）。在地势平坦的低矮植被上开始一些早期的实验，主要其观测动量和热量传输，而这些实验研究为后来 CO_2 通量观测技术的发展奠定了基础（Kaimal J，et al，1976）。随着科技进步，在流体力学和微气象学理论发展以及气象观测仪器性能、数据采集和计算机储存、数据分析和自动传输等技术进步的基础之上，经过长期发展而逐渐成熟，被认为是现今唯一能直接测量生物圈与大气间能量与物质交换通量的标准方法，并得到广泛的应用（Aubinet et al，2000）。1993 年伊始，基于涡度相关技术的 CO_2/H_2O 的长期观测，在北美、日本、欧洲的森林、农田及草地等陆地生态系统中被广泛应用，奠定了建立国际通量观测研究网络的基础。全球通量观测研究网络（FLUXNET）概念最早源于 1993 年，由"国际地圈-生物圈计划"（IGBP）首次提出，1995 年国际科学委员会在 La Thuile 研讨会上正式讨论了进行长期通量观测的可能性及存在的问题，有效地促进了全球通量观测站的建立和区域性观测网的快速发展。此后，1996 年和 1997 年欧洲通量网（CarboEurope）与美国通量网（AmeriFlux）相继建立，1998 年亚洲通量网成立。随着全球对地观测卫星（Earth Observation Satellite，EOS/Terra）的加入，1998 年美国国家航空航天局（NASA）决定建立全球规模的 FLUXNET，将之作为验证 EOS 产品的一种方法。20 世纪末之后，国际通量观测站不断增加，2014 年为 683 个，截至 2015 年 7 月为止，全球已经有 723 个通量观测站点在 FLUXNET 注册。目前，FLUXNET 由美国（AmeriFlux）、欧洲（CarboEurope）、澳洲（OzFlux）、加拿大（Fluxnet-Canada）、日本（AsiaFlux）、韩国（KoFlux）和中国（ChinaFLUX）7 个主要区域网络和 CAROMONT，GREENGRASS，OzNet，Safari2000，TCOS-Sibeia，TroiFlux 等专项性的研究机构共同组成。观测站主要分布在北美洲、欧洲、日本等地，随后，在亚洲、南美洲和非洲等发展中国家和地区也逐渐增加，加强了全球通量观测研究网络的空间分布的均匀性。

从 20 世纪末期开始，国内外在竹林碳汇计量等方面陆续开展了大量的研究，获得了竹林营造、监测与碳计量的一系列数据和标准，为未来的竹林碳汇交易提供了一定的技术支撑。但是迄今为止，对于竹林碳汇的监测和评估缺乏系统和精准的测量，亟需大量精确的长期观测数据。自 21 世纪初开始，我们就计划开展竹林通量观测的研究。通过长时间的选址踏查和比较分析，2010 年最终确定浙江省安吉县山川乡的毛竹林示范园区和浙江省临安市太湖源镇的雷竹林示范园区，分别建立了 40 米高和 20 米高的铁塔，安装了通量观测系统，围绕毛竹林和雷竹林两种典型的竹林生态系统，开展其能量和水分平衡、碳收支过程和有关的生理生态机制的系统观测和分析。

浙江农林大学许多学科老师参与了大量的工作，包括生态学的教授李春阳、温国胜、宋新章、侯平等；副教授陈健、白尚斌、王艳红；教师马元丹、姜小丽、王彬、俞飞和刘美华等。土壤学和森林经理学教授姜培坤、徐秋芳、汤孟平、杜华强和徐小军博士等。安吉林业局的有关领导和吕玉龙工程师、临安市林业局有关领导和技术人员；浙江省林业厅公益林管理中心教授级高工李土生、高洪娣（工程师）等，浙江林科院研究员江波，岳春雷、袁位高等，南京林业大学教授张金池和阮宏华等；浙江大学教授常杰和葛莹等。中国林科院蒋有绪院士、研究员王兵，刘世荣和王彦辉等；中国科学院地理科学与资源研究所的李文华院士和孙九林院士；中国科学院生态环境研究中心张晓山研究员等；北京林业大学教授李俊清、孙建新和余新晓等；清华大学教授宫鹏等；南京大学教授居为民和副教授周艳莲等；上海交通大学教授刘春江等；中国科学院成都生物研究所陈槐研究员；西北农林科技大学副教授朱求安等。竹林通量观测和分析的研究工作得到英国爱丁堡科学院院士和都丁大学教授 Arthur Cracknel；美国农业部林务局全球变化首席专家 Allen Solomon 教授，美国NASA 全球气溶胶监测网络首席专家 Brent Hoban 教授；美国马里兰大学李占清教授；加拿大首席教授魁北克大学彭长辉教授，加拿大皇家科学院院士和多伦多大学陈镜明教授，UBC 大学魏晓华教授，Kimmins 教授和殷永元教授；挪威国立奥斯陆大学的 Yang Mouder 教授；德国哥廷根大学 Julian Voss 教授；日本东京大学李大寅博士等的大力支持和肯定。

竹林通量监测系统的建设和运行中，参与有关研究和监测工作的有在我们实验室工作的许多博士后、博士生和硕士研究生。他们是博士后：岳春雷，周慧平，刘向华，简季；博士生：宋晓东，朱求安，金静，马元丹，刘源月，郝云庆，侯春良，陈诚，黄梅玲，肖钟涌，张臻，卢学鹤，程苗苗，徐建辉，金佳鑫，王颖，王帆，张林静，陈书林，高磊，张金梦，程敏；硕士生：宋瑜，肖钟湧，陈然，金苏毅，姜永华，梁晓军，王跃启，王可，施成艳，韩英，孔艳，徐伟，彭威，范驰，王祎鑫，张磊，张世乔，王成立，王瑞铮，吕航宇，杨国栋，谢小赞，金清，李佳，郭培培，郭徵，窦荣鹏，方江保，石彦军，刘昊，陈亚峰，殷秀敏，姚兆斌，辛赞红，洪霞，姚明桃，信晓颖，蒋鹤鸣，接程月，由美娜，任琼，杨爽，兰春剑，胡莉，田小龙，曲道春，姜小丽，袁建，陈云飞，蔺恩杰，郭凯，陶欣桐，吴德慧，孙成，刘玉莉，胡玥昕，郑世伟，张金梦，吴丹娜，黄鹤凤，牛晓栋，方成圆，陈晓峰，孙文文，马锦丽，吴孟霖，孙恒，张敏霞，龚莎莎，许丽霞，李万超，蒋馥蔚，曹全，鲁美娟，李雅红，洪江华，李凯，季晓燕，舒海燕等。

我们在竹林通量观测和研究中得到了科技部、国家基金委、教育部和浙江省等大量科研项目的支持。包括：国家重点基础研究发展计划（973 计划）中的项目：① 项目"物联网体系结构基础研究"，课题"物联网验证平台和碳平衡监测应用示范"；② 项目"中国酸雨沉降机制、输送态势及调控原理"，专题"中国酸雨的分布，污染源和输送的空间分析与动态模拟"和"酸沉降生态影响的评价模式与方法研究"；③ 项目"长江、珠江三角洲地区土壤和大气环境质量变化规律与调控机理"，专题"长江三角洲土地利用变化与大气污染物时空动态遥感分析";④ 项目"我国东部沿海城市带的气候效应及对策研究",专题"城市群区大气污染物的辐射强迫及其对能量平衡的影响"。国家高技术研究发展计划（863）重大项目"全球地表覆盖遥感制图与关键技术研究",课题"全球生态地理分区与样本采集方案研究与设计";科技部平台建设项目"地球系统科学数据共享网",课题"全球变化模拟集成科学数据中心";科技部国际科技合作与交流重大项目"利用加拿大 FORECAST 生态模型优化管理和提高中国亚热带主要类型森林的生产力、碳储量和生物多样性"。国家自然科学基金重大项目课题"规模化自组织传感网在碳排放和碳汇监测中的典型应用",基金面上项目"利用多元遥感监测长江三角洲氮沉降对生态系统碳收支的影响";"流域生态水文过程关键变量的定量遥感研究";"氮沉降对毛竹林 GHGs 排放和净碳汇功能的影响及其机制";"基于 SPAC 理论解析毛竹"爆发式生长"的固碳机制";国家林业局专项"浙江天目山森林生态系统定位研究";上海市科委和发改委新兴技术产业重大项目,"现代智慧农业园物联网关键技术集成与综合示范";教育部春晖计划资助项目"浙江省植被退化和恢复以及生物多样性变化的遥感与空间动态分析"等。本领域的研究工作是亚热带森林培育国家重点实验室,浙江省森林生态系统碳循环与节能减排重点实验室,浙江省一级重点学科生态学等的重要内容。

为了总结竹林通量观测和研究的阶段成果,我们组织了"竹林生态系统能量和水分平衡与碳通量特征"的编写。该书由江洪教授和周国模教授共同担任主编;副主编有浙江农林大学的余树全教授和宋新章教授,刘玉莉博士,陈晓峰和张敏霞硕士,南京大学的王颖博士;参与该书编著的有南京大学金佳鑫博士、王帆博士、郝云庆博士和张金梦博士、浙江农林大学的杨爽、陈云飞、蔺恩杰、孙成、牛晓栋、马锦丽、方成圆、孙文文、孙恒、龚莎莎硕士,西南大学的曹全和舒海燕硕士等。

由于竹林的生态系统结构和功能比较复杂,针对毛竹林和雷竹林的长期通量观测和研究也刚刚起步,今后要深入开展的监测和研究工作还很多,本书的内容可能不够全面,有关领域的总结还比较初步和不够深入准确,同时,由于时间仓促,文字描述和图表等还有不规范的地方,有待于专家和读者的批评指正,在今后工作中进一步修改完善。

目 录

第1章
绪 论

1.1 中国竹林特点

1.1.1 中国竹林资源的概况

竹子是属于禾本科(gramineae)竹亚科(bambusoideae nees)的一类植物,广泛分布于热带、亚热带和暖温带地区,被誉为"世界第二大森林"(窦营等,2011)。全球竹子种类较多,约有150属,1 225种,竹林面积达2 000多万公顷。按其地理分布主要分为亚太竹区、美洲竹区和非洲竹区,其中亚太竹为世界第一大竹区,美洲竹区次之,非洲竹区最少(约13属40多种)(杜华强等,2012)。

中国位于世界竹子分布的中心,是世界上竹种资源最丰富(约40属,500种),也是竹子栽培历史最悠久的国家之一,享有"世界竹子王国"的美誉。我国竹林面积约占世界竹林面积的30%,居世界首位,竹林蓄积量及竹材、竹笋的产量亦居世界首位。

根据全国第八次森林资源清查数据显示(2009—2013年),我国竹林面积601万公顷,与第七次森林资源清查相比,竹林面积增长73万公顷,增幅11.69%,在可造林面积减少的情况下,竹林面积一直在不断增加;2013年,全国竹材产量18.77亿根,比2012年增产14.17%。在所有竹种中,毛竹(*Phyllostachys pubescens*)为开发利用程度最高、经济规模最大的竹种。全国毛竹林面积达443万公顷,占竹林总面积的74%。

我国产竹地有20个省(区、市)、500多个县(市),面积较大的有15个省(区、市),其中福建、江西、浙江、湖南、四川、广东、安徽、广西8省(区)的竹林面积合计占全国的88.64%。竹产业最发达的浙江省现有竹林面积约83.3万公顷,占全省面积的13.4%,占全国竹林面积的13.81%。其中毛竹林面积71.6万公顷,占全省竹林面积的86.27%,杂竹林11.74万公顷,占13.73%。福建省竹林面积约106.7万公顷,占全国竹林面积的17.75%,位居全国第一。其中毛竹林面积约100.2万公顷,杂竹林6.49万公顷,分别占该省竹林总面积的93.91%和6.09%。其他6省的竹林面积均在34万公顷以上。发展至今中国竹子之乡由原来的10个增加到30个。丰富的竹林资源为我国林业发展、生态环境保护及建设做出了巨大贡献,竹产业(竹林培育、竹板材、竹笋、旅游等)及其产品深加工产业极大地推动了当地经济的飞速发展,竹林资源的社会、经济以及生态效益也日益受到国家的高度重视。为此,国家林业局于 2013 年专门制定了《全国竹产业发展规划 2011—2020 年》(http://lykj.forestry.gov.cn,2013),旨在促进竹产业发展,进一步提升竹林资源在农民增收与森林生态效益方面的作用。

由图 1.1 可见,我国竹林资源主要分布在热带及亚热带地区,其中以亚热带地区最具代表性。原因是竹子生长对水热条件要求较高,亚热带地区受太平洋季风影响,降水充沛,光照充足,热量比较稳定,为竹子生长创造了良好的环境。除此以外,亚热带地区竹子栽培历史悠久,竹产业比较发达,在全国乃至世界均名列前茅。

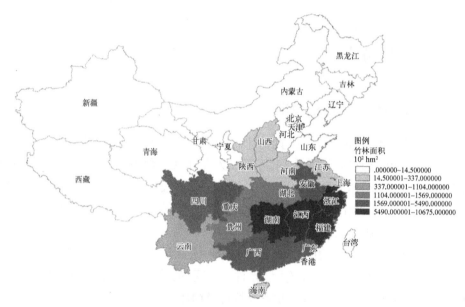

图 1.1　中国各省(市、区)竹林面积分布图(按第八次全国森林资源清查数据)

1.1.2　影响中国竹林资源分布的环境因素

竹类植物在我国分布广泛,全国大致可分为 4 大竹区:① 南亚热带竹区:北纬 20～25°之间,年均温 20～25℃,年降水量 1 200～2 000 mm 以上,主要包括广东、海南、福建、广西、台湾等省份,该区竹种数量多,以丛生竹为主。② 中亚热带竹区:北纬 25～20°之间,年均温 15～20℃,降雨量 1 200～2 000 mm,是竹子生长的最适宜区域,竹子资源最丰富,竹林分布面积最大,包括福建、浙江、江西、湖南、贵州等省,代表为刚竹属、苦竹属等。③ 北亚热带竹区:北纬 30～40°之间,年均温 12～17℃,降水量 600～1 200 mm,包括湖北、安徽、河南、山东、山西、陕西等省。④ 西南高山竹区:华西海拔 1 000～3 000 m 的高山地带,年均温 8～12℃,年降水量 800～1 000 mm 以上,主要有四川、云南、广西、贵州等地区,代表为方竹属、慈竹属等(朱石麟,1994;周芳纯,1998;蔡宝珍等,2010)。我国竹林的分布从南到北主要受气温的制约,南部竹林以丛生竹类为主,北部以散生竹类为主,高山竹林以合轴散生竹类为主；从东到西的竹林分布主要受季风制约，东南部为季风气候区，主要受太平洋东南季风的影响，全年月降水分配差异相对较小，蒸发量一般低于降水量；西南部(云、藏南地区、川)受印度洋西南季风的影响，全年雨季、旱季明显，部分地区全年干旱，这种从东南沿海到青藏高原造成了降水分配的差异，对我国亚热带竹林的组成和分布有较大的影响(梁泰然，1990)。

影响竹林资源分布的因素除温度、降水外，还与地形、土壤、风等地貌和气象条件有关。以毛竹为例，限制其生长、分布的主导因子是气候条件(喜温湿，尤忌春旱，多分布在气候温暖、雨量充沛、高光强的中亚热带季风气候区)，影响其造林成活、成林的因子还有立地类型、土壤及母竹种类和营林技术等(詹乐昌，1997)。限制毛竹北移的主要原因是降水少且分布不均，蒸发量大，旱期长，冬季酷寒和强风袭击。毛竹生长适应平原、盆地、丘陵、高原和山地等各种地貌类型，最适宜其生长的是海拔 500～800 m 以下低山地带的山腰、山谷等土层深厚的缓坡地带(肖立平，2002)。地形条件的差异导致土壤、气候等生态因子的不同，进而影响毛竹的生长发育。山脊土层浅薄且易遭风害；平原洼地易积水；高山地区因强风、气候干燥且土层浅薄均不宜种植毛竹。不同立地条件的土层厚度是导致毛竹胸径有显著差异的主要原因(程晓阳等，2004)。最适宜毛竹生长的土壤条件是土层深厚、土质肥沃，质地湿润、疏松、透气性好，pH 值为 4.5～7.0 的偏酸性沙质壤土；沙壤土、黏壤土次之；重黏土和石质土最差(肖立平，2002)。

1.1.3 竹林的生态资源和环境保护功能

1) 竹林的水保和生态修复功能

我国亚热带竹林资源的分布以及发展与其自身独特的生物学特性密切相关。与其他植物相比，竹子生长迅速，周期较短，在竹子生长季，日生长量可达 30～100 cm，一般 2～3 个月内可完成全高生长(易贤军，2010)；竹子以无性繁殖为主，一般为竹生鞭，鞭发笋，笋长竹，竹养鞭，呈循环往复的生长特性，在其生长区域能较快地恢复森林植被。竹子根鞭系统发达，凋落物也比较丰富，有很好的水土保持能力。具体体现在：

(1) 冠层降水截留。竹林冠层截留了降水，削弱了林内的降水量和降水强度，研究表明竹林冠层截流量约在 275～385 mm，冠层截留效果高于同区域的其他树种(温钦舒，2006)。如毛竹林林冠全年截留总量 171.7 mm，场均截留率为 29.4%，有较好的生态水文作用(黄进等，2009)。

(2) 较强的涵养水源能力。竹林丰富的凋落物以及庞大的根鞭系统为其地上及地下部分保水、蓄水创造了有利条件。研究表明人工毛竹林 0～60 cm 的土层贮水量、最大有效贮水量大于人工杉木林和阔叶林(王彦辉，1993)。

(3) 增强土壤的抗蚀性。竹林林冠首先对降水进行了缓冲作用，降低了林内的降水量、强度及对林地表面的侵蚀，削减地表径流，减少降水对土壤结构的破坏。竹林枯落物及林地土壤层减少、滞缓了地表径流，并吸收部分降水，有利于维持土壤结构的稳定，增强土壤层的渗透性能。在造林方面，一般竹类植物在造林后 3～5 年即可郁闭成林，具备稳定的生产力,具有一次造林成功,经过科学经营,可以连年择伐、永续利用而不会破坏生态环境的特点(张齐生,2007;窦营等,2011)。

2) 竹林的资源功能

竹林提供了一种可选择、高度可再生的生物能源——竹炭、竹板材。研究表明竹炭与木炭相比,具有类似的热值,但是污染更少。此外,竹林采伐周期短,而竹炭、竹地板等竹产品的利用周期长,竹子由竹材向林产品转化时,利用率较高,也就是将竹子中的大量碳元素转化到了林产品中(周国模等,2010),也是碳固定的表现。目前,在国际贸易和其他森林资源日益紧缺的气候变化条件下,作为缓解气候变化的必要措施即减少对化石燃料的依赖,以竹代木可以减少木材的消耗,降低对木材的过度依赖,从而可以有效地保护森林植被和生态环境。

1.1.4 竹林资源与全球变化

由人类活动所引起的超越自然变率的地球生态系统的各种变化称为全球变化,它引发了全球大气温室气体增加与全球变暖,臭氧层空洞,生态系统退化、土地荒漠化,野生物种的灭绝和生物多样性损失等一系列全球规模的环境问题,也是对全球可持续发展的极大挑战。目前,以全球变暖为主要特征的气候变化已经成为国际公认的事实(于贵瑞等,2006)。从全球情况看,1906—2005 年地表气温平均上升了 0.74℃;从我国情况看,近百年来平均气温上升了 0.5~0.8℃(贾治邦,2007;http://www.forestry.gov.cn)。最新数据显示,2014 年全球气温创历史新高。全球平均气温为 14.6℃,比 20 世纪的平均水平高0.69℃(胡珉琦等,2015;http://www.sciencenet.cn)。据 IPCC(2013 年)第五次科学评估报告,过去的 130 年全球升温 0.85℃,1880—2012 年全球地表平均温度始终处于增长趋势,到 20 世纪 80 年代,增温幅度更为显著。1983—2012 年是过去 1 400 年来最热的 30年(IPCC. 2013;http://www.ipcc.ch/report/ar5/wg1/♯.Uq tD7KBRR1)。全球变暖对经济发展也是一个严峻的挑战。2012 年,全球气候变暖令世界经济损失 1.2 万亿美元/年,相当于全球 GDP 下降 1.6%(http://www.zgqxb.com.cn,2012)。据 2014 年 7 月29 日美国白宫报告预测,拖延应对气候变化导致全球气温相比工业化时代之前升高 3℃,造成的经济损失将达到全球经济总量的约 0.9%。按美国 2014 年国内生产总值计算,该比例相当于约 1 500 亿美元(林小春,2014;http://www.tech.gmw.cn)。由此可见,全球气候变暖问题已逐渐成为影响人类可持续发展所面临的重要挑战之一。如何减缓、适应气候变化及保护环境逐渐成为国际社会关注的焦点问题。

森林作为陆地生态系统的主体,每年的固碳量约占整个陆地生态系统固碳量的 2/3,森林自身维持的碳库占全球植被碳库的 86% 以上,林地土壤碳库约占全球土壤碳库的73%(严俊等,2012)。森林在应对气候变化、调节全球碳平衡和维护全球生态环境安全等方面有重要的贡献,森林植被碳库及其作用也已经成为国际社会关注的热点、焦点。北京大学生态学系 2009 年的研究结果表明我国森林在 1998—2000 年的 20 年间森林生态系统总碳汇约为 29.9 亿 t,其中森林植被生物量碳汇和森林土壤碳汇分别为 15.8 亿 t 和

14.1 亿 t,抵消了同期工业总排放的 22.6%。此外,政府部门积极改善我国森林资源保护和发展对策,致力于培育碳汇林、生物质能源林,增加森林固碳总量(方精云等,2007;杜华强等,2012)。

竹林作为世界第二大森林,由于自身特殊的生物学特性,可以隔年采伐且不影响其植被层碳储量,与其他树种相比,固碳能力持久。因此在应对气候变化过程中,竹林资源主要从以下方面发挥自身优势和作用。

由于竹林生长速度较快,大大高于其他树种,其固碳速率也同样高于其他树种。研究表明毛竹林植被层每公顷年固碳量为 4.91~5.45 tC,固碳能力是同等立地条件下速生杉木林的 1.41~1.57 倍,其固碳能力居亚热带森林树种之首(周国模等,2006)。不同属种竹林生态系统每公顷固碳能力由高到低依次为慈竹(135.95 tC)、苦竹(135.81 tC)、毛竹(105.7 tC)、龙竹(10.46 tC)(刘应芳等,2010;李江等,2006;王勇军等,2009)。1977—2003 年期间我国竹林生态系统碳储量以年均 54.81 TgC 的速度逐年递增,1999—2003年碳储量为 837.92 TgC(王兵等,2008)。按未来 50 年我国竹林面积增长趋势,预测2010 年、2020 年、2030 年、2040 年、2050 年我国竹林碳储量分别为 727.08 TgC、839.16 TgC、914.43 TgC、966.80 TgC、1017.64 TgC(Chen et al,2009),具有较大的碳汇潜力。另有研究表明,我国竹林生态系统占森林碳储量的 5.1%(郭起荣等,2005),在森林碳储量方面十分重要。由此可见,竹林资源不仅在局部区域上有较强的固碳能力,在森林碳储量总量方面也有重要的作用。

竹类植物的快速生长及较短的采伐周期,在气候剧烈变化出现极端天气时,相对其他树种的森林而言,林农可以较灵活地调整经营措施及采伐等实际生产实践活动,避免造成巨大的经济损失。如雷竹(*Phyllostachy praecox*)是禾本科竹亚科刚竹属植物,也是我国优良笋用散生竹种之一。自 1990 年以来,雷竹的集约经营栽培模式在浙江杭州、湖州,以及安徽、江苏、福建等省被广泛推广和应用(方伟等,1994)。该模式的核心是在每年 11 月下旬至 12 月上旬给雷竹林地表覆盖有机物以增温避冷保湿,以促进雷竹林的提早出笋。在高温干旱的季节,为了避免雷竹林的生产力下降,会及时调整竹林灌溉和施肥的时间。在浙江安吉和临安等地,为了避免冬季积雪对竹林(毛竹林、雷竹林)的危害,在入冬之前,也会对竹子进行钩梢。可见,竹农灵活的调整经营模式也是应对未来气候变化的一种策略和优势,有效地促进了当地的经济发展。

2008 年,中国绿色碳基金(中国石油)浙江临安毛竹林碳汇项目基地在临安市藻溪镇严家村启动;2009 年,由国际竹藤组织和浙江林学院举办的《竹林生态和经营学术论坛——竹林经营与生物多样性和气候变化》召开;2010 年,*Bamboo and Climate Change Mitigation* 一书在墨西哥坎昆全球气候大会上亮相(Lou et al,2010;杜华强等,2012);2010 年 11 月,在浙江安吉和临安建成全球首座毛竹林、雷竹林碳汇通量观测塔并开始运行(陈云飞,2013;孙成,2014);2013 年,华沙联合国气候大会上关注中国林业碳汇研究,强调竹林碳汇作用不容轻视(铁铮,2013);2015 年世界林业大会上指出加强竹子与水的交互研究。这一系列举措说明竹林资源在缓解、适应气候变化的重要作用,其可持续经营增汇和耐用竹产品增汇固碳及其贸易方面的发展前景受到各界的广泛关注,作为竹林资源丰富的中国亚热带地区也日益受到更大的重视。

本书主要是总结毛竹和雷竹两种竹林的能量、水分和碳收支的通量过程。主要是由于毛竹林的代表性,在中国所有的竹种中,毛竹是开发利用程度最高、经济规模最大的竹种。全国毛竹林面积达 443 万公顷,占竹林总面积的 74%。在竹产业最发达的浙江省现有竹林面积约 83.3 万公顷,占全省面积的 13.4%,占全国竹林面积的 13.81%。其中毛竹林面积 71.6 万公顷,占全省竹林面积的 86.27%,杂竹林 11.74 万公顷,占 13.73%。在浙江省的杂竹林中,面积分布较大的有雷竹,它也是我国优良笋用散生竹种之一。自1990 年以来,雷竹的集约经营栽培模式在浙江杭州、湖州,以及安徽、江苏、福建等省被广泛推广和应用。

1.2　全球 FLUX‐NET 通量监测

1.2.1　通量研究背景及意义

全球气候变暖、淡水资源稀缺是目前全球社会及经济可持续发展所面临的两个重大环境问题(于贵瑞等,2006)。陆地生态系统是人类居住及进行生产实践活动的主要场所,人类活动对陆地生态系统、全球变化乃至全球生物地球化学循环都有较大的影响。生物地球化学循环(biogeochemical cycle)是指地球表层的生物圈中,生物有机体经由生命活动,自其生存环境的介质中,吸取元素及其化合物(通常称为矿物质),再通过生物化学转化为生命物质,同时,排泄部分物质返回到环境,并在其死亡之后又被分解成元素或化合物(也称矿物质)返回环境介质中,这样循环往复的过程,称之为生物地球化学循环(陈云飞,2013)。其主要包括,碳循环、水循环、氮循环、磷循环、硫循环,以及生物必需的营养物质和非必需的化学物质等其他循环。而生物地球化学循环过程的研究主要是在生态系统、地球生物圈两个不同尺度展开的。陆地生态系统的碳循环、水循环作为陆地表层系统物质能量循环的核心,地圈-生物圈-大气圈相互作用关系的纽带,也是最基本的两个耦合的生态学过程(韩兴国等,1999)。

全球变化(global change)是指由人类活动所引起的、超越自然变率的地球生态系统的各种变化,这种变化通常在区域或全球尺度上发生,会对地球生态系统、人类的生存环境,以及社会、经济和政治格局产生重大的影响(于贵瑞等,2004)。它引起了全球大气温室气体浓度增加与全球变暖,臭氧层破坏与紫外辐射增加,大气污染与酸雨,陆地水体和海洋污染,污染物质和有害废弃物的越境迁移,生态系统退化和土地荒漠化,森林功能退化与资源减少,野生物种的灭绝和生物多样性损失等一系列全球规模的环境问题(于贵瑞,2003;于贵瑞等,2004;陈宜瑜,2001)。而以全球变暖(由 CO_2 等温室气体排放所引起)为主要特征的气候变化已经成为国际公认的事实,是全球变化科学(global change science)领域的核心问题(于贵瑞等,2006)。而基于典型生态系统、区域或全球尺度生态系统的碳水循环机理的科学认识,合理的调节与管理生态系统的碳循环和水循环的过程,是人类调节地圈-生物圈-大气圈的相互作用关系,维持全球生态系统的物质和能量循环,以及促进自然资源循环再生的重要生态学途径(于贵瑞等,2008)。

大气中 CO_2、CH_4、N_2O 等温室气体浓度的升高,加剧了气候的变化,是世界社会、经济、环境等可持续发展所面临的最严峻的挑战(于贵瑞等,2008)。工业革命以来的 150 年间,大气 CO_2 浓度从 1850 年的约 280 ppm(1 ppm $=10^{-6}$)增长到 1999 年的 367 ppm,约增长了 28%(Watson et al,2000)。2015 年 11 月 9 日世界气象组织在日内瓦发布了最新一期的《温室气体公报》。公报指出,从 1990—2014 年的 25 年间,CO_2、CH_4、N_2O 等主要温室气体上升了 36%,二氧化碳作为最重要的"长寿命温室气体",约占过去 10 年长寿命温室气体辐射强迫总增量的 83%。2014 年,CO_2 在地球大气中的浓度达到 397.7 ppm,是人类工业化前水平的 143%;CH_4 浓度达到约 1 883 ppb(ppb 为十亿分率,1 ppb $=10^{-9}$)的新高,为工业化前水平的 254%;同年 N_2O 在大气中的浓度为 327.1 ppb,是工业化前水平的 121%(http://www.world.huanqiu.com/hot/2015 - 11/7943174.html)。指出 2014 年春季地球大气二氧化碳浓度最高时,北半球二氧化碳浓度超过 400 ppm。2015 年春季,地球大气二氧化碳的全球平均浓度超过这一关口。据估算,2016 年这种温室气体的全球年度平均浓度可能超过这一水平。报告还强调了二氧化碳含量升高和水汽增多之间的相互影响和放大效应,较暖的空气含有较多水分,因此排放二氧化碳造成的地表温度上升会使全球大气中的水汽增多,进一步增强温室效应(http:www.world.huanqiu.com/hot/2015 - 11/7943174.html)。可见,2014 年全球温室气体浓度再创新高。工业革命以来大气中温室气体浓度的增加是人类活动和化石燃料的使用造成的,自人类在大约 250 年前开始大量使用煤、石油、天然气等化石燃料时起,大气中的二氧化碳水平已经增长了超过 40%。在过去的 40 年人类燃烧化石燃料的速度急剧加快,释放的温室气体比之前 200 年释放的还多(http://www.guokr.com/article/438384/)。探索全球生态系统碳水循环的过程与控制机制,评估陆地生态系统固定二氧化碳、甲烷等温室气体的能力和潜力,评价陆地生态系统的碳源、碳汇的分布及时空变化,寻找未来碳汇,并预测全球未来的气候变化趋势,已成为全球国际社会及国际科学组织(IGBP、WCRP、IHDP)关注的热点问题(于贵瑞等,2008)。因此,研究站点、区域、全球的碳、水循环及碳收支是目前应对气候变化、关注区域、全球可持续发展的核心问题之一,也是当前一系列科研计划的焦点。陆地生态系统碳循环是当前全球变化研究中的重点,它与全球气候变化间的关系密切而又复杂。一方面,CO_2 浓度的增加是气候变暖的主要原因,另一方面,气候变暖将导致全球陆地生态系统碳循环的变化,原有的碳平衡状态被破坏,同时也引发一系列环境问题(如海平面上升、降水格局变化等)(徐小峰等,2007;孙成等,2013)。陆地-大气系统的物质和能量交换是陆地生态系统碳循环和水循环的最为重要的过程和循环分量,每年大气中约有 14% 的碳与陆地生物圈发生交换,20% 的水从陆地蒸散作用中获得(Frirend, et al,1997)。目前对于碳通量的研究方法主要有生物量估算法、同化箱测定法、模型模拟法、遥感估算法以及微气象学法。这些研究方法由于研究尺度和估算的精确度以及对研究区适应性的限制,各有利弊。微气象学方法主要有空气动力学法、热平衡法和涡度相关法,国际上以涡度相关法为主流(孙成,2014)。基于涡度相关技术的通量观测是在流体力学、微气象学的理论研究及气象观测仪器、计算机、无线传感和数据采集技术的发展条件下,近几年才广泛应用的(于贵瑞等,2008)。涡度相关法(Eddy Covariance, EC)是通过计算物理量的脉动与风速脉动的协方差求算湍流通量的方法。在观测和求算通量的过程中几乎没有假设,具有很好的理论基础,使用范围非常广(孙成,2014)。其最早被Swinbank 应用于草地的显热和潜热通量测定(Holdridge,1847)。在地势平坦的低矮植被上开始一些早期的实验,主要观测动量和热量传输,而这些实验研究为后来 CO_2 通量观测技术的发展奠定了基础(Kaimal et al,1976)。随着科技进步,在流体力学和微气象学理论发展以及气象观测仪器性能、数据采集和计算机储存、数据分析和自动传输等技术进步的基础之上,经过长期发展而逐渐成熟,被认为是现今唯一能直接测量生物圈与大气间能量与物质交换通量的标准方法,并得到广泛的应用(Balldocchi et al,1988;Aubinet et al,2000)。1993 年伊始,基于涡度相关技术的 CO_2/H_2O 的长期观测(Wofsy et al,1993;Vermetten et al,1994),在北美(Black et al,1996;Grecoet et al,1996)、日本(Boxet et al,1989;Yamamoto et al,1999)、欧洲(Martin,1998;Valentini et al,1996)的森林、农田及草地等陆地生态系统中被广泛应用,奠定了建立国际通量观测研究网络的基础。

1.2.2 国际通量观测研究网络的发展概况

近年来,国际上启动了一系列国际研究计划,开展不同区域陆地生态系统的碳水循环、碳水通量的实验观测,建立了相关的观测研究网络(Baldocchi et al,200)。全球通量观测研究网络(FLUXNET)概念最早源于 1993 年,由"国际地圈-生物圈计划"首次提出,1995 年国际科学委员会在 La Thuile 研讨会上正式讨论了进行长期通量观测的可能性及存在的问题,有效地促进了全球通量观测站的建立和区域性观测网的快速发展。此后,1996 年、1997 年欧洲通量网(CarboEurope)、美国通量网(AmeriFlux)相继建立,1998 年亚洲通量网成立。随着全球对地观测卫星(Earth Observation Satellite, EOS/Terra)的加入,1998 年美国国家航空航天局(NASA)决定建立全球规模的 FLUXNET,将之作为验证 EOS 产品的一种方法。20 世纪末以来,国际通量观测站不断增加,由 2014 年的 683个到 2015 年 7 月为止,全球已经有 723 个通量观测站点在 FLUXNET 注册(见图 1.2、图1.3)(Oak Ridge,2013;http://fluxnet.ornl.gov/maps-graphics)。

目前,FLUXNET 由美国(AmeriFlux)、欧洲(CarboEurope)、澳洲(OzFlux)、加拿大(Fluxnet-Canada)、日本(AsiaFlux)、韩国(KoFlux)和中国(ChinaFLUX)7 个主要区域网络和 CAROMONT,GREENGRASS,OzNet,Safari2000,TCOS-Sibeia,TroiFlux 等专项性的研究机构共同组成。观测站主要分布在北美洲、欧洲、日本等地,随后,在亚洲、南美洲和非洲等发展中国家和地区也逐渐增加,降低了全球通量观测研究网络的空间不均匀

观测站点数/个

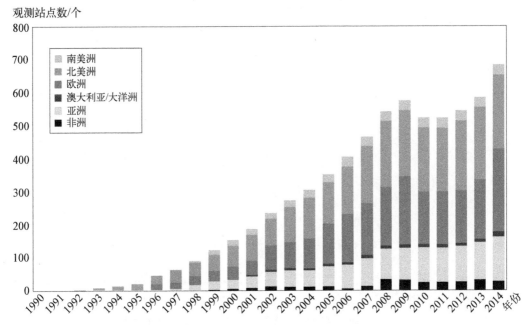

图 1.2　全球通量观测站点的发展变化（2014 年 4 月）

性分布。现有的区域性通量观测研究网络有 AmeriFlux、AsiaFlux、Canadian Carbon Program（CCP）、CarboEurope（Historical）、CarboItaly（Historical）、IMECC (Infrastructure for Measurements of the European Carbon Cycle)、ChinaFlux、Fluxnet、JapanFlux、Nordic Centre for Studies of Ecosystem Carbon Exchange（NECC）、OzFlux、Swiss Fluxnet、83 个独立的城市生态系统通量观测站、USCCC（中美碳联盟）（http://www.fluxnet.ornl.gov/regional-networks，2015.）。

全球通量观测的生态系统主要分布在 30°S～70°N 之间（于贵瑞等，2006），从热带到寒带的植被类型上，大约有 16 种，分别是北方针叶林、热带雨林、常绿阔叶林、落叶阔叶林、常绿针叶林、落叶针叶林、针阔混交林、萨瓦纳稀树草原、温带草地、湿地、苔原、灌丛、农田、荒地、城市等生态系统。图 1.4 为截至 2015 年 7 月在 FLUXNET 注册的 723 个站点的植被类型分布情况（http://www.fluxnet.ornl.gov/sites/default/files/FluxNetworkMODIS_IGBP7-2015.png）。总体上，常绿针叶林、针阔混交林、常绿阔叶林和农田生态系统的观测站点相对较多，与 2004 年相比，增加了面积比较大的开阔灌丛、郁闭灌丛、萨瓦纳植被的观测站，增加了亚洲、印度、拉丁美洲及高纬地区的观测，使全球通量观测的发展更加全面，但是在植被较少的荒地生态系统的通量观测仍然较少，今后要更加完善观测站生态系统和区域性的通量观测，从而为准确评估不同陆地生态系统的植被类型的碳源、碳汇功能，理解不同生态系统生理生态过程特点、机制成因、生物地球化学循环、基于遥感技术估算生态系统生产力等提供依据，最终为全球碳水循环、碳收支研究提供科学依据。

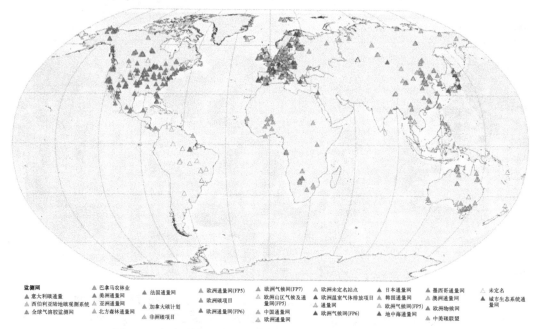

监测网
- ▲ 意大利碳通量
- ▲ 西伯利亚陆地碳观测系统
- ▲ 全球气溶胶监测网
- ▲ 巴象马农林业
- ▲ 美洲通量网
- ▲ 亚洲通量网
- ▲ 北方森林通量网
- ▲ 法国通量网
- ▲ 加拿大碳计划
- ▲ 非洲碳项目
- ▲ 欧洲通量网(FP5)
- ▲ 欧洲碳项目
- ▲ 欧洲通量网(FP6)
- ▲ 中国通量网
- ▲ 欧洲通量网
- ▲ 欧洲气候网(FP7)
- ▲ 欧洲山区气候及通量网(FP5)
- ▲ 欧洲未定名站点
- ▲ 欧洲温室气体排放项目通量网
- ▲ 欧洲气候网(FP6)
- ▲ 日本通量网
- ▲ 韩国通量网
- ▲ 欧洲气候网(FP5)
- ▲ 地中海通量网
- ▲ 墨西哥通量网
- ▲ 澳洲通量网
- ▲ 欧洲物候网
- ▲ 中美碳联盟
- △ 未定名
- ▲ 城市生态系统通量网

图 1.3　全球通量观测站点(截至 2015 年 7 月,共 723 个站点)

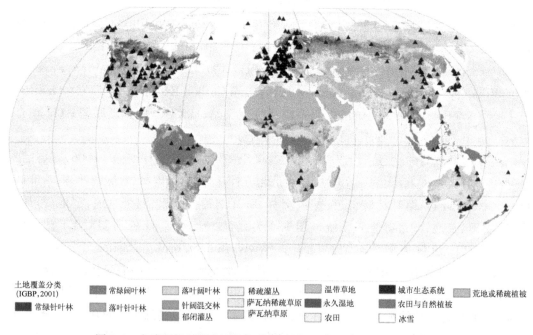

土地覆盖分类(IGBP,2001)
- ■ 常绿针叶林
- ■ 常绿阔叶林
- ■ 落叶针叶林
- ■ 落叶阔叶林
- ■ 针阔混交林
- ■ 郁闭灌丛
- ■ 稀疏灌丛
- ■ 萨瓦纳稀疏草原
- ■ 萨瓦纳草原
- ■ 温带草地
- ■ 永久湿地
- ■ 农田
- ■ 城市生态系统
- ■ 农田与自然植被
- □ 冰雪
- ■ 荒地或稀疏植被

图 1.4　全球通量观测站植被类型(截至 2015 年 7 月,共 723 个站点)

　　森林是陆地生态系统的主体,在全球经济发展和环境保护中有着不可替代的作用。从 1947 年开始,联合国粮农组织与联合国欧洲经济理事会(UN‐ECE)及联合国环境规划署(UNEP)等国际组织合作,每 10 年对全球森林资源情况进行一次清查和评估,并给出评估报告和相关的图件(于贵瑞等,2006)。数据显示 2000 年全球森林覆被面积为

38.7亿 hm²,占据了地球陆地面积的 30%(FAO,2001)。生态系统的水碳交换是控制森林生态系统碳平衡和生态系统对气候变化的响应与适应的关键过程(于贵瑞等,2008)。在森林生态系统中,能量的再分配过程对区域以及全球的气候变化有着重要影响,是陆地生态系统中吸收能力最强的碳库(Valentini et al,2000),其净初级生产力约占陆地植被的 60%,森林贮存的碳是大气中的 3 倍(Rollinger et al,1997),森林与大气系统之间碳交换量占整个陆地生态系统的 90% 以上(周广胜,2003),因此森林生态系统 CO_2 通量的研究一直以来是全球变化研究的焦点之一(方精云等,2001;于贵瑞等,2001)。工业革命以前,人类普遍认为全球的碳是平衡的,但随着工业发展的需要和大面积的森林被砍伐,逐渐导致了温室效应严重。近 30 年来,全球处于一个大气碳收支表面不平衡的状态,Baldocchi 等学者认为分布在北美洲、欧洲及亚洲中、高纬度的森林生态系统是重要的碳汇,不同纬度森林生态系统的碳通量有明显的差异。因此,森林生态系统的 CO_2 与水热通量的长时间序列数据在一定程度上为解决温室效应提供了佐证。

长期以来,人们普遍认为北半球中高纬度地区的陆地生态系统是重要的碳汇区,尤其是分布在欧洲和北美的温带及北方林带森林生态系统,但是很少关注低纬度的亚热带森林生态系统(Yu et al,2014)。中国科学院地理科学与资源研究所生态系统网络观测与模拟重点实验室于贵瑞研究团队与合作者对来自中国通量网(China FLUX)、亚洲通量网(Asia Flux)、欧洲通量网(Carbo Europe)、美洲通量网(AmeriFlux)和全球通量网(FLUXNET)的 106 个森林通量观测站过去 20 年(1990—2010 年)的涡度相关碳交换通量观测数据综合分析发现:在 1990—2010 年代间,20~40°N 东亚季风区的亚热带森林生态系统具有很高的净 CO_2 吸收强度,其净生态系统生产力(NEP)达到 362 Pg·m⁻²·a⁻¹(于贵瑞等,2006;Yu et al,2014)。这一高的 CO_2 吸收强度超过了亚洲和北美的热带森林生态系统,也高于亚洲和北美的温带和北方林带森林生态系统,与北美东南部的亚热带森林和欧洲的温带森林生态系统的碳吸收强度相当。东亚季风区的亚热带森林生态系统 NEP 区域总量约为 0.72±0.08 PgC·a⁻¹,约占全球森林生态系统 NEP 的 8%。该研究结果表明,亚洲的亚热带森林生态系统在全球碳循环及碳汇功能中发挥着不可忽视的作用(Yu et al,2014)。

水热作为森林生态系统中最活跃、影响最广泛的因子,直接影响着森林生态系统的生产力(陈云飞等,2013)。森林生态系统的动植物种类的空间分布对维护生态环境起着举足轻重的作用(王兵等,2010)。森林生态系统还具有强大的气候调节功能、水源涵养功能、水土保持功能。随着全球变化和生态环境的问题的国际化,人们更加关注森林生态系统环境服务功能形成的机理和评估,这都有赖于对森林生态系统变化、物质循环和能量平衡的理解和科学数据的支持(刘玉莉等,2014)。这使得世界各国更加重视对森林生态系统碳水通量的研究,因而许多长期通量观测网络也主要集中在不同类型的森林生态系统上。

1.2.3　中国通量观测的简单回顾

中国科学院 1998 年开始建设的中国生态系统研究网络(Chinese Ecosystem

Research Network，CERN)为中国陆地生态系统碳水循环研究奠定了良好基础。目前主要有 36 个生态系统定位研究站，包括 14 个农业站、9 个森林站、2 个草地站、5 个荒漠站、3 个海湾站、2 个湖泊站和 1 个沼泽站（http：//www. cern. ac. cn/ftp/)。2002 年，中国通量观测研究联盟 China Flux 全面启动，填补了中国在全球 CO_2/H_2O 通量长期观测研究中的空白；增加了 FLUXNET 的生态系统类型及区域代表性；促进了 FLUXNET 的发展和通量观测数据的积累(于贵瑞等，2008)。2002 年，中国科学院在云南西双版纳热带雨林中建成高 70 m 的通量观测塔，为研究我国热带雨林通量变化规律提供了基础(杨振等，2007)。随后，长白山的阔叶红松林、千烟洲的人工针叶林、鼎湖山的常绿针阔混交林通量观测站以及农田、草原等生态系统相继建成并开始运行。对观测通量数据进行分析和公开发表(关德新等，2004；刘允芬等，2006；王春林等，2007)。但我国幅员辽阔，地势起伏较大，森林类型复杂，观测站点有限，对我国森林生态系统通量特征进行系统分析还有难度。China Flux 主要以涡度相关法、箱式法为技术手段，开展典型陆地生态系统与大气间二氧化碳、水热通量的长期观测研究(于贵瑞等，2006)。目前主要有农田(17 个)、森林(20 个)、草地(15 个)、湿地(12 个)、城市(1 个)及水体(1 个)等生态系统，其中长白山、千烟洲、鼎湖山、西双版纳 4 个森林生态系统类型，禹城农田生态系统(李俊等，2006)，海北(李东等，2005)、内蒙古(郝彦宾等，2006)和当雄草地(闫巍等，2006) (见图 1.5)，(http：//www. chinaflux. org/general/index. aspx? nodeid=12，2015)。

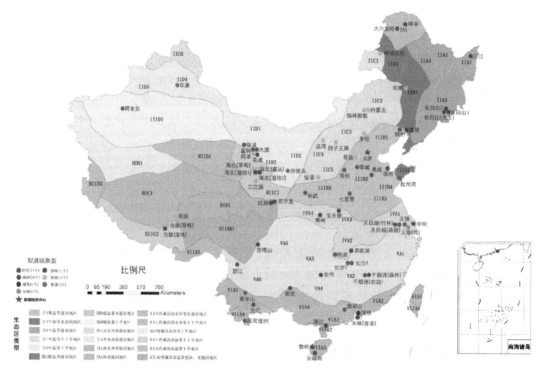

图 1.5　中国通量观测站点分布

1.2.4　通量研究的热点问题

FLUXNET 在过去的 10 年中,定位观测了大气和陆地表面间的能量、水和 CO_2 通量的变化。主要侧重于全球通量观测网络及其数据的规范化研究;用于 EOS 产品验证的全球通量观测数据库的研究(牛铮等,2008)。Big Foot 是将基于遥感的碳通量观测、通量塔观测和直接野外样地观测等不同空间尺度水平结合为一体旳研究项目。第一个尺度是地面小样地尺度($1\,km^2$),第二个是 MODIS 影像覆盖区尺度($10\,km^2$),第三个是区域景观尺度($100\,km^2$)即通过土壤-植被-大气传输模型,基于地面观测及遥感数据,进行尺度外推,实现 3 个尺度的衔接,并为其他模型提供验证数据(牛铮等,2008)。陆地碳观测 TCO 将研究核心放在实地观测,而 China FLux 是为了弥补中国在世界上通量长期观测网络中的空白,与国际碳通量研究接轨(于颖,2013)。

FLUXNET 通过分布在全球各地的观测站点研究了陆地生态系统各种植被与大气间的净生态系统交换量的日、季节及年际变化特征,并分析了气候条件(辐射、温度、饱和水汽压差、水分)和生物因子(植被光合能力、生长季长度等)与植被类型及其动态对生态系统碳水通量的生物物理学机制(Law et al,2002;Xie et al,2014;Xia et al,2014;于贵瑞等,2008);定量评估了主要生态系统类型的碳收支情况,发现处于北美、欧洲及亚洲中高纬度的森林生态系统是重要的碳汇(Baldocchi et al,2001);长期的通量观测数据作为输入参数或验证数据用于各种生态系统碳循环的模型中,如过程机理模型(Hanson et al,2004)、BEPS 模型(He et al,2014)、土壤-植物-大气连续体的气体传输模型(Wilson et al,2001)、Biome-BGC 模型(Gao et al,2012)、IBIS 模型等(Lu et al,2014)。

涡度相关法的特点是直接对森林与大气之间的通量进行计算,能够直接长期对森林生态系统进行 CO_2 通量测定,同时又能够为其他模型的建立和校准提供基础数据而闻名。但是,该方法需要比较精密的仪器,且在使用上都有严格的要求,这样对测量者的素质要求较高,需要定期维护和检修仪器,连续观测的成本较高(于颖,2013;陈云飞,2013)。处理数据时,还需要包括坐标轴旋转、能量守恒闭合等多种方法的校正和数据质量控制,最终才可得到满意的结果。涡度相关技术已在全球得到广泛运用,在森林碳平衡中得到充分肯定,但其对森林净碳平衡估测的精确性需进一步研究改进。如夜间湍流低估问题(Gu et al,2005),平流因素影响,高、低频通量损失,以及仪器系统观测误差等,都需要进一步地研究。而在能量通量观测方面,能量不闭合现象一直未得到很好的解决(Goulden et al,1996;Aubinet et al,2001),土壤热通量的具体计算,植被热贮量和大气耗散等无法具体模拟计算。因此涡度相关技术通量观测研究,还有很漫长的路要走。

结合目前已有研究,FLUXNET 通量观测研究的热点主要包括以下几个方面:① 在通量观测技术方面,改进复杂地形、非理想气象条件下的通量观测技术,挖掘观测数据的价值及其生态学意义的解释、观测结果的评价、校正;利用稳定同位素(章新平等,2014;孙守家等,2015)等技术,优化生态系统呼吸的测定,提高生态系统呼吸观测、评价的准确性;加强航空通量观测技术、野外观测数据的自动传输技术等通量观测新技术的开发应用研究。② 通量观测结合卫星遥感观测、全球碳循环模型,实现地面观测向区域、全球尺度扩展,研究全球生态系统碳水收支的空间分布格局及其对未来气候变化响应的机制,结合MODIS、IKONOS 等遥感指数和指标,借助遥感技术利用多时相、多波段遥感数据提取归一化植被指数(NDVI)、叶面积指数(LAI)、土壤调节植被指数(SAVI)等植被参数与环境变量,有助于陆地生态系统植被物候时空动态及生态系统碳氮水循环的研究。从区域、全球尺度上量化典型生态系统植被的物候期特征及其时空变化,预测其应对气候变化的响应过程及机制(Running et al,1999;Takagi et al,2015)。③ 通量观测的过程机理与动力学模型研究,主要包括生态系统总初级生产力的机理与模拟(Wang et al,2015),生态系统呼吸作用的机理与模拟(Janssens et al,2001),植被蒸发、冠层导度,光合作用动态及对典型森林生态系统尤其是温带森林的生物气候学研究(Böttcher et al,2014),进一步提高模型的模拟精度。④ 基于多源数据和多学科交叉的综合系统研究。FLUXNET 通量观测网络可以提供高分辨率群落尺度的生态系统的碳水和能量通量的观测数据,结合土壤呼吸、树干液流等野外综合实验,有助于理解气候、生态系统水分利用状况、碳交换等生理生态过程(于贵瑞等,2006);结合生态水文学、气象气候学,可以有助于从生态水文学、气象气候学的角度解释通量的形成机理及其动态变化的原因(于贵瑞等,2008)。

1.3 竹林生态系统通量观测

1.3.1 毛竹林生态系统碳通量观测系统简介

毛竹是中国南方重要的森林生态系统,广泛分布在亚热带区域,在森林固碳中具有突出的作用。毛竹碳通量观测系统利用国际上先进的通量观测(Eddy Flux) 仪器,分7 层安装在 40 m 高的铁塔上,观测毛竹林二氧化碳通量、二氧化碳垂直分布廓线、毛竹林能量和水分平衡以及小气候等的动态变化,分析毛竹林碳同化和碳释放的昼夜及季节等时态过程及其与环境的关系;同时结合其他观测和遥感与模型等研究手段,可以精准地计算毛竹林的固碳能力,为区域森林碳汇的发展提供科学依据。

1) 研究区概况

位置:浙江省湖州市安吉县山川乡。GPS 坐标:N30°28′34.5″,E119°40′25.7″;海拔高度:380 m;坡向:北偏东 8 向;坡度:南北 12°。

通量塔简介:通量塔总高度 40 m,边长 1.6 m,共 20 层;塔整体钢结构,塔旁建有试验小屋以作放置电脑等其他设备,整个试验地用铁网包围,面积 1 444 m²。2010 年 5 月浙江农林大学进行了本地调查,并对区域内毛竹进行了标记,2010 年 7 月份开始由北京天诺基业工程师安装仪器设备,2010 年 10 月通量塔上仪器开始正常监测。

试验区位于浙江省湖州市安吉县山川乡,属亚热带季风气候。气候特点是:季风明显,四季分明,雨热同季,空气湿润。年平均气温 16.6℃,年日照时数 1 613～2 430 h,1 月温度最低,平均气温−0.4～5.5℃,7月温度最高,平均气温24.4～30.8℃,年降水量761～1 780 mm,年平均相对湿度均在80%以上。山川乡森林面积4 251 hm²,竹林面积2 155 hm²,竹林面积占50.7%,其中毛竹林面积1 693 hm²,占竹林面积78.6%,毛竹林的分布面积非常广阔。观测塔站点位于海拔380 m处,土壤类型为黄壤土,下垫面坡度2.5°～14.5°坡向北偏东8°,观测塔周围1 000 m范围内以毛竹植物类型为主。

2) 监测内容

测量毛竹林地气交界面附近辐射通量、能量通量、物质通量、土壤热通量和气象要素分布梯度的综合观测系统。主要包括毛竹林近地层大气温度、风、湿度、气压空间变化、降水量、蒸发量、土壤温度、土壤湿度、土壤热通量、辐射、物质通量(水汽、碳通量)观测及热量、动量通量等要素观测。

3) 通量观测仪器设备

观测林地建有高40 m的微气象观测塔,开路涡度相关系统的探头安装在距地面38 m高度上,由三维超声风速仪(CAST3, Campbell Inc. ,USA)和开路CO_2/H_2O分析仪(Li-7500, Li Cor Inc. ,USA)组成,原始采样频率为10 Hz,数据传输给数据采集器(CR1000, Campbell Inc. ,USA)进行存储,同时根据涡度相关原理在线计算并存储30 min的CO_2通量(FC)、摩擦风速(Ustar)、潜热通量(LE)和显热通量(HS)等统计量。并配有常规气象观测系统,每30 min自动记录平均风速、气压、温度、净辐射等常规气象信息。

4) 监测数据

本站点共收集了2010年12月到2016年8月的毛竹林通量观测系统数据。

1.3.2 雷竹林生态系统碳通量观测系统

雷竹是中国南方重要的竹林生态系统之一,广泛分布在浙江省等亚热带区域,在森林固碳中具有突出的作用。雷竹碳通量观测系统利用国际上先进的通量观测(Eddy Flux)仪器,分7层安装在20 m高的铁塔上,观测雷竹林二氧化碳通量、二氧化碳垂直廓线、雷竹林能量和水分平衡以及小气候等动态变化,分析雷竹林碳同化和碳释放的昼夜及季节等时态过程及其与环境的关系;同时结合其他观测和遥感与模型等研究手段,可以精准地计算雷竹林的固碳能力,为区域森林碳汇的发展提供科学依据。

1) 研究区概况

太湖源雷竹林通量塔位于:浙江省临安市太湖源镇;GPS坐标:N30°18′17.27″;E119°34′104″,海拔高度:185 m,坡向:北偏东35°,坡度:2°～3°。

通量塔简介:雷竹林通量塔总高度20 m,边长1.5 m,共10层;塔整体钢结构,塔旁建有试验房用于铁塔配电、放置电脑等其他设备,样地用水泥栏杆围成,样地面积484 m²。2010年10月通量塔上仪器开始正常监测。

2) 监测内容

通量塔主要是观测雷竹林地气交界面附近辐射通量、能量通量、物质通量、土壤热通量和气象要素分布梯度的综合观测系统。具体观测主要因子包括大气温度、风速、湿度、气压、辐射、降水量、蒸发量、土壤温度、土壤湿度、土壤热通量、物质通量（水汽、CO_2 通量）、动量通量等。观测还包括，雷竹林经营记录，雷竹林的施肥，谷糠稻壳覆盖情况，以及林间的小气候观测。

3）仪器设备

雷竹林通量塔总高度 20 m，边长 1.5 m，共 10 层；塔整体钢结构，塔旁建有试验房用于铁塔配电、放置电脑等其他设备，样地用水泥栏杆围成，样地面积 484 m^2。2010 年 10 月通量塔上仪器开始正常监测。开路涡度相关系统的探头安装在 17 m 高度上，由三维超声风温仪（CSAT3，Campbell Inc.，USA）和开路 CO_2/H_2O 分析仪（Li‑7500，Li Cor Inc.，USA）组成，原始采样频率为 10 Hz，数据传输给数据采集器（CR1000，Campbell Inc.，USA）进行存储（仪器详情同安吉毛竹林通量塔）。常规气象观测系统，包括 7 层风速（010C，met one，USA）、7 层大气温度和湿度（HMP45C，Vaisala，Helsinki，Finland）观测系统，安装高度分别为 1 m，5 m，7 m，9 m，13 m，17 m，19 m；2 个 SI‑111 红外温度分别置于 1.5 m 和 5 m，用于采集地表和冠层温度，净辐射仪（CNR4，Kipp & Zonen）传感器安装高度 17 m，用于采集上行/下行的长波/短波辐射、净辐射的数据，此外还有土壤热通量（HFP01，Hukse flux）观测深度 3 cm，5 cm；土壤含水量（CS616，Campbell，USA）观测深度 5 cm，50 cm，100 cm；土壤温度（109，Campbell，USA）观测深度 5 cm，50 cm，100 cm。自动雨量筒（PC‑2Z，锦州阳光，中国），布置在竹林内以及空旷地。常规气象观测系统数据采样频率为 0.5 Hz，通过数据采集器（CR1000，Campbell Inc，USA）每 30 min 自动记录平均风速、温度、气压、净辐射等常规气象信息。7 层 CO_2/H_2O 廓线观测系统（LI‑840，Li CorInc，USA）观测 CO_2/H_2O 从土壤到植被再到大气的扩散过程，为闭路系统，采样频率为 0.2 Hz，同时输出 30 min 平均值。全部观测数据保存到数据采集器的 TF 卡上，同时配置无线传输模块利用远程计算机加载虚拟串口通过手机信号连接数据采集器，可以实时监测传感器状态，30 min 数据可以实时传输。三套系统 30 min 数据均由串口所连接的无线模块无线传输到浙江农林大学生态学实验室。

4）数据

本通量塔共收集了 2010 年 10 月到 2016 年 7 月的雷竹林通量观测的系统数据。

第2章
竹林通量的观测和分析技术

2.1 通量观测的方法

  自工业革命以来,由于大规模的人类活动改变了生态系统碳循环的自然过程以及生物圈固有的收支平衡,导致大气中 CO_2、CH_4 和 N_2O 等温室气体浓度的持续升高,引发了全球变暖等一系列严重的全球环境问题,严重威胁着人类的生存和社会的可持续发展(杨爽,2012)。研究地球系统的碳循环过程和控制机理,评价陆地生态系统对温室气体的吸收或排放能力,分析全球碳汇/源的时空分布特征,预测未来的气候变化趋势和评价生态系统碳循环对全球变化的响应与适应特征,是现代地球系统科学、生态与环境学关注的重大科学问题(王靖等,2008)。

  在对全球碳、水循环关键过程的研究中,需要大尺度、长期和连续的生物圈-大气之间的 CO_2,H_2O 和能量观测数据的支撑,全球通量观测网络(FLUXNET)作为获取生态系统与大气之间的 CO_2,H_2O 和能量交换信息的有效手段,为分析地圈-生物圈-大气圈的相互作用,评价陆地生态系统在全球碳循环中的作用提供了重要的数据基础(于贵瑞等,2006)。而在这过程中涡度相关技术则是研究土壤-植被-大气间的 CO_2/H_2O 和能量通量的标准方法。利用该方法对生态系统碳水循环的关键过程进行长期和连续的观测,所获取的观测数据将用来量化和对比分析研究区域内的生态系统碳收支与水平衡特征及其环境变化的响应(Berbigier et al, 2001)。通过 FLUXNET 的全球站点在空间尺度上从几百米到几千米,并可以覆盖各类生态系统,在时间尺度上可以从小时、天、季到数年连续不间断地观测。

2.1.1 通量观测方法的发展历史

  Eddy Flux 是基于涡度相关技术的通量观测方法,其中综合流体力学和微气象学理论,观测仪器包括气象观测仪器、计算机和数据采集器。基于涡度相关技术的通量观测方法是在近代科学的发展带动下在近 10 几年的时间才得到广泛应用的。1895 年雷诺(Osborne Reynold)建立涡度相关技术的理论框架,即雷诺分解法(Reynolds et al,

1895），但是，因为当时的技术限制，一直没有投入到具体的实验中，之后直到 1926 年人们利用简单的模拟器和数据记录器观测近地面的动量通量，也就是雷诺应力研究（Scarse et al.，1930）。当时主要是受数据采集器的限制，对模拟信号的响应时间很慢，对于脉冲信号更是不能很好地记录。

二战后，成功地研制了快速响应的热线风速仪和温度计，发展了数字计算机，极大地促进了涡度相关技术的进步，使其应用于地势平坦低矮植被的通量观测，但还只能用于晴朗多风条件下的大气边界层结构、动量和热量传输研究（Swinbank et al，1951）。20 世纪的 50—60 年代初，一些科学家开始尝试利用廓线法在平坦的农田上进行 CO_2 通量观测，后期开始在复杂的森林地形应用，由于绝大多数是非理想的地形环境使得廓线理论能否用于 CO_2 通量观测还存在很多疑问，但这为涡度相关技术用于 CO_2 通量的观测提供了很好的开端。20 世纪的 70 年代初，人们主要是用螺旋桨式风速仪和改进的闭路红外线分析仪在作物田间进行观测，这才开始真正的利用涡度相关技术测定 CO_2 通量（Desjardins et al，1974）。受仪器记录脉冲信号的时间响应太慢，易造成高频损失，其观测结果的误差较大（约 40% 左右）（Desjardins et al，1974）。20 世纪 70 年代末至 80 年代初，商用超声风速仪和快速响应的开路红外气体分析仪的研究取得了重大进展，极大地促进了涡度相关技术的发展（Jones et al.，1978；Garratt et al.，1975）。1990 年以前，涡度理论已经基本成熟但传感器性能和数据采集系统的局限性仍然是限制涡度相关技术在野外观测应用的关键因素。

20 世纪末，计算机信息技术的迅速发展，实现了观测仪器电子信号的自动采集、实时记录、计算和海量数据的存储。进而观测性能稳定、快速响应的商用红外分光计的出现，使涡度相关技术实现了一天 24 小时、一年 365 天的长期连续测定（于贵瑞等，2006）。这样作为唯一能直接测定大气与群落间 CO_2 和水热通量的标准方法，涡度相关法已得到微气象学家和生态学家们的广泛认可，成为国际通量观测网络的主要技术手段，全球范围内开始了联网观测。

2.1.2 Eddy Flux 的原理及实现

1）观测的大气环境

大气边界层（atmospheric boundary layer，ABL）又称为行星边界层（planetary boundary layer，PBL），通常是指从地面到高度约 1～1.5 km 之间的大气层，这一层中大气直接受地球表面的影响，包括海洋、陆地、积雪和冰等地球表面，热量和水汽通过垂直方向上的湍流过程不断地从地球表面输送到大气的上层，成为大气中相当重要的一部分能量和水汽的源。大气边界层近地高度位置是近地层，近地层（surface layer）是贴近地表面数十米的气层，受地面的影响非常明显。贴地表层的上部约 50～100 m 的大气层，强烈地受陆地生态系统的各种生物、物理和化学过程的影响，也是边界层中最为活跃的部分。最重要的因素就是湍流摩擦应力（turbulent friction stress）。大气运动呈现明显的湍流性质，有湍流产生的应力不随高度而变化，有湍流引起的动量、热量和水汽的垂直输送通量近似为常数,所以又称它为通量层。

在近地层安装涡度相关仪器,CO_2 通量不随高度变化发生变化。在近地层湍流是主要的大气运动方式,是气体在一定条件下时间和空间上毫无规则地运动形式,受太阳辐射影响,物质和能量在垂直方向上由湍流运送。充分的湍流运动是涡度相关技术进行通量观测的基本要求,这样在林冠层高度的探头才能检测到生态系统与大气交换量。借助统计学工具来研究湍流,湍流毫无规律的脉动值,经过统计平均的方法研究其平均运动的确是有变化规律。这里脉动值可以用方差和协方差的统计量描述。方差表示湍流强度或湍流动能的量,协方差是表示通量或应力的量。

2) 生态系统 CO_2 通量的概念

通量(flux),是指单位时间内通过一定面积输送的动量、热量(能量)和物质等物理量的速度。特别是把单位时间,通过某一界面单位面积所输送的物理量称为通量密度(flux density)。但是通常情况下把通量密度简称为通量(flux)。热量的通量的单位是 $W \cdot m^{-2}$,物质通量的单位是 $kg \cdot m^{-2} \cdot s^{-1}$,动量的通量实质是摩擦应力(Reynolds stress),其单位是 $N \cdot m^{-2}$。

物理量通量主要有生态系统的能量输入和输出通量(土壤/大气界面或植被/大气界面的辐射通量,显热通量和潜热通量),动量传输通量和气体(大量或痕量温室气体)交换通量等。

大气-植被-土壤的连续体构成了生物圈的主体,植物的光合作用,生态系统呼吸作用都影响着 CO_2 的吸收排放,通量就是观测 CO_2 进入到生态系统或者 CO_2 排放到生态系统的量。单位时间通过垂直方向单位截面的 CO_2,以 CO_2 物质的量计,单位为 $mg \cdot m^{-2} \cdot s^{-1}$。

3) 通量观测的基本假设

(1) CO_2 通量不随高度变化发生变化。

(2) 测定的植被下垫面与仪器探头之间没有任何源或者汇。

(3) 足够长的风浪区和水平均质的下垫面,保证水平方向 CO_2 进入等于离开。

涡度相关(eddy correlation)法,或者湍流脉动法,作为求解湍流通量的方法,使用的假设较少,被认为是最直接的测定方法(于贵瑞等,2006)。

具有温室效应的微量气体的垂直通量(F_c)用下式表示:

$$F_c = \overline{WS} = \overline{W'S'} + \overline{W}\,\overline{S}$$

式中:S 是对象气体在空气中的密度;W 是风速的垂直分量;一杠(—)表示时间平均;一撇(′)表示与平均值的偏差。在平坦均一的地表面上,可以假定 $\overline{W} \approx 0$。在这种情况下,式中右边的第二项可以被忽略,所以通量可以用 W 和 S 的协方差($\overline{W'S'}$)来表示(于贵瑞等,2006;杨爽,2012)。

净生态系统碳交换量(Net Ecosystem Exchange,NEE)主要是指生态系统中植物光合作用、植被冠层空气的碳储存和生态系统呼吸消耗的碳排放引起的生态系统碳储量的变化。

微气象学研究以大气为对象,当 CO_2 从大气进入到生态系统时,定义 NEE 符号为负;当 CO_2 从生态系统排放到大气中时,定义 NEE 符号为正。生态学家研究的重点在生态系统的变化,对于通量的符号规定为:气体由大气圈进入生态系统的通量值符号为负,反之为正(于贵瑞等,2006)。

净初级生产力(NPP)、净生态系统生产力(NEP),定义的符号刚好和 NEE 相反,而生态系统总交换量(GEE)和生态系统总初级生产力(GPP)符号也是相反的,这样陆地和大气之间的气体交换过程中的关系,可用下列方程描述:

$$NEE = F_c + F_s$$
$$GEE = NEE - R_{eco}$$

式中:F_c 为大气和生态系统冠层的碳通量,即涡度探头观测值;F_s 为冠层内的碳储存通量;R_{eco} 为生态系统呼吸包括植物自养呼吸、土壤微生物分解土壤有机质和凋落物呼吸通量。

2.2 安吉毛竹林通量观测系统的建立

目前,不少国内外高校和研究机构在竹林碳汇计量等方面正开展研究,以便获得竹林营造、监测与计量的一系列数据和标准,为未来的竹林碳汇交易提供技术支撑。但是迄今为止,还缺乏竹林通量的观测和研究。浙江农林大学分别在浙江省临安市太湖源镇的雷竹林示范园区和安吉县山川乡的毛竹林示范园区内建立通量观测站,试图精确研究浙江地区两种主要竹林生态系统的碳水及能量通量的循环过程。

2.2.1 安吉毛竹林通量塔概况

1) 安吉毛竹通量塔介绍

位置:浙江省湖州市安吉县山川乡。

GPS 坐标:N 30°28′34.5″,E119°40′25.7″。

海拔高度:380 m;坡向:北偏东 8°;坡度:南北 12°。

2) 目的及意义

毛竹林碳汇计量技术研究、毛竹在营林措施下林内小环境对毛竹生长的研究、毛竹采伐利用的碳平衡及碳转化研究等。项目对于准确计算我国的竹林碳汇和森林生态系统对全球碳平衡的贡献量等具有重要意义,可为中国森林资源碳汇提供重要的资料和数据,并将提升我国在碳交易国际谈判中的地位。

3) 研究内容

测量毛竹林地气交界面附近辐射通量、能量通量、物质通量、土壤热通量和气象要素分布梯度的综合观测系统。主要包括毛竹林近地层大气温度、风、湿度、气压空间变化、降水量、蒸发量、土壤温度、土壤湿度、土壤热通量、辐射、物质通量(水汽、碳通量)观测及热量、动量通量等要素观测。

　　4) 通量塔简介

　　通量塔系浙江农林大学与安吉县林业局合作建设,其中塔体由合作单位安吉县林业局负责招标建造,于 2010 年 5 月建好,观测塔总高度 40 m,边长 1.6 m,共 20 层;塔整体钢结构,塔旁建有试验小屋以作放置电脑等其他设备,整个试验地用铁网包围,面积 1 444 m²。2010 年 5 月浙江农林大学进行了本地调查,并对区域内毛竹进行了标记,2010 年 7 月份开始由北京天诺基业公司工程师安装仪器设备,2010 年 10 月通量塔上仪器开始正常监测。

2.2.2　通量观测系统简介

2.2.2.1　涡动相关通量观测系统

1) 测量仪器与原理

　　涡动相关通量系统基本设备主要包括一个三维超声风速温度计(SAT)以及一个高速响应红外线气体分析仪(IRGA)。三维超声风速温度计由 Campbell 厂家生产的。采用的是 Campbell 开路涡动相关通量系统,包括三维超声风速温度计(CSAT3, Campbell Inc., USA)和红外线气体分析仪(LI-7500, LiCor Inc., USA),以及相匹配的数据采集系统(CR1000, Campbell Inc., USA)和预处理软件 EdiRe(Eddy Reprocessing)等。

　　(1) 超声仪探测原理。如图 2.1 所示,若收发二探头间声程为 d,沿声程的风速分量为 V_d,测得的顺风和逆风向声传播时间分别为 t_1 和 t_2,则 V_d 可由下式计算:

$$V_d = \frac{d}{2}\left(\frac{1}{t_1} - \frac{1}{t_2}\right) \qquad (2.1)$$

温度脉动则由声速 c 计算:

$$c = \frac{d}{2}\left(\frac{1}{t_1} + \frac{1}{t_2}\right) \qquad (2.2)$$

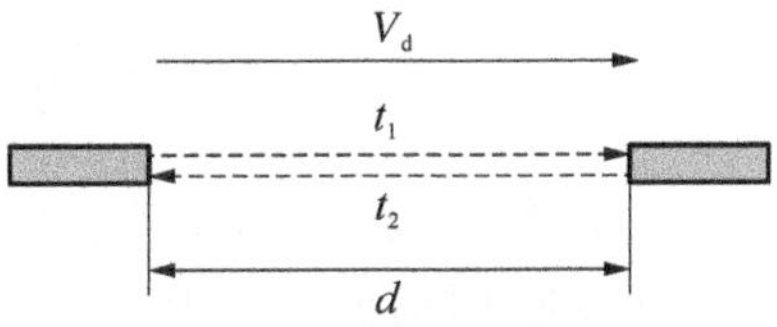

图 2.1　超声仪探测原理

又有

$$c = 20.067\sqrt{T(1 + 0.319\,2e/p)} = 20.067\sqrt{T_{sv}} \qquad (2.3)$$

式中: T 为空气温度 [K]; e 和 P 分别为水汽压和气压。超声仪输出的实际是虚温 T_{sv}。

　　涡动相关通量系统一般以 10～20 Hz 的采样频率采集传感器高度上的水平风速([m/s]),垂直风速([m/s]),温度(T,实际上是超声虚温,T_{uvws},[K] 或 [℃]),比湿([mol·water/mol·air] 或 [kg/kg] 等)和 CO_2 浓度([mol·CO_2/mol·air] 或 [kg/kg] 等)。在一定"取平均时间"(如 30 min)内,某标量 C 的湍流输送通量可由下式计算:

$$Q_C = \overline{w(\rho C)} = \rho \overline{wC} \qquad (2.4)$$

式中：横上线表示时间平均。$\rho[\text{kg/m}^3]$ 为空气密度，设在此"取平均"时段内不变。将测得量做雷诺分解，即分为平均量和脉动量两部分：

$$w = \overline{w} + w' \tag{2.5}$$

$$C = \overline{C} + C' \tag{2.6}$$

则式(2.4)变成

$$Q_C = \rho\overline{wc} + \rho\overline{w'C'} = \rho\overline{w'C'} \tag{2.7}$$

其中已假设垂直风速平均值为零($\overline{w} = 0$)。这样，动量通量(切应力)(τ)、感热动量(H)、潜热通量(λE)和 CO_2 通量(F_C)可分别由以下各式计算：

$$\tau = -\rho\overline{u'w'} \qquad [\text{N/m}^2] \tag{2.8}$$

$$H = C_p\rho\overline{w'T'} \qquad [\text{N/m}^2] \tag{2.9}$$

$$\lambda E = \lambda\rho\overline{w'q'} \qquad [\text{N/m}^2] \tag{2.10}$$

$$F_C = \rho\overline{w'C'} \qquad [\text{kg/m}^2 \cdot \text{s}] \tag{2.11}$$

式中：空气密度 $\rho[\text{kg/m}^3]$，空气定压热容 $C_P[\text{J/kg} \cdot \text{K}]$ 和蒸发潜热 $\lambda[\text{J/kg}]$ 分别由以下各式计算(其中，$P[\text{hPa}]$ 为气压，$Ta[\text{℃}]$ 为气温，$q[\text{kg/kg}]$ 为比湿，$T_0[\text{℃}]$ 为地表温度)：

$$\rho = 100 \times P/(287.1 \times (T_a + 273.16) \times (1 + 0.61 \times q)) \tag{2.12}$$

$$C_P = 1\,004.7 \tag{2.13}$$

$$\lambda = (2.501 - 0.002\,37 \times T_0) \times 10^6 \tag{2.14}$$

实际通量计算中，还有坐标旋转及其他一系列修正；注意湿度和 CO_2 浓度的输出单位可能随仪器不同而不同(于贵瑞等，2006)。

(2) 红外气体分析仪原理。LI-7500 是开路系统，采用在近红外波段二氧化碳和水汽的吸收带(分别为 4.26 μm 和 2.59 μm)，测量空气中的二氧化碳和水汽浓度。

2) 数据采集系统

采样频率要足够高，以包含对通量有贡献的较高频谱。一般情况下，可取采样频率为 10 Hz；但有时需要根据具体地区的一些特点做调整。

对于数据采集硬件的选择并不直接影响数据质量，只要硬件配置足够可靠并有足够分辨率采集各有关信号的高频脉动，有一定的运算能力进行某些资料的预处理以便于即时的监视，且有足够的存储量可以对原始湍流数据做较长期的积累就可以了。

3) 目标

通过这套系统对毛竹林碳收支状况进行长时间的连续监测，从而估算出毛竹林在不同时期对碳固定的贡献,以及一年或数年的总贡献。

2.2.2.2　闭路 CO_2 及 H_2O 廓线系统

1)测量仪器与原理

CO_2 廓线观测系统由红外 CO_2 气体分析仪(ModelL1820,Li—CorInc.,Lincoln,Nebraska)、数据采集器(ModelCR10XTD, Campbell Scientific Inc. Logan, Utah)以及气体采集管路系统与校正控制系统构成,仪器运行中每 3 h 自动进行 CO_2 的零值与跨度值校准。气体样品通过管道抽入分析仪进行分析后,通过数据采集器直接下载到计算机保存。储存数据同样为 30 min 平均值。采样抽气管是由铝管外涂一层高密度聚乙烯最外部包一层乙烯聚合物组成,其内部铝管可以防止抽气样中 CO_2 的扩散,同时保证管道内部直径的一致。吸气口分别安置在塔的毛竹林 1 m,7 m,11 m,17 m,23 m,30 m 和 38 m 七个高度,雷竹林 1 m,5 m,7 m,9 m,13 m,17 m 和 19 m 七个高度。气体分析仪以及数据采集和控制系统都安装在塔基处的系统控制箱内(杨爽,2012)。

2)目标

廓线观测系统通过观测林间及林冠层以上不同高度的 CO_2 浓度变化,估算植被冠层碳储量以及为用边界层理论计算 CO_2 通量提供数据支持。同时,它还可以估计由于冷空气造成的水平辐散通量值。廓线数据不仅可以和涡度相关数据进行对比分析,将其用于长期观测还可以为涡度相关系统无法观测到的非湍流通量提供有用信息。

2.2.2.3　梯度系统

1)测量仪器与原理

此套梯度系统由 1 台 CR1000 和 1 台 AM16/32 扩展板,1 台 CR3000 数据采集器7 层 HMP45C 温湿度,7 层 010C 风速,3 个土壤温度 109 传感器,3 个 CS616 土壤湿度,2 个 HFP01 土壤热通量传感器,2 个 SI - 111 红外温度,机箱及其他备件组成。

数采箱放在 3 m 的位置,所有传感器的线都接到数采上,所有的测量数据都将存储到数采箱里。

2)目标

通过塔上七层温湿度计和地下三层温度传感器,实时连续的监测记录毛竹林环境中温湿度的时空变化,通过塔上七层风速传感器监测竹林不同高度风速的时空变化,为研究竹林固碳,竹林生长与环境关系提供连续的基础数据支持。

2.2.2.4　其他辅助设备

IBUTTON:一种纽扣电池大小的温湿度自动记录设备,可置于空气中和地下,共 10 枚,布置于通量塔周围,用于监测周围环境中空气和土壤的温湿度变化。

雨量监测仪:用于监测竹林的降水量。

辐射仪:用于监测竹林上空的太阳辐射。

三套系统 30 min 数据均由串口所连接的无线模块无线传输到浙江农林大学生态实验室。

2.3 临安太湖源雷竹林通量观测系统的建立

位置：浙江省临安市太湖源镇。

GPS 坐标：N30°18′169″, E119°34′104″。

海拔高度：185 m；坡向：北偏东 35°；坡度：2°～3°。

研究内容：通量塔主要是观测雷竹林地气交界面附近辐射通量、能量通量、物质通量、土壤热通量和气象要素分布梯度的综合观测系统。观测的主要因子包括大气温度、风速、湿度、气压、辐射、降水量、蒸发量、土壤温度、土壤湿度、土壤热通量、物质通量（水汽、CO_2 通量）、动量通量等。

观测还包括，雷竹林经营记录，雷竹林的施肥，谷糠稻壳覆盖情况，以及林间的小气候观测。

雷竹林通量塔总高度 20 m，边长 1.5 m，共 10 层；塔整体钢结构，塔旁建有试验房用于铁塔配电、放置电脑等其他设备，样地用水泥栏杆围成，样地面积 484 m^2。2010 年 10 月通量塔上仪器开始正常监测。

微气象观测塔，塔高 20 m，开路涡度相关系统的探头安装在 17 m 高度上，由三维超声风温仪（CSAT3, Campbell Inc.，USA）和开路 CO_2/H_2O 分析仪（Li – 7500, LiCor Inc.，USA）组成，原始采样频率为 10 Hz，数据传输给数据采集器（CR1000, Campbell Inc.，USA）进行存储（仪器详情同安吉毛竹林通量塔）。

常规气象观测系统，包括 7 层风速（010C, met one，USA）、7 层大气温度和湿度（HMP45C, Vaisala, Helsinki, Finland），安装高度分别为 1 m，5 m，7 m，9 m，13 m，17 m，19 m，2 个 SI – 111 红外温度分别置于 1.5 m 和 5 m，用于采集地表和冠层温度，净辐射仪（CNR4, Kipp & Zonen）传感器安装高度 17 m，用于采集上行/下行的长波/短波辐射、净辐射的数据，此外还有土壤热通量（HFP01, Hukseflux）观测深度 3 cm，5 cm；土壤含水量（CS616, Campbell, USA）观测深度 5 cm，50 cm，100 cm；土壤温度（109, Campbell, USA）观测深度 5 cm，50 cm，100 cm。自动雨量筒（PC – 2Z，锦州阳光，中国），布置在竹林内以及空旷地。常规气象观测系统数据采样频率为 0.5 Hz，通过数据采集器（CR1000, Campbell Inc, USA）每 30 min 自动记录平均风速、温度、气压、净辐射等常规气象信息（陈云飞，2013）。

7 层 CO_2/H_2O 廓线观测系统（LI – 840, Li CorInc, USA）观测 CO_2/H_2O 从土壤到植被再到大气的扩散过程，为闭路系统，采样频率为 0.2 Hz，同时输出 30 min 平均值。全部观测数据保存到数据采集器的 TF 卡上，同时配置无线传输模块利用远程计算机加载虚拟串口通过手机信号连接数据采集器，可以实时监测传感器状态，30 min 数据可以实时传输。

三套系统 30 min 数据均由串口所连接的无线模块无线传输到浙江农林大学生态实验室。

2.4　竹林通量数据的处理与分析

2.4.1　通量数据处理

2.4.1.1　数据校正

通常情况下,涡动相关技术要求通量观测仪器安装在 CO_2 通量不随高度发生变化的边界层,即所谓的常通量层。常通量层是通量观测的基本假设,常通量层通常要求满足三个条件,即:① 稳态;② 测定下垫面与仪器之间没有任何源和汇;③ 足够长的风浪区和水平均质的下垫。实际的观测过程中,这些条件并不能一一满足,同时观测并不能达到理想状态,会受到降水、仪器故障等多种因素的影响。因此,有必要对原始数据进行一系列的校正和计算才能更加接近生态系统 CO_2 通量的真实值。

1) 坐标轴倾斜校正

通常为了剔除仪器倾斜误差和侧风对湍流通量矢量成分的影响,在对观测数据进行生态学意义上的解释之前,需要对通量观测数据进行坐标旋转。最普遍的旋转程序以测定的平均风来定义每个测量周期内(30 min)的直角矢量为基础,称为自然风坐标系,然后对所观测的数据进行坐标旋转。自然风系统主要运用于近地层气流为一维的情况,即速度和标量浓度梯度仅存于垂直方向上,不存在标量的水平平流。在早期的通量观测实验中,往往选取的是理想的观测站点和理想的观测天气进行,因此这种通过定义自然风坐标系来进行坐标旋转方法能够满足观测要求,但是,随着通量观测研究的不断发展,观测范围不断扩大,这就出现了在非理想观测站点进行观测和进行长周期的连续观测的情况,这些观测条件下,自然风坐标系已不能满足复杂情况下的旋转需要,当下垫面有一定倾斜度时,在地球引力作用下,顺着山坡走向的空气会发生汇流及漏流现象,此时的平均垂直风速是不为零的(于贵瑞等,2008)。目前,大量的研究都是通过对旋转风向坐标轴进行旋转来计算通量(Wilczak et al.,2001;Baldocchi et al.,1988;McMillen et al.,1988)。在中等尺度大气环流下,可以通过旋转坐标轴迫使平均垂直风速为零,根据风向、仪器底座、主风向地形坡度等因素重新建立一坐标轴参考系统。

目前,常见的坐标旋转方法有二次坐标旋转、三次坐标旋转和平面拟合,本节采用二次坐标旋转(DR),使坐标系 x 轴与平均水平风方向平行(Lee et al.,1998)。

2) WPL 校正

大气在发生湍流运动时,由于水热条件的变化而引起气体体积的变化,从而导致单位体积内痕量气体的绝对浓度也会发生相应的变化。因此,在观测痕量气体的绝对浓度时,必须对水热效应所引起的绝对浓度的变化进行校正,从而才能够正确地计算痕量气体通量。由于观测中测量的是某种气体成分相对于湿空气的质量混合比,热量或水汽通量的输送会引起微量气体的密度变化,因此,在固定观测点直接测量大气中某组分的密度脉动或者平均梯度,就有必要分别对热量和水汽通量的影响进行 WPL 校正,本文采用 webb 等提出的水热校正方法对数据进行相应的校正(Webb et al. , 1980;Leuning et al. , 2005)。

2.4.1.2 冠层存储量计算

在大气层结相对稳定的夜间,生态系统呼吸所释放的 CO_2 不能像白天一样通过大气频繁的运动输送到观测仪器的高度,可能被储存在森林等高大植被冠层到地面的大气中,导致观测数据通常要低于生态系统实际的碳交换量。因此,有必要通过计算生态系统储存项($F_{storage}$)来补偿仪器观测所低估的 CO_2 通量,本研究 $F_{storage}$ 采用单层 CO_2 浓度变化计算(Webb et al. , 1980;Leuning et al. , 2005):

$$F_{storage} = \frac{\Delta C(z)}{\Delta t} \Delta z \tag{2.15}$$

式中:$\Delta C(z)$ 为高度 z 处 CO_2 浓度变化;Δt 为时间间隔(1 800 s);Δz 为 CO_2 浓度测定高度(38 m)。研究表明,这种简单的 $F_{storage}$ 计算结果与标准的全剖面 CO_2 浓度测量法计算结果具有较好的吻合性,不同方法算得的全年 NEE 之差异可以忽略($<10 \, gCm^{-2} \cdot a^{-1}$),为消除系统误差,剔除 CO_2 浓度异常变化,即$|[CO_2]t+\Delta t - [CO_2]t| + |[CO_2]t - [CO_2]t - \Delta t| > 40 \, mgCO_2 \cdot m^{-3}$,控制 $F_{storage}$ 项小于 $0.3 \, mgCO_2 \cdot m^{-2} \cdot s^{-1}$,$F_{storage}$ (F_s) 与 F_c 之间的相对重要性随 u^* 而变化,当 u^* 较小时,$F_s/(F_s+F_c)$ 接近 1,表明几乎所有呼吸均被储存,而 F_c 可以忽略;相反当 u^* 较大时,湍流交换充分,$F_{storage}$ 可以忽略。

2.4.1.3 不合理数的剔除

经过以上步骤计算得到的 CO_2 通量仍然可能存在着一些异常值,因此,还必须对其进行一系列的质量控制,以保证观测数据的有效性。这一过程主要包括夜间湍流不充分时的观测数据剔除,降水期数据的剔除,阈值剔除以及异常数据剔除。

(1)湍流不充分(摩擦风速 $U^* < 0.2 \, m \cdot s^{-1}$):夜间大气湍流不充分,土壤和植物呼吸出来的 CO_2 不能迅速地与上层大气混合,沉积于林冠下层,从而导致夜间通量的低估,有大量的研究发现当 $U^* > 0.2 \, m \cdot s^{-1}$ 时,大气湍流基本能够使 CO_2 充分混合,当 $U^* < 0.2 \, m \cdot s^{-1}$ 时,下层 CO_2 不能与上层空气迅速混合(Lindroth et al. , 1998),本研究也发现,当 $U^* < 0.2 \, m \cdot s^{-1}$ 时,观测数据不能真实地反应生态系统呼吸强度,因此剔除 $U^* < 0.2 \, m \cdot s^{-1}$ 的夜间观测值。

(2)剔除降水同期观测的数据:降水会扰乱正常的大气流动,并且会引起三维超声风速仪和 CO_2/H_2O 分析仪工作失灵,不能进行正常的观测,因此剔除掉降水同期观测数据,来保证观测数据质量。

(3)阈值剔除:一般情况下,单位时间的 CO_2 通量观测值在一个相对固定的阈值范围内变化,森林和草地的阈值表现不同,一般森林阈值范围要大于草地,同时 CO_2 和水汽浓度也在一定范围内波动,结合国内外研究的结果和经验,本研究将 CO_2 通量超出范围定为

$-2.0\sim2.0\ mgCO_2 \cdot m^{-2} \cdot s^{-1}$,$CO_2$浓度超出范围 $500\sim800\ mgCO_2 \cdot m^{-3}$,水汽浓度超出范围 $0\sim40\ g \cdot m^{-3}$ 的观测数据剔除(杨爽等,2012)。

(4) 异常值剔除:观测数据中存在部分数据偏离正常变化范围,表现为异常突出值,异常突出值增加了通量估算中的不确定性,有必要对其进行剔除,这里异常突出值设定为:某一个数值与连续 5 点平均值之差的绝对值大于 5 个点方差的 2.5 倍。

2.4.1.4 数据插补

在长期通量观测中,由于仪器故障、系统校正以及天气、风向等因素影响,往往造成观测数据丢失和异常,年平均数据量只有 65%。目前,对异常缺失数据插补较常用的有以下几种方法:平均昼夜变化法、半经验法、人工神经网络法。本节分别采用了平均昼夜变化法和半经验法中的非线性回归法进行插补,平均昼夜变化法即对丢失数据用相邻几天同时刻数据的平均值进行替换,这种方法首先依据两个 30 min 数据求得 1 h 平均值,然后用 1 d 内 24 h 的平均值数据求得日平均数据。使用此方法的最大不确定性在于所取的平均时间段的长度不同(时间段尺度一般为 $4\sim15$ d),通量数据通常在 $3\sim4$ d 时出现一个峰值,因此平均时间段的选取要长于 4 d(Baldocchi et al.,2001)。当然进行插补时也并非时间段越长越好,因为环境变量随时间的变化并非线性变化,所取时间段过长会因环境因子信息平均化而失真,平均昼夜变化法一般白天取 14 d,夜间取 7 d 的平均时间长度时偏差最小,时间段的划分分为 3 种方法:① 独立的平均时间段,即对每一独立的时间段建立一种日平均变化,然后此时间段内的空缺数据均用此日平均变化来插补;② 滑动的平均时间段,即对每一独立的时间段建立一种日平均变化,然后此时间段内的空缺数据均用此日平均变化来插补;③ 滑动的平均时间段,即首先针对每一个空缺数据划定平均时间段长度,然后用此时间段做日平均变化对空缺进行插补(陈云飞等,2013)。若一天中白天或晚上异常值与缺失值超过 30%,则舍去该时段全部过程信息,白天根据净生态系统碳交换量(NEE)与光合有效辐射(PAR)的回归关系,晚间根据 NEE 与土壤温度的回归关系计算获得的交换总量(吴家兵等,2007)。

白天(总辐射 ≥ 1 W/m²)植被大气间净生态系统 CO_2 交换(NEE)仅仅来源于生态系统光合作用。将白天的数据按月分组,缺失数据可以利用下列的 Michaelis - Menten 方程(Michaelisand Menten,1913)进行插补(Falge et al.,2001):

$$F_{NEE} = -\left(\frac{\alpha^* Q_p N_{es}}{N_{es} + \alpha^* Q_p}\right) + R_{eco, d} \tag{2.16}$$

式中:F_{NEE} 为白天 CO_2 交换量[$mgCO_2 \cdot m^{-2} \cdot s^{-1}$];$\alpha$ 为表观初始光能利用率,即曲线的初始斜率;Q_p 为入射到冠层上的光合有效光量子通量密度[$\mu mol \cdot photon \cdot m^{-2} \cdot s^{-1}$];$N_{es}$[$mgCO_2 \cdot m^{-2} \cdot s^{-1}$]为最大净生态系统交换(即 Q_p 至∞时的净生态系统交换的渐进值);$R_{eco,d}$[$mgCO_2 \cdot m^{-2} \cdot s^{-1}$]为白天表观暗呼吸速率(即 Q_p 至 0 时净生态系统交换值)。

夜间（总辐射<1 W/m^2）植被—大气间净生态系统 CO_2 交换仅仅来源于生态系统呼吸[$R_{eco,d}$,mgCO$_2$ · m^{-2} · s^{-1}]。本节夜间缺失的生态系统呼吸数据可以利用温度-水分连乘形式耦合的呼吸模型进行插补（Lloyd et al.，1994）：

$$R_{eco,night,} = R_{eco,ref}e^{A(\frac{1}{283.16-T_0}-\frac{1}{T_K-T_0})} \cdot \exp(cM_S+dM_S^2) \qquad (2.17)$$

式（2.17）由两部分组成：R_{eco} 的温度响应方程 Lloyd-Taylor 方程和土壤水分响应函数 M_S MS 的一元二次方程。$R_{eco,ref}$ 为参考温度 T_{ref}（283.16 K＝10℃）下的生态系统呼吸[mgCO$_2$ · m^{-2} · s^{-1}]；T_K 为温度(K)；在实际应用中取为 309 K；T_0 为温度试验常数(K)（吴家兵等，2007）。

2.4.2 水汽通量测定方法

利用涡度相关观测技术对毛竹林和雷竹林的水汽通量进行观测研究。该系统由三维超声风温仪（CSAT3，Campbell Inc.，USA）和开路 CO_2/H_2O 分析仪（Li-7500，LiCor Inc.，USA）组成。毛竹林该系统安装在观测塔 38 m 高。雷竹林该系统安装在观测塔 17 m高。原始采样频率为 10 Hz，数据传输给数据采集器（CR1000，Campbell Inc.，USA）进行存储。

涡度相关技术是对大气与陆地生态系统的 CO_2 和水热通量进行非破坏性测定的一种微气象观测技术，微气象技术是直接观测大气和生态系统地表气体净交换量，最直接有效，通过测定水汽浓度与风速的垂直变化的相关性来确定植被冠层与大气界面的水汽交换量。不是计算光合作用—呼吸作用的每一分项的输入输出。利用三维超声风速仪测定瞬时的风速风向，利用红外气体分析仪测定水汽浓度。随着观测仪器的不断精密完善，涡度相关的观测技术已经得到微气象学和生态学家的广泛接受和认可，成为目前国际通量观测网络的主要技术手段，在全站各个站点大量布置。

单位时间内通过的物质的量称为通量，通量的形成是通过载体如风（空气流动，包括平流、对流、环流、湍流等）携带能量、动量、物质，并传送它们，其中湍流运动是能量、物质交换传输的最主要方式。涡度相关（eddy correlation）法，或者湍流脉动法，作为求解湍流通量的方法，使用的假设较少，被认为是最直接的测定方法。

水汽通量 E 通过实时测定的垂直风速与其浓度的协方差求得。采用的公式为

$$E = \rho \overline{w'q'}$$

式中：ρ 代表干空气密度；q 代表比湿脉动；w 代表垂直风速；横线表示一段时间内的平均值；撇号表示脉动。其中若气体由大气圈进入生态系统则通量符号为负，而气体由生态系统进入大气圈，则通量符号为正。

该试验采用的水汽通量数据为通量观测的 30 min 平均值。数据处理采用目前普遍采用的比较成熟的方法，主要包括二次坐标旋转来矫正地形以及观测仪器的不水平，并使垂直方向的风速平均值为 0，水平方向的风速和主导风向一致，且剔除由于恶劣天气（降

水)、湍流不充分等导致的不合理数据,以及水汽浓度超出 $0\sim40\ \mathrm{g\cdot m^{-3}}$ 范围的观测数据,对于打雷、仪器故障等原因导致的缺失数据采取如下方法插补:其中 2 h 之内的用平均值来插补,平均日变化法(Mean Diurnal Variation, MDV)插补缺失的数据,即对于缺失的数据采用相邻几天相同时刻的平均值来进行插补,此方法首要要确定平均时段的长度,另有研究表明白天取 14 d,夜间取 7 d 的平均时间长度所得结果的偏差是最小的。超过 2 h 的用其与净辐射的关系进行插补。

2.5　液流与光合测定方法

2.5.1　液流与光合测定方法

选择健康粗壮的成年毛竹和雷竹,分别在其根部附近寻找其健康粗壮的竹鞭,选择较为光滑壁厚的一段,去除所选竹鞭的根毛等,用直径略大于探针的钻头依钻孔模板在所选的竹鞭侧向水平钻两组孔,为使探针充分接触竹鞭内部的木质部,在钻孔的时候需保证不能钻通所选竹鞭。将两组 TDP 探针分别插入两组钻好的孔中,第一组探针的连接有红色导线的热偶探针插在靠近毛竹和雷竹的孔中,第二组探针则是带有红色导线的热偶探针插在远离毛竹和雷竹的孔中,如图 2.2 所示。然后将其用泡沫固定,将其密封。连接至数据采集器上,设置每 30 min 进行数据采集,探头持续加热为 1 s。

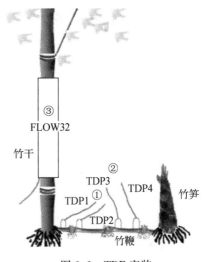

图 2.2　TDP 安装

① TDP1 与 TDP2 测量从竹鞭到竹干的液流;
② TDP3 与 TDP4 测量从竹鞭到竹笋的液流;
③ FLOW32 测量竹干内液流量。

2.5.2　光合测定方法

在实验园区内选择生长状况良好的成年毛竹和雷竹,用 Li - 6400 红蓝光源测定其叶片的光合作用的日变化,每月选择日照条件较好的晴朗天气测定 $1\sim2$ 次。同时可得该天毛竹和雷竹的气孔导度、蒸腾速率和水分利用效率的日变化。

2.5.3　各主要气象数据观测

雷竹林常规气象观测系统,包括 3 层风速(010C, met one, USA)、3 层大气温度和湿度(HMP45C, Vaisala, Helsinki, Finland),安装高度分别为 1 m,5 m,17 m;2 个 SI - 111 红外温度分别置于 1.5 m 和 5 m,用于采集地表和冠层温度。净辐射仪(CNR4,Kipp & Zonen)传感器安装高度 17 m,用于采集上行/下行的长波/短波辐射,净辐射的数据。此外还有土壤热通量(HFP01, Hukseflux)观测深度 3 cm,5 cm;土壤含水量(CS616,

Campbell，USA)观测深度 5 cm，50 cm，100 cm；土壤温度(109，Campbell，USA)观测深度 5 cm，50 cm，100 cm。常规气象观测系统数据采样频率为 0.5 Hz，通过数据采集器(CR1000，Campbell Inc，USA)每 30 min 自动记录平均风速、温度、气压、净辐射等常规气象信息。雨量筒，分布于试验样地内，记录降水量信息。

毛竹林气象数据的观测采用 40 m 高的 CO_2 通量观测系统中的气象观测设施，包括 3 层风速(010C，metone，美国)、3 层大气温度和湿度(HMP45C，Vaisala，Helsinki，Finland)，安装高度分别为 1 m、7 m、38 m；一台净辐射仪传感器(CNR4，Kipp & Zonen)安装于 38 m，用于采集下行的长/短波辐射、上行的长/短波辐射、净辐射的数据；2 个 SI-111 红外温度观测仪置于 2 m 和 23 m，分别用于采集地表和冠层温度；土壤含水量(CS616，Campbell，USA)，土壤温度(109，Campbell，USA)，分别距土表 5 cm、50 cm、100 cm深度处，水平插入各一个探针。雨量筒，分布于试验样地内，记录降水量信息。

第3章
竹林生态系统的能量与水分平衡

3.1 竹林能量与水分平衡观测

3.1.1 观测仪器

毛竹林中建有高 40 m 的微气象观测塔,开路涡度相关系统的探头安装在距地面 38 m 的高度,主要由三维超声风速仪(CAST3,Campbell Inc.,USA)和开路 CO_2/H_2O 分析仪(Li-7500,LiCor Inc.,USA)组成,其原始采样频率为 10 Hz,数据采集器(CR1000,Campbell Inc.,USA)存储所有数据,可在线计算并存储 30 min 的 CO_2 通量(carbon flux,FC)、摩擦风速(Ustar)、潜热通量(latent heat flux,LE)和显热通量(sensible heat flux,HS)等结果。

常规气象观测系统主要包括 7 层风速(010C,metone,USA)、7 层大气温度和湿度(HMP45C,Vaisala,Helsinki,Finland),安装高度分别为 1 m、7 m、11 m、17 m、23 m、30 m 和 38 m。2 个 SI-111 红外温度分别置于 2 m、23 m,采集地表和冠层的温度;安装在 38 m 的高度的净辐射仪(CNR4,Kipp & Zonen)传感器,分别用来采集上行和下行的长波/短波辐射以及净辐射的数据。常规气象观测系统的数据采样频率为 0.5 Hz,该系统通过数据采集器(CR1000,Campbell Inc,USA)每 30 min 自动记录平均风速、气压、温度和净辐射等常规气象信息。试验样地内设有雨量筒,用于记录降水量信息。(参考刘玉莉、孙成相关文献)

雷竹林中建有高 20 m 的微气象观测塔,开路涡度相关系统的探头安装在距地面 19 m 的高度,主要由三维超声风速仪(CAST3,Campbell Inc.,USA)和开路 CO_2/H_2O 分析仪(Li-7500,LiCor Inc.,USA)组成,其原始采样频率为 10 Hz,数据采集器(CR1000,Campbell Inc.,USA)存储所有数据,可在线计算并存储 30 min 的 CO_2 通量(carbon flux,F_C)、摩擦风速(Ustar)、潜热通量(latent heat flux,LE)和显热通量(sensible heat flux,HS)等结果。

常规气象观测系统主要包括 7 层风速(010C,metone,USA)、7 层大气温度和湿度

(HMP45C，Vaisala，Helsinki，Finland)，安装高度分别为 1 m、3 m、6 m、9 m、11 m、15 m 和 19 m。2 个 SI-111 红外温度分别置于 2 m、12 m，采集地表和冠层的温度；安装在 19 m 的高度的净辐射仪(CNR4，Kipp & Zonen)传感器，分别用来采集上行和下行的长波/短波辐射以及净辐射的数据。常规气象观测系统的数据采样频率为 0.5 Hz，该系统通过数据采集器(CR1000，Campbell Inc，USA)每 30 min 自动记录平均风速、气压、温度和净辐射等常规气象信息。试验样地内设有雨量筒，用于记录降水量信息。

3.1.2　能量通量研究方法

研究竹林的能量过程，分析各能量分量的分配特征，有助于揭示生态系统水分和能量平衡过程，对提高竹林生态系统生产力有一定的实践意义。生态系统观测中，当能量向下进入生态系统时，R_n 取正值；反之，R_n 取负值。地表能量平衡方程表达式为(Foken T et al.，1995；Raw U K et al，2000)

$$R_n - G - S - Q = H + LE \tag{3.1}$$

式中：R_n 为净辐射；G 为土壤热通量；S 为植物和大气中的热存储通量($W \cdot m^{-2}$)，植被贮热通量一般不超过净辐射的 5%，在计算精度允许范围内对计算贮热通量所需各项指标不作观测(李海涛等，1997)，可以忽略植被贮热量；Q 为附加能量项的总和，即其他来源的能量总和，由于数量极少常忽略不计，H 为显热通量，LE 为潜热通量。由于 S 和 Q 项小而常被忽略，此时草原能量平衡方程可表示为

$$R_n - G = H + LE \tag{3.2}$$

式中：($R_n - G$)简称有效能量，($H + LE$)简称湍流能量。当有效能量与湍流能量相等时，称为能量平衡闭合，否则称为能量平衡不闭合。

目前，国际上常用的能量闭合评价方法有 4 种(Wilson K et al.，2002)：最小二乘法(ordinary least spuares，OLS)、压轴回归法(reduced major axis，RMA)、能量平衡比率法(energy balance ratio，EBR)和能量平衡残差频率分布图法。本文采用能量平衡比率法(EBR)和线性回归(Ordinary linear regression，OLR)分析方法来分析竹林能量平衡状况。EBR 是指涡度相关系统直接测定的湍流能量与有效能量的比值。OLR 方法是根据最小二乘法原理求出回归斜率和截距，分析能量平衡闭合程度，在理想状况下有效能量和湍流能量的回归直线的斜率为 1，并通过原点，但通常两者线性关系的截距不能通过原点。

3.1.3　水汽通量研究方法

水分的循环对于生态系统具有特别重要的意义，水分的主要循环路线是从地球表面通过蒸散进入大气圈，同时又不断地从大气圈通过降水而回到地球表面。水汽通量是生态系统水循环过程的重要特征参数，同时又是潜热输送的载体，是能量平衡的重要影响因子以及水量平衡中的组成部分。

水汽通量(E) 通过实时测定的垂直风速与其浓度的协方差来求得。采用的公式为

$$E = \rho \overline{w'q'}$$（3.3）

式中：ρ 代表干空气密度；q 代表比湿脉动；w 代表垂直风速；横线表示一段时间内的平均值；撇号表示脉动。并规定若气体由大气圈进入生态系统，通量符号为负，若气体由生态系统进入大气圈，则通量符号为正。

3.2　毛竹林生态系统的能量平衡

3.2.1　能量通量研究方法

3.2.1.1　数据质量控制

在实际观测中由于受到降水、凝水、昆虫以及随机电信号异常等的影响，需要对通量数据进行有条件的剔除。开路涡动相关系统据此计算的显热通量(H,MJ·m^{-2})、潜热通量(LE,MJ·m^{-2})、CO_2 通量必须进行剔除处理。常规气象仪器受天气影响较小，观测的太阳净辐射(R_n,MJ·m^{-2})、土壤热通量(G,MJ·m^{-2})可不做剔除处理。显热和潜热通量根据三维超声风速仪观测的风速、风向与虚温计算得到，CO_2 通量数据质量与显热、潜热通量数据具有一致性，因此本节以 CO_2 通量数据质量为标准来判断相应时刻下的能量通量数据。分别经过二次坐标旋转校正，水汽校正(WPL)，再根据阈值剔除异常通量值，对于各能量分量缺失值要进行插补，缺失 1 d 内数据采用线性插补法，缺失超过 1 d 的数据，利用该能量分量与该月净辐射回归关系进行插补。在实际分析时，经过数据质量控制和数据插补后的数据都处理成半小时平均资料，并进一步计算。

3.2.1.2　能量平衡研究方法

能量平衡研究方法详见 1.2 节。2011—2014 年能量通量研究方法相同。

3.2.2　毛竹林能量通量的观测结果

3.2.2.1　能量通量日变化特征

陆地生态系统通过显热和潜热的形式与大气进行热量和水汽交换。不同类型生态系统的群落类型和下垫面不同，造成蒸发散和热传导能力的差异，因此生态系统获得净辐射能量后，能量在系统内的分配变化特点各异。为分析各季节毛竹林地表各主要能量分量的日变化特征，将研究区 2011—2014 年有典型季节性代表的 1 月份、4 月份、7 月份、10 月份的半小时时刻下的能量通量数据作月平均处理，以表征该月的能量通量日变化进程。

3.2.2.2　能量通量的季节变化

以年为时间尺度，毛竹林 2011—2014 年的净辐射、显热通量、潜热通量和土壤热通量

近似呈单峰型变化。但是受中小尺度天气变化的影响,能量平衡各分量呈现一定程度的锯齿状波动,特别是夏季雨期差异较大。

3.2.2.3 能量通量分配特征及波文比

具体分析能量分量一方面可以了解能量闭合状况,另一方面可依据净辐射的主要消耗项,分析和判断下垫面的干湿状况。将毛竹林 2011—2014 年能量通量按雨季(6—9 月份)和非雨季(1—5 月份,10—12 月份)分别分析净辐射与显热通量、潜热通量的关系。

波文比能够表征大气—地表能量交换特征,多用于能量平衡计算。鉴于本节中土壤热通量占净辐射的比重仅为 0.3%,因此净辐射能量主要分配给显热通量和潜热通量,而显热通量与潜热通量之比即为波文比,其大小决定表明了能量在生态系统中的分配。

3.2.3 2011—2014 年度能量日变化观测结果

3.2.3.1 2011 年能量日变化观测结果

2011 年不同季节毛竹林能量平衡的日变化如图 3.1 所示。

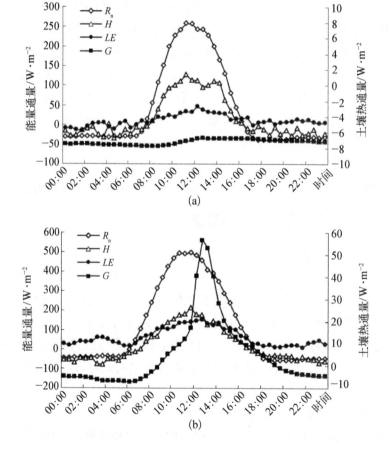

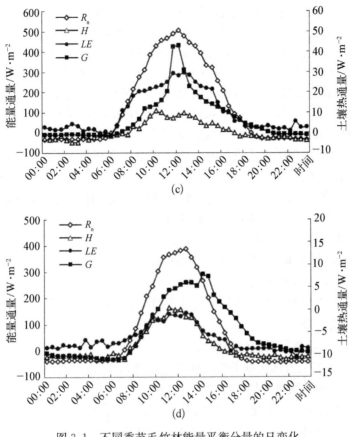

图 3.1　不同季节毛竹林能量平衡分量的日变化

(a) 1 月　(b) 4 月　(c) 7 月　(d) 10 月

由图 3.1 可以看出,4 个月全天的能量分量变化均以净辐射为基础,呈单峰型曲线变化。净辐射日最大值出现时刻差异不大,在 11:00～12:30。冬季,7:00～7:30 净辐射通量变为正值,即能量开始进入毛竹林成为收入项,11:00 达到日最大值 258.49 W·m^{-2},到 16:00～16:30 转变成负值,即能量成为支出项。一天中净辐射大于零的平均通量为 158.74 W·m^{-2},全天净辐射平均通量为 39.73 W·m^{-2}。春季,在 6:00～6:30 净辐射通量变为正值,11:30 达到日最大值 497.92 W·m^{-2},至 17:00～17:30 转变成负值。一天中净辐射大于零的平均通量为 300.78 W·m^{-2},全天净辐射平均通量为 114.60 W·m^{-2}。夏季,6:00～6:30 净辐射通量变为正值,日最大值为 504.41 W·m^{-2},至 18:00～18:30 转变为负值。一天中净辐射大于零的平均通量为 291.48 W·m^{-2},全天净辐射平均通量为 131.27 W·m^{-2}。秋季,6:30～7:00 净辐射通量变为正值,日最大值为 386.95 W·m^{-2},至 16:30～15:00 转变为负值。一天中净辐射大于零的平均通量为 218.72 W·m^{-2},全天净辐射平均通量为 68.96 W·m^{-2}。

显热通量和潜热通量均与净辐射具有类似的日变化特征,但其日变化曲线均不如净辐射曲线平滑,而潜热通量波动较大可能与间歇性湍流和夜间湍流的低估有关。从显热通量来看,冬季由于地面冻结,加之降雨稀少,显热通量值较大,最大值为

126.96 W·m^{-2}。春季,土壤解冻和冰雪融化,虽降雨量多于冬季,但由于净辐射显著增加,导致显热通量值也增加,达到 214.04 W·m^{-2}。夏季是亚热带的主要降雨时段,空气相对湿度较高,能量大部分用来水汽传输,显热通量较小,为 96.35 W·m^{-2}。秋季,降水量减少,显热通量增加,达到 162.86 W·m^{-2}。各季节的潜热通量日变化趋势与显热通量非常相似,但在数值上冬季最弱,最大值为 38.27 W·m^{-2},春季最大值为 154.25 W·m^{-2},夏季最强,达到 297.12 W·m^{-2},秋季最大值为 143.63 W·m^{-2}。

土壤深层向土壤表层或大气中释放热量时土壤热通量记作负值,土壤为热源;相反,土壤表层或大气向土壤深层传递热量时土壤热通量记作正值,土壤为热汇。由图 3.1 显示,土壤热通量日变化有明显的差异。冬季变化趋势不明显,变化范围为 -7.74 ~ -6.76 W·m^{-2},春季净辐射增加,加之毛竹出笋期呼吸作用强烈,土壤热通量变化较大,在 -7.23 ~ 56.68 W·m^{-2},夏季受江南梅雨季节影响,变化范围为 -1.35 ~ 43.27 W·m^{-2},秋季为 -11.28 ~ 7.84 W·m^{-2}。土壤热通量的峰值出现时间较净辐射延迟约 0.5~1 h,因不同季节土壤理化性质不同,土壤热导率不同,影响土壤吸热散热在延迟时间上的差异,在热源/汇上也有差异。

可见亚热带毛竹林能量平衡各分量呈显著的日变化,季节差异也较明显,主要分量呈明显的单峰型变化趋势。

3.2.3.2 2012 年能量日变化观测结果

2012 年不同季节毛竹林能量平衡的日变化如图 3.2 所示(横坐标为时间,左、右纵坐标分别为能量通量和土壤热通量,单位均为 W·m^{-2})。

4 个月全天的能量分量变化均以净辐射为基础,呈单峰型曲线变化。净辐射日最大值出现时刻差异不大,在 11:00~12:30。1 月,8:00 净辐射通量变为正值,能量开始进入毛竹林成为收入项,12:00 达到日最大值 186.72 W·m^{-2},到 16:30 转变成负值,即能量成为支出项。一天中净辐射大于零的平均通量为 110.34 W·m^{-2},全天净辐射平均通量为 29.10 W·m^{-2}。4 月,在 7:00 净辐射通量变为正值,11:30 达到日最大值 486.26 W·m^{-2},至 17:30 转变成负值。一天中净辐射大于零的平均通量为 284.09 W·m^{-2},全天净辐射平均通量为 108.80 W·m^{-2}。7 月,6:00 净辐射通量变为正值,11:00 达到日最大值为 604.44 W·m^{-2},至 18:00~18:30 转变为负值。一天中净辐射大于零的平均通量

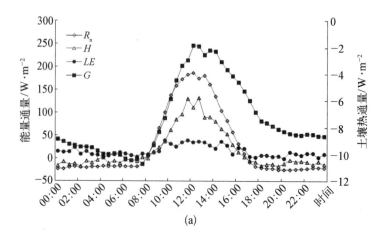

(a)

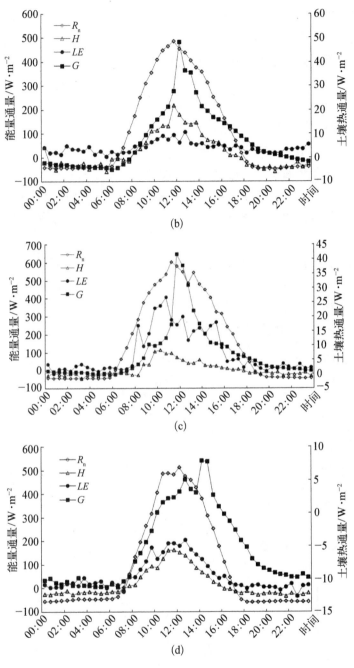

图 3.2　不同季节毛竹林能量平衡分量的日变化

(a) 1 月　(b) 4 月　(c) 7 月　(d) 10 月

为 339.09 W·m⁻²，全天净辐射平均通量为 157.56 W·m⁻²。10 月，6:30～7:00 净辐射通量变为正值，日最大值为 513.19 W·m⁻²，至 16:30～17:00 转变为负值。一天中净辐射大于零的平均通量为 299.69 W·m⁻²，全天净辐射平均通量为 95.40 W·m⁻²。

从显热和潜热通量来看，1 月由于地面冻结，加之降雨稀少，显热通量值要大于潜热通量,显热通量最大值为 130.13 W·m⁻²。4 月,但由于净辐射显著增加,虽降雨量多于冬季,但显热通量值也有一定程度增加,达到 217.95 W·m⁻²。7 月由于降雨的增多和温度的升高,能量大部分用来于水汽传输,显热通量较小,为 114.71 W·m⁻²。10 月,降水量减少,显热通量增加,达到 162.56 W·m⁻²。各月份的潜热通量受降雨与净辐射的影响,但在数值上 1 月最弱,最大值为 39.75 W·m⁻²,4 月最大值为 106.48 W·m⁻²,7 月由于降雨量和净辐射值达到最强,潜热通量也达到最强的 406.02 W·m⁻²,10 月则出现一定程度的降低,最大值为 191.17 W·m⁻²。

图 3.2 显示,土壤热通量日变化也有明显的差异。1 月也呈明显的单峰型曲线变化,势变化范围为 −10.71～−1.83 W·m⁻²,4 月随着净辐射增加和毛竹出笋期呼吸作用强烈,土壤热通量变化较大,在 −4.89～48.36 W·m⁻²,7 月受江南梅雨季节影响,变化范围有一定程度降低,为 −0.21～41.65 W·m⁻²,10 月为 −11.25～7.88 W·m⁻²。土壤热通量的峰值出现时间较净辐射延迟约 0.5～1 h,因不同季节土壤理化性质不同,土壤热导率不同,影响土壤吸热散热在延迟时间上的差异,在热源/汇上也有差异。

3.2.3.3　2013 年能量日变化观测结果

2013 年不同季节毛竹林能量平衡的日变化如图 3.3 所示。

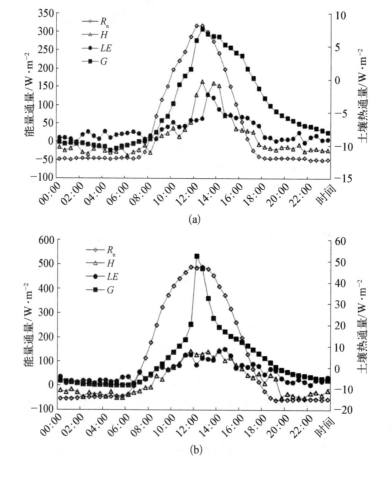

(a)

(b)

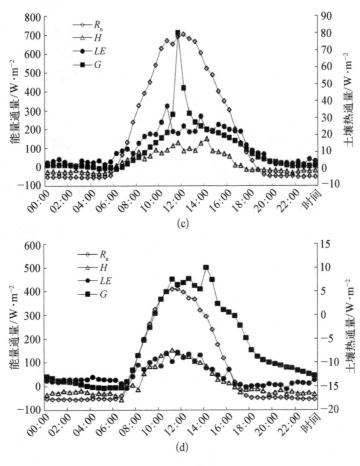

图 3.3　不同季节毛竹林能量平衡分量的日变化

(a) 1 月　(b) 4 月　(c) 7 月　(d) 10 月

　　4 个月全天的能量分量均呈单峰型曲线变化。净辐射日最大值出现时刻差异不大，在 11:00～12:30。1 月，7:30～8:00 净辐射通量变为正值，能量开始进入毛竹林成为收入项，12:30 达到日最大值 316.13 W·m^{-2}，到 16:30～17:00 转变成负值，即能量成为支出项。一天中净辐射大于零的平均通量为 180.39 W·m^{-2}，全天净辐射平均通量 39.58 W·m^{-2}。4 月，在 7:00 净辐射通量变为正值，12:30 达到日最大值 489.08 W·m^{-2}，至 17:30 转变成负值。一天中净辐射大于零的平均通量为 309.20 W·m^{-2}，全天净辐射平均通量为 115.88 W·m^{-2}。7 月，6:00～6:30 净辐射通量变为正值，12:00 达到日最大值 702.31 W·m^{-2}，至 18:00 转变为负值。一天中净辐射大于零的平均通量为 413.72 W·m^{-2}，全天净辐射平均通量为 183.16 W·m^{-2}。10 月，6:30～7:00 净辐射通量变为正值，日最大值为 410.49 W·m^{-2}，至 16:30～17:00 转变为负值。一天中净辐射大于零的平均通量为 248.25 W·m^{-2}，全天净辐射平均通量为 74.43 W·m^{-2}。

　　从显热和潜热通量来看，1 月由于降雨稀少、温度低，显热通量最大值要大于潜热通量最大值，显热通量最大值为 163.91 W·m^{-2}，日平均值为 12.04 W·m^{-2}。4 月，由于净辐射显著增加,显热通量值也有一定程度增加,日平均值达到 21.35 W·m^{-2}。7 月由于降雨的增多和温度的升高,能量大部分用来于水汽传输,显热通量增加较小,日平均值达到 22.34 W·m^{-2},最高值为 150.01 W·m^{-2}。10 月,温度降低,显热通量出现降低,日平均值降为 14.29 W·m^{-2},最高值为 153.27 W·m^{-2}。而潜热通量在数值上 1 月最低,日平均值为 32.26 W·m^{-2},4 月最高值为 152.24 W·m^{-2},日平均值升为 56.06 W·m^{-2},7 月由于降雨量和净辐射值达到最强,潜热通量最高值也达到 322.58 W·m^{-2},日平均值为 103.62 W·m^{-2},10 月则出现一定程度的降低,最大值为 145.24 W·m^{-2},日平均值为 45.26 W·m^{-2}。

由图 3.3 显示,土壤热通量日变化也呈明显的单峰型曲线变化,1 月变化范围为 $-10.81\sim7.62$ W·m^{-2},4 月随着净辐射增加和毛竹出笋期呼吸作用强烈,土壤热通量变化较大,在 $-8.30\sim52.66$ W·m^{-2},7 月受高温影响,土壤几乎全天成热汇,变化范围为 $-0.08\sim80.04$ W·m^{-2},10 月为 $-15.32\sim10.06$ W·m^{-2}。土壤热通量的峰值出现时间较净辐射延迟约 $0.5\sim1$ h,因不同季节土壤理化性质不同,土壤热导率不同,影响土壤吸热散热在延迟时间上的差异,在热源/汇上也有差异。

3.2.3.4 2014 年能量日变化观测结果

2014 年不同季节毛竹林能量平衡的日变化如图 3.4 所示。

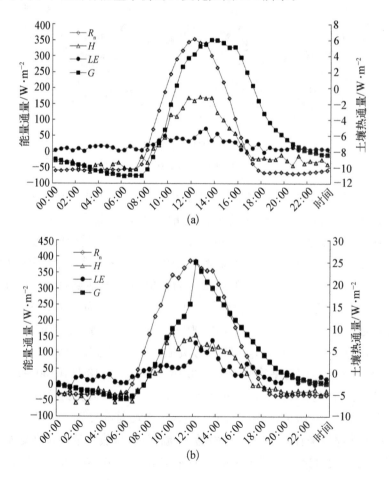

(a)

(b)

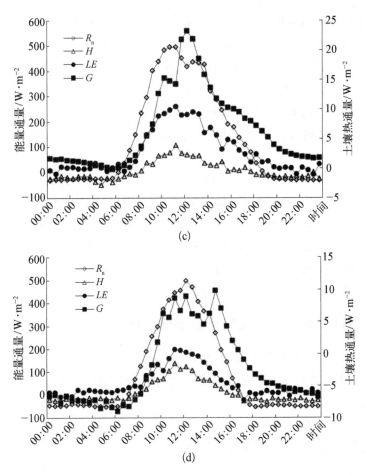

图 3.4　不同季节毛竹林能量平衡分量的日变化

(a) 1 月　(b) 4 月　(c) 7 月　(d) 10 月

4 个月全天的能量分量均呈单峰型曲线变化。净辐射日最大值出现时刻在 11:00～12:30。1 月，净辐射通量为正值的时间段为 7:30～16:30，12:00 达到日最大值 352.89 W·m^{-2}。一天中净辐射大于零的平均通量为 219.24 W·m^{-2}，全天净辐射平均通量 40.69 W·m^{-2}。4 月，净辐射通量为正值的时间段为 6:30～17:30，11:30 达到日最大值 385.52 W·m^{-2}。一天中净辐射大于零的平均通量为 227.05 W·m^{-2}，全天净辐射平均通量为 92.86 W·m^{-2}。7 月，净辐射通量为正值的时间段为 6:00～16:30，11:00 达到日最大值为 495.04 W·m^{-2}。一天中净辐射大于零的平均通量为 274.11 W·m^{-2}，全天净辐射平均通量为 129.92 W·m^{-2}。10 月，净辐射通量为正值的时间段为 7:00～16:30，日最大值为 497.15 W·m^{-2}。一天中净辐射大于零的平均通量为 270.87 W·m^{-2}，全天净辐射平均通量为 85.71 W·m^{-2}。

从显热和潜热通量来看，1 月显热通量最大值要大于潜热通量最大值，显热通量最大值为 171.96 W·m^{-2}，日平均值为 12.37 W·m^{-2}。4 月，由于净辐射显著增加，显热通量值也有一定程度增加，日平均值达到 22.31 W·m^{-2}，显热通量最大值为 163.77 W·

m^{-2}。7月由于降雨的增多和温度的升高,能量大部分用来于水汽传输,显热通量出现降低,日平均值达仅为 6.18 W·m^{-2},最高值为 107.66 W·m^{-2}。10月,日平均值为10.32 W·m^{-2},最高值为 136.37 W·m^{-2}。而潜热通量在数值上1月最低,日平均值为20.84 W·m^{-2},4月最高值为 137.85 W·m^{-2},日平均值升为 37.46 W·m^{-2},7月由于降雨量和经辐射值达到最强,潜热通量最高值也达到 259.51 W·m^{-2},日平均值为80.08 W·m^{-2},10月则出现一定程度的降低,最大值为 197.69 W·m^{-2},日平均值为50.20 W·m^{-2}。

图3.4显示,土壤热通量日变化也呈明显的单峰型曲线变化,1月变化范围为−11.07~6.02 W·m^{-2},4月随着净辐射增加和毛竹出笋期呼吸作用强烈,土壤热通量变化较大,在−6.01~25.04 W·m^{-2},7月,土壤几乎全天成热汇,变化范围为−0.20~23.15 W·m^{-2},10月为−8.96~9.81 W·m^{-2}。土壤热通量的峰值出现时间较净辐射延迟约0.5~1 h,因不同季节土壤理化性质不同,土壤热导率不同,影响土壤吸热散热在延迟时间上的差异,在热源/汇上也有差异。

3.2.4　2011—2014年能量通量的季节变化

以年为时间尺度,毛竹林的净辐射、显热通量、潜热通量和土壤热通量近似呈单峰型变化。但是受中小尺度天气变化的影响,能量平衡各分量呈现一定程度的锯齿状波动,特别是夏季雨期差异较大。

3.2.4.1　2011年观测结果

2011年毛竹林能量通量的月积累如图3.5所示。

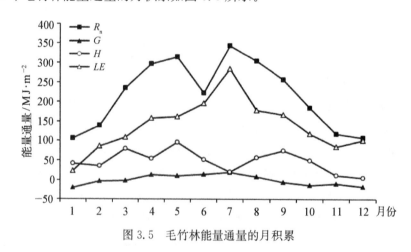

图3.5　毛竹林能量通量的月积累

图3.5显示,毛竹林净辐射的最大值出现在7月(343.67 MJ·m^{-2}),最低值出现在1月(163.1 MJ·m^{-2}),全年净辐射总量为 2 628.00 MJ·m^{-2}。其中6月份净辐射有明显的降低,为 222.76 MJ·m^{-2},这是由于6月份为江南梅雨季节,大量阴雨天气造成的。

显热通量的变化与净辐射基本同步,但在6月份没有出现降低的现象。最大值出现在 5 月（96.06 MJ·m^{-2}），最低值出现在 12 月（5.05 MJ·m^{-2}），全年总量为 576.80 MJ·m^{-2}，占净辐射总量的 22.0%。潜热通量为蒸散耗热，1—7 月份随水热同期逐渐升高，7 月份达到峰值 284.59 MJ·m^{-2}，之后，潜热通量逐渐下降，全年总量为 1 666.77 MJ·m^{-2}，占净辐射总量的 63.4%。与黄土高原半干旱草原相比，毛竹林的净辐射高于半干旱草原（2 269.23 MJ·m^{-2}），其能量分配方向为潜热通量大于显热通量。土壤热通量全年变化不明显，而且在数值上比其他能量分量小 1～2 个数量级。土壤热通量在 7 月份达到正向最大值（18.71 MJ·m^{-2}），1 月份达到负向最大值（19.33 MJ·m^{-2}），全年总量为 −7.52 MJ·m^{-2}，土壤为热源，仅占净辐射总量的 0.3%。

3.2.4.2　2012 年观测结果

2012 年毛竹林能量通量的月积累如图 3.6 所示。

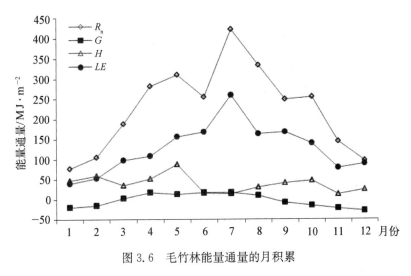

图 3.6　毛竹林能量通量的月积累

图 3.6 显示，毛竹林净辐射的最大值出现在 7 月为 422.02 MJ·m^{-2}，最低值出现在 1 月为 77.93 MJ·m^{-2}，全年净辐射总量为 2 718.78 MJ·m^{-2}。由于 6 月份为江南梅雨季节，该月份净辐射有明显的降低，为 255.66 MJ·m^{-2}。

全年显热通量总量为 472.33 MJ·m^{-2}，占净辐射总量的 17.37%，最大值出现在 5 月为 87.10 MJ·m^{-2}，最低值出现在 11 月为 13.48 MJ·m^{-2}。潜热通量 1—7 月份随水热同期逐渐升高，7 月份达到峰值 259.77 MJ·m^{-2}，之后，潜热通量逐渐下降，全年最低值为 1 月的 40.95 MJ·m^{-2}，全年总量为 1 524.98 MJ·m^{-2}，占净辐射总量的 56.09%。其能量分配方向为潜热通量大于显热通量。土壤热通量在数值上比其他能量分量小 1～2 个数量级，呈不明显的单峰型曲线变化。土壤热通量在 4 月份达到正向最大值 18.83 MJ·m^{-2}，12 月份达到负向最大值 −28.27 MJ·m^{-2}，全年总量为 −21.53 MJ·m^{-2}，占净辐射总量的 0.79%，本年度土壤表现为热源。

3.2.4.3　2013 年观测结果

2013 年毛竹林能量分量的月积累如图 3.7 所示。

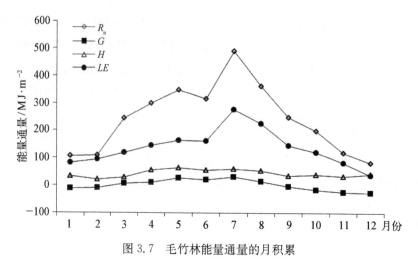

图 3.7　毛竹林能量通量的月积累

毛竹林净辐射的最大值出现在 7 月为 490.56 MJ·m⁻²，最低值出现在 12 月为 82.65 MJ·m⁻²，全年净辐射总量为 2 924.66 MJ·m⁻²，要高于前两年辐射量。由于6月份的梅雨季节，该月份净辐射有一定程度的降低，为 315.72 MJ·m⁻²。

全年显热通量总量为 513.75 MJ·m⁻²，占净辐射总量的 17.57%，最大值出现在5月为 63.46 MJ·m⁻²，最低值出现在 2 月为 19.37 MJ·m⁻²。潜热通量最低值为 12 月份的 36.11 MJ·m⁻²，1—7 月随水热同期逐渐升高，7 月达到峰值 277.56 MJ·m⁻²，之后，潜热通量逐渐下降，全年潜热通量总量为 1 655.20 MJ·m⁻²，占净辐射总量的 56.59%。其能量分配方向为潜热通量大于显热通量。土壤热通量也近似呈单峰型曲线变化。土壤热通量负向最大值为 12 月的—27.55 MJ·m⁻²，在 7 月份由于高温天气土壤热通量达到正向最大值 30.44 MJ·m⁻²，全年总量为 7.49 MJ·m⁻²，占净辐射总量的 0.26%，不同于前两年，本年度土壤表现为热汇。

3.2.4.4　2014 年观测结果

2014 年毛竹林能量通量的月积累如图 3.8 所示。

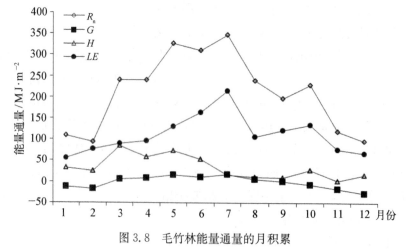

图 3.8　毛竹林能量通量的月积累

　　毛竹林净辐射的最大值出现在 7 月为 347.99 MJ·m⁻²,最低值出现在 2 月为
93.95 MJ·m⁻²,全年净辐射总量为 2 553.03 MJ·m⁻²,是最近四年的最低值。

　　全年显热通量总量为 402.35 MJ·m⁻²,占净辐射总量的 16.15%,最大值出现在 3 月
为 84.90 MJ·m⁻²,最低值出现在 11 月,仅为 2.62 MJ·m⁻²。潜热通量最低值为 1 月份
的 55.80 MJ·m⁻²,随后随水热同期逐渐升高,7 月份达到峰值 214.48 MJ·m⁻²,之后,
潜热通量逐渐下降,全年潜热通量总量为 1 336.76 MJ·m⁻²,占净辐射总量的 52.36%。
其能量分配方向为潜热通量大于显热通量。土壤热通量也近似呈单峰型曲线变化。土壤
热通量负向最大值为 12 月份的 −26.74 MJ·m⁻²,在 7 月份由于气温升高土壤热通量达
到正向最大值 17.40 MJ·m⁻²,全年总量为 −13.11 MJ·m⁻²,占净辐射总量的 0.51%,
本年度土壤表现为热源。

3.2.5　2011—2014 年能量通量分配特征及波文比

3.2.5.1　2011 年观测结果

　　将毛竹林 2011—2014 年能量通量按雨季(6—9 月)和非雨季(1—5 月,10—12 月)分
别分析净辐射与显热通量、潜热通量的关系。2011 年毛竹林波文比月变化如图 3.9
所示。

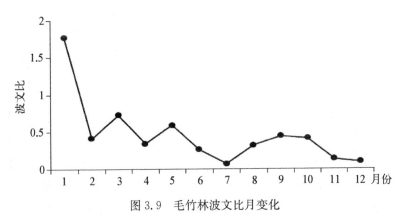

图 3.9　毛竹林波文比月变化

　　毛竹林 2011 年雨季显热通量为 203.89 MJ·m⁻²,净辐射为 1 126.48 MJ·m⁻²,占
净辐射的 18.1%,潜热通量为 825.89 MJ·m⁻²,占净辐射的 73.3%;非雨季显热通量为
372.90 MJ·m⁻²,净辐射为 1 501.52 MJ·m⁻²,占净辐射的 24.8%,潜热通量为
840.88 MJ·m⁻²,占净辐射的 56.0%。毛竹林雨季降水量占全年总量的 75.5%,地表相
对湿润,空气相对湿度接近 80%,潜热通量在能量分配中所占比例较大,潜热通量约为显
热通量的 4.05 倍。非雨季由于降水量较少(377.3 mm),地表相对干燥,空气相对湿度为
75%,潜热通量约为显热通量的 2.25 倍。全年显热通量占净辐射的 22.0%,潜热通量占
净辐射的 63.4%,总体来看,毛竹林潜热通量在能量分配中起主导作用,潜热通量约为显
热通量的 3 倍,这与华北农田结果相似。

　　波文比能够表征大气-地表能量交换特征,多用于能量平衡计算。鉴于本文中土壤热

通量占净辐射的比重仅为0.3%,因此净辐射能量主要分配给显热通量和潜热通量,而显热通量与潜热通量之比即为波文比。其大小决定表明了能量在生态系统中的分配。由图3.9可以看出,全年波文比的变化波动较大,1月最大为1.77,7月最小为0.07;1月份显热通量大于潜热通量,其余月份均小于潜热通量,月平均波文比0.47,年波文比0.35,全年能量分配潜热通量大于显热通量。黄土高原半干旱草原,年波文比在0.5~3.5,年均值接近1,鼎湖山针阔混交林波文比在0.4~3.0之间,长江滩地抑螺防病林的年波文比在0.5~10之间变化。波文比同时受到日出时间、入射净辐射量、降雨量以及毛竹的生长过程等的共同影响,且有一定的年际效应。

3.2.5.2 2012年观测结果

2012年毛竹林波文比月变化如图3.10所示。

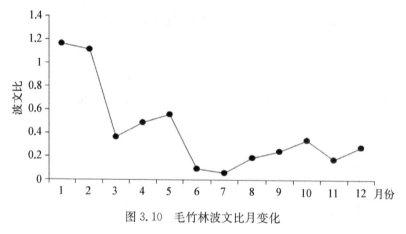

图3.10 毛竹林波文比月变化

毛竹林2012年雨季净辐射为1 259.53 MJ·m^{-2},显热通量为103.78 MJ·m^{-2},占净辐射的8.2%,潜热通量为759.73 MJ·m^{-2},占净辐射的60.3%;非雨季净辐射为1 459.25 MJ·m^{-2},显热通量为368.55 MJ·m^{-2},占净辐射的25.3%,潜热通量为765.24 MJ·m^{-2},占净辐射的52.4%。本年度毛竹林全年降雨量普遍较高,且分布较为均匀,雨季降水量仅全年总量的48.9%,潜热通量在能量分配中所占比例较大,潜热通量约为显热通量的7.32倍。非雨季对来说地表相对干燥,空气相对湿度较低,潜热通量约为显热通量的2.08倍。全年显热通量占净辐射的17.37%,潜热通量占净辐射的56.09%,总体来看,毛竹林潜热通量在能量分配中起主导作用,潜热通量约为显热通量的3.2倍,这与2011年结果相似。

波文比大小决定了能量在生态系统中的分配。由图3.10可以看出,全年波文比的变化波动较大,1月最大为1.16,7月最小为0.06;1月份和2月份显热通量大于潜热通量,其余月份均小于潜热通量,月平均波文比0.42,年波文比0.31,全年能量分配潜热通量大于显热通量,结果与2011年结果相差不大。

3.2.5.3 2013年观测结果

2013年毛竹林波文比月变化如图3.11所示。

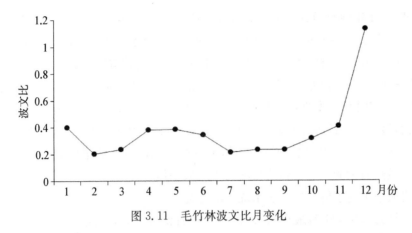

图 3.11　毛竹林波文比月变化

毛竹林 2013 年雨季净辐射为 1 416.38 MJ·m⁻²,显热通量为 202.09 MJ·m⁻²,占净辐射的 14.3%,潜热通量为 809.82 MJ·m⁻²,占净辐射的 57.2%;非雨季净辐射为 1 508.28 MJ·m⁻²,显热通量为 311.66 MJ·m⁻²,占净辐射的 20.7%,潜热通量为 845.36 MJ·m⁻²,占净辐射的 56.1%。本年度毛竹林雨季降水量仅占全年总量的 45.9%,潜热通量在能量分配中所占比例仍旧较大,潜热通量约为显热通量的 4 倍,但要明显低于 2012 年的 7.3 倍。非雨季相显热通量所占能量比例要有所提高,潜热通量约为显热通量的 2.7 倍。全年显热通量占净辐射的 17.57%,潜热通量占净辐射的 56.59%,总体来看,毛竹林潜热通量在能量分配中起主导作用,潜热通量约为显热通量的 3.2 倍,这与 2011 和 2012 年结果相似。

波文比大小决定了能量在生态系统中的分配。由图 3.11 可以看出,全年波文比最大值出现在 12 月为 1.13,2 月最小为 0.20;仅 12 月份显热通量大于潜热通量,其余月份显热通量均小于潜热通量,月平均波文比 0.37,年波文比 0.31,全年能量分配潜热通量大于显热通量,结果与 2011 与 2012 年结果相似。

3.2.5.4　2014 年观测结果

2014 年毛竹林波文比月变化如图 3.12 所示。

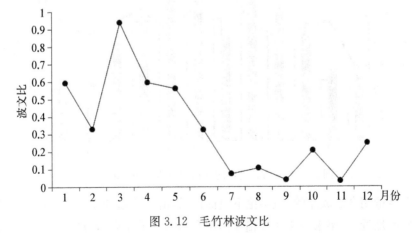

图 3.12　毛竹林波文比

毛竹林 2014 年雨季净辐射为 1 457.72 MJ·m^{-2}，显热通量为 321.41 MJ·m^{-2}，占净辐射的 22.05%，潜热通量为 729.81 MJ·m^{-2}，占净辐射的 50.07%；非雨季净辐射为 1 095.31 MJ·m^{-2}，显热通量为 90.94 MJ·m^{-2}，占净辐射的 8.3%，潜热通量为 606.95 MJ·m^{-2}，占净辐射的 55.41%。本年度毛竹林雨季降水量为 798 mm，占全年总量的 54.07%，该期毛竹林地表相对湿润，空气相对湿度较高，潜热通量在能量分配中所占比例较大，潜热通量约为显热通量的 6.67 倍。非雨季由于降水量较少（678 mm），潜热通量约为显热通量的 2.27 倍。总体来看，毛竹林潜热通量在能量分配中起主导作用，潜热通量约为显热通量的 3.24 倍，这与前三年结果相似。

波文比大小决定了能量在生态系统中的分配。由图 3.12 可以看出，全年波文比最大值出现在 3 月为 0.94，11 月最小为 0.03；全年各月份显热通量均小于潜热通量，月平均波文比 0.34，年波文比 0.31，全年能量分配潜热通量大于显热通量，近四年结果均相差不大。

3.2.6　2011—2014 年能量平衡分析

3.2.6.1　2011 年观测结果

根据 2011 年全年数据，利用能量平衡比率法对涡度相关测得的湍流能量（$H+LE$）与有效能量（R_n-G）进行闭合度分析（见图 3.13）。EBR 有明显的月变化，最大值出现在 6 月份为 1.19，最小值出现在 1 月份为 0.52，除 6 月份为能量闭合过度现象以外，其余月份均为能量不闭合，月平均闭合度为 0.84。当用湍流通量的年总量和有效能量的比值表示能量闭合状况时，年 EBR 值为 0.85。这表明能量不闭合度为 15%，采用涡度相关法测定的湍流通量仅为常规气象观测有效能量的 85%。其中，雨季的闭合度达到 0.96，非雨季为 0.78，雨季的能量平衡状况较好。

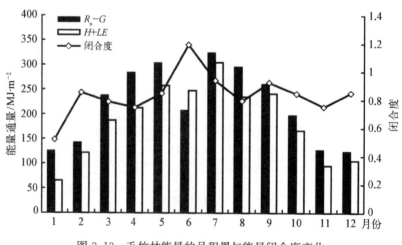

图 3.13　毛竹林能量的月积累与能量闭合度变化

理论上能量闭合是成立的，但不论下垫面性质如何，出现能量不闭合的现象都比较严重。此现象也是近 20 年来困扰地气相互作用实验研究的主要难点之一，也是生态学家和微气象学家所关注的焦点问题。而导致能量不闭合的原因有很多种,地表到土壤热通量板之间的土壤储存热会对地表能量闭合度产生重要影响,土壤热通量的观测距离地表有一定深度,土壤热通量的相位会随土壤深度的加深而延迟,导致能量闭合度降低,还有在复杂环境下,湍流不充分和损失等。针对毛竹林的能量平衡状况,还需要通过长期连续的观测,进一步比较分析。

在半小时尺度上,表 3.1 给出了全年逐月线性回归系数。截距变化为 $-5.58\sim$ 16.03 W·m^{-2},斜率变化为 0.47~0.68,相关系数变化为 0.68~0.89;年平均截距 3.50 W·m^{-2},平均斜率 0.55,平均相关系数 0.81。这一结果低于黄土高原干旱草地的平均截距(17.22 W·m^{-2})、平均斜率(0.69)和相关系数(0.95),也低于同一地区雷竹林的平均截距(4.71 W·m^{-2})、斜率(0.59)和相关系数(0.84)(陈云飞,2013)。国际通量站点的能量闭合度是:斜率在 0.55~0.99,相关系数在 0.64~0.96(陈云飞,2013),中国通量网中 8 个站点的截距、斜率和相关系数平均值分别为 28(10~79.9 W·m^{-2})、0.67(0.49~0.81)和 0.82(0.52~0.94)。毛竹林回归系数中斜率处于低水平,相关系数处于平均水平,需要进一步提高剔除数据的质量,来提高能量闭合度。

表 3.1　2011 年逐月线性回归系数

月　份	$(H+LE)VS(R_n-G)$		
	截　距	斜　率	相关系数
1	-4.315	0.510	0.680
2	2.365	0.513	0.713
3	7.105	0.513	0.806
4	16.027	0.571	0.801
5	5.948	0.595	0.808
6	-5.431	0.678	0.895
7	8.247	0.588	0.775
8	-5.584	0.594	0.792
9	7.386	0.521	0.890
10	2.526	0.550	0.875
11	4.258	0.488	0.779
12	8.450	0.467	0.882

3.2.6.2　2012 年观测结果

2012 年毛竹林能量的月积累与能量闭合度变化如图 3.14 所示。

EBR 最大值出现在 2 月为 0.95,最小值出现在 11 月为 0.56,全年各月均为能量不闭合,月平均闭合度为 0.76。当用湍流通量的年总量和有效能量的比值表示能量闭合状况时,年 EBR 值为 0.73。这表明能量不闭合度为 27%,采用涡度相关法测定的湍流通量仅为常规

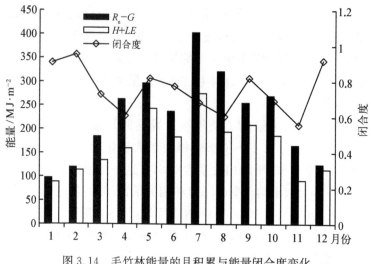

图 3.14　毛竹林能量的月积累与能量闭合度变化

气象观测有效能量的 73%。其中,雨季的闭合度达到 0.71,非雨季为 0.74,非雨季的能量平衡状况较好,这与 2011 年结果相反。总的结果来说,本年度能量不闭合现象比较严重。

在半小时尺度上,表 3.2 给出了全年逐月线性回归系数。截距变化为 $-8.29\sim$ 11.54 W·m^{-2},斜率变化为 0.36~0.61,相关系数变化为 0.63~0.84;年平均截距 2.55 W·m^{-2},平均斜率 0.50,平均相关系数 0.71。本年度结果低于 2011 年结果,回归系数中斜率和相关系数均处于低水平,尤其是下半年数据,这可能由于下半年数据多半为插补数据有关,需要进一步提高剔除和插补数据的质量,来提高能量闭合度。

表 3.2　2012 年逐月线性回归系数

月　份	$(H+LE)VS(R_n-G)$		
	截　距	斜　率	相关系数
1	0.510 2	0.572 8	0.840 3
2	0.462	0.592 7	0.813 4
3	0.505 2	0.532 3	0.707 4
4	−8.287 7	0.504 8	0.639 2
5	4.271	0.576 6	0.810 4
6	1.317 6	0.612 9	0.833 3
7	−2.162 4	0.540 5	0.726 5
8	4.366 7	0.354 6	0.521 9
9	5.117	0.416 7	0.628 7
10	6.706 7	0.475 4	0.683 7
11	11.541	0.358	0.571 7
12	4.378 5	0.431 8	0.573 8

3.2.6.3 2013 年观测结果

2013 年毛竹林能量的月积累与能量闭合度变化如图 3.15 所示。

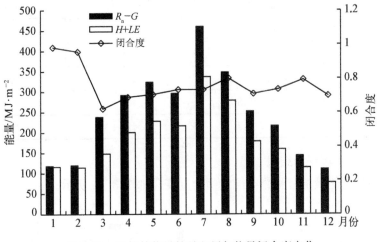

图 3.15 毛竹林能量的月积累与能量闭合度变化

EBR 最大值出现在 1 月为 0.98,最小值出现在 3 月为 0.62,全年各月均为能量不闭合,月平均闭合度为 0.76。当用湍流通量的年总量和有效能量的比值表示能量闭合状况时,年 EBR 值为 0.74。这表明能量不闭合度为 26%,采用涡度相关法测定的湍流通量仅为常规气象观测有效能量的 74%。其中,雨季的闭合度达到 0.75,非雨季为 0.74,两季能量平衡状况基本相同。总的结果来说,本年度能量不闭合现象比较严重。

在半小时尺度上,表 3.3 给出了全年逐月线性回归系数。截距变化为 $-11.88\sim$ 11.63 W·m^{-2},斜率变化为 0.34~0.54,相关系数变化为 0.50~0.78;年平均截距 6.09 W·m^{-2},平均斜率 0.45,平均相关系数 0.66。本年度结果低于前两年年结果,回归系数中斜率和相关系数均处于低水平,需要进一步提高剔除和插补数据的质量,来提高能量闭合度。

表 3.3 2013 年逐月线性回归系数

月 份	$(H+LE)VS(R_n-G)$		
	截 距	斜 率	相关系数
1	−4.407 5	0.338 8	0.676 4
2	−11.882	0.452 7	0.523 2
3	11.407	0.499 6	0.674
4	9.184 3	0.505 5	0.699 2
5	5.076 7	0.464 8	0.687 4
6	11.631	0.431 9	0.691 8
7	9.790 2	0.464 5	0.681 1

（续表）

月 份	(H+LE)VS(R_n−G)		
	截 距	斜 率	相关系数
8	6.461 5	0.355 4	0.502 5
9	7.172 4	0.536	0.783 4
10	11.035	0.485 3	0.721 5
11	8.039 8	0.437 3	0.614 7
12	9.589 3	0.420 8	0.606 4

3.2.6.4　2014 年观测结果

2014 年毛竹林能量的月积累与能量闭合度变化如图 3.16 所示。

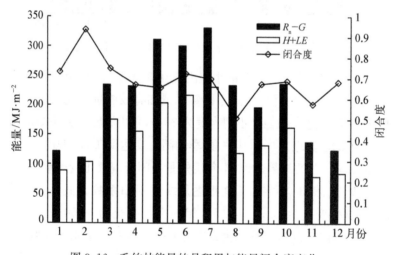

图 3.16　毛竹林能量的月积累与能量闭合度变化

EBR 最大值出现在 2 月为 0.94,最小值出现在 8 月为 0.51,全年各月均为能量不闭合,月平均闭合度为 0.69。当用湍流通量的年总量和有效能量的比值表示能量闭合状况时,年 EBR 值为 0.68。这表明能量不闭合度高达 32%,采用涡度相关法测定的湍流通量仅为常规气象观测有效能量的 68%。其中,雨季的闭合度达到 0.66,非雨季为 0.69,非雨季能量闭合度略高于雨季闭合度。总的来说,本年度能量不闭合现象非常严重。

在半小时尺度上,表 3.4 给出了全年逐月线性回归系数。截距变化为−3.25～8.03 W·m⁻²,斜率变化为 0.38～0.53,相关系数变化为 0.55～0.77;年平均截距 3.7 W·m⁻²,平均斜率 0.47,平均相关系数 0.68。斜率和相关系数略高于 2013 年结果,低于 2011 和 2012 年结果,总的来说回归系数中斜率和相关系数均处于低水平,可能同通量观测仪器长期运行出现的系统误差有很大关系,需要进一步提高剔除和插补数据的质量,来提高能量闭合度。

表 3.4　2014 年逐月线性回归系数

月　份	$(H+LE)VS(R_n-G)$		
	截　距	斜　率	相关系数
1	6.557 1	0.419 5	0.590 9
2	−3.248 7	0.438 9	0.626 3
3	3.672 4	0.529 9	0.770 1
4	3.431 1	0.473	0.729 1
5	1.349	0.519 1	0.728 6
6	8.027	0.475 1	0.759 9
7	4.431 4	0.484 7	0.695 9
8	3.699 1	0.381 1	0.551 9
9	2.142 5	0.471 8	0.709 5
10	7.612 9	0.502 3	0.723 3
11	3.841 3	0.466	0.603 1
12	3.055 8	0.470 6	0.653 8

3.3　毛竹林生态系统的水汽通量

3.3.1　毛竹林水汽通量研究方法

3.3.1.1　计算公式

水汽通量计算公式详见本章 1.3。

3.3.1.2　数据处理

该试验采用的数据为通量观测的 30 min 平均值。数据处理采用目前普遍采用的比较成熟的方法,主要包括次坐标旋转来矫正地形以及观测仪器的不水平,并使垂直方向的风速平均值为 0,水平方向的风速和主导风向一致,且剔除由于恶劣天气(有降水)、湍流不充分等导致的不合理数据,对于打雷、仪器故障等原因导致的缺失数据采取如下方法插补:其中≤2 h 的用平均值来插补,即用平均日变化法(mean diurnal variation),MDV 插补缺失的数据,对于缺失的数据采用相邻几天相同时刻的平均值来进行插补,此方法首先要确定平均时段的长度,另有研究表明白天取 14 d,夜间取 7 d 的平均时间长度所得结果的偏差是最小的;>2 h 的用其与净辐射的方程插补。

2011—2014 年水汽通量研究方法相同。

3.3.2　2011—2014 年全年水汽通量各月平均日变化特征

对安吉毛竹林 2011—2014 年各年水汽通量数据进行统计,得到逐日逐半小时的水汽通量数据,按月将每天同时刻的水汽通量求平均值,计算当月平均日变化。

3.3.2.1　2011年观测结果

2011年安吉毛竹林全年水汽通量各月平均日变化特征如图3.17所示。

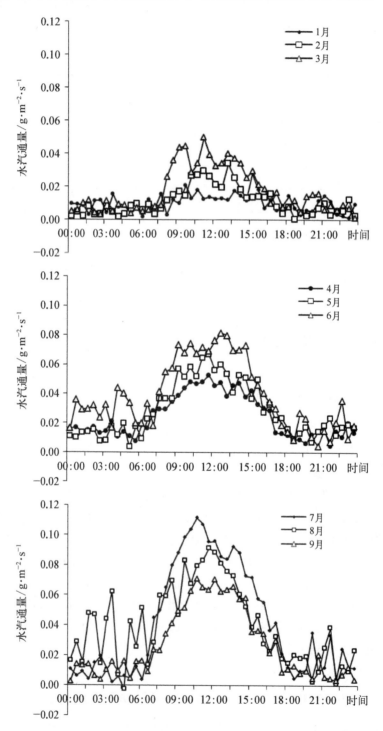

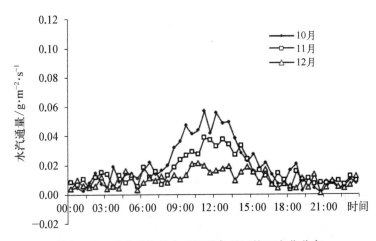

图 3.17 安吉毛竹林水汽通量各月平均日变化分布

由图 3.17 可以看出,毛竹林全年水汽通量基本为正值,均呈单峰型变化趋势,表明水汽输送方向是由毛竹林生态系统向大气输送,毛竹林是水汽源。各月最大值均在12:00～14:00 出现,呈现一定规律性,是由于该段时间太阳辐射较强,温度较高,湍流通量较大,植物蒸腾和地表蒸发比较旺盛;而夜间水汽通量几乎为 0,原因是夜间温度较低,光线较弱,土壤蒸发和叶片蒸腾极其微弱。同时净辐射为负值,湍流通量很小。6:00～8:00 逐渐升高,至最高点后逐渐降低,17:00～19:00 趋近于 0,波动较为平缓,且基本保持稳定。一昼夜内,生态系统的温度、热量、水分等气象因子都发生明显变化,同时植物生理活动也受昼夜生物节律的调节,因此植被蒸散有明显的日变化特征。分析各月水汽通量的变化时刻与当时日出、日落时间,凌晨到日出前植物生理活动很弱,稳定地处于一天最低水平;日出后植物开始进行光合作用,随着光照的增强,植物的生理活动越来越活跃,叶片蒸腾作用旺盛,温度升高促进土壤蒸发,蒸散迅速增加;午后 1～2 h 蒸散达到一天中最大值;此后开始逐步回落,到夜间蒸散处于较为稳定的低水平。

3—5 月曲线较其他月份的波动大,日变化幅度较大,原因是此时气候复杂多变,温度变化幅度大,进一步影响毛竹生态系统内的地表蒸发和植被蒸腾,从而导致生态系统的水汽通量日变化幅度较大。

2011 年各月水汽通量最大值在 0.02～0.12 g・m^{-2}・s^{-1} 之间,不同季节差异很明显。峰值基本在 12:00～14:00 出现。7 月水汽通量值(0.111 6 g・m^{-2}・s^{-1})明显大于其余月份,原因是该月的光照较强,温度较高,而降水量仅为 192.7 mm,植物生长受抑制,蒸腾旺盛,地表植被及土壤蒸发较大。12 月最低(0.020 9 g・m^{-2}・s^{-1}),这也与当月的气候条件以及下垫面性质相吻合。

毛竹林全年水汽通量最小值基本为 −0.002 4～0.016 6 g・m^{-2}・s^{-1},且均集中在夜间或凌晨,只是各月出现的时间点不同。6 月、8 月的夜间水汽通量明显大于其他月份,其中 8 月(0.016 6 g・m^{-2}・s^{-1})最大,是由于这两个月处于夏季,降水较多,空气湿度大,气温高,白天云层较厚,吸收光照热量,致使毛竹林温度变化幅度相对较小,水汽通量无明显变化;夜间云层释放热量,致使毛竹林内部温度较其余月份稍高,夜间水汽通量较之稍高,18:00～20:00 气温下降,水汽通量下降,趋近于 0。

3.3.2.2　2012 年观测结果

2012 年全年水汽通量各月平均日变化特征如图 3.18 所示。

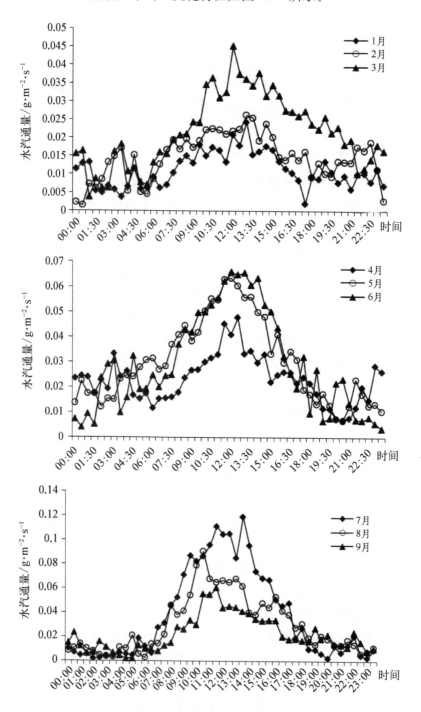

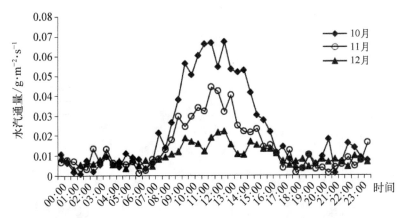

图 3.18　安吉毛竹林水汽通量各月平均日变化分布

由图 3.18 可以看出,毛竹林全年水汽通量基本为正值,均呈单峰型变化趋势,表明水汽输送方向是由毛竹林生态系统向大气输送,毛竹林是水汽源。同时,各月最大值均在 12:00~14:00 出现,呈现一定的规律性,原因可能是该段时间太阳辐射较大,温度较高,湍流通量较大,植物蒸腾和地表蒸发比较旺盛;而夜间水汽通量几乎在 $0.02\ \mathrm{g}\cdot\mathrm{m}^{-2}\cdot\mathrm{s}^{-1}$ 以下,主要是因为夜间光线微弱,温度较低,土壤蒸发和叶片蒸腾均极其微弱,湍流通量很小。

一昼夜内,生态系统的温度、热量、水分等气象因子都发生明显变化,同时植物生理活动也受昼夜生物节律的调节,因此植被蒸散有明显的日变化特征。0:00~6:00 水汽通量稳定且维持在很低水平,6:00 以后逐渐升高,午后 1~2 h 蒸散达到一天中最大值,此后开始逐步回落,波动范围较为剧烈,到夜间 18:00 后,蒸散处于较为稳定的低水平,基本在 $0.01~0.03\ \mathrm{g}\cdot\mathrm{m}^{-2}\cdot\mathrm{s}^{-1}$ 之间,6—8 月更低。分析各月水汽通量的变化时刻与当时日出、日落时间,凌晨到日出前以及日落之后,植物生理活动很弱,稳定地处于一天最低水平;日出后植物开始进行光合作用,随着光照的增强,植物的生理活动越来越活跃,叶片蒸腾作用旺盛,温度升高促进土壤蒸发,蒸散也迅速增加。

7—9 月曲线较其他月份的波动范围大,日变化幅度也较大,最小值出现在 7 月,为 $0.001\ 8\ \mathrm{g}\cdot\mathrm{m}^{-2}\cdot\mathrm{s}^{-1}$,最大值也出现在 7 月,为 $0.119\ 1\ \mathrm{g}\cdot\mathrm{m}^{-2}\cdot\mathrm{s}^{-1}$,且高于其他各月份。原因是此时气候炎热且复杂多变,温度变化幅度大,进一步影响毛竹生态系统内的地表蒸发和植被蒸腾,从而导致生态系统的水汽通量日变化幅度较大。而其他各月变化范围相对较小,尤其是 1、2 和 12 月,最小值是 $0.001\ 38\ \mathrm{g}\cdot\mathrm{m}^{-2}\cdot\mathrm{s}^{-1}$,最大值为 $0.024\ 4\ \mathrm{g}\cdot\mathrm{m}^{-2}\cdot\mathrm{s}^{-1}$。

总的看来,2012 年各月水汽通量最大值在 $0.02~0.11\ \mathrm{g}\cdot\mathrm{m}^{-2}\cdot\mathrm{s}^{-1}$ 之间,不同季节峰值差异明显,但基本在 12:00~14:00 出现。7 月水汽通量峰值($0.119\ 1\ \mathrm{g}\cdot\mathrm{m}^{-2}\cdot\mathrm{s}^{-1}$)明显大于其余月份,因为该月光照强,温度高,地表植被及土壤蒸发较大。毛竹林全年水汽通量最小值基本为 $0.000\ 6~0.014\ 3\ \mathrm{g}\cdot\mathrm{m}^{-2}\cdot\mathrm{s}^{-1}$,且均集中在夜间或凌晨,只是各月出现的时间点不同,10 月最低,为 $0.000\ 6\ \mathrm{g}\cdot\mathrm{m}^{-2}\cdot\mathrm{s}^{-1}$。7—9 月水汽通量昼夜间的波动范围远远大于其他各月,可能是因为夏季高温多雨,气候多变所致。

3.3.2.3 2013 年观测结果

2013 年全年水汽通量各月平均日变化特征如图 3.19 所示。

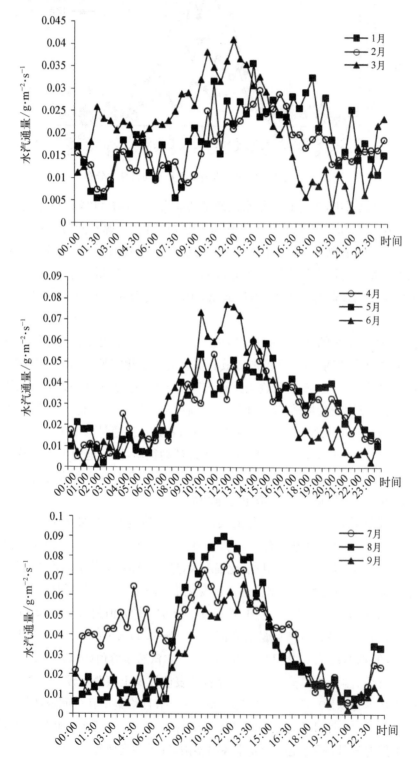

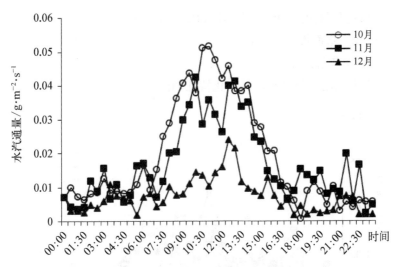

图 3.19　安吉毛竹林水汽通量各月平均日变化分布

毛竹林 2013 年全年水汽通量基本为正值,除了 1—3 月波动较大,具备多个小峰外,其余各月曲线均呈单峰型变化趋势,表明水汽输送方向是由毛竹林生态系统向大气输送,毛竹林是水汽源。同时,各月最大值均在中午 12:00 左右出现,呈现一定的规律性,原因可能是该段时间太阳辐射较大,温度较高,湍流通量较大,植物蒸腾和地表蒸发比较旺盛;而夜间水汽通量均偏低,甚至接近于 0,主要是因为夜间温度较低,同时没有光照,土壤蒸发和叶片蒸腾均极其微弱。

一昼夜内,生态系统的环境因子,如温度、水分等都发生变化,同时影响并调节着植物的生理活动,因此植被蒸散也有明显的日变化特征。0:00~6:00 水汽通量稳定在最低水平,大约维持在 $0.01\ g\cdot m^{-2}\cdot s^{-1}$ 左右,但 3 月和 7 月相对较高,可以达到 $0.02\ g\cdot m^{-2}\cdot s^{-1}$ 以上,7 月甚至可以达到 $0.05\ g\cdot m^{-2}\cdot s^{-1}$,可能是因为露水或者夜间降水对水汽通量有着较大的影响。6:00 以后逐渐升高,午后 1~2 h 蒸散达到一天中最大值,此后开始逐步回落,到夜间 18:00 后,蒸散处于较低水平,基本保持稳定。

将各月水汽通量的变化时刻与当时日出、日落时间相比较,可以看出,凌晨到日出前以及日落之后,植物生理活动很弱,叶片蒸腾较低,水汽通量相对较低;而日出后植物开始进行光合作用,随着光照的增强,植物的生理活动越来越活跃,叶片蒸腾作用旺盛,温度升高促进土壤蒸发,蒸散也迅速增加,水汽通量也逐渐增大。

综合分析各月曲线变化,1—3 月曲线波动剧烈,不单出现一个峰值,但依然在中午出现一天的最大值。7—9 月曲线较其他月份的波动范围大,日变化幅度也最大,尤其是 8 月,最小值为 $0.006\ 02\ g\cdot m^{-2}\cdot s^{-1}$,而最大值可以达到 $0.089\ 6\ g\cdot m^{-2}\cdot s^{-1}$,显著大于其他各月。可能存在的原因是此时正值夏季,气候炎热且复杂多变,温度变化幅度大,进一步影响毛竹生态系统内的地表蒸发和植被蒸腾,从而导致生态系统的水汽通量日变化幅度较大。

总的看来,2013 年各月水汽通量最大值在 $0.02\sim0.09\ g\cdot m^{-2}\cdot s^{-1}$ 之间,除春秋两季节变化相对较小外,其他季节差异很明显。峰值基本在 12:00 前后出现,8 月水汽通量峰值($0.09\ g\cdot m^{-2}\cdot s^{-1}$)明显大于其余月份。另外,毛竹林全年水汽通量最小值均集中在夜间或凌晨,只是各月出现的时间点不同,12月最低(0.001 8 g·m^{-2}·s^{-1}),这也与当月的气候条件以及下垫面性质相吻合。

3.3.2.4　2014 年观测结果

2014 年全年水汽通量各月平均日变化特征如图 3.20 所示。

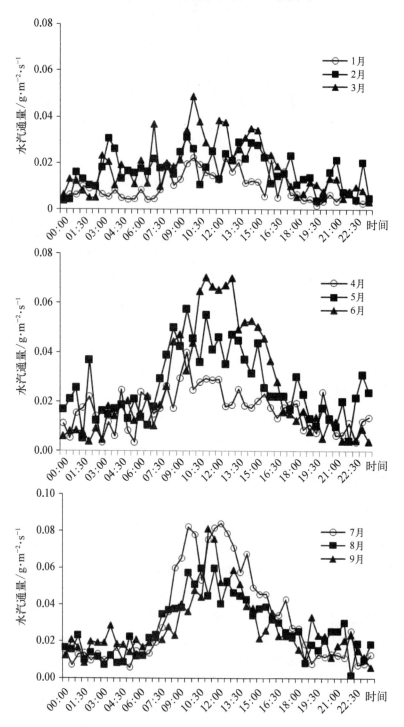

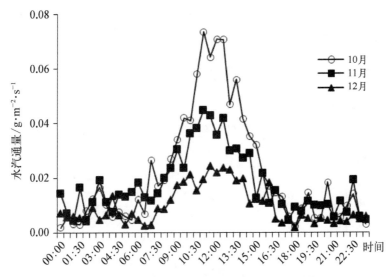

图 3.20　2014 年全年水汽通量各月平均日变化特征

　　毛竹林 2014 年全年水汽通量基本为正值,表明水汽输送方向是由毛竹林生态系统向大气输送,毛竹林是水汽源。除了 1—4 月波动较大,具备多个顶峰以外的小峰外,其余各月曲线均呈明显的单峰型变化趋势,同时,各月最大值均在中午 12:00 左右出现,呈现一定的规律性,原因可能是该段时间太阳辐射较大,温度较高,湍流通量较大,植物蒸腾和地表蒸发比较旺盛;而日出之前以及日落之后的夜间水汽通量均很低,主要是因为夜间温度较低,而且没有光照,植物生理活动很弱,土壤蒸发和叶片蒸腾均极其微弱,从而水汽通量相对较低。

　　从一昼夜的不同时间点上分析,生态系统的诸多环境因子,如空气、温度、水分等都发生着变化,同时影响并调节着植物的昼夜活动,因此植被蒸散也有明显的日变化特征。$0:00\sim6:00$ 水汽通量稳定在最低水平,大约维持在 $0.01\ \mathrm{g\cdot m^{-2}\cdot s^{-1}}$ 左右,冬春两季相对较低,甚至低于 $0.005\ \mathrm{g\cdot m^{-2}\cdot s^{-1}}$,可能是冬春两季温度较低,降水量减少所致。$6:00\sim12:00$ 前后逐渐升高,午后 $1\sim2\ \mathrm{h}$ 蒸散达到一天中最大值,且 7—9 月明显高于其他各月,此后又开始逐步回落,到夜间 18:00 后,蒸散处于较低水平,基本保持稳定。

　　综合分析各月曲线变化,1—4 月曲线波动剧烈,除了中午出现最大峰值外,周边还存在着一些小峰,尤其是 3 月份,曲线起伏较大。而 7—9 月曲线较其他月份的日变化幅度最大,尤其是 7 月份,最小值为 $0.005\ 67\ \mathrm{g\cdot m^{-2}\cdot s^{-1}}$,而最大值可以达到 $0.084\ 1\ \mathrm{g\cdot m^{-2}\cdot s^{-1}}$,显著大于其他各月。可能存在的原因是此时正值夏季,气候炎热且复杂多变,温度变化幅度大,促进了毛竹生态系统内的地表蒸发和植被蒸腾,从而导致生态系统的水汽通量日变化幅度较大。10—12 月水汽日变化规律逐渐减弱,12 月峰值远远低于 10 月份。

　　总的看来,2014 年毛竹林生态系统表现为良好的水汽源。全年各月水汽通量变化趋势相当,幅度不同,最大值在 $0.022\sim0.084\ \mathrm{g\cdot m^{-2}\cdot s^{-1}}$ 之间,且差异很明显。峰值基本在 12:00 前后出现,7 月水汽通量峰值($0.084\ 1\ \mathrm{g\cdot m^{-2}\cdot s^{-1}}$)明显大于其余月份。另外,毛竹林全年水汽通量最小值均集中在温度降低的日出之前或者日落之后的时间段,只是各月出现的时间点不同。

3.3.3 2011—2014 年全年水汽通量季节变化特征

3.3.3.1 2011 年观测结果

2011 年毛竹林水汽通量季节平均日变化特征如图 3.21 所示。

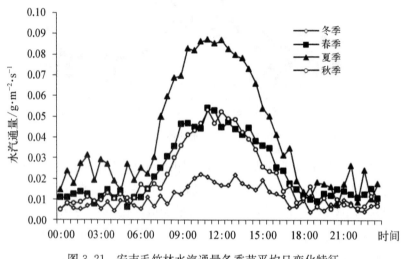

图 3.21 安吉毛竹林水汽通量各季节平均日变化特征

毛竹林夏季水汽通量日变化规律性较强,变化曲线为单峰,曲线平滑,18:00～次日06:00 水汽通量维持在 0.007 5～0.025 1 g·m^{-2}·s^{-1} 之间,06:00～12:00 逐渐升高,在12:00 左右达到最大值后逐渐降低,在 18:00 左右趋于稳定。秋季的变化规律性次之,变化曲线为单峰,曲线相对平缓,变化规律与之相似。而冬春两季的日变化与夏秋季相比,变化规律性较差,日变化幅度较大,表现为曲线波动较大,不够平滑,曲线除一个顶峰以外,还有若干小峰存在。分析夏季水汽通量日变化规律较强的原因是夏季为雨季,有持续阴天降水的气候现象,空气湿度大,气温较高,较其他三个季节加强了地表蒸发和植被蒸腾作用,进而导致水汽通量的增大。

由于受当地气候影响,试验区 2011 年水汽通量季节变化特征为:夏季特征最明显,且高于其他各季节,春秋季变化特征相似,峰值相同,冬季变化相对较复杂,有若干个峰值,曲线波动较多。

3.3.3.2 2012 年观测结果

2012 年毛竹林水汽通量季节平均日变化特征如图 3.22 所示。

毛竹林 2012 年全年四个季节的水汽通量日变化趋势较为一致,均为单峰曲线,基本在 11:00～14:00 出现峰值。其中冬季变化最为平缓,在 0.005 3～0.022 1 g·m^{-2}·s^{-1} 之间变化;而夏季水汽通量日变化较为剧烈,日落之前及日落之后出现最小值,为0.005 42 g·m^{-2}·s^{-1},06:00～12:00 逐渐升高,在 12:00 左右达到最大值 0.080 5 g·

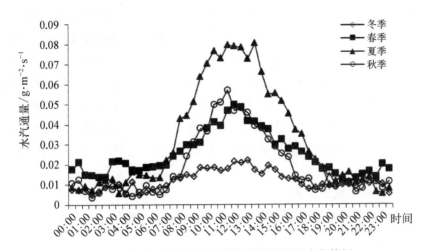

图 3.22　安吉毛竹林水汽通量各季节平均日变化特征

$m^{-2} \cdot s^{-1}$，后逐渐降低，在 18:00 后趋于稳定。春、秋两季的水汽通量变化趋势较为一致，日变化幅度较冬季大，而显著小于夏季。可能是因为夏季为雨季，有持续阴天降水的气候现象，空气湿度大，气温较高，较其他三个季节加强了地表蒸发和植被蒸腾作用，进而导致水汽通量的增大。

总的来说，由于受当地环境气候影响，毛竹林 2012 年水汽通量季节变化特征为：夏季特征最明显，且高于其他各季节，春秋季变化特征相似，峰值相当，冬季变化趋于平缓，且最低。

3.3.3.3　2013 年观测结果

2013 年毛竹林水汽通量季节平均日变化特征如图 3.23 所示。

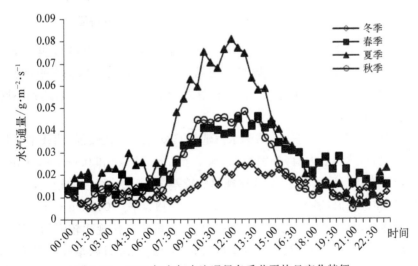

图 3.23　2013 年全年水汽通量各季节平均日变化特征

毛竹林 2013 年全年四个季节的水汽通量日变化趋势较为一致，均为单峰曲线，基本在 12:00 左右出现峰值。其中冬季水汽日变化波动最为平缓，在 $0.005 \sim 0.025\,\mathrm{g} \cdot \mathrm{m}^{-2} \cdot$

s^{-1}之间变化;夏季日变化最为剧烈,06:00 之前和 18:00 后趋于稳定,存在最小值,为 0.006 6 g·m^{-2}·s^{-1},06:00~12:00 逐渐升高,在 12:00 左右达到最大值0.081 g·m^{-2}·s^{-1},后逐渐降低;春、秋两季的水汽通量日变化吻合度较高,拥有相同的趋势和峰值(0.04~0.05 g·m^{-2}·s^{-1}之间),但变化幅度较冬季大,却显著小于夏季。可能是因为夏季高温多雨,较其他三个季节加强了地表蒸发和植被蒸腾作用,进而导致水汽通量的增大。

总的来说,由于受当地环境气候影响,毛竹林 2013 年水汽通量季节变化特征为:夏季特征最明显,且高于其他各季节,春秋季变化特征相似,峰值相当,冬季变化趋于平缓,且最低。

3.3.3.4 2014 年观测结果

2014 年毛竹林水汽通量季节平均日变化特征如图 3.24 所示。

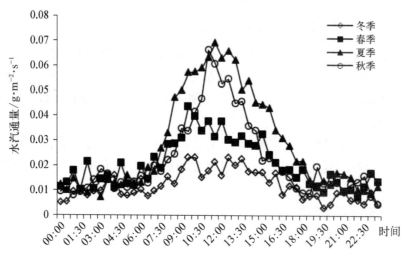

图 3.24 2014 年全年水汽通量各季节平均日变化特征

毛竹林 2014 年全年四个季节的水汽通量日变化趋势较为一致,均为单峰曲线,具有一定的规律性,06:00 之前和 18:00 后水汽通量均维持在降低的稳态水平,约 0.01 g·m^{-2}·s^{-1}左右,06:00~12:00 前后逐渐升高,且四个季节在 12:00 左右达到不同的最大值,12:00~18:00 逐渐下降。

但是 4 个季节又有不同,夏、秋两季水汽通量日变化规律性较强,曲线平滑且趋势一致,均在 12:00 左右达到最大值,分别为 0.069 3 g·m^{-2}·s^{-1} 和 0.066 4 g·m^{-2}·s^{-1};而冬春两季的日变化与夏秋季相比,变化规律性较差,表现为曲线波动较大,不够平滑,曲线除一个顶峰(即最大值,冬季 0.023 2 g·m^{-2}·s^{-1}和春季 0.043 8 g·m^{-2}·s^{-1})以外,还有若干小峰存在,起伏不定。分析夏秋两季水汽通量日变化规律较强的原因是夏季为雨季,有持续阴天降水的气候现象,空气湿度大,气温较高,而且秋季气温刚转低,余热犹在,雨水充足,较其他两个季节加强了地表蒸发和植被蒸腾作用,进而导致水汽通量的增大。

总的来说,由于受当地环境气候影响,毛竹林 2014 年水汽通量季节变化特征为:夏秋季特征最明显,且高于其他季节,春冬季变化趋于平缓,且复杂,曲线波动较多。

3.3.4　2011—2014 年毛竹林降雨和蒸散结果

3.3.4.1　2011 年观测结果

蒸散作用是指地表蒸发作用与植物蒸腾作用的总和,为地表到大气的能量转移贡献了 75%,大气中的垂直水交换主要由太阳能通过蒸散作用来驱动,换言之,蒸散作用是水循环的一个重要因子,地球能量收支中一个非常重要的过程。蒸散量是生态系统内土壤蒸发和植被蒸腾的总耗水量,是全年水汽通量的总和。主要受蒸发势、土壤供水状况、植被状况等因素影响。

通过雨量筒测得 2011 年各月降水量,计算各月水汽通量的总和。结果如图 3.25所示。

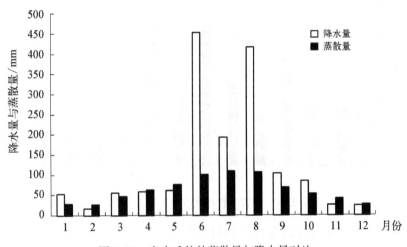

图 3.25　安吉毛竹林蒸散量与降水量对比

毛竹林 2 月、4 月、5 月和 11 月的蒸散量稍大于降水量,12 月二者相差不大,其余各月蒸散量均小于降水量,6 月降水量远远大于蒸散量,是由于在蒸散量相对稳定的情况下,进入夏季,6 月份已是梅雨期,降水大幅度增多。各季节降水量、蒸散量及其占全年的比例如表 3.5 所示。

表 3.5　毛竹林各季度降水量与蒸散量及其占全年降水量与蒸散量的比重

季节	降雨量/mm	降雨百分比/%	蒸散量/mm	蒸散百分比/%
冬季	93.00	6.04	81.20	10.91
春季	174.70	11.32	185.67	24.93
夏季	1 062.20	68.84	315.55	42.37
秋季	213.20	13.80	162.31	21.79
全年	1 543.10	1	744.73	1

毛竹林夏季的降水量为 1 062.20 mm,占全年总降水量(1 543.10 mm)的 68.84%。春秋季降水量相差不大,春季占全年的 11.32%,秋季占 13.80%,冬季最少,仅占 6.04%。蒸散量方面,夏季最大 315.55 mm,占全年蒸散量(744.73 mm)的 42.37%,春季占 24.93%,秋季占 21.79%,冬季最小,占 10.91%。季节尺度上,两者存在较强响应关系。毛竹林全年蒸散量(744.73 mm)占全年降水量(1 543.10 mm)的 48.26%,略低于实际情况,原因可能是,夜间降水或露水对水汽通量的观测有较大影响,易导致低估通量值,另外,处理数据时采用的方法也可能是导致结果低于实际观测值的原因之一。

3.3.4.2 2012 年观测结果

安吉毛竹林 2012 年蒸散量与降水量对比如图 3.26 所示。

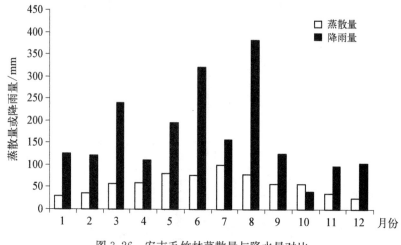

图 3.26 安吉毛竹林蒸散量与降水量对比

毛竹林 2012 年全年各月的蒸散量相对变化较小,且均小于降雨量,但 10 月相差不大,其中 3 月、6 月和 8 月的蒸散量明显低于该月的降雨量,尤其是 8 月份,蒸散量只有 79.55 mm,而降雨量可以达到 383 mm,可能是由于在蒸散量相对稳定的情况下,8 月份属于夏季,降水的幅度远远增多。

分析各季节降水量、蒸散量及其占全年的比例,如表 3.6 所示。

表 3.6 毛竹林 2012 年各季度降水量与蒸散量及其占全年降水量与蒸散量的比重

季节	蒸散量/mm	蒸散百分比/%	降雨量/mm	降雨百分比/%
冬季	92.107	13.24	349	17.29
春季	198.014	28.45	545	27.01
夏季	255.428	36.70	860	42.62
秋季	150.406	21.61	264	13.08
全年	695.955	1	2 018	1

由表 3.6 可知,毛竹林夏季的降水量最大,为 860 mm,占全年总降水量(2 018 mm)的

42.62%,其次是春季,为 545 mm,约占全年的 27.01%,冬季和秋季降水量相差不大,为 349 mm 和 264 mm,分别占全年的 17.29% 和 13.08%。蒸散量方面,夏季最大,达到 255.428 mm,占全年蒸散量(695.955 mm)的 36.70%,春季占 28.45%,秋季占 21.61%,冬季最小,占 13.24%。季节尺度上,两者存在一定的响应关系,毛竹林全年蒸散量(695.955 mm)占全年降水量(2 018 mm)的 34.49%,降雨量最大的夏季蒸散也是最大,但是秋季降雨量最低,冬季蒸散量却是最低,可能是因为夜间降水或露水对水汽通量的观测有较大影响。

3.3.4.3 2013 年观测结果

安吉毛竹林 2013 全年蒸散量与降水量对比如图 3.27 所示。

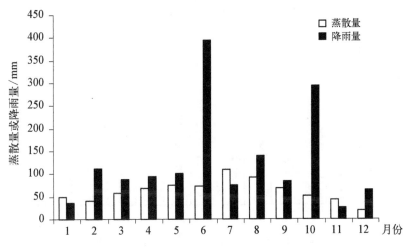

图 3.27 安吉毛竹林 2013 年全年蒸散量与降水量对比

毛竹林 2013 年全年 1、2、11 和 12 月的蒸散量较低,而其他各月的相对稳定,变化幅度较小;此外,除了 7 月份蒸散量高于降雨量之外,剩下其他月份均小于降雨量,尤其是 6 月和 10 月,蒸散量分别只有 72.40 mm 和 50.96 mm,而降雨量可以达到 394.5 mm 和 294.2 mm,可能是因为在蒸散量相对稳定的情况下,夏季(6 月份)或者梅雨时节(10 月)降水较平时充沛。

分析各季节降水量、蒸散量及其占全年的比例,如表 3.7 所示。

表 3.7 毛竹林 2013 年各季度降水量与蒸散量及其占全年降水量与蒸散量的比重

季节	蒸散量/mm	蒸散百分比/%	降雨量/mm	降雨百分比/%
冬季	111.21	14.85	213	14.12
春季	201.12	26.85	284	18.85
夏季	273.65	36.53	609	40.39
秋季	163.09	21.77	402	26.64
全年	749.07	1	1 509	1

由表 3.7 可知,毛竹林夏季的蒸散量最大,达到 273.65 mm,占全年蒸散量 (749.07 mm)的 36.53%,之后依次是春季 201.12 mm,占 26.85%,秋季 163.09 mm,占 21.77%,冬季最小,为 111.21 mm,占全年的 14.85%。就全年的降雨量方面看来,夏季 的降水量最大,为 609 mm,占全年总降水量(1 509 mm)的 40.39%,其次是秋季,为 402 mm,约占全年的 26.64%,之后是春季,降水量为 284 mm,占全年的 18.85%,冬季最低, 为 213 mm,占全年的 14.12%。可以看出 2013 年全年的蒸散量和降雨量在季节尺度上,存 在一定的联系,降雨量最大的夏季蒸散也是最大,降雨量最低的冬季蒸散量也是最低。

3.3.4.4　2014 年观测结果

安吉毛竹林 2014 年全年蒸散量与降水量对比如图 3.28 所示。

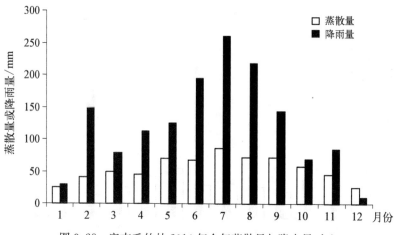

图 3.28　安吉毛竹林 2014 年全年蒸散量与降水量对比

毛竹林 2014 年全年 1 月和 12 月的蒸散量相对较低,仅约 25.7 mm,而其他各月的相 对较高,维持在 40.4～86.6 mm 之间,其中 7 月份蒸散量达到最大值 86.6 mm;此外,除 了 12 月份蒸散量高于降雨量之外,剩下其他月份均小于降雨量,6、7 和 8 三个月变化较 为明显,尤其是 7 月份,蒸散量虽最大,为 86.6 mm,但本月降雨量也是全年最大值,达到 260 mm。可能是因为夏季高温多雨,而 6、7 和 8 三个月刚好入夏,光照强烈,天气炎热, 空气湿度大,使得地表植物以及土壤的蒸腾也比较旺盛。

分析各季节降水量、蒸散量及其占全年的比例,如表 3.8 所示。

表 3.8　毛竹林 2014 年各季度降水量与蒸散量及其占全年降水量与蒸散量的比重

季节	蒸散量/mm	蒸散百分比/%	降雨量/mm	降雨百分比/%
冬季	91.87	13.99	188	12.74
春季	164.37	25.04	317	21.48
夏季	226.24	34.46	673	45.60
秋季	174.00	26.50	298	20.19
全年	656.48	1	1 476	1

由表 3.8 可知,毛竹林夏季的降水量最大,为 673 mm,占全年总降水量(1476 mm)的 45.60%,春季和秋季差异相对较小,降水量分别为 317 mm 和 298 mm,约占全年的 21.48% 和 20.19%,冬季最低,为 188 mm,仅占全年的 12.74%。从蒸散量的情况看来,夏季的蒸散量最大,达到 226.24 mm,占全年蒸散量(656.48 mm)的 34.46%,此外,跟降雨量变化趋势一致,秋季和春季的蒸散量差异相对较小,分别为 174.00 mm 和 164.37 mm,占全年蒸散量的 26.50% 和 25.04%,冬季最小,为 91.87 mm,占全年的 13.99%。

就全年的降雨量和蒸散量比重而言,2014 年全年的蒸散量和降雨量在季节尺度上,表现出一定的季节特征,且存在一定的相关性,降雨量最大的夏季蒸散也是最大,降雨量最低的冬季蒸散量也是最低,而春秋两季变化不显著。

3.4　雷竹林生态系统的能量平衡

3.4.1　气象因子观测结果分析

3.4.1.1　气温

雷竹林三个不同高度上,1 m、5 m、17 m 处 2011 全年月平均气温(见图 3.29)。全年月平均最高温在 7 月(27.12℃),最低温在 1 月(−0.51℃),呈单峰变化,全年月平均气温变化与多年平均值相符。

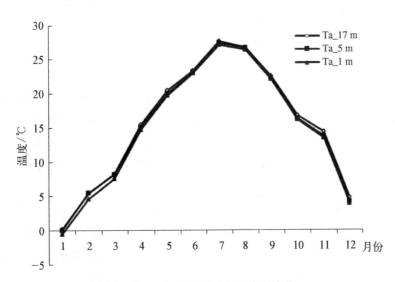

图 3.29　三层梯度的空气温度月变化

在三个不同高度上,1 m 代表近地表气温,5 m 代表林冠层高度气温,17 m 代表雷竹林生态系统气温。气温随高度不同,在不同月也有差异。在温度逐渐升高的 1—7 月,Ta_

17 m＞Ta_5 m＞Ta_1 m,即气温随高度升高而升高;在温度逐渐降低的 7—12 月,同样也是气温随高度升高而升高。在气温差上,三层温差整体变化不大,都没有超过 1℃,在 0.1～0.9℃之间,三层气温在秋冬月份明显大于春夏月份。其中 1 m 与 17 m 的温差要明显大 1 m 与 5 m 的温差,0.1～0.6℃。

3.4.1.2 降水

2011 全年各月分降雨量如图 3.30 所示,降雨量最大为 6 月(290 mm),最小为 2 月(17.13 mm),全年基本呈单峰变化,季节差异十分明显,夏秋季月份降雨明显多于春冬季月份。全年总降雨量 1 201.72 mm,较 2008 年(1 235.82 mm),2009 年(1 603.64 mm),2010 年(1 412.50 mm),以及多年平均值 1 399.60 mm 相比,略微偏低,但基本处于正常年份水平。其中梅雨季节出现在 6—7 月,梅雨降雨占全年降雨量的 39％,夏季降雨量占到全年的一半左右。

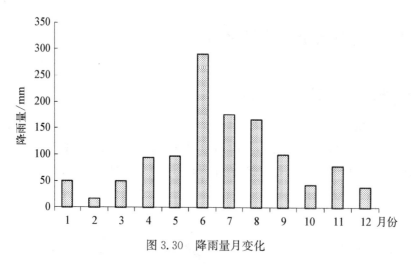

图 3.30　降雨量月变化

3.4.1.3 辐射

从雷竹林全年的入射的净辐射来看(见图 3.31),全年基本呈单峰变化,1—12 月随太阳高度角先增大后减小,但是在 6 月有个低值,由于 15 天左右的梅雨,明显低于 5 月、7 月;7 月为全年最高达 414.33 MJ・m^{-2},之后开始减少;1 月略低于 12 月,全年最低为 105.50 MJ・m^{-2}。雷竹林全年总的入射能量达 2 928.924 MJ・m^{-2},处于多年平均水平。

光合有效辐射(Photosynthetically Active Radiation,PAR),太阳辐射中能被绿色植物用来进行光合作用的特定波长(约为 400～700 nm)的辐射能量。用光量子数计算,就是 mol・m^{-2}・s^{-1}。如图 3.32 所示,1 月、4 月、7 月、11 月的月平均光合有效辐射的日变化,以典型季节月份代表。基本变化规律上,光合有效辐射,7 月＞4 月＞11 月＞1 月,呈单峰变化。

光合有效辐射全天呈单峰变化,12:00 前后达到峰值,分别为 7 月(1 045.7 μmol・m^{-2}・s^{-1}),4 月(969.8 μmol・m^{-2}・s^{-1}),11 月(548.5 μmol・m^{-2}・s^{-1}),1 月

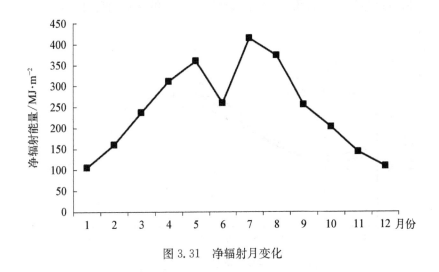

图 3.31　净辐射月变化

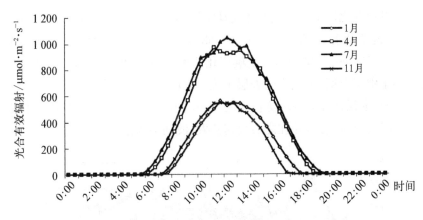

图 3.32　光合有效辐射月变化

(546.2 μmol·m^{-2}·s^{-1})。变化趋势上,春夏月份较接近,秋冬月份较接近,春夏季明显高出秋冬季。从光合有效辐射启动时间看,7 月(5:30),4 月(6:00),11 月(7:00),1 月(7:30),结束时间也有相应推迟。

3.4.1.4　土壤

图 3.33 是 5 cm、50 cm、100 cm,三层梯度土壤 2011 年温度的月变化过程;图 3.34 是三层土壤同时期的含水率月变化过程。土壤温度最高为 7 月的 5 cm 温度(25.63℃),最低为 2 月(10.03℃),全年温差 15.5℃,基本呈单峰变化。土壤三层深度的温度高低变化,有两次交汇点,有三次交替的变化。1—3 月 100 cm 温度高于 50 cm,50 cm 高于 5 cm,土壤温度随土壤深度而升高;4 月三层土壤温度相差不大;之后 5—8 月变化刚好相反,土壤温度随土壤深度增加而降低;9 月三层土壤温度又接近;10—12 月三层土壤温度变化和1—3 月相同,土壤温度随土壤深度而升高。土壤三层梯度的温度高低变化显示,表层土壤较深层土壤是先低后高再低的变化趋势。原因在于,其中在 4 月、9 月两次重合,同时

也是土壤热通量符号转变的月份,可见土壤热通量状态的变化,直接影响土壤温度深度上温度的变化。

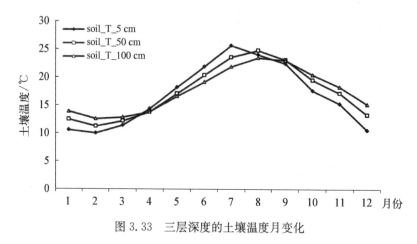

图 3.33 三层深度的土壤温度月变化

土壤含水量的变化比土壤温度变化波动明显,如图 3.34 所示,全年土壤含水率,5 cm 土壤为表层土壤变化范围在 0.29%～0.62%,50 cm 土壤为中层土壤变化范围在 0.37%～0.58%,100 cm 土壤为深层土壤变化范围在 0.47%～0.59%。波动范围上,深层土壤明显小于中层土壤,中层小于表层土壤。表层土壤水分从冬季开始增加,春季开始下降,在春夏季基本保持在 0.5% 以上,秋冬持续下降。在 6—9 月的梅雨和秋雨期间,土壤水分在持续降雨快速上升,并在之后快速蒸发,波动最为强烈。

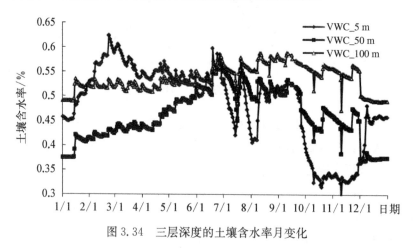

图 3.34 三层深度的土壤含水率月变化

3.4.1.5 风速与风向

图 3.35 为 2011 全年两层高度上的风速变化。1 m 为近地面高度,7 m 为林冠上层高度,林冠上层处风速明显高于近地面。从风速上看季节变化不明显,从出现最大风速,7—9 月夏季最大风速(3.45 m/s)较大,其次是 12 月(2.06 m/s),1—2 月,而 4—7 月风速变化不明显。

从风向上看,风玫瑰图表示八个风向上的比例(见图 3.36)。在四个季节上,西北风

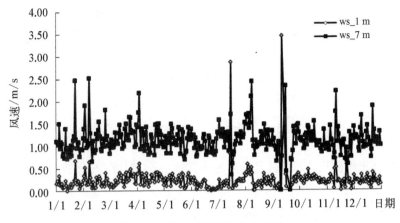

图 3.35　两个高度的风速日变化

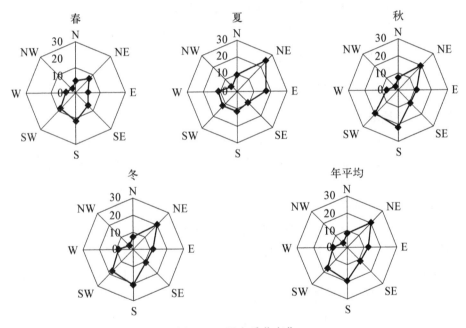

图 3.36　风向季节变化

向与东南风向占据 40％左右,其次是南风向,西风向和西南风向 10％左右,东北风向、北风向、东风向,最少不到 10％。主风向西北与东南方向,这与临安地区处的东南季风带有关。

3.4.1.6　小结

通过太湖源雷竹林气温、土壤温度、土壤含水、降雨、辐射、风速风向的观测数据分析,环境因子反应亚热带季节变化规律,可以看出:

(1) 雷竹林全年月平均最高温在 7 月(27.12℃),最低温在 1 月(−0.51℃),呈单峰变化,全年月平均气温变化与多年平均值相符。气温随高度不同,在不同月也有差异但三层梯度上相差不超过 1℃。

(2) 雷竹林 2011 全年各月份降雨量 1 201.72 mm，降雨量最大为 6 月（290 mm），最小为 2 月（17.13 mm），全年基本呈单峰变化，季节差异十分明显，夏秋季月份降雨明显多于春冬季月份。

(3) 雷竹林全年的入射的净辐射，全年基本呈单峰变化，1—12 月随太阳高度角先增大后减小，但是在 6 月份有个明显的低值；光合有效辐射的日变化，基本变化规律上，7月＞4 月＞11 月＞1 月，单峰变化，变化趋势上，春夏月份较接近，秋冬月份较接近，春夏季明显高出秋冬季。

(4) 雷竹林土壤温度方面，温度最高为 7 月的 5 cm 温度（25.63℃），温度最低为 2 月（10.03℃），全年温差 15.5℃，基本呈单峰变化。土壤三层深度的温度高低变化，有两次交汇点，有三次交替的变化。土壤含水量的变化比土壤温度变化波动明显，全年土壤含水率波动范围上，深层土壤明显小于中层土壤，中层小于表层土壤。

(5) 雷竹林两层高度上的风速变化显示林冠上层风速明显高于近地面风速。夏季风速最大，而春季风速较小。从风向来看，主风向为西北风向与东南风向，占 40％左右；东北风向、北风向、东风向，最少不到 10％。

3.4.2　雷竹林能量通量特征

3.4.2.1　通量塔源区分析

通量足迹（Footprit）最早由 Pasquill 等人提出（Swinbank W C. et al.，1951），从源区物质浓度变化，反推算排放区。实际上 Footprit 是一个函数，反映排放源浓度到观测点浓度之间的传导的关系函数，从而将观测到的物质浓度与造成该浓度的排放源源区域信息联系起来，以推算放排路径，计算周围对观测点的贡献率。一般来说，通量观测的区域是主风向方向的下垫面，但对其正对通量塔下的下垫面观测的很少，这就是我们常说的"灯下黑"，对此也就是"塔下黑"。因此通量传感器测定的各通量的空间代表性（Swinbank W C. et al.，1951；Horst T W et al.，1994；Haenel H D et al.，1999），是通量观测需要确定的问题，以确定观测的区域。

国际上用于计算 Footprit 的模型最广泛的是瑞士人 Schmid 1994 年提出的通量源区面积模型 FSAM（Flux-Source Area Model）（Schmid H P. et al.，1994），通过输入 3 个复合参数得源区分析结果，在此基础上 Kljun 进一步参数化（Schmid H P. et al.，1994）。欧洲地球科学联盟（European Geosciences Union，EGU）根据参数化的计算通量足迹与源区贡献（Kljun, N. et al.，2003），增加了参数，并提供了网页在线计算通量塔源区贡献的方法（http://footprint.kljun.net/varinput.php）。其中要提供的参数有：垂直风速标准差波动（standard deviation of vertical velocity fluctuations），表面摩擦速度（surface friction velocity），行星边界层（planetary boundary-layer height），观测高度（measurement height），粗糙长度（roughness length），源区比例（percentage of the footprint included）。

图 3.37 为代入参数后源区贡献分析，主要变动参数为表面摩擦速度改变影响贡献源

区。模型要求表面摩擦速度大于等于 0.2 m/s,当夜间或者辐射能较小,表面摩擦速度过小时,下垫面与大气之间湍流不充分,大量的碳会沉积在竹林之中,不能交换到林冠上层被传感器感知。雷竹林生态系统下垫面,表面摩擦风速夜间较低 0.01～0.4 m/s 变化,白天较高可达到 0.6 m/s 以上。因此取了 0.3 m/s 和 0.6 m/s 计算源区,计算当表面摩擦速度为 0.3 m/s 时,最大贡献区为当时风向方向距离 52.8 m,90% 贡献区距离为 144.6 m;计算当表面摩擦速度为 0.6 m/s 时,最大贡献区为当时风向方向距离 91.9 m,90% 贡献区距离为 251.8 m。

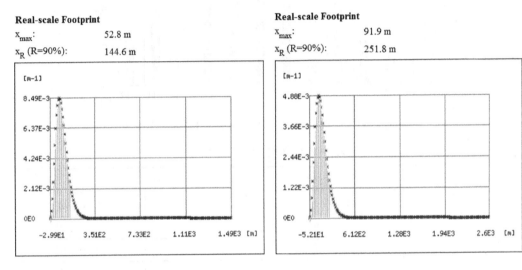

图 3.37　通量塔贡献区分析

3.4.2.2　能量平衡

能量平衡的方法介绍详见本章 1.2 介绍。通过该方法计算雷竹林 2011 年年能量闭合度 0.782,月平均为 0.808,处于通量站点的中等水平(国内外平均 0.76),涡度数据可靠。

在半小时尺度上,由全年逐月线性回归关系看出,平均截距 4.71 W·m^{-2}·s^{-1},平均斜率 0.59,平均相关系数 0.84(见表 3.9)。较之相同应用 ERB 方法分析的黄土高原半干旱草地,平均斜率(0.69)和相关系数(0.95)都要低,但截距(17.22 W·m^{-2}·s^{-1})也低,闭合度低于草地,但筛选数据后参与能量平衡的数量要多于草地。对于本研究可能需要再提高剔除数据质量,来提高能量闭合度。国际通量站点能量闭合情况(Wilson K 等,2002),斜率在 0.55～0.99 之间,相关指数在 0.64～0.96 之间。中国通量网中的 8 个站点(李正泉等,2004)回归斜率范围在 0.49～0.81 之间,平均值为 0.67,截距范围为 10～79.9 W·m^{-2}·s^{-1},平均值为 28. W·m^{-2}·s^{-1},回归决定系数范围在 0.52～0.94 之间,平均值为 0.82。在月尺度上,可利用能量($R_n - G$),标准湍流通量($LE + H$),能量闭合度,如图 3.41 所示,各月份差异明显。闭合度最低在 9 月为 0.46,最高为 12 月 0.95。

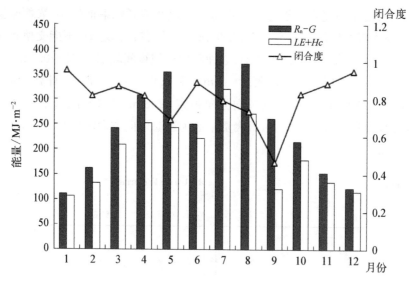

图 3.38　雷竹林 2011 年能量月积累与能量闭合度季节变化

表 3.9　2011 年逐月线性回归系数

月　份	$(H+LE)$ Vs (R_n-G)		
	截　距	斜　率	相关系数
1	8.084 9	0.554 9	0.841 2
2	6.267 7	0.578 2	0.874 9
3	2.867 6	0.553 5	0.846 5
4	10.90 5	0.612 5	0.904 1
5	6.777 1	0.429 6	0.641 0
6	1.854 9	0.657 2	0.874 7
7	0.864 2	0.649 5	0.865 7
8	−2.734 5	0.641 5	0.825 4
9	1.141 8	0.572 0	0.792 1
10	6.243 0	0.627 6	0.884 8
11	5.203 0	0.611 0	0.862 1
12	9.075 7	0.618 3	0.867 0

3.4.2.3　能量通量月平均日变化分析

生态系统在太阳辐射的驱动下,完成能量流动,物质合成转移,碳水循环等生理活动。不同类型的生态系统,其群落类型和下垫面不同,进而造成蒸发散和热传导能力的差异,因此生态系统获得净辐射能量后,能量在系统内的分配变化有着各自的特点。将有典型季节性代表的 1 月、4 月、7 月、10 月半小时间隔时刻下的能量通量数据,作月平均处理,得到如图 3.39 所示的能量通量日变化进程。

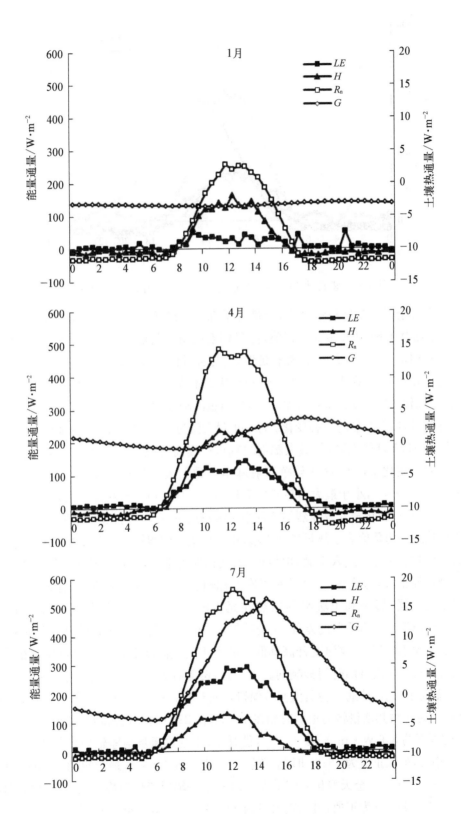

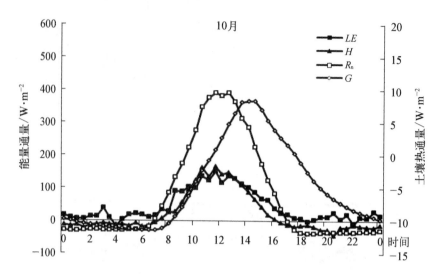

图 3.39　雷竹林 2011 年能量通量 1 月、4 月、7 月、10 月日变化

从 4 个月全天的变化趋势来看，能量分量都是以净辐射为变化基础的，均呈单峰变化。7 月净辐射在 6:00 开始变为正值，能量辐射能由大气流入雷竹林，在 4 月净辐射变为正值的时刻是 6:30，10 月，1 月都有延迟，这与各月份的日出时间有关。显热和潜热通量基本同步开始上升，在 11:00～12:00 同步达到最大值，之后下降。在日落后，土壤-植被开始向外辐射能量，变化都比较平缓，潜热通量波动较大可能与间歇性湍流和夜间湍流的低估有关，但均无明显的峰谷变化。净辐射最大值为 7 月 12:00 时刻的 561.3 W·m^{-2}·s^{-1}，4 月、10 月、1 月依次降低，最大辐射时刻也有提前，分别为 11:00、11:30。在显热和潜热通量的日变化上峰值时刻与净辐射基本一致。最大显热通量为 4 月 11:00 时刻 236.0 W·m^{-2}·s^{-1}，小于最大潜热通量 7 月 293.1 W·m^{-2}·s^{-1}。显热通量在 1 月、4 月大于潜热通量，而在蒸发散强烈的 7 月小于潜热通量，在 10 月两者相差不大。

土壤热通量为负值表示热量离开土壤，由土壤辐射到植被-大气，土壤为热源；土壤热通量为正值时表示热量进入土壤，由植被-大气辐射到土壤，土壤为热汇。其日变化符号变化时刻差异很大，为此图 3.39 特别以次坐标轴表示。土壤因季节的理化性质不同，土壤热导率也不同，影响到土壤吸热散热在延迟时间上差异（王旭等，2005；伊光彩等，2006），在热源汇上也有季节的差异（王美莲等，2010）。入射能量在通过冠层后进去土壤，土壤比热远大于空气，土壤温度升高降低也就迟于空气温度变化。土壤热通量在季节变化上的时间滞后是由日出时间影响的。在 1 月，覆盖有大量有机物并施有氮肥和有机肥发酵，地温高于气温，热通量为负值基本保持在 -3.0～-3.5 W·m^{-2}·s^{-1}，全天变化幅度最小。4 月土壤热通量转为正值时刻在 11:30，在 2:30 时刻再次转为负值，最大正值为 17:30 时刻下的 3.6 W·m^{-2}·s^{-1}。7 月份开始，土壤热通量与净辐射变化近似一致，滞后 2～3 小时，最大正值为 15:00 时刻下的 16.5 W·m^{-2}·s^{-1}，最小负值 6:30 时刻下的 -4.6 W·m^{-2}·s^{-1}，全天变化幅度最大。10 月最净辐射变化趋势最接近，但也有滞后现象，在 11:30～17:30 为正值，最大正值时刻 14:00 的 8.3 W·m^{-2}·s^{-1}。

3.4.2.4　显热通量(H)、潜热通量(LE)与净辐射(Rn)变化特征

在月尺度上，潜热通量(LE)月均值(Y)和冠层净辐射(X)回归关系如图 3.40 所示。

$Y=0.569\ 6X-23.616$　$R^2=0.800\ 8$　$F=40.213$　$Sig<0.000\ 1$ $n=12$ 达极显著水平；

显热通量(H)月均值(Y)和冠层净辐射(X)回归关系：

$Y=0.056X+63.633$　$R^2=0.039\ 1$　$F=0.407$　$Sig=0.538$　$n=12$ 不显著水平。

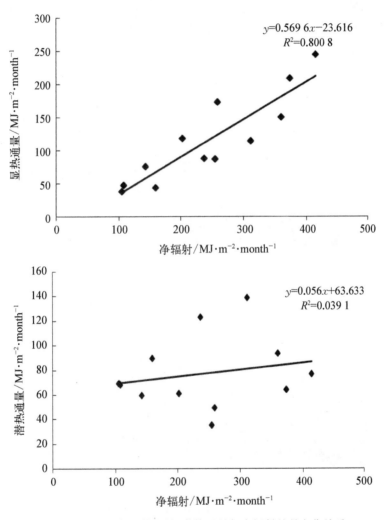

图 3.40　2011 年显热通量、潜热通量与净辐射的月变化关系

净辐射与显热通量相关性很高，$R^2=0.8$；但是与显热通量几乎不相关，R^2只有 0.04。这与能量的分配有关，潜热是水和大气在发生状态变化但温度不升高情况下吸收或排出的能量，显热是水和大气保持原有状态不变温度变化的情况下吸收或排出的能量。因此潜热通量就是水分变成水蒸气吸收的能量，这也就是蒸发量，与净辐射有着直接关系。同时，净辐射也不是唯一的影响因素，土气储热、光合作用、土壤水分的垂直运动都会影响湍

流通量(李宏宇等,2012)。在海南橡胶林能量通量研究(吴志祥等,2010)中,在半小时尺度上显热通量、潜热通量与向下的短波辐射相关性达极显著,同时向下的短波辐射作为净辐射的主要成分有其极显著相关,也显现出显热通量、潜热通量与净辐射的极显著相关关系。

在月平均的半小时尺度上,潜热通量(LE)月均值(Y)和冠层净辐射(X)回归关系如图 3.41 所示。

$Y=0.2916X+16.952$　　$R^2=0.6185$　　$n=576$　　$F=929.016$　　$Sig<0.0001$

显热通量(H)月均值(Y)和冠层净辐射(X)回归关系:

$Y=0.3023X+1.7093$　　$R^2=0.5998$　　$n=576$　　$F=858.955$　　$Sig<0.0001$。

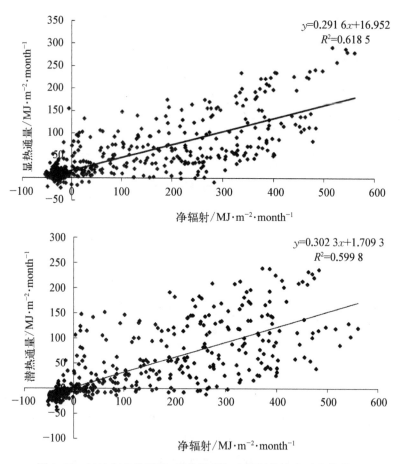

图 3.41　2011 年显热通量、潜热通量与净辐射的半小时变化关系

潜热通量与显热通量同净辐射的关系均有一定的相关性,潜热通量略高于显热通量。与月尺度不同,半小时上显热也与净辐射有很好的相关性,可见显热通量只在小尺度与净辐射相关。生态系统的水热过程本质上是由进入陆气系统的太阳辐射能量驱动的,因此理想状况下显热通量、潜热通量均具有与净辐射类似的日变化特征(姜海梅等,2012),但辐射强迫对湍流通量和土壤热通量会有影响,林间储热变化不能精确计算,该数据显示湍

流通量与净辐射 0.6 的相关系数,可以被解释。

3.4.2.5　净辐射(Rn)与土壤热通量(G)变化特征

对土壤热通量月均值(Y)和冠层净辐射(X)进行回归分析:

$Y=0.054X-5.675$　$R^2=0.510$　$F=10.422$　$P=0.009$　$n=12$ 达显著水平

在月平均的半小时尺度上,

$Y=0.018X-2.313$　$R^2=0.293$　$F=237.727$　$P<0.0001$　$n=574$ 达极显著水平

回归关系显示,相关系数一般,但稍高于鼎湖山(王旭等,2005)月尺度($n=12$)相关系数 0.49,半小时尺度($n=17131$)相关系数 0.13。在农田土壤(申双和等,1999)和稀疏冠层(肖文发等,1992)的研究发现,在日尺度上相关系数有 0.8 以上,可见净辐射能否有效的穿过冠层达到地表,是影响净辐射与土壤热通量相关程度的重要因素。同时,在小的尺度上土壤热通量与冠层净辐射的关系更显著,也说明能量平衡要在较小的时间尺度内进行才能确保能量闭合的准确计算。

土壤热通量月总值占净辐射的比例全年变化大致呈"S"形,夏秋为正值,春冬为负值(见图 3.42),由于净辐射全年始终为正值,比例符号也就是土壤热通量的方向变化符号。从 1 月的 -5.58% 开始至 3 月(-1.99%),为负值的变化区间,所占比例绝对值下降,4 月(0.88%)到 8 月(0.60%)为正值变化,所占比例的绝对值先升后降,6 月(3.50%)为全年正向最大值,9 月(-2.70%)再次进入负方向的变化区间,绝对值先增后减,在 10 月(-6.25%)达到全年负向的最大值。

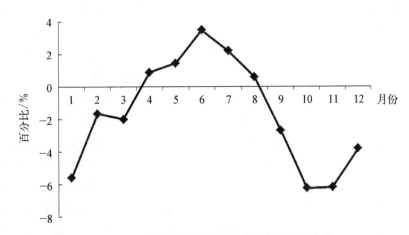

图 3.42　土壤热通量月总值占净辐射的比例变化

回归关系与占净辐射比例变化与南亚热带针阔混交林土壤热通量(王旭等,2005)结果相一致,其中正负热通量的月份变化与大兴安岭原始林区(王美莲等,2010)、鼎湖山针阔混交林(伊光彩等,2006)完全一致。在月总值变化上,大兴安岭与鼎湖山地区的负向最大值都出现在 11 月、12 月、1 月,而覆盖经营的雷竹林的负向热通量最大出现在 10 月,11—1 月开始减小。这可能是因为冬季覆盖增温措施,在地表所覆盖的稻草和稻壳谷糠以及施用的有机肥,减少了深层土壤向表层及大气中辐射热量,保持了土壤热状态的稳定。这样为冬笋的增产和提前出土,创造了有利的土壤条件。

3.4.2.6 波文比(Bowen)

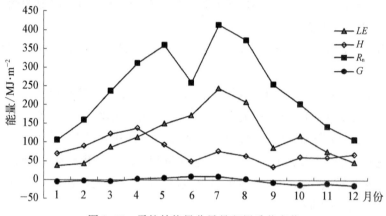

图 3.43 雷竹林能量分量月积累季节变化

经过数据质量控制和数据插补后的半小时连续数据,累加计算月能量通量。从图 3.43雷竹林各能量分量与净辐射的季节变化趋势来看,潜热通量和土壤热通量与净辐射单峰变化趋势基本一致,显热通量也呈单峰型变化,但峰值月份以及变化趋势有明显差异。净辐射在 6 月的最小值为 259.43 MJ·m^{-2},低于 4、5 月和 7、8 月,这是由大量阴雨天气造成的。图中显示 6 月降雨量达 290 mm,为全年最大值。雷竹林与 2008 年黄土高原半干旱草原的研究相比(岳平等,2011),净辐射高于高原,同时能量分配方向也相反,雷竹林为潜热大于显热通量。

从全年能量总量来看,潜热通量占净辐射 47.28%,潜热通量为蒸散耗热,1—7 月随水热同期升高,7 月达到峰值 244.61 MJ·m^{-2},根据汽化潜热 2.46×10^6 W·m^{-2}·mm^{-1}计算雷竹林蒸发散 7 月为 100.95 mm 占到降雨量的 57.34%,在 7 月之后潜热通量逐渐下降,12—1 月的冬季最小在 50 MJ·m^{-2}以下,仅占全年潜热总量的 9.2%。显热是净辐射的入射能量加热大气和植被的耗能,在 1—4 月气温显著回升,由春季转为冬季,显热通量逐渐升高,在 4 月最大值的 138.46 MJ·m^{-2};之后 4—6 月开始下降,一方面气温变化减小,另一方面潜热快速上升,并在 4 月超过显热;6—12 月显热通量波动减小,维持在 35.06~76.57 MJ·m^{-2}之间。土壤热通量在 5—8 月为正值,其余月份为负值。数值上占净辐射比例较小,全年为−0.96%,月最大正值通量为 7 月(9.17 MJ·m^{-2}),最大负值通量为 12 月(−14.15 MJ·m^{-2})。

波文比能够反映研究区域下垫面的性质和气候特征,表征大气-地表能量交换特征,可用于能量平衡计算(Flerchinger G N et al.,2000)。土壤热通量占净辐射比重很小(本文只有 1%),因此到达地面的辐射能量主要分配给显热和潜热通量,而显热与潜热之比即波文比,波文比大小决定能量在生态系统中如何分配。全年波文比变化(见图 3.44)呈"U"趋势变化,6 月最小,2 月最大;4—11 月显热通量小于潜热,在 0.285~0.792 之间变化;12—3 月显热通量大于潜热,变化范围为 1.212～2.062,月平均波文比 0.93,年波文比 0.67,全年能量分配潜热大于显热。雷竹林波文比从 2 月到 6 月逐渐减小,再从 6 月逐渐增大的过程,与月降雨量的大小变化相反,可见降雨过程对潜热通量的影响。波文比呈明显的季节变化。通过日出时间,入射的净辐射,降雨量以及雷竹的生长过程和人为耕作共同影响。雷竹的生长期,即 4—11 月都是潜热为主,可见雷竹的生长中生理耗水;在雷竹出笋期,即 12 月—翌年 3 月,都是以显热为主,耕作经营通过覆盖稻草谷糠为地表增温,同时增加了土壤到地表的热量交换。

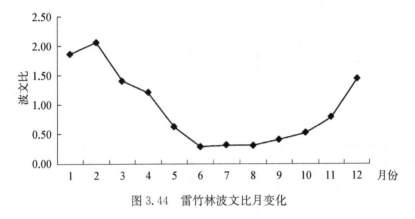

图 3.44　雷竹林波文比月变化

现研究波文比在不同类型生态系统的变化还很少,可以从文献报道显热、潜热数据得知。与北京的人工杨树林森林(张燕等,2010),长白山红松林(张新建等,2011)波文比的 U 形趋势相比,波动范围要小得多。北方森林由较明显的生长季与非生长季过程造成,在生长季大量的下垫面蒸散发,显热通量减少,使得波文比很小接近 0.1,而在 1—2 月空气干燥寒冷,能量被用来加热空气,潜热通量很小,使得波文比能够达到 10 以上,甚至接近 20。在黄土高原半干旱草原(岳平等,2011)年波文比在 0.5～3.5 之间变化,年均波文比接近 1。相比亚热带地区,长江滩地抑螺防病林(王昭艳等,2008)的波文比在 0.5～10,根据显热潜热的变化鼎湖山针阔混交林(王春林等,2007)年波文比变化在 0.4～3.0 之间也不大。波文比与土壤性质、地形、气候有关,有一定的年际效应,高效经营的雷竹林人为的灌溉、施肥、覆盖增温,通过减小环境因子波动,合理分配能量,提高了雷竹林生产力。

表 3.10 为不同地区和林型在净辐射、显热、潜热、土壤热通量以及闭合度、波文比的比较,文献报道可能只限一个方面,全面收集到以上指标较困难。结合本文数据发现,自北向南随纬度变化,年净辐射增加,这符合太阳的直射角的变化。在能量分配特征中发现,在人工林和滩涂林的林型中,潜热能量占主要;尤其滩涂林,潜热是显热的 3.8 倍,有着强烈的蒸发散。由于水分供给充分,太阳的入射能量通过大气升温,大量用来加热水变成水蒸气,造成潜热通量增大。而在黄土高原半干旱草地,水分缺乏,能量用于加热空气和植被土壤升温,显热大于潜热通量。在地处寒温带的长白山能量分配变化分为生长季与非生长季,生长季蒸发散强烈,潜热为主占 66%;反之在非生长季,显热为主占 63%。

还有从波文比的月变化可以看出,显热潜热的交替变化,以及分配比例。各站点的能量闭合在0.7~0.8左右,这也是国内外通量观测的平均水平,除通量原理和仪器自身以外,受下垫面、塔周围环境以及气象因素的影响。

表3.10 不同地区和林型的比较

地区及林型	年净辐射 R_n /MJ·m^{-2}	显热通量 H /MJ·m^{-2}	潜热通量 LE /MJ·m^{-2}	土壤热通量 G /MJ·m^{-2}	闭合度	波文比	数据来源
长白山阔叶红松林	—	占全年 66%~37%	占全年 63%~37%	—	0.72	年变化 1.7~1.9	张新建等,2011
黄土高原草地	2 269	1 210	1 117	−69	0.77~ 0.87	年变化 1.08	岳平等,2011
北京杨树人工林	—	—	—	—	0.84	月变化 0.1~5	张燕等,2010
长江滩涂林	2 472	494	1 903	−74	0.74	月变化 0.5~10	王昭艳等,2008
鼎湖山针阔混交林	—	—	—	−44	0.53~ 0.77	月变化 0.4~3	王旭等,2005
浙江雷竹人工林	2 929	927	1 387	−28	0.78	月变化 0.28~2.1	本研究

3.4.2.7 小结

通过对太湖源雷竹源区分析,对显热通量、潜热通量,净辐射、土壤热通量的观测,分析了能量分配的特征和能量闭合度以及波文比,可以看出:

(1)雷竹林通量塔最大贡献区为当时风向方向距离52.8 m,90%贡献区距离为144.6 m;计算当表面摩擦速度为0.6 m/s时,最大贡献区为当时风向方向距离91.9 m,90%贡献区距离为251.8 mm。

(2)雷竹林能量闭合度在半小时尺度上,平均截距4.71 W·m^{-2}·s^{-1},平均斜率0.59,平均相关系数0.84。月尺度上,各月份差异明显。闭合度最低在9月为0.46,最高为12月0.95,月平均为0.808。

(3)雷竹林全年净辐射为2 928.924 MJ·m^{-2},潜热通量、显热通量、土壤热通量分别为1 384.903 MJ·m^{-2},927.543 MJ·m^{-2},−28.274 MJ·m^{-2},各能量分量日变化、月变化基本呈单峰曲线。潜热通量为能量散失主要形式,占净辐射的47.28%,显热通量占31.67%。雷竹林月平均日变化显示,能量分量都是以净辐射为变化基础的,均呈单峰变化。受日出时间影响,在4月净辐射变为正值的时刻是6:30,10月、1月都有延迟,基本为日出后1小时。显热和潜热通量基本同步开始上升,在11:00~12:00同步达到最大值,之后下降。在日落后,土壤-植被开始向外辐射能量,变化都比较平缓,潜热通量波动较大可能与间歇性湍流和夜间湍流的低估有关,但均无明显的峰谷变化。

（4）雷竹林年波文比变化呈 U 形趋势变化，6 月最小，2 月最大；4—11 月显热通量小于潜热，在 0.285～0.792 之间变化；12—3 月显热通量大于潜热，变化范围为 1.212～2.062，月平均波文比 0.93，年波文比 0.67，全年能量分配潜热大于显热。

3.4.3　2011—2014 年通量观测结果与分析

2011 年雷竹林能量通量的观测结果及分析详见 3.4.2.2、3.4.2.3 与 3.4.2.6 章节。将 2011—2014 年具有季节代表性的 1 月、4 月、7 月、10 月半小时间隔时刻下的能量通量数据，作月平均处理，得到每年以表征该月的能量通量日变化进程。

3.4.3.1　2012 年能量通量观测结果

1）能量通量日变化分析

图 3.45 为雷竹林 2012 年 1 月、4 月、7 月和 10 月以表征该月的能量通量日变化进程（主要纵坐标为能量通量，单位 W·m^{-2}；次纵坐标为土壤热通量，单位 W·m^{-2}）。

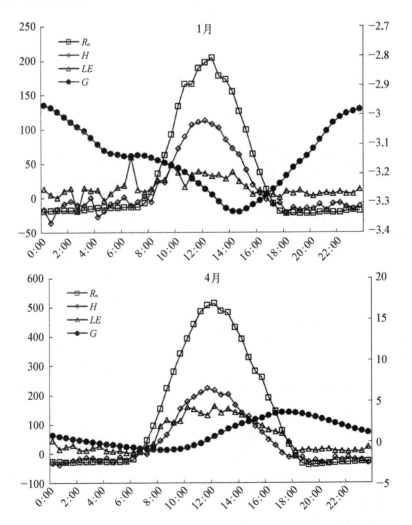

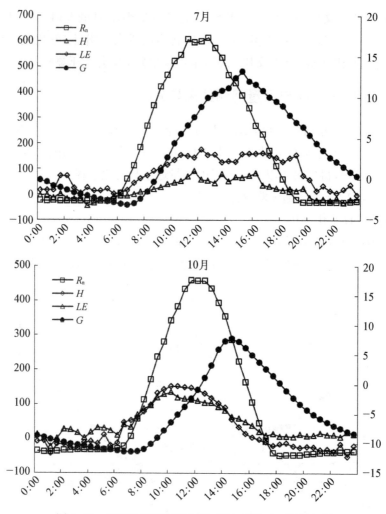

图 3.45 雷竹林能量通量 1 月、4 月、7 月、10 月日变化

从 4 个月全天的变化趋势来看,能量分量都是以净辐射为变化基础的,均呈单峰变化。7 月净辐射在 5:30 开始变为正值,能量辐射能由大气流入雷竹林,在 4 月净辐射变为正值的时刻是 6:30,1 月、10 月都有延迟,在 7:00~7:30 开始变为正值,这与各月份的日出时间同步。显热和潜热通量基本同步开始上升,在 11:00~12:00 同步达到最大值,之后下降。在日落后,土壤-植被开始向外辐射能量,变化都比较平缓,潜热通量波动较大可能与间歇性湍流和夜间湍流的低估有关,但均无明显的峰谷变化。净辐射最大值为 7 月 12:30 时刻的 614.99 W·m^{-2}·s^{-1},4 月、10 月、1 月依次降低,最大辐射时刻也有变化,分别为 12:00、11:30、12:30。在显热和潜热通量的日变化上峰值时刻与净辐射基本一致。最大显热通量为 4 月 11:30 时刻 223.27 W·m^{-2}·s^{-1},大于最大潜热通量 7 月 176.56 W·m^{-2}·s^{-1}。显热通量在 1 月、4 月和 10 月大于潜热通量,而在蒸发散强烈的 7 月小于潜热通量。

土壤因季节的理化性质不同,土壤热导率也不同,影响到土壤吸热散热在延迟时间上差异,在热源汇上也有季节的差异。在 1 月,覆盖有大量有机物并施有氮肥和有机肥发酵,地温高于气温,热通量为负值基本保持在$-2.9\sim-3.4\ \text{W}\cdot\text{m}^{-2}\cdot\text{s}^{-1}$,全天均呈现为热源,且变化幅度最小。4 月土壤热通量转为正值时刻在 11:30,在 3:00 时刻再次转为负值,最大正值为 17:30 时刻下的 $3.64\ \text{W}\cdot\text{m}^{-2}\cdot\text{s}^{-1}$。7 月份开始,土壤热通量与净辐射变化逐渐接近一致,滞后 $2\sim3$ 小时,最大正值为 15:00 时刻下的 $13.18\ \text{W}\cdot\text{m}^{-2}\cdot\text{s}^{-1}$,最小负值为 6:30 时刻下的 $-3.16\ \text{W}\cdot\text{m}^{-2}\cdot\text{s}^{-1}$,全天变化幅度最大。10 月净辐射变化趋势同样较为接近,但也有 $2\sim3$ 小时滞后现象,在 $12:30\sim16:00$ 为正值,最大正值时刻 14:30 的 $7.73\ \text{W}\cdot\text{m}^{-2}\cdot\text{s}^{-1}$。整体变化趋势与 2011 年较为接近。

2) 能量通量季节变化及波文比分析

从图 3.46 雷竹林各能量分量与净辐射的季节变化趋势来看,潜热通量和土壤热通量与净辐射双峰变化趋势基本一致,显热通量也呈单峰型变化但峰值月份以及变化趋势有明显差异。受长时间阴雨天气影响,净辐射在 6 月份的为 $268.82\ \text{MJ}\cdot\text{m}^{-2}$,低于 4、5 月和 7、8 月。6 月降雨量达 265.1 mm,为全年最大值。全年净辐射总量 $2\ 911.25\ \text{MJ}\cdot\text{m}^{-2}$ 略低于 2011 年的 $2\ 928.93\ \text{MJ}\cdot\text{m}^{-2}$。

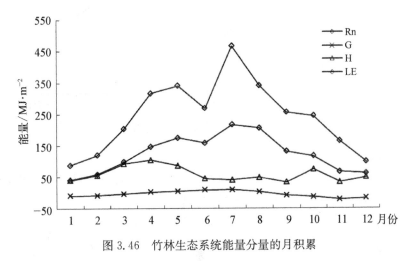

图 3.46　竹林生态系统能量分量的月积累

从全年能量总量来看,潜热通量占净辐射 50.90%,潜热通量为蒸散耗热,1—7 月随水热同期升高,7 月达到峰值 $216.72\ \text{MJ}\cdot\text{m}^{-2}$,占该月净辐射的 46.45%。在 7 月之后潜热通量逐渐下降,最小为 1 月的 $41.21\ \text{MJ}\cdot\text{m}^{-2}$,仅占全年潜热。显热是净辐射的入射能量加热大气和植被的耗能,在 1—4 月气温显著回升,由冬季转为春季,显热通量逐渐升高,在 4 月最大值为 $104.71\ \text{MJ}\cdot\text{m}^{-2}$;受气温变化减小,潜热快速上升影响,5—7 月显热开始下降,之后月份显热通量波动减小,维持在 $33.61\sim75.23\ \text{MJ}\cdot\text{m}^{-2}$ 之间。土壤热通量在 4—8 月为正值,其余月份为负值。数值上占净辐射比例较小,全年为 -1.64%,月最大正值通量为 7 月($9.78\ \text{MJ}\cdot\text{m}^{-2}$),最大负值通量为 11 月($-21.17\ \text{MJ}\cdot\text{m}^{-2}$),全年热通量总值为 $-47.62\ \text{MJ}\cdot\text{m}^{-2}$,整体呈现为热源。

2012 年全年波文比变化(见图 3.47)近似呈"U"趋势变化,7 月最小,1 月最大;全年显热通量均小于潜热;年波文比 0.48,能量分配潜热大于显热。1—3 月显热通量接近于潜热通量,波文比高于 0.8,从 4 月到 7 月逐渐减小,再从 8 月逐渐增大的过程,与月降雨量的大小变化相反,可见降雨过程对潜热通量的影响。波文比呈明显的季节变化。通过日出时间,入射的净辐射,降雨量以及雷竹的生长过程和人为耕作共同影响。雷竹的生长期生理耗水较大,4—11 月都是潜热比例较大;在雷竹出笋期,即 12 月—翌年 3 月,都是以显热为主,耕作经营通过覆盖稻草谷糠为地表增温,同时增加了土壤到地表的热量交换。2012 年波文比变化幅度较之于 2011 年要小,可能与本年降雨分配较为平均有关。波文比与土壤性质、地形、气候有关,有一定的年际效应,高效经营的雷竹林人为的灌溉、施肥、覆盖增温,通过减小环境因子波动,合理分配能量,提高了雷竹林生产力。

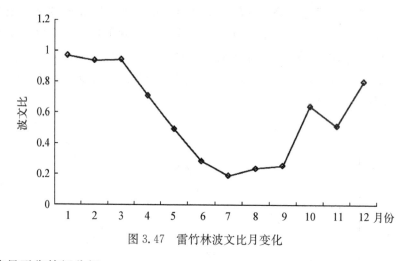

图 3.47　雷竹林波文比月变化

3) 能量平衡特征分析

2012 年雷竹林年能量闭合度 0.74,月平均为 0.770,均低于 2011 年闭合度,处于通量站点的中等水平(国内外平均 0.76),涡度数据可靠。

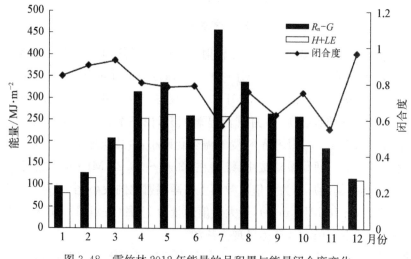

图 3.48　雷竹林 2012 年能量的月积累与能量闭合度变化

在半小时尺度上,由全年逐月线性回归关系(见表 3.11)看出,平均截距-0.326 W·m^{-2}·s^{-1},平均斜率 0.602,平均相关系数 0.786。较之相同应用 ERB 方法分析的黄土高原半干旱草地,平均斜率(0.69)和相关系数(0.95)都要低,但截距(17.22 W·m^{-2}·s^{-1})也低,闭合度低于草地。对比于 2011 年的平均斜率 0.59 略高,但低于 2011 年的平均相关系数 0.84,本年度可能需要再提高剔除数据质量,来提高能量闭合度。

表 3.11　2012 年逐月线性回归系数

月　份	$(H+LE)Vs(R_n-G)$		
	截　距	斜　率	相关系数
1	$-1.889\ 2$	0.626 9	0.838 3
2	$-2.067\ 5$	0.647 4	0.891 9
3	2.863 3	0.637 8	0.912 1
4	1.187 6	0.674 1	0.911 2
5	$-1.509\ 4$	0.635 8	0.896 0
6	$-3.562\ 2$	0.603 2	0.804 2
7	$-5.252\ 8$	0.548 2	0.567 0
8	5.860 7	0.466 6	0.606 9
9	2.297 8	0.626 7	0.871 1
10	6.815	0.602 8	0.768 9
11	-10.273	0.476 2	0.462 0
12	1.621 1	0.675 7	0.902 3

3.4.3.2　2013 年能量通量观测结果

1) 能量通量日变化分析

图 3.49 为 2013 年具有典型季节性代表的 1 月、4 月、7 月、10 月的能量通量日变化进程(主要纵坐标为能量通量,单位 W·m^{-2};次纵坐标为土壤热通量,单位 W·m^{-2})。

从 4 个月全天的变化趋势来看,能量分量都是以净辐射为变化基础的,均呈单峰变化。7 月净辐射在 6:00 开始变为正值,能量辐射能由大气流入雷竹林,在 4 月净辐射变为正值的时刻是 6:30,1 月、10 月都有延迟,分别为 8:00 和 7:00 开始变为正值,这与各月份的日出时间相近。显热和潜热通量基本同步开始上升,在 12:00~13:00 同步达到最大值,之后下降。在日落后,土壤-植被开始向外辐射能量,变化都比较平缓,潜热通量波动较大可能与间歇性湍流和夜间湍流的低估有关,但均无明显的峰谷变化。净辐射最大值为 7 月 12:00 时刻的 650.50 W·m^{-2}·s^{-1},4 月、10 月、1 月依次降低,最大辐射时刻变化不大,均在 12:30 作用。在显热和潜热通量的日变化上峰值时刻与净辐射基本一致。最大显热通量为 4 月 11:30 时刻 205.98 W·m^{-2}·s^{-1},小于最大潜热通量 7 月 294.99 W·m^{-2}·s^{-1}。不同于 2012 年,显热通量在 1 月、4 月和 10 月大于潜热通量,而在蒸发散强烈的 7 月小于潜热通量。

图 3.49 的次纵坐标轴为 2013 年的土壤热通量。1 月,不同于 2011 与 2012 年,该月份全天均呈热汇,这可能与地表覆盖过多有机物并施有氮肥和有机肥发酵,地表温度过高有关,热通量基本保持在 0~1.2 W·m^{-2}·s^{-1},全天均呈现为热汇,且变化幅度最小,通量最低值出现在 14:30。4 月土壤热通量转为正值时刻在 11:00,在 2:00 时刻再次转为负值,最大正值为 17:00 时刻下的 4.71 W·m^{-2}·s^{-1}。7 月土壤热通量最大正值为 17:30 时刻下的 10.64 W·m^{-2}·s^{-1},最小负值 7:30 时刻下的 -0.89 W·m^{-2}·s^{-1},全天变化幅度最大。10 月最大净辐射变化趋势同净辐射较为接近,但也有 2~3 小时滞后现象,在 13:00~17:30 为正值,最大正值时刻 14:30 的 3.94 W·m^{-2}·s^{-1}。

2) 能量通量季节变化及波文比分析

图 3.50 表示 2013 年雷竹林各能量分量与净辐射的季节变化趋势,潜热通量和显热通量与净辐射单峰变化趋势基本一致,土壤热通量也呈双峰型变化,但不及前三者明显。

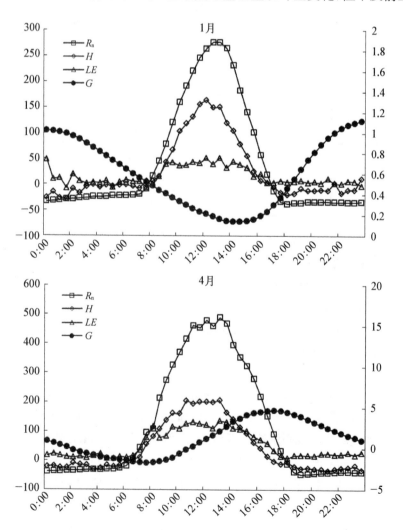

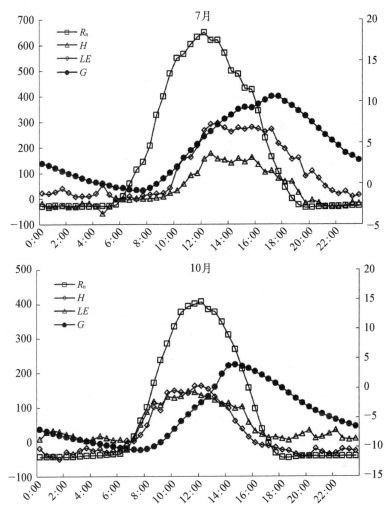

图 3.49　不同季节毛竹林能量平衡分量的日变化 1 月、4 月、7 月和 10 月

受梅雨季节的影响,净辐射在 6 月的为 269.58 MJ·m^{-2},低于 4、5 月和 7、8 月,最高值为 7 月的 483.72 MJ·m^{-2}。全年净辐射总量 2 898.19 MJ·m^{-2},略低于 2011 年的 2 928.93 MJ·m^{-2}和 2012 年的 2 911.25 MJ·m^{-2}。

从全年能量总量来看,潜热通量占净辐射 53.15%,比例要高于 2011 与 2012 年,潜热通量为蒸散耗热,1—7 月随水热同期升高,7 月达到峰值 289.45 MJ·m^{-2},占该月净辐射的 59.84%。在 7 月之后潜热通量逐渐下降,最小为 1 月的 42.33 MJ·m^{-2}。显热是净辐射的入射能量加热大气和植被的耗能,在 1—4 月气温显著回升,在 4 月最大值的 106.68 MJ·m^{-2};受气温变化减小,潜热快速上升影响,5—6 月显热开始下降,之后月份显热通量波动减小,维持在 36.20～90.60 MJ·m^{-2}之间,随气温降低而逐月降低。土壤热通量在上半年基本为正值,其余月份为负值。数值上占净辐射比例较小,全年的 -0.81%,月最大正值通量为 7 月(11.37 MJ·m^{-2}),最大负值通量为 12 月(-19.89 MJ·m^{-2}),全年热通量总值为 -23.42 MJ·m^{-2},全年土壤整体呈现为热源。

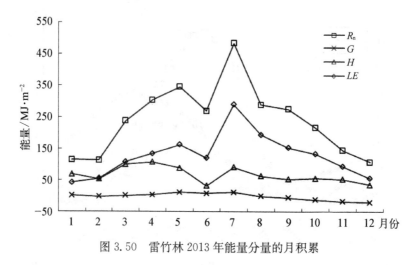

图 3.50　雷竹林 2013 年能量分量的月积累

显热与潜热之比即波文比，波文比大小决定能量在生态系统中如何分配。2012 年全年波文比变化（见图 3.51）近似呈"U"趋势变化，6 月最小为 0.27，1 月最大为 1.60；全年除 1 月份，其余月份显热通量均小于潜热；年波文比 0.52，能量分配潜热大于显热。1—3 月显热通量接近于潜热通量，波文比高于 0.9，从 4 月到 6 月逐渐减小，再从 7 月逐渐增大的过程，与月降雨量的大小变化相反，可见降雨过程对潜热通量的影响。波文比呈明显的季节变化。通过日出时间，入射的净辐射，降雨量以及雷竹的生长过程和人为耕作共同影响。雷竹的生长期生理耗水较大，4—12 月都是潜热比例较大；在雷竹出笋期，即 1—3 月，显热通量均占较大比例，耕作经营通过覆盖稻草谷糠为地表增温，同时增加了土壤到地表的热量交换。

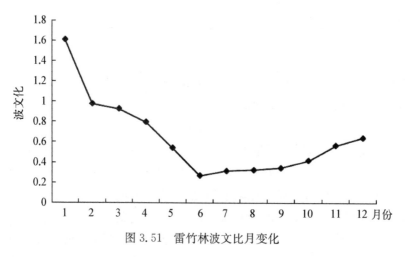

图 3.51　雷竹林波文比月变化

3）能量平衡特征分析

2013 年雷竹林的年能量闭合度 0.80，月平均为 0.817，高于 2012 年闭合度，略高于国内外平均的 0.76，涡度数据可靠，其中 1 月闭合度最高为 0.983，闭合度最低的为 6 月 0.580。

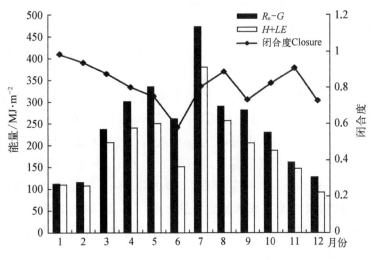

图 3.52　雷竹林 2013 年能量的月积累与能量闭合度变化

在半小时尺度上,由全年逐月线性回归关系(见表 3.12)看出,平均截距−0.676 W·m^{-2}·s^{-1},平均斜率 0.595,平均拟合系数 0.816,就斜率来说本年度低于 2012 年的 0.602,而拟合系数低于 2011 年的 0.84,高于 2012 年的 0.786。但较之相同应用 ERB 方法分析的黄土高原半干旱草地,平均斜率(0.69)和相关系数(0.95)都要低,但截距(17.22 W·m^{-2}·s^{-1})也低,闭合度低于草地,本年度可能需要再提高剔除数据质量,来提高能量闭合度。

3.12　2013 年逐月线性回归系数

月　份	$(H+LE)Vs(R_n-G)$		
	截　距	斜　率	相关系数
1	0.674 5	3.854 9	0.922 1
2	0.618 8	−8.862 2	0.879
3	0.642 4	2.140 7	0.894
4	0.648 3	−0.558 3	0.893 2
5	0.591 3	−6.932 2	0.795 1
6	0.317 3	7.735	0.516 4
7	0.550 8	−7.371 4	0.635 4
8	0.567 1	−3.311 8	0.760 5
9	0.602 8	−0.481 2	0.842 8
10	0.634 6	0.470 2	0.871
11	0.669 9	2.628 1	0.899
12	0.620 7	8	4

3.4.3.3 2014—2015 年能量通量观测结果

1) 能量通量日变化分析

图 3.53 为 2014 年 11 月至 2015 年 6 月有典型季节性代表的 11 月、1 月、4 月、6 月各月的能量通量日变化进程。

4 个月能量分量都是以净辐射为变化基础的,均呈单峰变化。4 月净辐射最大值为 612.79 W·m^{-2}·s^{-1},而 6 月份由于梅雨季的影响净辐射最大值仅为 436.52 W·m^{-2}·s^{-1},6 月净辐射在 6:00 开始变为正值,能量辐射能由大气流入雷竹林,在 4 月净辐射变为正值的时刻是 6:30,11 月、1 月都有延迟,在 7:30~8:00 开始变为正值,同各月份的日出时间同步。净辐射在 11:00~12:00 达到最大值,之后下降。在显热和潜热通量的日变化上峰值时刻与净辐射基本一致。最大显热通量为 4 月 11:30 时刻 265.73 W·m^{-2}·s^{-1},大于最大潜热通量 7 月 218.88 W·m^{-2}·s^{-1}。显热通量在 1 月、4 月和 11 月大于潜热通量,而在 6 月小于潜热通量。

图 3.53 的次坐标轴表示研究期内土壤热通量。在 1 月和 11 月,覆盖有大量有机物并施有氮肥和有机肥发酵,地温高于气温,全天热通量均为负值,全天均呈现为热源,且变化幅度较小。4 月土壤热通量转为正值时刻在 10:30,在 00:30 时刻再次转为负值,最大正值为 15:30 时刻下的 12.60 W·m^{-2}·s^{-1}。6 月份开始,土壤热通量均为正值,土壤呈碳汇,全天变化幅度较小。

2) 能量通量季节变化及波文比分析

从图 3.54 雷竹林各能量分量与净辐射的季节变化趋势来看,潜热通量和土壤热通量与净辐射变化趋势基本一致。净辐射量最大,为 391.13 MJ·m^{-2},受长时间阴雨天气影响,净辐射在 6 月的为 276.04 MJ·m^{-2},低于 4、5 月。

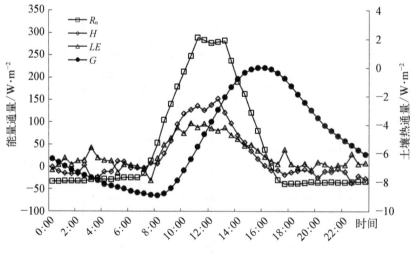

(a)

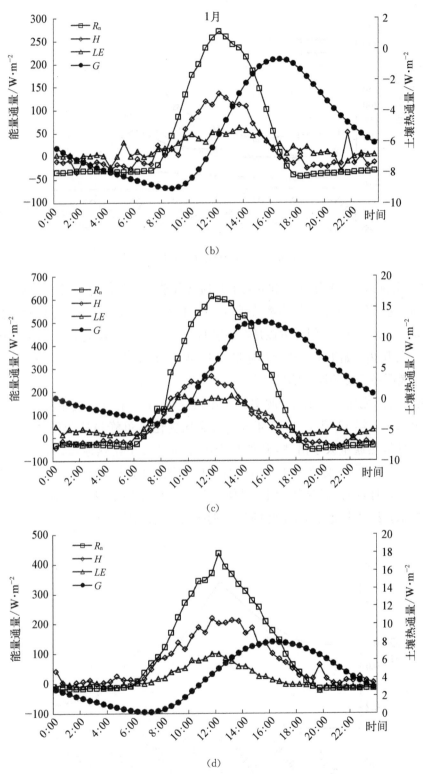

图 3.53　不同季节雷竹林能量平衡分量的日变化

(a) 11 月　(b) 1 月　(c) 4 月　(d) 6 月

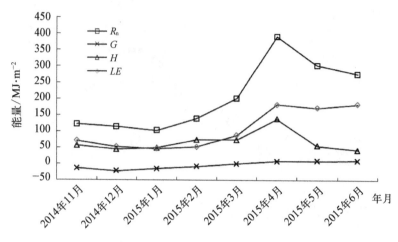

图 3.54 雷竹林能量分量的月积累

从能量分配来看,11 月、5 月和 6 月潜热通量分别占各月份净辐射 58.18%、57.14% 和 66.45%,这三个月潜热通量为蒸散耗热。1—4 月随水热同期升高,显热通量在 4 月达到峰值 138.21 MJ·m^{-2},但仅占该月净辐射的 35.34%,受气温变化减小,潜热快速上升影响,5—6 月显热开始下降。土壤热通量 2014 年 11 月至 2015 年 2 月为负值,其余月份为正值,这表明冬季覆盖期土壤呈热源。

显热与潜热之比即波文比,波文比大小决定能量在生态系统中如何分配。如图 3.55 所示,2014 年 11 月至 2015 年 6 月波文比变化呈单峰趋势变化,6 月最小,2 月最大;1、2 月显热通量大于潜热,其他月份潜热通量大于显热通量。12—3 月显热通量接近于潜热通量,波文比高于 0.8。波文比呈明显的季节变化,在雷竹出笋期,即 12 月—翌年 3 月,都是以显热为主,耕作经营通过覆盖稻草谷糠为地表增温,同时增加了土壤到地表的热量交换,雷竹的生长期生理耗水较大,11 月以及 3—6 月都是潜热例较大。

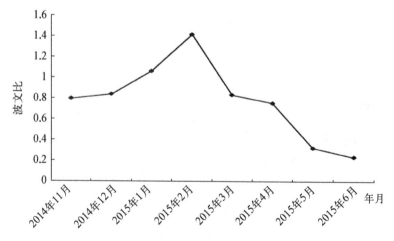

图 3.55 雷竹林波文比月变化

3) 能量平衡特征分析

如图 3.56 所示,1 月的能量闭合度最高为 0.94,12 月能量闭合度最低为 0.709,处于通量站点的中等水平(国内外平均 0.76),涡度数据可靠。

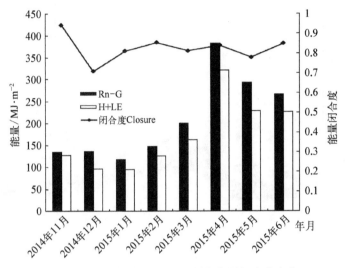

图 3.56　雷竹林能量的月积累与能量闭合度变化

在半小时尺度上,全年逐月线性回归关系如表 3.13 所示。

表 3.13　2014/11—2015/6 年逐月线性回归系数

月 份	$(H+LE)Vs(R_n-G)$		
	截 距	斜 率	相关系数
2014 年 11 月	0.920 8	0.672 7	0.870 9
2014 年 12 月	−4.313 6	0.414 9	0.576 5
2015 年 1 月	0.500 9	0.635 2	0.875
2015 年 2 月	3.458 6	0.625 5	0.855 3
2015 年 3 月	5.098	0.627	0.900 6
2015 年 4 月	15.042	0.581 6	0.836 6
2015 年 5 月	6.656 9	0.567	0.786
2015 年 6 月	−6.498	0.672 5	0.867 5

3.5　雷竹林生态系统的水汽通量

3.5.1　2011 年水汽通量各月平均日变化特征

对 2011 全年水汽通量数据进行统计,得到太湖源人工高效经营雷竹林生态系统的全年逐日逐半小时的水汽通量数据,按月将每天同时刻的水汽通量进行平均,从而计算当月的平均日变化,结果如图 3.57 所示。

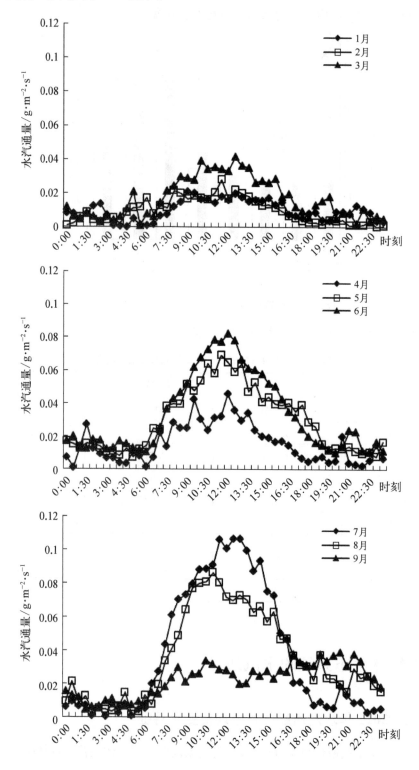

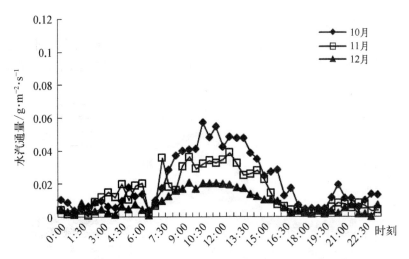

图 3.57　太湖源雷竹林 2011 年水汽通量各月平均日变化特征

由图 3.57 可知,雷竹林全年水汽通量均为正值,表现为水汽源,即水汽从雷竹林生态系统输送到大气中。此外,各月水汽通量呈现一致的变化趋势和规律性,均为单峰型变化曲线,在中午 12:00 前后出现最大值。具体表现为早上 6:00 以前和傍晚 18:00 以后,水汽通量值较低,维持在 0.001~0.02 g·m^{-2}·s^{-1} 之间变化,甚至更低;6:00 之后,随着温度的升高,水汽通量逐渐增大,午后 1 h 左右达到最大值,7 月最高,达到 0.107 g·m^{-2}·s^{-1};之后随着时间的进一步延长,水汽通量值逐步降低,6—8 月表现更加明显。分析原因,主要是日出之前和日落以后(6:00 前和 18:00 后),几乎没有光照,加上环境温度较低,植物的生理活动较弱,植被蒸腾也相应较弱,地表蒸发也较低;中午时分(12:00 左右),光照强度大,温度较高,植物活动旺盛,加速了植被的蒸腾和地表的蒸发,从而增加了雷竹林生态系统的水汽通量。

从全年各月的变化看来,受光照和温度的影响,1、2 和 12 月的水汽通量明显比其他各月都低,日最大值在 0.02 g·m^{-2}·s^{-1} 附近波动,夜间甚至接近于 0;6—8 月水汽通量明显较大,日最大值均高于 0.08 g·m^{-2}·s^{-1},尤其 7 月份更加明显,昼夜变化较为剧烈,其最大值达到全年之最,为 0.107 g·m^{-2}·s^{-1},最小值仅为 0.001 g·m^{-2}·s^{-1},主要是因为 7 月进入盛夏,光照强,温度高,昼夜变化较大;3—5 月的水汽通量与 9—11 月变化相当,日最大值在 0.02~0.06 g·m^{-2}·s^{-1} 之间变化波动,但由于 5 月偏高,使得 3—5 月的水汽通量总体略高于 9—11 月,但没有达到显著水平($p<0.05$)。

总的来说,2011 年全年水汽均是由雷竹林输送到大气中,且主要集中在 5—8 月,月平均日变化最大值在 0.07~0.11 g·m^{-2}·s^{-1} 之间,高于其他各月,主要是因为夏季高温多雨,植被蒸腾旺盛,地表蒸发也较大。全年各月最小值均集中在夜间或凌晨,在 0.001~0.02 g·m^{-2}·s^{-1} 范围内波动,但各月出现的时间点各有差异,冬季较低,夏季较高,主要是由于夜间或凌晨,没有光照,另受温度的影响,雷竹林的蒸腾较弱,地表的蒸发也较低。

3.5.1.1 全年水汽通量季节变化特征

对 2011 全年水汽通量数据进行统计,得到太湖源人工高效经营雷竹林生态系统的全年逐日逐半小时的水汽通量数据,计算各季节的平均日变化,结果如图 3.58 所示。

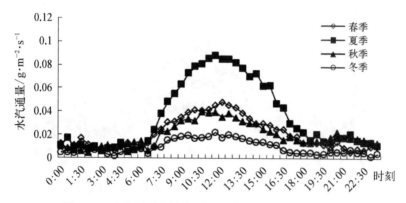

图 3.58 太湖源雷竹林水汽通量各季节平均日变化特征

图 3.58 表明,2011 年水汽通量的季节日变化跟月平均日变化一致,规律性较好,均呈现单峰型变化曲线,即倒"V"形,6:00 前或 18:00 后有最小值,6:00~12:00 水汽通量逐渐增大,12:00 左右出现最大值,之后,水汽通量值逐渐降低。其中,夏季水汽通量最高,曲线较为平滑,变化的规律性最好,最大值达到 0.088 g·m^{-2}·s^{-1},最小值仅 0.005 g·m^{-2}·s^{-1}。春、秋两个季节的变化一致,其水汽通量低于夏季,且春季略高于秋季。冬季水汽通量最低,曲线较为平缓,变化规律性相对较差,其最大值为 0.022 g·m^{-2}·s^{-1},最小值为 0.001 g·m^{-2}·s^{-1},符合夏季高温多雨,冬季寒冷少雨特征。总之,受气候条件的影响,2011 年各季节雷竹林生态系统的水汽通量总体表现为夏季最高,春秋季次之,冬季最低。

3.5.1.2 降雨量与蒸散量

通过雨量筒测得雷竹林生态系统 2011 年各月降水量,再与各月蒸散量(水汽通量)进行对比,结果如图 3.59 所示。

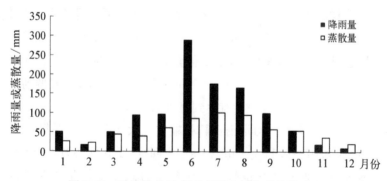

图 3.59 雷竹林 2011 年各月降水量与蒸散量对比

图 3.59 显示,雷竹林 2011 全年降雨量和蒸散量总体表现较为一致,均是随着时间的推移,表现为先增高后降低;且两者较为集中,主要集中在 6—9 月,其中 6 月为梅雨季节,

降雨量最大,高达 290.0 mm,为全年之最,但由于该月 VPD 较大,雷竹的蒸散反而较低;而且,7—9 月均高于 100 mm;但蒸散最大值在 7 月,达到 100.95 mm;最小值分别为 10.30 mm 和 22.14 mm,均出现在 12 月份。此外,受不同环境因子的影响,全年除了 2、11 和 12 月的蒸散量略高于降雨外,其余各月蒸散均较低。

另外,表 3.14 比较了雷竹林 2011 年不同季节降雨量和蒸散量,结果表明,2011 年全年蒸散量为 653.60 mm,低于全年的降雨总量,即 1 127.35 mm,蒸散所占比例较高,且占降雨总量的 57.98%。就各季节而言,夏季降雨量最大,高达 632.2 mm,占降雨总量的 56.08%,其次是春季,占 21.44%,秋季占 15.56%,冬季降雨最少,仅 77.97 mm,占总量的 6.92%。同时,夏季蒸散量也是最大,达到 282.3 mm,占蒸散总量的 43.19%,春秋季居中,分别占 22.53% 和 23.28%,冬季最低,仅 71.87 mm,占 11.0%。

表 3.14　太湖源雷竹林生态系统不同季节降水量与蒸散量对比

季节	降雨量/mm	比例/%	蒸散量/mm	比例/%
春季	241.75	21.44	147.25	22.53
夏季	632.20	56.08	282.30	43.19
秋季	175.43	15.56	152.18	23.28
冬季	77.97	6.92	71.87	11.00
全年	1 127.35	100	653.6	100

总之,2011 年雷竹林生态系统降雨量和蒸散量均主要集中在夏季,且两者的响应关系较好,降雨量最大的夏季,蒸散也最大,且冬季降雨量最低,蒸散也最低。全年蒸散占降雨量的 57.98%,比例较大,表明 2011 年人工高效经营雷竹林具有良好且较高的水分利用能力。

3.5.2　2012 年水汽通量各月平均日变化特征

2012 年雷竹林每月的平均日变化如图 3.60 所示。

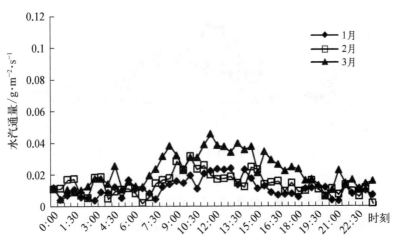

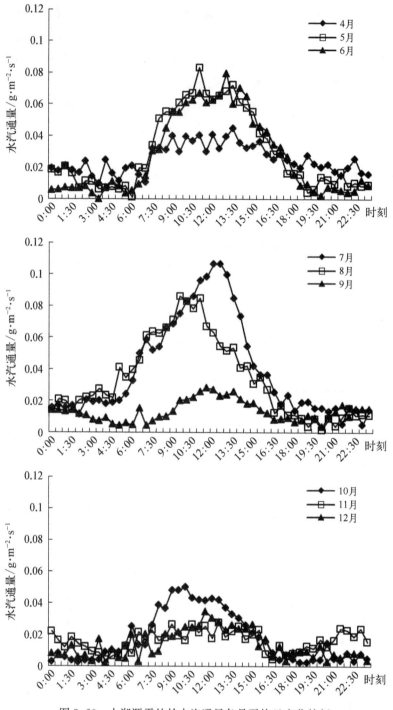

图 3.60 太湖源雷竹林水汽通量各月平均日变化特征

由图 3.60 可知,2012 年雷竹林全年水汽通量均为正值,说明水汽从雷竹林生态系统输送到大气中,雷竹林是水汽源。此外,各月水汽通量日变化呈现一致的变化趋势和规律性,均呈倒"V"型单峰型曲线,午间 12:00 前后出现最大值。具体表现为:0:00～6:00 时间段,水汽通量值稳定在较低的 0.001~0.02 g·m^{-2}·s^{-1} 范围内,甚至更低,夏季相对较高,接近 0.02 g·m^{-2}·s^{-1};6:00 之后,伴随着日出,光照逐渐增强,温度逐步升高,水汽通量逐渐增大,午后 12:00 左右达到当天的最大值;之后随着时间的进一步延长,水汽通量值逐步降低,直至 18:00 以后,又维持在低值水平,偶尔接近于 0,且 5—8 月表现更加明显,最大值可达到 0.11 g·m^{-2}·s^{-1}(7 月),最小值仅 0.002 g·m^{-2}·s^{-1}(6 月)。分析原因,主要是日出之前和日落以后(6:00 前和 18:00 后),没有光照,而且环境温度较低,雷竹的蒸腾相应较弱,地表蒸发也较低;而午间时分(12:00 左右)光照较强,温度较高,植物活动旺盛,加速了植被的蒸腾和地表的蒸发,从而增加了雷竹林生态系统的水汽通量。

全年各月的变化上,受光照和温度的影响,1、2、11 和 12 月的水汽通量明显比其他各月都低,曲线变化更加平缓,波动幅度较小,日最大值在 0.02~0.03 g·m^{-2}·s^{-1} 之间,夜间甚至接近于 0;5—8 月水汽通量明显较大,日最大值均高于 0.06 g·m^{-2}·s^{-1},尤其 7 月份更加明显,昼夜变化较为剧烈,其最大值达到全年之最,为 0.11 g·m^{-2}·s^{-1},最小值仅为 0.004 g·m^{-2}·s^{-1},主要是因为 7 月进入盛夏,光照强,温度高,昼夜变化较大;3—4 月的水汽通量与 9—10 月变化相当,日最大值在 0.02~0.05 g·m^{-2}·s^{-1} 之间,10 月可达到 0.05 g·m^{-2}·s^{-1}。

总的来说,2012 年全年水汽均是由雷竹林输送到大气中,且主要集中在 5—8 月,月平均日变化最大值在 0.06~0.11 g·m^{-2}·s^{-1} 之间,高于其他各月,主要是因为夏季高温多雨,植被蒸腾旺盛,地表蒸发也较大。全年各月最小值均集中在夜间或凌晨,在 0.001~0.02 g·m^{-2}·s^{-1} 范围内波动,甚至更低,且夏季相对冬季较高,主要是由于夏季的夜间或凌晨,温度高于冬季,雷竹林的蒸腾略强,地表的蒸发也略高。

3.5.2.1 2012 年水汽通量季节变化特征

2012 年雷竹林水汽通量各季节的平均日变化,结果如图 3.61 所示。

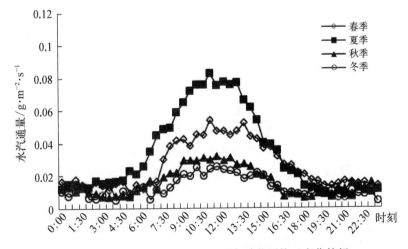

图 3.61 太湖源雷竹林水汽通量各季节平均日变化特征

图 3.61 表明,2012 年水汽通量的季节日变化跟月平均日变化一致,规律性较好,均呈现单峰型变化曲线,即 6:00 前或 18:00 后水汽通量较低,维持在 0.003~0.017 g·m^{-2}·s^{-1} 间,并有最小值,6:00~12:00 水汽通量逐渐增大,12:00 左右出现最大值,之后,水汽通量值又逐渐降低。其中,夏季水汽通量最高,曲线较为平滑,变化的规律性最好,最大值达到 0.083 g·m^{-2}·s^{-1},最小值仅 0.007 g·m^{-2}·s^{-1};春季水汽通量变化规律性仅次于夏季,最大值为 0.054 g·m^{-2}·s^{-1},最小值为 0.009 g·m^{-2}·s^{-1};秋、冬两个季节的变化一致,曲线较为平缓,变化规律性相对较差,而冬季水汽通量最低,其最大值为 0.026 g·m^{-2}·s^{-1},最小值为 0.003 g·m^{-2}·s^{-1}。总之,受光照、温度等气候条件的影响,2012 年雷竹林生态系统的水汽通量季节变化总体表现为:夏季特征最明显,水汽通量最高,其次是春季,再是秋季,冬季特征最不明显,曲线平缓,水汽通量最低,符合夏季高温多雨,冬季寒冷少雨的季风性气候变化特征。

3.5.2.2 降雨量与蒸散量

通过雨量筒测得雷竹林生态系统 2012 年各月降水量,再与各月蒸散量(水汽通量)进行对比,结果如图 3.62 所示。同时,表 3.15 还对比了雷竹林 2012 年不同季节降雨量和蒸散量。

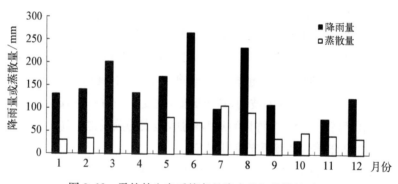

图 3.62 雷竹林生态系统各月降水量与蒸散量对比

由图 3.62 可知,雷竹林 2012 年全年降雨量较大,除了 7、10 和 11 月的降雨量低于 100.0 mm,其余均较高,6 月甚至可以达到 265.10 mm,为全年之最,而该月的蒸散反而有所下降,主要是受到 VPD 降低的影响;其次 8 月也较高,达到 234.2 mm;但是 10 月仅 30.2 mm,为全年最低,其次是 11 月,仅 77.9 mm,由此可知该年秋季降雨量较低,出现了典型的秋旱天气。此外,就蒸散量而言,全年蒸散主要集中在 5 月和 7—8 月,均高于 80.0 mm,尤其是 7 月,达到 106.76 mm,为最大值,而最小值在 1 月,仅 30.39 mm。全年除了 7 月和 10 月的降雨量略低于蒸散量以外,其余各月降雨量均较大,主要是高温干旱造成的结果。

另外,由表 3.15 可知,2012 年全年蒸散量为 697.22 mm,低于全年的降雨总量,即 1 715.80 mm,蒸散所占比例较高,且占到降雨量的 40.64%。就各季节而言,夏季降雨量最大,高达 597.90 mm,占到降雨总量的 34.85%;其次是春季,达到 504.90 mm,所占比例也较高,为29.48%;之后是冬季,占到22.99%;秋季降雨最少,仅217.50 mm,占总量的12.68%。同时,夏季蒸散量也是最大,达到267.78 mm,占蒸散总量的38.40%,春秋季居中,分别占到29.38%和17.79%,冬季最低,仅100.61 mm,占总共蒸散的14.43%。

表 3.15　太湖源雷竹林生态系统不同季节降水量与蒸散量对比

季节	降雨量/mm	比例/%	蒸散量/mm	比例/%
春季	505.90	29.48	204.82	29.38
夏季	597.90	34.85	267.78	38.40
秋季	217.50	12.68	124.01	17.79
冬季	394.50	22.99	100.61	14.43
全年	1 715.80	100	697.22	100

总之,2012年雷竹林生态系统降雨量较大,但出现了典型的秋旱,而蒸散主要集中在春夏两季。降雨和蒸散在季节上存在一定的响应关系,如夏季降雨量最大,蒸散也达到最大值。全年蒸散占到降雨量的40.64%,比例较小,表明在2012年,人工高效经营雷竹林具有的水分利用能力相对较低,地表径流较大。

3.5.3　2013 年水汽通量各月平均日变化特征

2013年雷竹林水汽通量各月的平均日变化,结果如图3.63所示。

由图3.63可知,雷竹林全年水汽通量均为正值,表现为水汽源,即水汽从雷竹林生态系统输送到大气中。此外,各月水汽通量呈现一致的变化趋势和规律性,均为单峰型变化曲线,在中午12:00前后出现最大值,但1—3月和12月表明不够明显。具体表现为:早上6:00以前和傍晚18:00以后,水汽通量值较低,维持在较低的$0 \sim 0.02 \, \text{g} \cdot \text{m}^{-2} \cdot \text{s}^{-1}$水平范围内;$6:00 \sim 12:00$间,水汽通量逐渐增大,直至最大值,尤其7月最高,达到

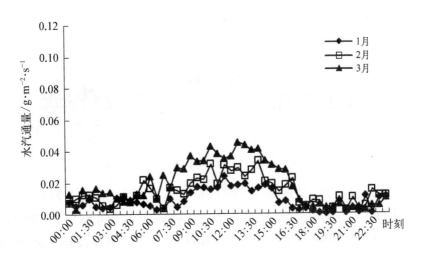

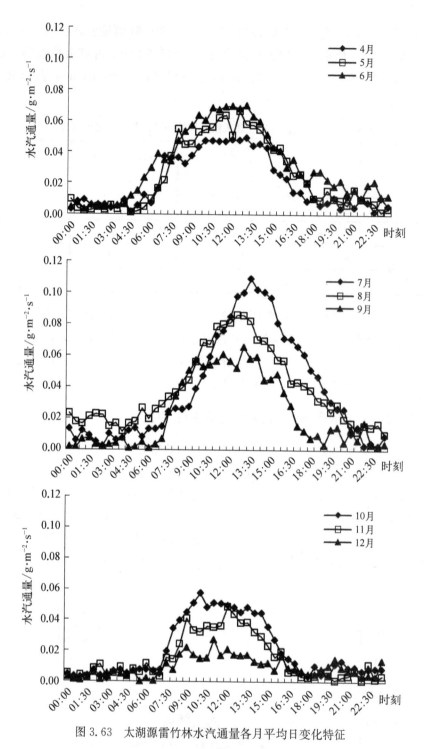

图 3.63　太湖源雷竹林水汽通量各月平均日变化特征

$0.109\ \mathrm{g} \cdot \mathrm{m}^{-2} \cdot \mathrm{s}^{-1}$；12:00 之后，随着时间的推移，水汽通量值又逐步降低，最终维持在较低的 $0 \sim 0.02\ \mathrm{g} \cdot \mathrm{m}^{-2} \cdot \mathrm{s}^{-1}$ 水平，5—9 月表现更加明显(见图 3.63)。分析原因，主要是凌晨以及夜间，即日出之前和日落以后(6:00 前和 18:00 后)，几乎没有光照，而环境温度

又很低,限制了植物的生理活动,减弱了植被的蒸腾,同时也降低了地表的蒸发;日出之后,光照逐渐增强,温度逐渐升高,到了中午时分(12:00 左右),光照强度最大,温度最高,加速了植被的蒸腾和地表的蒸发,从而增加了雷竹林生态系统的水汽通量,并使之在午间达到一天的最大值。

从全年各月的变化看来,受光照和温度的影响,1、2、3 和 12 月的水汽通量明显比其他各月都低,曲线平稳,波动微弱,日最大值在 $0.018\sim0.04\ g\cdot m^{-2}\cdot s^{-1}$ 之间波动,夜间甚至接近于 0;5—9 月水汽通量明显较大,日最大值均高于 $0.06\ g\cdot m^{-2}\cdot s^{-1}$,其中 7 月份最大,达到全年之最,为 $0.109\ g\cdot m^{-2}\cdot s^{-1}$,但其最小值仅为 $0.002\ g\cdot m^{-2}\cdot s^{-1}$,昼夜变化较为剧烈,主要是因为 7 月进入盛夏,光照强,温度高,VPD 大,植物的蒸散和地表蒸发最强,而且由于夏季昼夜温差较大,也使得该月水汽通量昼夜变化幅度较为剧烈;4 月的水汽通量与 10—11 月变化相当,日最大值在 $0.04\ g\cdot m^{-2}\cdot s^{-1}$ 附近波动,最小值在 $0.000\,6\sim0.001\ g\cdot m^{-2}\cdot s^{-1}$ 之间,较低。

总的来说,2013 年全年水汽均是由雷竹林输送到大气中,且主要集中在 5—9 月,月平均日变化最大值在 $0.06\sim0.11\ g\cdot m^{-2}\cdot s^{-1}$ 之间,高于其他各月,主要是因为夏季高温多雨,植被蒸腾旺盛,地表蒸发也较大。全年各月最小值均集中在夜间或凌晨,在 $0\sim0.02\ g\cdot m^{-2}\cdot s^{-1}$ 范围内波动,但各月出现的时间点各有差异,主要是由于夜间或凌晨,没有光照,加上温度的影响,雷竹林的蒸腾较弱,地表的蒸发也较低,但总体上冬季较低,夏季较高。

3.5.3.1 全年水汽通量季节变化特征

2013 年雷竹林水汽通量各季节的平均日变化如图 3.64 所示。

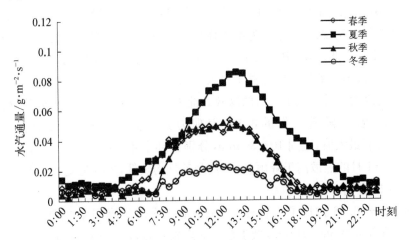

图 3.64 太湖源雷竹林水汽通量各季节平均日变化特征

图 3.64 表明,2013 年水汽通量的季节日变化跟月平均日变化一致,规律性较好,均呈现倒"V"形单峰变化曲线,即 6:00 前或 18:00 后有最小值,夏季相对偏高,6:00～12:00 水汽通量逐渐增大,12:00 左右出现最大值,之后,水汽通量值逐渐降低。其中,夏季水汽通量最高,曲线变化的规律性最好,较为平滑,最大值达到 $0.085\ g\cdot m^{-2}\cdot s^{-1}$,最

小值仅 0.008 g·m^{-2}·s^{-1};春、秋两个季节的水汽通量低于夏季,且变化一致,最大值相当,达到 0.05 g·m^{-2}·s^{-1},最小值在 0.002~0.004 g·m^{-2}·s^{-1} 之间。冬季水汽通量最低,曲线较为平缓,变化规律性最差,其最大值为 0.024 g·m^{-2}·s^{-1},最小值为 0.003 g·m^{-2}·s^{-1},波动较小。总之,受不同环境因子以及气候条件的影响,2013 年各季节雷竹林生态系统的水汽通量总体表现为夏季最高,春秋季次之,冬季最低,符合夏季高温多雨,冬季寒冷少雨特征,且夏季的季节变化规律性最好,春秋季居中,冬季变化规律最差。

3.5.3.2 降雨量与蒸散量

雷竹林 2013 年各月降水量与蒸散量对比如图 3.65 所示。

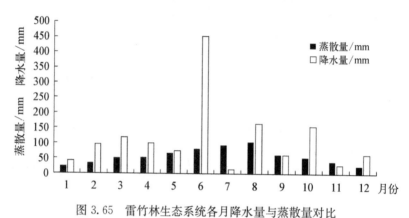

图 3.65 雷竹林生态系统各月降水量与蒸散量对比

图 3.65 表明,雷竹林 2013 年降雨量较低,主要集中在 6 月,达到 453.30 mm,为全年之最,远高于邻近的 2011 和 2012 年,但其蒸散并没有明显的特别,分析原因,除了 6 月为梅雨季节,自然降雨量较大外,还因为雷竹林是人工高效经营,有适量的人工灌溉,以促进雷竹林良好地生长。此外,降雨量大于 100.0 mm 的还有 3、8 和 10 月,但是全年 7 月降雨量最少,仅 13.2 mm,有着典型的高温干旱天气,且 7 月 VPD 最高,但该月的蒸散并没有异常偏高,也是因为 6 月有人工灌溉的缘故。此外,相比于降雨量,全年蒸散量较低,但有着较好的变化规律,随着月份的推移,表现为先增高后降低,1 月份有最小值,为 23.36 mm,8 月有最大值,达到 103.39 mm,分别占到全年蒸散的 3.41% 和 15.07%。全年除了 7、9 和 11 月的蒸散高于降雨量外,其余各月均较低,主要是受到 VPD 以及光合辐射等环境因子的影响。

与此同时,表 3.16 对比了雷竹林 2013 年不同季节的降雨量和蒸散量,结果表明,2013 年全年蒸散量为 686.04 mm,低于全年的降雨总量,即 1 366.60 mm,且蒸散总量占降雨总量的 50.20%,超过 50%,较高。就各季节而言,夏季降雨量最大,高达 630.8 mm,占到降雨总量的 46.16%,其次是春季和秋季,分别占到降雨总量的 21.44% 和 17.85%,冬季降雨最少,仅 198.9 mm,占总量的 14.55%。与降雨量一致,夏季蒸散量也最大,达 277.94 mm,占蒸散总量的 40.51%,春秋季居中,分别占到 24.98% 和 22.52%,冬季最低,仅 82.24 mm,占蒸散的 11.99%。

表 3.16　太湖源雷竹林生态系统不同季节降水量与蒸散量对比

季节	降雨量/mm	比例/%	蒸散量/mm	比例/%
春季	293.00	21.44	171.36	24.98
夏季	630.80	46.16	277.94	40.51
秋季	243.90	17.85	154.50	22.52
冬季	198.90	14.55	82.24	11.99
全年	1 366.60	100	686.04	100

总之,2013 年雷竹林生态系统降雨量和蒸散量均表现为夏季＞春季＞秋季＞冬季,且两者的季节响应较好,降雨量最大的夏季,蒸散也是最大,且冬季降雨量最低,蒸散也是最低。全年蒸散占到降雨量的 50.20%,比例较大,表明在 2013 年,人工高效经营雷竹林具有良好的水分利用能力和效率。

3.5.4　各月水汽通量平均日变化特征

2014 年 11 月—2015 年 6 月的水汽通量每月平均日变化如图 3.66 所示(由于 2014 年太湖源通量站线路整改,后期又出现三维超声风速仪故障等问题,1—10 月数据缺失)。

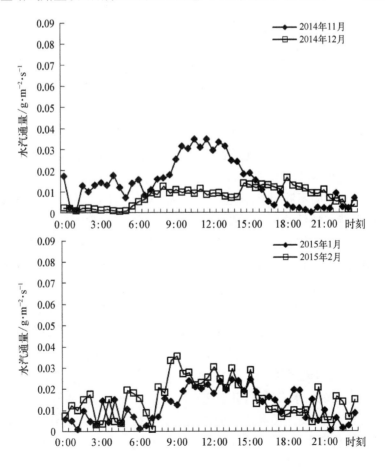

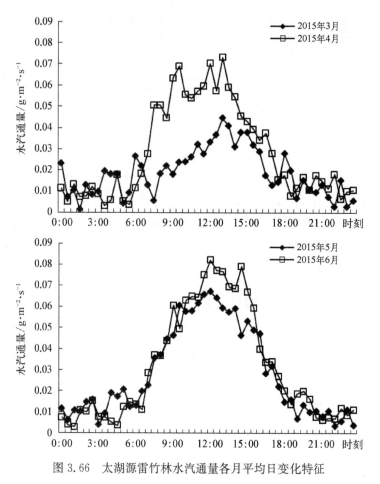

图 3.66　太湖源雷竹林水汽通量各月平均日变化特征

由图 3.66 可知,雷竹林 2014 年 11 月—2015 年 6 月各月的水汽通量均为正值,表现为水汽源,即水汽从雷竹林生态系统输送到大气中。而且,各月水汽通量呈现一致的变化趋势和规律性,均为单峰型变化曲线,在中午 12:00 前后出现最大值,但 12 月和 1—2 月曲线变化幅度较小,表明不够明显。具体表现为:早上 6:00 以前和傍晚 18:00 以后,水汽通量值较低,维持在较低的 $0\sim0.02\ \mathrm{g \cdot m^{-2} \cdot s^{-1}}$ 水平范围内,12 月和 1—2 月甚至更低,但是 1—2 月受环境影响,波动较大;6:00—12:00 间,水汽通量逐渐增大,直至一天的最大值,12 月最低,仅 $0.011\ \mathrm{g \cdot m^{-2} \cdot s^{-1}}$,6 月最高,达到 $0.082\ \mathrm{g \cdot m^{-2} \cdot s^{-1}}$;12:00 之后,随着时间的推移,水汽通量值又逐步降低,最终维持在较低的 $0\sim0.02\ \mathrm{g \cdot m^{-2} \cdot s^{-1}}$ 水平,4—6 月表现更加明显(见图 3.69)。分析原因,主要是夜间,即日出之前和日落以后(6:00 前和 18:00 后),几乎没有光照,而环境温度又很低,限制了植物的生理活动,减弱了植被的蒸腾,同时也降低了地表的蒸发;日出之后,光照逐渐增强,温度逐渐升高,到了中午时分(12:00 左右),光照强度最大,温度最高,加速了植被的蒸腾和地表的蒸发,从而增加了雷竹林生态系统的水汽通量,并使之在午间达到一天的最大值。

从各月的变化看来,受光照和温度的影响,12、1 和 2 月的水汽通量明显比其他各月都低,曲线平稳,波动微弱,日最大值在 $0.011\sim0.030\ \mathrm{g \cdot m^{-2} \cdot s^{-1}}$ 之间波动,夜间甚至接近于 0;4—6 月水汽通量明显较大,日最大值均高于 0.06 g·m^{-2}·s^{-1},其中 6 月份最大,达到 0.082 g·m^{-2}·s^{-1},但其最小值仅为 0.003 g·m^{-2}·s^{-1},昼夜变化较为剧烈,主要是因为 6 月入夏,昼夜温差较大,使得该月水汽通量昼夜变化幅度较为剧烈。

总的来说,2014 年 11 月—2015 年 6 月间水汽均是由雷竹林输送到大气中,且主要集中在 4—6 月,月平均日变化最大值在 0.06~0.09 g·m^{-2}·s^{-1} 之间,高于其他各月,主要是因为此时间段高温多雨,植被蒸腾旺盛,地表蒸发也较大。此外,各月最小值均集中在夜间或凌晨,在 0~0.02 g·m^{-2}·s^{-1} 范围内波动,但各月出现的时间点各有差异,主要是由于夜间或凌晨,没有光照,加上温度较低,雷竹林的蒸腾较弱,地表的蒸发也较低,但总体上冬季较低,春、夏季偏高。

2014 年 11 月—2015 年 6 月雷竹林水汽通量各月总量如图 3.67。

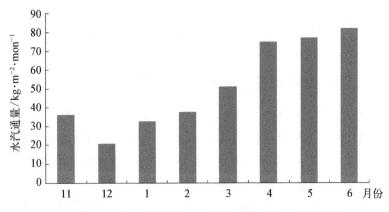

图 3.67　太湖源雷竹林水汽通量各季节平均日变化特征

图 3.67 表明,2014 年 11 月—2015 年 6 月间,水汽通量的月总量呈现出先下降后升高的变化趋势,12 月水汽通量最低,仅 20.45 kg·m^{-2};6 月水汽通量最大,达到 81.77 kg·m^{-2},其次是 5 月和 4 月,分别达到 76.71 kg·m^{-2} 和 74.44 kg·m^{-2}。主要是因为 12 月温度较低,而且 VPD 较低,再加上温度偏低,植被的蒸腾和地表的蒸发均较弱;而 6 月,温度偏高,降雨量大,植被的蒸发和地表的蒸腾相对较高。表明雷竹林生态系统冬季的水汽源作用最弱,而夏季时候最强。

第4章
竹林生态系统碳通量过程

4.1 毛竹林生态系统碳通量监测与分析

4.1.1 毛竹林的碳收支通量过程

　　毛竹林是我国森林生态系统中重要组成部分,在我国亚热带地区分布广泛,相比于其他森林类型,毛竹林具有生长速度快、生物量积累快以及生产周期短等特点,具有重要生态价值。近年来,我国对毛竹固碳能力的研究已有一些报道。如周国模等(2007)按竹龄和采伐习惯估算出毛竹林乔木层的年固碳量为 509 g C·m^{-2}·a^{-1},肖复明等(2005)通过生物量调查和土壤呼吸测定,估算出毛竹生态系统的年固碳量为 396 g C·m^{-2}·a^{-1}。由于采用的方法不同,使两者存在一定差异。随着涡度相关技术的出现,弥补了相关研究方法的不足。目前,涡度相关法已经成为直接测定大气与植物群落气体交换通量的通用标准方法(Houghton JT et al. 1990;Peterjohn W et al. 1994),国际通量观测网络(FLUXNET)在全球范围内进行了广泛的通量观测研究(Christensen T. R. 等,1997;于贵瑞等,2004)。我国亚热带地区 CO_2 通量观测系统设有江西千烟洲和大岗山观测站、云南哀牢山观测站、广东鼎湖山观测站和湖南会同观测站。几个站点之间南北跨度较大,主要开展针对常绿阔叶林和针叶林的观测,而对竹林的通量观测研究尚浅。为此,浙江农林大学以安吉县山川乡毛竹林示范园区内的碳水通量塔为观测平台,采用涡度相关法,对实验园区内毛竹生态系统的碳通量进行连续观测,定量分析了毛竹林的碳收支状况及其固碳能力,以期为进一步研究毛竹林生态系统 CO_2 通量变化提供基础数据。

4.1.1.1 研究区概况

　　研究区设在浙江省湖州市安吉县山川乡,地理位置 30°28′34.5″N,119°40′25.7″E,属于亚热带季风气候类型。气候特点:季风显著,四季分明,雨热同期,有梅雨季节,空气湿润。年平均气温 16.6 ℃,年日照时数 1 613~2 430 h,1 月份温度最低,平均气温−0.4~5.5 ℃,7 月份温度最高,平均气温 24.4~30.8 ℃,年降水量 761~1 780 mm,月平均相对湿度在 70%以上。安吉县山川乡森林面积为 4 251 hm^2,其中竹林面积为 2 155 hm^2,占森林总面积的 50.7%，毛竹林面积 1 693 hm²，占竹林总面积的 78.6%。毛竹林通量观测塔位于海拔 380 m 处，(土壤类型为黄壤、黄红壤，下垫面坡度 2.5~14°，坡向为北偏东 8°)，周围 1 000 m 范围之内的植物类型以毛竹为主。试验区内的毛竹林为人工纯林，林分密度为 4 500 株/hm²，毛竹胸径 12~18 cm，高度 13~20 m，枝下高 10~17 m，冠幅 3.0 m×2.5 m，盖度 90%，郁闭度 0.9，毛竹节间短，壁厚，出笋期为 3~5 月，且连年出笋能力较强，平均每年产量约为 1 000~1 500 kg/hm²，林下有极少灌木和草本。区内毛竹有大小年之分，奇数年为毛竹林大年，偶数年为毛竹林小年。大年表现为 3~5 月为发笋期，5 月底毛竹开始抽叶，6 月份大量展开，7~10 月份为主要生长季；而小年表现为 3~5 月少量发笋，4 月为主要换叶期，5 月新叶片展叶完成，6—10 月份则为其主要生长季。

实验方法详见第三章竹林的通量观测。

4.1.1.2　冠层碳储存量变化特征(2011 年观测数据为例)

1) 冠层 CO_2 储存量日变化

在大气湍流作用较弱时，土壤和植物呼吸释放的一部分 CO_2 会被储存在植被冠层的大气之中，使之 CO_2 浓度升高(见图 4.1)。一般来说，储存通量对低矮作物的影响很小，但对毛竹等较高的植被则会产生重要的影响。

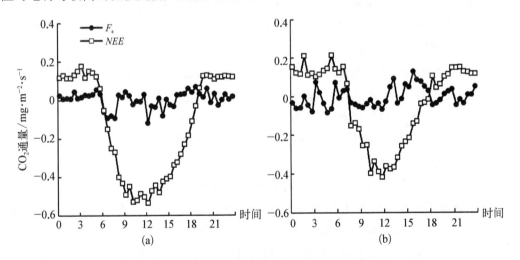

图 4.1　CO_2 储存量(F_s)和 NEE 的日变化

(a) 7 月　(b) 11 月

$$F_{\text{storage}} = \frac{\Delta C(z)}{\Delta t} \Delta z$$

式中：$\Delta C(z)$ 为高度 z 处 CO_2 浓度；Δt 为时间间隔，本研究中为 1 800 s；Δz 为 CO_2 浓度测定高度，本研究中为 38 m。

本研究利用上式对 3 倍冠层高度(38 m)的冠层 CO_2 储存量进行计算，并选取一年中碳汇最高的 7 月和碳汇最低的 11 月作对比。同时计算每一天的储存量，得出全年的储存情况。由图 4.2 可以看出，毛竹冠层的储存通量对短时间尺度 NEE 的影响较大，对 NEE

的日变化也有明显的影响。7月和11月的 F_s 变化范围分别是 $-0.12\sim0.07$ mg·m^{-2}·s^{-1} 和 $-0.13\sim0.08$ mg·m^{-2}·s^{-1}。7月白天储存量变化不明显,中午出现一个明显的峰值,11月白天和夜间储存量波动比较明显。

2) 冠层碳储存量年变化

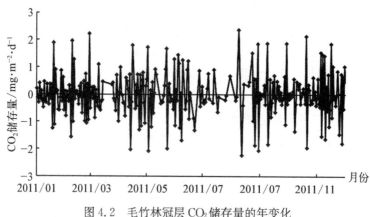

图 4.2　毛竹林冠层 CO_2 储存量的年变化

通常,冠层 CO_2 储存量对年尺度上毛竹林碳吸收整体特征不会造成明显的影响,这是因为在年尺度上冠层 CO_2 通量储存量的累加值近似等于 0(Canadell J. et al,2000)。剔除不合理的数据后,有效数据的天数占全年的 83.5%。图 4.2 表示 F_s 逐日动态在 0 值上下波动,有不明显的周期性变化,整体上夏季日变化幅度较大,峰值也出现在夏季,正的最大值出现在 8 月 8 日为 2.37 mg·m^{-2}·d^{-1},负的最大值出现在 8 月 12 日为 -2.24 mg·m^{-2}·d^{-1},全年 F_s 总量为 -0.95 mg·m^{-2}·d^{-1}。

4.1.1.3　毛竹林生态系统碳通量不同时间尺度变化特征

1) 日变化特征(2011 年为例)

图 4.3 表示 NEE 月平均日变化具有明显的季节变化特征。NEE 值的正负反映了生态系统是排放还是吸收 CO_2(正值为向大气释放 CO_2,负值表示从大气吸收 CO_2),负的越多表明吸收 CO_2 越多,固碳量越大。由图可知,基本特点是随着白天的到来,在 5:00~7:00 之间,CO_2 交换量迅速下降为负值,表明毛竹开始进行光合作用吸收 CO_2,并且光合同化量开始大于呼吸消耗量,随着光合的不断进行 9:00~11:00 达到全天 NEE 的峰值,而冬季的峰值出现在 12:00,根据本年度数据显示,冬季毛竹没有出现明显的午休现象,夜间来临前 17:30~18:00,NEE 逐渐变为正值,表明呼吸作用释放的 CO_2 开始超过了光合吸收量,这两个 NEE 正负临界点的出现时间表现出了明显的季节性差异,与日照长度有关。冬季日照短,NEE 由正变负临界点出现较晚,由负变正临界点出现较早,而夏季恰恰与之相反。冬季三月白天 CO_2 通量峰值在 $-0.303\sim-0.446$ mg·m^{-2}·s^{-1},3~5 月和 9~11 月白天 CO_2 通量峰值在 $-0.419\sim-0.596$ mg·m^{-2}·s^{-1},夏季的 6~8 月白天 CO_2 通量峰值在 $-0.412\sim-0.539$ mg·m^{-2}·s^{-1},这种阶段性的变化受到多种因子的控制,受到光合有效辐射、温度、土壤含水量以及植物自身生长特性的影响。图中春季的

5 月份和夏季的 6 月份白天 CO_2 通量峰值的异常降低原因可能是：① 随着气温回升，降雨偏少，土壤体积含水量下降，同时在 5 月初至五月中旬正值毛竹笋爆发式生长时期，对水分有大量的需求，这一时期由于降水偏少必然引起毛竹笋与成竹之间竞争有限水分，影响光合作用；② 温度的上升和毛竹笋的迅速生长引起生态系统呼吸增加；③ 6 月梅雨天气造成光合有效辐射不足，光合能力受到抑制。

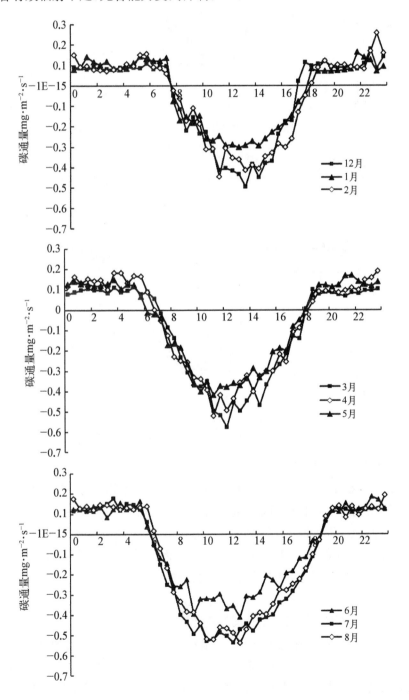

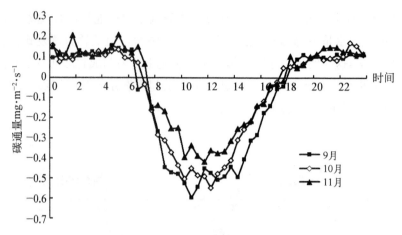

图 4.3　NEE 各月平均日变化特征

　　将一年中的春季(3—5 月)、夏季(6—8 月)、秋季(9—11 月)、冬季(1、2 月和 12 月)每个季节 3 个月的平均日变化再次进行平均,得出 4 个季节的日变化(见图 4.4)。

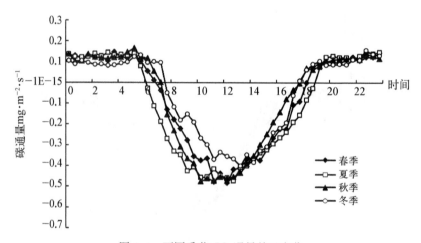

图 4.4　不同季节 CO_2 通量的日变化

　　由图 4.4 可以看出,毛竹林 CO_2 通量具有明显的季节变化。4 个季节都为碳汇,在数值上夏季＞春季＞秋季＞冬季。其中冬季 NEE 由正转负出现的时间点最迟,由负转正的时间点最早,并且白天的固碳量在数值上也最小。夏季则与冬季变化完全相反,白天固碳量在数值上也大于其他季节。其中 10:00 左右固碳量达到最大值,随后开始减小,在13:00 左右又出现一个峰值,说明毛竹在夏季高温状态下有明显的"午休现象"。夜间,夏季的碳排放量最大,冬季最小,据此可推断,毛竹林生态系统生物呼吸可能与温度有着密切的关系。

　　2) NEE、RE 和 GEE 的完整生长周期变化特征(2011—2012、2013—2014 年)

　　2011 年为实验区毛竹林生理大年,如图 4.5 所示,2011 年各月 RE 变化范围为 $61.88 \sim 92.1$ gC·m^{-2}·mon^{-1},平均 77.3 ± 10.94 gC·m^{-2}·mon^{-1},最小值出现在 1 月,最大值出现在 7 月,总体来看生态系统呼吸季节波动幅度不大。2011 年各月 GEE

变化范围为 $-77.53 \sim -191.481\ gC \cdot m^{-2} \cdot mon^{-1}$,平均值 $-130.58 \pm 33.66\ gC \cdot m^{-2} \cdot mon^{-1}$。逐月 NEE 为 $-15.66 \sim -99.3\ gC \cdot m^{-2} \cdot mon^{-1}$,平均值为 $-53.28 \pm 25.95\ gC \cdot m^{-2} \cdot mon^{-1}$。但在 3 月和 7 月均出现下降趋势,整体表现为双峰型,并且在 3 月和 7 月分别出现了峰值,原因是随着春季的来临毛竹林光合能力增强,NEE 增大,但随着 3 月份毛竹笋爆发式生长的开始,生态系统呼吸迅速增加,导致生态系统碳吸收加强,NEE 下降;到了 6 月,毛竹笋爆发式生长完成,萌发新叶,开始光合作用吸收 CO_2,然而由于 6 月 10 日进入梅雨天气,光合有效辐射(PAR)保持低位,所以 6 月 NEE 并未迅速增加,6 月 26 日出梅,PAR 迅速增强,在新旧毛竹的共同作用下,7 月 NEE 迅速增大,达到了年中的最大值。毛竹林逐月 NEE 在 12 个月中均表现为碳汇,这与北方落叶阔叶林、北方落叶林、寒温带落叶林等生态系统表现的生长季碳汇、非生长季表现为碳源的情况不同,这可能与毛竹林所处的北亚热带季风气候区和毛竹自身的生长特性有关。

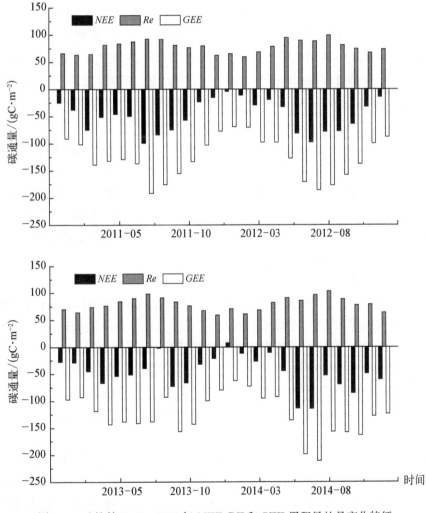

图 4.5　毛竹林 2011—2014 年 NEE、RE 和 GEE 累积量的月变化特征

2012 年为毛竹林生理小年,各月 RE 变化范围为 59.1~98.6 gC·m^{-2}·mon^{-1},平均 77.91±12.50 gC·m^{-2}·mon^{-1},夏季较高,冬季较低,呈单峰型曲线变化。各月 GEE 变化范围为－69.37~－185.95 gC·m^{-2}·mon^{-1},平均值－123.43±41.90 gC·m^{-2}·mon^{-1},表现为单峰型曲线变化。逐月 NEE 为－4.49~31.75 gC·m^{-2}·mon^{-1},平均值为－45.52±33.34 gC·m^{-2}·mon^{-1}。表现为双峰型曲线,其中 3 月和 7 月分别出现了峰值。随着 4 月份毛竹林进入换叶期开始,生态系统呼吸迅速增加,导致生态系统碳吸收加强,NEE 下降;到了 6 月,毛竹换叶结束,新叶开始光合作用吸收 CO_2,7 月 NEE 达到了年中的最大值。毛竹林 2012 年各月份均表现为碳汇。

2011 年毛竹林 NEE、RE、GEE 分别为－639.40、927.55 和－1 566.95 gC·m^{-2}·a^{-1},2012 年 NEE、RE、GEE 分别为－546.29、934.88 和－1 481.17 gC·m^{-2}·a^{-1}。对比 2011 年毛竹林大年和 2012 年毛竹林小年的固碳量可以看出,两年主要差异出现在 1—6 月份,这主要与毛竹林生理规律有关。2011 年前 5 个月 NEE 明显高于 2012 年同期,主要因为毛竹林在大年前五个月的叶片均为一年生,且在当年该部分叶片换叶率较低,而 2012 年同期,除去去年新生毛竹叶片为一年生,其余叶片已经达到两年,老叶片光合能力明显降低,从而降低了竹林固碳能力;大年 4、5 月受到竹笋爆发式生长影响固碳效率降低,而小年则主要受换叶影响固碳效率降低;小年 6 月毛竹新叶片已经展叶完成,而大年新竹叶片展叶期相对延后,故 2011 年 6 月固碳效率要低于 2012 年同期,随后月份其固碳量较为接近。

2013—2014 年,除部分月份受环境变化影响(2013 年 7、8 月高温干旱;2014 年 8、9 月阴雨天较多),NEE、RE 和 GEE 出现不同程度波动,整体来看 NEE、RE 和 GEE 变化趋势同 2011—2012 年较为一致。而大年与小年的对比也表现出,大年前 5 月份 NEE 要大于小年同期,而 6 月大年 NEE 要小于小年 NEE。2013 年 NEE、RE、GEE 分别为－506.96、934.43、－1 441.38 gC·m^{-2}·a^{-1},2014 年 NEE、RE、GEE 分别为－630.36、966.86、－1 597.22 gC·m^{-2}·a^{-1}。

4.1.1.4 毛竹林碳收支能力(2011—2012 年)

生态系统碳交换通量与碳固定和排放速率之间,根据选定的研究界面和对象能够相互直接转化(于贵瑞等,2008),在数值上 GEE 可等同为生态系统固碳速率,RE 即为生态系统碳排放速率,NEE 即生态系统净固碳速率,量纲不变仍为 gC·m^{-2}·a^{-1}。将土壤-植被-大气看作一个连续的整体,研究生态系统气体交换过程中的碳收支,将生态系统净固碳速率与生态系统固碳速率的比值,暂时定义为生态系统碳固定效率(ecosystem carbon sequestration efficiency,ECSE),其反映生态系统气体交换中固定下来的碳比例,即 $ECSE = NEE/GEE$。

如图 4.6 所示,毛竹林 2011—2012 年的碳利用效率均为正值,变化范围 6.5%~53.8%,平均值为 38.9%,即表明毛竹林大小年均为碳汇。大年冬季固碳效率较低,随后逐渐上升,3 月固碳效率为两年最高值 53.8%,4 月固碳效率下降明显,如前所述,毛竹开始发笋,呼吸增强,使得 GEE 增加,从而固碳效率下降;6 月新笋长出新叶,增加固碳能力,7 月固碳效率明显上升;夏季由于生态系统呼吸也加强,导致固碳效率变化不明显;11 月出现大幅度降低,因为 2012 年 1 月为防止冬雪压断毛竹,进行人工钩稍处理,使 *NEE* 大大降低;受降温降雪影响,2012 年 1 月出现明显的谷值,并为两年最低值,随后随着温度增高、光照增强,毛竹林固碳效率有一定程度升高,4、5 月为毛竹林换叶期,此时叶面积指数大大降低,造成固碳效率出现一定程度降低,随后其变化趋势同 2011 年相仿。

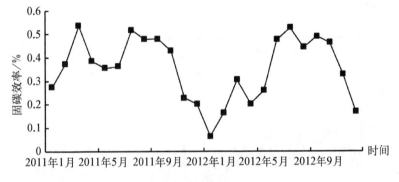

图 4.6　毛竹林 2011—2012 年固碳效率月变化

对比 2011 年毛竹林大年和 2012 年毛竹林小年的固碳效率可以看出,两年主要差异也出现在 1—6 月,这与两年 NEE 出现差异较为一致,均与毛竹林生理规律有关。

4.1.2　CO_2 浓度与叶面积指数变化

4.1.2.1　CO_2 浓度变化

由图 4.7(a)可见,冠层上部 CO_2 浓度日变化表现为"V"形,白天伴随着日出,光照强度增强,毛竹开始进行光合作用,不久越过光补偿点,开始吸收 CO_2,CO_2 浓度迅速下降,在 15:00 达到最低值 686 mg·m^{-3},其后开始迅速上升,从 21:30 开始 CO_2 浓度增加趋势放缓,整个夜间 CO_2 浓度因为生态系统呼吸而缓慢上升,在 5:30 达到一天最大值 712 mg·m^{-3}。在图 4.7(b)中,CO_2 浓度逐日年变化表现为前半年较高,后半年较低,在 6 月和 8 月的多雨月份,CO_2 浓度出现较大的波动,这可能是由于阴雨天对毛竹光合造成影响,进而影响毛竹对 CO_2 的吸收有关。

4.1.2.2　CO_2 浓度与叶面积指数月变化关系

如图 4.8 所示,CO_2 浓度季节变化表现为夏季低,冬季高,1 月达到最大值,其后逐渐下降,7 月达到最小值。毛竹叶面积指数表现出较强的季节差异性,在 2 月具有最小值 3.2,其后由于新叶的萌发,叶面积指数迅速上升,8 月达到最大值 8.1;在月尺度上,叶面积指数与 38 m 处 CO_2 浓度具有较强的负相关关系,Spearman 相关系数 $r=-0.929$,表明随着叶面积指数的迅速增加,毛竹吸收 CO_2 的能力也快速加强,使得冠层以上 CO_2 浓度下降。

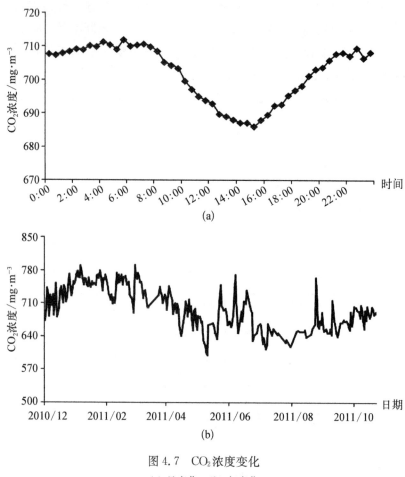

图 4.7　CO_2 浓度变化

（a）日变化　（b）年变化

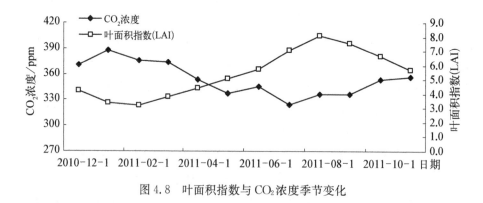

图 4.8　叶面积指数与 CO_2 浓度季节变化

4.1.3　通量观测结果与分析

4.1.3.1　毛竹林生态系统碳储存通量特征

图 4.9 表示了安吉毛竹生态系统碳储存通量的日变化和季节变化,生态系统储存通

量日变化主要由林木光合驱动,随着白天的来临,储存量迅速下降,在 10:00 左右达到最小值,其后又开始增加,但在 13:30 处又出现了一个小的峰值,说明毛竹具有"光合午休"现象,但并不明显,这与林琼影、刘国华等(Meulen M W J et al,1996;肖文发等,1992)的研究吻合,在 18:00 左右储存量达到最大值,随后开始下降,引起该处下降的原因尚不明确,有研究认为源强的下降或与水平平流的增加有关,源强下降的原因还可能与温度下降引起生态系统呼吸降低有关(Oge J et al,2001)。储存量 $F_{storage}$ 逐日动态表现为在 0 值上下波动(正值表示生态系统存储通量增加,负值表示生态系统存储通量减少),正的最大值 2.37 mg $CO_2 \cdot m^{-2} \cdot d^{-1}$,负的最大值为 -2.24 mg$CO_2 \cdot m^{-2} \cdot d^{-1}$,表明生态系统碳储存量是一个周期性波动的过程。

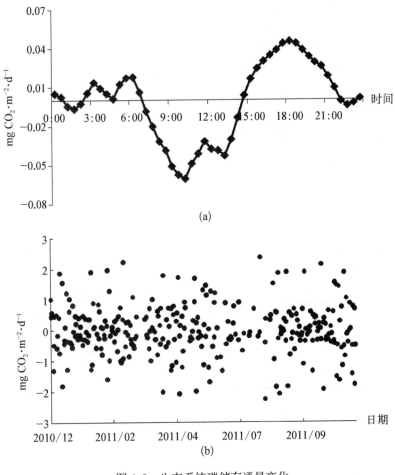

图 4.9　生态系统碳储存通量变化

(a) 日变化　(b) 季节变化

4.1.3.2　生态系统总呼吸(R_{eco})、净生态系统交换量(NEE)、总初级生产力(GPP)和叶面积指数(LAI)月变化特征

　　如图 4.10 所示,2010 年 12 月到 2011 年 11 月间各月生态系统呼吸($RE=R_{eco}$)变化范围为 63.4~92.1 gC·m^{-2}·month^{-1},平均 77.7±10.4 gC·m^{-2}·month^{-1},最小值出现在 1 月,最大值出现在 7 月,总体来看生态系统呼吸季节波动幅度不大,这与鼎湖山常绿阔叶林表现相似(94.6±23.4 gC·m^{-2}·month^{-1})(Yang K et al,2008)。2010 年 12 月—2011 年 11 月间各月总生态系统碳交换量(GEE)变化范围为 -90.963 6~-191.481 gC·m^{-2}·month^{-1},平均值 -132.962±30.021 gC·m^{-2}·month^{-1}。逐月 CO_2 净生态系统交换 NEE 为 -24.9~-99.3 gC·m^{-2}·month^{-1},平均值为 -55.2±23.4 gC·m^{-2}·month^{-1},表现为双峰型,在 3 月和 7 月分别出现了峰值,出现这种情况的原因是随着春季的来临毛竹林光合能力增强,NEE 增大,但随着 3 月毛竹笋爆发式生长的开始,生态系统呼吸迅速增加,导致生态系统碳吸收加强,NEE 下降;到了 6 月,毛竹笋爆发式生长完成,萌发新叶,开始光合作用吸收 CO_2,然而由于 6 月 10 日进入梅雨天气,光合有效辐射(PAR)保持低位,所以 6 月份 NEE 并未迅速增加,6 月 26 日出梅,PAR 迅速增强,在新旧毛竹的共同作用下,7 月 NEE 迅速增大,达到了年中最大值,毛竹林逐月 CO_2 净生态系统交换 NEE 在 12 个月中均表现为碳汇,这与北方落叶阔叶林(陈云飞等,2013;朱咏莉等,2007;吴家兵等,2007)、北方落叶林(朱咏莉等,2007;吴家兵等,2007)、寒温带落叶林(刘允芬等,2004;魏远等,2010;赵仲辉等,2011;李俊等,2006)等生态系统表现的生长季碳汇、非生长季表现为碳源的情况不同,这可能与毛竹林所处的北亚热带季风气候区和毛竹自身的生长特性有关。

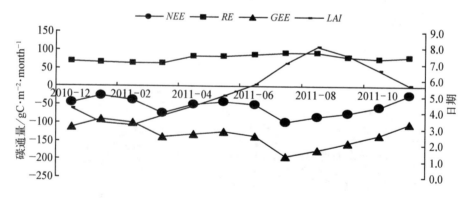

图 4.10　生态系统总呼吸 RE、净生态系统 CO_2 交换量、总生态系统
CO_2 交换量 GEE 和叶面积指数(LAI)月变化特征

4.2　毛竹林生态系统 CO_2 通量与气象因子和 LAI 的关系

4.2.1　白天 CO_2 通量对光合有效辐射的响应

大量研究表明,在叶片尺度和群落尺度上,植物叶片光合速率与光照强度满足直角双

曲线关系,有研究证实在叶片尺度上竹类的叶片光合速率与光照强度也满足直角双曲线关系(Meulen M W J et al,1996),但在群落尺度,相关研究鲜见。通过对 2010 年 12 月 1 日至 2010 年 11 月 30 日所收集的数据进行了分析,根据 Michaelis-Menten 模型[方程(3.2)]分段拟合和逐月拟合,光能利用效率 α 介于 0.000 8~0.002 8 $mgCO_2 \cdot \mu mol^{-1}$ photons 之间,α 平均值 0.001 9±0.000 8 $mgCO_2 \cdot \mu mol^{-1}$ photons 与同处于亚热带地区的鼎湖山常绿混交林 0.001~0.004 $CO_2 \cdot \mu mol^{-1}$ photons(Yang Ket et al,2008)和北欧混交林的 0.001 2~0.002 0 $CO_2 \cdot \mu mol^{-1}$ photons(王昭艳等,2008)接近,但小于千烟洲人工针叶林(蒋琰等,2011)的 0.020 4~0.062 6 $CO_2 \cdot \mu mol^{-1}$ photons(蒋琰等,2011),图 4.11(a)、图

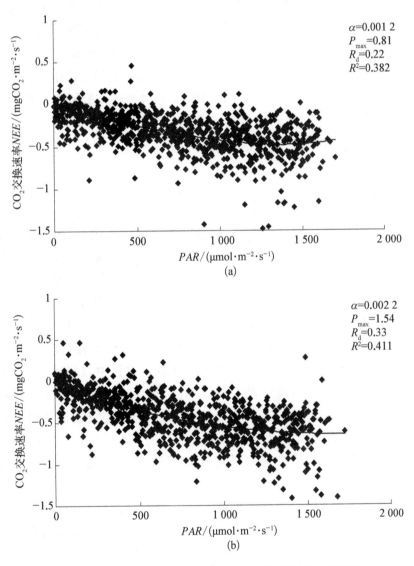

图 4.11 利用直角双曲线拟合的 2010 年 12 月至 2011 年 5 月

(a) 2010 年 5 月至 2011 年 11 月 (b) 冠层光响应曲线

4.11(b)分别利用表层土壤含水率较低的 2010 年 12 月—2011 年 5 月数据和表层土壤含水率较高的 2011 年 6 月—2011 年 11 月数据根据 Michaelis-Menten 模型进行拟合,当 PAR 为零时,F_c 为生态系统暗呼吸 R_d;随着 PAR 的增大,毛竹光合作用增强,生态系统表现碳吸收,当 PAR 增大到一定值时,生态系统碳吸收速率达到最大,随着 PAR 的继续增加,生态系统碳吸收速率反而略微下降;最大光合速率 Nes 介于 $0.485 \sim 1.871$ mg $\cdot$ m^{-2} $\cdot$ s^{-1} 之间,平均值 0.847 ± 0.471 mg $\cdot$ m^{-2} $\cdot$ s^{-1},接近于中国长白山阔叶红松林的 $0.717 \sim 1.423$ mg $\cdot$ m^{-2} $\cdot$ s^{-1}(Lindroth A et al, 2006),平均值小于鼎湖山常绿混交林 1.102 ± 0.288 mg $\cdot$ m^{-2} $\cdot$ s^{-1}。由于 CO_2 通量还受其他环境因子的影响,如气温、叶面积指数(LAI)、水汽压差、土壤温度等的影响,F_c 对 PAR 的响应表现出一定的离散度,逐月拟合相关系数 R^2 介于 $0.333 \sim 0.606$ 之间。利用 LI-6400 光合仪实际测定得到毛竹单叶光饱和点介于 $200 \sim 800$ μmol $\cdot$ m^{-2} $\cdot$ s^{-1},与图 4.11 中 1 500 μmol $\cdot$ m^{-2} $\cdot$ s^{-1} 左右达到最大碳吸收速率不符,这与毛竹林冠层结构有关,毛竹冠层竹叶交错层次排列,当顶部叶片达到光饱和时,处于中下层叶片仍然处于不饱和状态,因此群落的光饱和点向后推移。如图 4.11 所示,在气温、表层土壤含水率、叶面积指数 LAI 相对较低的 2010 年 12 月—2011 年 5 月,毛竹的光能利用效率 α 和最大光合速率 Nes 都低于 2011 年 6 月—2011 年 11 月的拟合值。

4.2.2 夜间生态系统呼吸对土壤温度的响应

在不考虑人为因素和动物活动影响的自然陆地生态系统中,决定生态系统呼吸主要包括植物自身根、茎、叶和土壤中的动物、微生物的呼吸作用,主要受到环境温度、土壤空隙中氧气含量和水分含量的影响,而土壤空隙中氧气含量主要与土壤含水量有关,因此,本文从温度和水分与生态系统呼吸的关系来进行探讨。已经有大量的研究证实土壤呼吸与温度密切相关,并且运用多种方程式进行描述,如 Van't Hoff 方程、Arrhenius 方程、Lloyd and Taylor 方程和简单的指数方程($R_{eco} = a \times \exp(b \times T)$),这些方程也被广泛地运用于通量观测夜间数据插补中,Lloyd and Taylor 方程能够较好的反应夜间生态系统呼吸与温度的关系(吴家兵等,2007),有研究显示采用土壤水分与温度因子一起作为驱动变量,建立耦合的 R_{eco} 估算模型能够更好地描述夜间通量与环境因子的关系。本文分别利用 Lloyd and Taylor 方程、多项式和耦合的连乘形式的呼吸模型分别描述夜间通量与温度、水和温度-水之间的关系,结果如下:

分别将土壤温度和土壤含水量与夜间生态系统呼吸进行拟合,结果如图 4.12 所示,相关系数 R^2 分别为 0.086 和 0.079 2,表明单独利用 Lloyd and Taylor 方程、多项式不能准确描绘,土壤温度和含水量对夜间 CO_2 的影响。

采用温度-水分连乘形式耦合的呼吸模型,以 5 cm 土壤温度和水分作为驱动变量拟合得到:

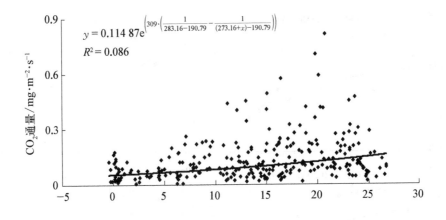

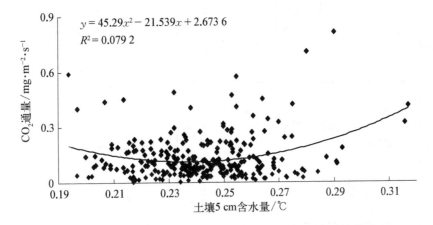

图 4.12　逐日夜间 CO_2 通量与 5 cm 土壤温度和含水量的关系

$$F_{NEE,ninght} = 0.060\,5\exp\left(309\cdot\left(\frac{1}{283.16-201}\right)-\frac{1}{(T_s+273.16)-201}\right)\cdot$$

$$\exp(-2M_s+17.76M_s^2) \tag{4.1}$$

式(4.1)中解释方差 R^2 大于仅以土壤温度或土壤含水量作为驱动变量的拟合结果，表明将温度与水分因子结合提高了对夜间 CO_2 通量的拟合率。

4.2.3　温度及空气饱和差与 NEE，RE，GEE 的关系

GEE、NEE、RE 月累积量与月平均气温表现出一定的相关性，GEE、NEE 与气温呈二次曲线关系，相关系数 R^2 分别为 0.756 和 0.482，且随着气温的升高 GEE 和 NEE 绝对值呈现增大趋势，RE 与气温呈现线性相关，随着温度的增加而增大，相关系数 $R^2 = 0.882$，表明月尺度上温度对 RE 的影响最大，对 NEE 的影响相对较小。GEE、NEE、RE 月累积量与月平均空气饱和差呈现二次曲线关系，GEE 和 NEE 的绝对值随着 VPD 的增大而增大，当 VPD 大于 8 hPa 时，随着 VPD 的继续增大，GEE 和 NEE 的绝对值表现为下降趋势，表明当空气饱和差达到一定量时，空气饱和差越大，水分亏缺越严重，越不利于生态系统碳交换，这可能是由于水分亏缺影响了毛竹气孔的开关。

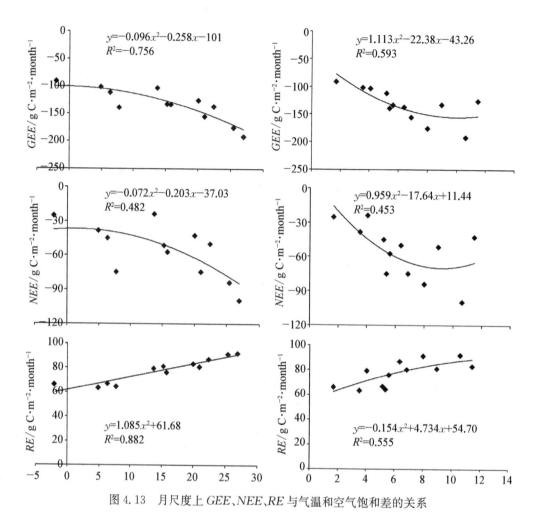

图 4.13 月尺度上 GEE、NEE、RE 与气温和空气饱和差的关系

4.2.4 土壤含水量与 NEE、RE、GEE 的关系

由图 4.14 可见，月尺度上 GEE、NEE、RE 与 5 cm 深处土壤含水量的关系表现不同，NEE 与土壤表层含水量无明显相关性，通过拟合得到 NEE 与土壤含水量（5 cm）的相关系数 R^2 为 0.075，表明土壤含水量与 NEE 相关性不大。月尺度上 GEE 与土壤含水量（5 cm）呈二次曲线关系，相关系数 R^2 为 0.139，表明 GEE 一定程度上受到土壤湿度的影响，随着土壤含水量的增加，GEE 绝对值表现为逐步增大的趋势。月尺度上 RE 与土壤湿度（5 cm）有较好的相关性，相关系数 R^2 为 0.472，表现为开口向上的二次曲线关系，在土壤含水量 0.23～0.25 $m^3 \cdot m^{-3}$ 之间具有较小的生态系统呼吸，当土壤含水量大于 0.25 $m^3 \cdot m^{-3}$、小于 0.23 $m^3 \cdot m^{-3}$ 以后，RE 开始增加，这种表现与单纯受干旱胁迫的生态系统，其 RE 随土壤含水量上升而上升不同，这是因为毛竹林生态系统特殊的环境条件所决定的，在上半年由于温度升高而降水较少，会出现短期的水分胁迫；下半年降雨充足，土壤不存在水分胁迫现象，影响 RE 的主要是温度，因此，毛竹林生态系统呼吸同时受到温度和土壤含水量的控制，但主要还是温度在起主导作用。

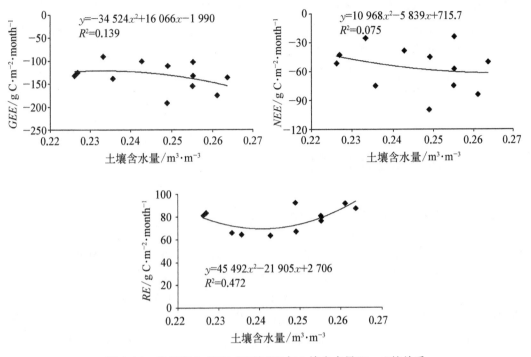

图 4.14　月尺度上 *GEE*、*NEE*、*RE* 与土壤含水量(5 cm)的关系

4.2.5　叶面积指数(*LAI*)与 *NEE*、*RE*、*GEE* 的关系

月尺度上 *GEE*、*NEE*、*RE* 与叶面积指数(*LAI*)的关系如图 4.15 所示,随着 *LAI* 的

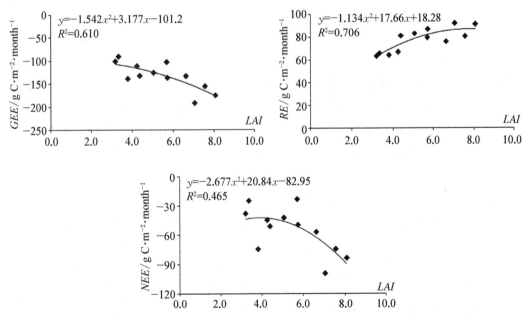

图 4.15　月尺度上 *GEE*、*NEE*、*RE* 与叶面积指数(*LAI*)的关系

增加,GEE、NEE、RE 绝对值开始上升,表现出较好的相关性,月尺度上 GEE、NEE、RE 与叶面积指数(LAI)的相关系数 R^2 分别为 0.610、0.465、0.706,表明随着毛竹叶面积指数的增大,毛竹光合能力增强,对 CO_2 的吸收和固定也相应增强,NEE 绝对值增加迅速,LAI 是影响毛竹光合能力的重要因素,而毛竹的光合生理过程直接或间接的对 GEE、NEE、RE 产生影响。

4.3 毛竹林生态系统碳通量及响应机制研究

4.3.1 森林生态系统对气候变化响应的研究

气候是影响森林生态系统碳通量的主要因素。气候影响表层土壤微生物生长、土壤碳的腐解和矿化、植物生长和有机物的凋落,进而影响到森林生态系统的碳交换。生态系统的 NEE 在植被环境条件的影响下表现出明显的日、季节和年际变化特征,分析 NEE 的变化特征及其环境控制机制,有助于深刻理解生态系统过程和相关的过程机理模型的开发。关德新、刘允芬、徐玲玲、徐世晓等通过对长白山温带阔叶红松林(顾小平等,2001),千烟洲人工针叶林(Aubinet M et al,2000),在不同的时间尺度上,NEE 的主控因子是不同的。长白山森林生态系统日尺度的 NEE 主要受日平均温度影响,而季节变化则受温度和光照共同作用的影响,6 月份生态系统的碳汇强度最大,年度 NEE 为 -184 $gC \cdot m^{-2}$(顾小平等,2001)。千烟洲人工针叶林在全年的各个月均表现为碳汇功能,碳汇强度也表现出明显的季节变化,在 5 月和 6 月最高,之后由于受干旱及持续高温的影响,碳汇强度受到明显抑制,全年的 NEE 在 $-645 \sim -553$ $gC \cdot m^{-2} \cdot a^{-1}$ 之间(Aubinet M et al,2000)。当同时考虑温度和土壤水分对生态系统呼吸的影响时,通常是采用两者的响应函数的连乘形式,即 $NEE = f(T)f(Sw)$ 来描述,其中 $f(T)$ 和 $f(Sw)$ 分别是夜间 NEE 的温度和土壤水分函数。于贵瑞等的研究指出,对受到干旱胁迫的生态系统而言,尽管温度是控制生态系统呼吸特征的主导因素之一,但水分条件也可能转化成为影响生态系统呼吸的主导因素,而且在干燥的气候条件下,Q10 模型对水分的响应能力比温度和水分的连乘模型更敏感,更能准确地描述生态系统呼吸的季节模式(顾小平等,1994)。

气候变化对于森林生态系统的影响体现在森林的分布、森林演替、生物多样性、森林生产力和森林火灾等各个方面,而我们所要讨论的森林生态系统碳通量则表现为森林生产力这一方面。气候变化对森林生产力的影响由于多个因素综合作用变得复杂。这些因素主要是指气温升高、降雨变化、氮沉积和大气 CO_2 浓度变化等方面。对于气候变化对森林生态系统生产力影响方面主要有两个方向的研究:部分学者根据中国不同地理区森林生产力和气候环境变量的数据构建了中国森林气候生产力模型,以此为基础研究了气候变化对中国森林生产力的影响第一性生产力的变化。刘世荣、郭泉水根据 7 个 GCMs 大气环流模型预测合成的 2030 年的气候情景，研究气候变化对中国森林生产力影响的结果是：气候变化并没有改变中国森林第一性生产力的地理分布格局，即从东南向西北森林生产力递减趋势不变，但不同地域的森林生产力有不同程度的增加。气候变化后中国森林生产力变化率的地理分布格局与森林第一性生产力的地理分布格局相反，呈现从东南向西北递增的趋势(周本智等，2004)。气候变化后我国森林第一性生产力(指森林植物在单位时间和空间所积累的干物质量)由东南向西北递减，而其变化率由东南向西北递增，两者地理分布格局相反。若不考虑森林植被对气候的适应能力及自身的演替竞争等变化过程，气候变化后我国兴安落叶松净生产力增益最大，约为 8%～10%；红松次之，为 6%～8%；油松为 2%～6%，局部地区为 8%～10%；马尾松和杉木为 1%～2%，云南松为 2%(江泽慧等，2002)。另一些研究证实，CO_2 浓度倍增后，中国森林生产力将增加 12%～35%，增加的幅度因地区不同而异(罗华河等，2004)。但是，另一些学者则根据长年的实际观测角度出发，研究结果也证实，气候变暖与干旱、火灾和生物干扰相互作用，造成了森林生产力的下降(Reynolds O et al，2006)。孙晓敏、温学发证实 2003 年极端季节性干旱的 7、8 月千叶洲人工林生态系统当月 NEP 显著下降，但在 2004 年，通常季节性干旱。7、8 月 NEP 显著增加。张志强等人研究也发现，在生长季长时间严重干旱会降低杨树人工林生态系统 GEP，但在生长季末期的干旱却对杨树人工林 GEP 影响不大。多个研究表明，森林生态系统碳通量受控于多种气候因素的综合作用，不同的森林生态系统、不同的物候期以及不同的气候变化方式对森林生态系统碳通量造成不同的影响。想要更好地研究气候变化背景下的森林碳通量变化模式，仍需要大量森林生产力和气候环境变量的数据支持。

4.3.2　主要研究内容

4.3.2.1　毛竹林小气候变化特征

通过通量塔气象梯度设备记录整理安吉毛竹林 2011—2014 年间温湿度、光合有效辐射、降雨、土壤含水量、饱和水汽压差等气象因子的变化，分析安吉毛竹林四年间环境因子的变化特征，为研究安吉毛竹林固碳能力同环境因子的响应机制提供数据支持。

4.3.2.2　毛竹林 CO_2 浓度时空特征及冠层碳储量特征

通过 CO_2 廓线系统记录安吉毛竹林林间 CO_2 浓度的日变化、季节变化和垂直梯度变化，并利用廓线数据计算林间储存通量的变化，分析不同时间尺度储存通量对竹林碳通量的影响。

4.3.2.3　毛竹林 CO_2 通量变化特征及影响因素

研究 2011—2014 年安吉毛竹林 CO_2 通量在一个完整生长周期内的日变化特征、季节变化特征以及竹林大小年固碳能力的差异。结合环境及生物因子分析在不同时期影响毛竹林固碳的主要因素。

4.3.2.4　极端高温干旱对毛竹林碳通量的影响

通过分析 2011 与 2013 年通量同环境因子变化关系，解释 2013 年季节性高温干旱对于毛竹林碳通量的影响。

4.3.3　毛竹物候期划分

研究区内毛竹有明显的大小年交替特征,奇数年为毛竹大年,偶数年则为毛竹小年。在这里我们定义大小年为毛竹生长的完整周期。如图 4.16 所示,在不同的生长年份毛竹的物候期有差异,在毛竹不同生长年份的不同物候期对毛竹的管理也有一定差异。根据毛竹在不同时间表现出的不同生长情况将一个完整的生长周期划分为 8 个物候期:

(1) 冬笋越冬期(小年 12 月至大年 2 月):受低温影响,该时期竹笋、竹鞭生长缓慢,部分竹笋露出地表。

(2) 春笋生长期(大年 3—6 月):发笋长竹的主要时期,其中 4—5 月是竹笋爆发式生长时期,6 月份则是新竹抽叶期,3—4 月部分多年生老竹也会少量换叶,该时期毛竹竹鞭也开始萌发生长。

(3) 新竹主要生长期:7 月出梅以后,温度升高、光照充足,新竹光合能力最强,是新竹竹材填充的时期,也是竹鞭快速生长期。

(4) 疏林期(大年 10—11 月):新竹钩梢、五年生及以上老竹砍伐的主要时期,毛竹生长能力减缓。

(5) 越冬期(大年 12 月至小年 2 月):随着温度降低、降雨减少,毛竹光合及呼吸能力降低,竹鞭停止生长,仍伴有新老竹的钩梢伐竹。

(6) 换叶期(小年 3—5 月):大年新生竹以及多年生老竹均出现大规模换叶,期间伴随少量竹笋生长。

(7) 小年主要生长期(小年 6—9 月):换叶后的新叶展叶完成,光合能力提高,是竹林大量积累营养物质的时期,也是竹林主要行鞭期。

(8) 孵笋期(小年 10—11 月):竹鞭上笋芽开始萌发生长。

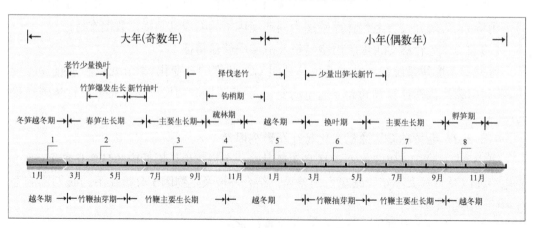

图 4.16　安吉毛竹林物候期时间节点

4.3.4　研究方法

观测区内通量观测塔高 40 m,在 1、7、11、17、23、30 和 38 m 处分别布设 CO_2 浓度廓线系统进气口,进气口处安装 3 μm 滤膜除尘,CO_2 浓度采用二氧化碳及水汽分析仪(LI-840,LiCor Inc.,USA)进行测定。分析仪设定每天自动标定一次,标定气体为高纯 N_2 和标准 CO_2 气体(499 $\mu mol/mol$)。真空泵(DOA-V502A-FD, GAST MANUFACTURING Inc.,USA)将气体抽入气瓶中,再通过阀门控制,将对应层气体分别送入分析仪进行分析,每层历时 15 s,前 7 s 为清洗管路时间,后 8 s 为气体测定时间,一个采样周期为 2 min。分析仪再将数据输出到数据采集器(CR1000,Campbell Inc.,USA)中,通过采集器每30 min 自动输出各层的 CO_2 浓度平均值。

开路涡度相关系统探头安装在观测塔 38 m 高度上,包括开路 CO_2/H_2O 分析仪(Li-7500,LiCor Inc.,USA)和三维超声风速仪(CAST3,Campbell Inc.,USA),原始采样频率 10 Hz,通过数据采集器(CR1000,Campbell Inc.,USA)储存数据,并在线计算并存储 30 min CO_2 通量(F_c)、潜热通量(LE)和显热通量(HS)等相关物理量。

观测塔配备 7 层气象梯度观测系统,利用数据采集器(CR1000,Campbell Inc.,USA)每 30 min 自动记录空气温度与湿度、风速(1、7、11、17、23、30、38 m)、土壤温度、土壤含水量(5、50、100 cm)、光合有效辐射以及净辐射(38 m)等气象信息。本研究中空气温度以及空气饱和水汽压差的计算均选择 17 m 高度(毛竹冠层顶部)气象数据。在通量塔周围布置 6 个雨量筒,记录林内降雨量信息。此外,竹林叶面积指数部分取自浙江省森林生态系统碳循环与固碳减排重点实验周国模实验团队利用 MODIA 叶面积指数(MOD15A2)和 250 m 空间分辨率 16 天合成的 MODIS NDVI(MOD13Q1)产品数据;光合作用数据为本实验室利用 Li-6400 红蓝光源测定毛竹叶片的光合作用的日变化,每月选择该月典型天气条件下对不同竹龄毛竹叶片分别测量,之后结合不同竹龄毛竹所占比例整合出竹林平均光合能力,本实验仅选取最大净光合速率代表该月份光合能力用作讨论分析。

4.3.5　数据质量控制

4.3.5.1　廓线数据质量控制

通过 CO_2 廓线系统对毛竹林 CO_2 浓度的长期监测,得出毛竹林各层 CO_2 浓度均在 300~600 $\mu mol \cdot mol^{-1}$,因此,取 300~600 $\mu mol \cdot mol^{-1}$ 为 CO_2 浓度的正常变化区间,对该区间以外的数据进行剔除。在剔除后数据中,数据缺失时段≤3 h 时采用线性内插法来估计 30 min CO_2 浓度值;缺失时段>3 h 时,认为该日数据缺失,采用日平均值时间序列的线性内插来估计该日平均值。

为更加详细分析竹林内部 CO_2 扩散机制,将竹林根据冠层高度和枝下高度将其分为 3 个层次来研究 CO_2 的垂直梯度 $G_{[CO_2]}$($\mu mol \cdot mol^{-1} \cdot m^{-1}$)。

$$F_{\text{storage}} = \frac{\Delta C(z)}{\Delta t}\Delta z \qquad\qquad (4.8)$$

式中,$\Delta[CO_2]$为同时刻上层与下层 CO_2 浓度差,ΔZ 表示高度差。当垂直梯度为正,表示高出 CO_2 浓度较高。设定 3 个层次分别为林冠下层(1~11 m,G_{UC})、林冠层(11~23 m,G_{WC})和林冠上层(23~38 m,G_{AC})。

4.3.5.2 涡动数据质量控制

基于涡度原理开路系统采集的 10 Hz 原始数据,因为用红外气体仪观测的 CO_2 气体浓度是相当于干空气的质量混合比,大气的温度、压力、湿度发生变化会引起 CO_2 质量浓度的变化,需要根据理想气体状态方程校正气体密度为摩尔质量比。需要进行水汽校正,即 WPL 校正。根据垂直平均风速为零假设,做坐标轴旋转校正。以上校正应用 EdiRe software 设定参数,加载模块,计算成为 30 min 步长数据。EdiRe software 是由爱丁堡大学编写,专门处理涡度观测数据,并做相关校正。

在实际通量观测当中,由于受到仪器响应,天气状况等问题的影响,会出现一些异常观测值,因此,需要对数据进行有条件的剔除。主要包括以下几点:1) 降雨同期的观测数据;2) 低湍流信号下的数据($U^* < 0.2$ m·s^{-1});3) 观测数据值超过仪器的测量量程或合理范围,即 CO_2 的浓度超出 500~800 mgCO$_2$·m^{-3},CO_2 通量超出 -2.0~2.0 mg CO$_2$·m^{-2}·s^{-1},水汽浓度超出 0~40 g·m^{-3};4) 参与统计的有效样本数不足小于 15 000;5) 异常突出的数据,即某一数值与连续 5 点数值平均值之差的绝对值大于 5 点方差的 2.5 倍。剔除后的有效数据占总数据的 61.4%。目前能量平衡是常用来评价数据质量的方法(Limind et al,2013),经过计算本站点能量闭合度为 85%,根据国际相关研究结果,可以认定本站点通量数据是可靠的。

由于仪器故障、系统标定等影响,涡度相关数据存在缺失或异常值,因此需要进行数据插补。目前,常用的数据插补方法有:平均昼夜变化法、非线性回归法和查表法等(肖复明等,2010)。本研究采用查表法对缺失数据进行插补。将温度与光合有效辐射作为主要环境因子,以相邻两月为一个时间段建立查找表。在一个时间段内,将光合有效辐射作为主分隔因子,以 100 μmol·m^{-2}·s^{-1} 为间隔,在每个间隔内在以温度作为次分隔因子,以 2 ℃为间隔划分为若干级别,然后分别计算每个间隔内有效 NEE 平均值。不同月份的缺失值再根据缺失时的气象条件在相应查找表中查找相应有效 NEE 来插补。

4.3.6 结果与分析

4.3.6.1 毛竹林小气候变化特征

1) 温度变化

实验区 2011—2014 年平均空气温度分别为 14.47、14.47、15.65 和 15.06 ℃,各年月平均温度均呈单峰曲线变化(见图 4.17),7、8 月是每年温度最高的两个月,其中 2013 年 7、8 月受极端高温天气影响月平均气温达到 29.37℃和 28.09 ℃,相比于 2014 年同期分别高 3.89℃和 4.70 ℃。通常每年 1 月平均气温是去年最低,2011 年受强降雪影响 1 月平均气温达到−1.86 ℃,2014 年最低气温出现在 2 月。表层土壤温度(土壤 5 cm 深温度)年际间变化基本同空气温度相一致,往往冬季表层土壤温度略高于空气温度,其他时间空气温度较高,空气同表层土壤年均温差在 0.5~1.4 ℃之间。

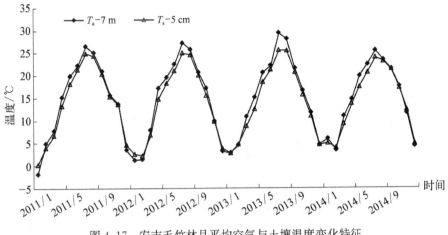

图 4.17 安吉毛竹林月平均空气与土壤温度变化特征

毛竹林不同高度与土壤不同深度间温度日变化同样有一定差异,以 2014 年毛竹林年平均日变化为例(见图 4.18),不同高度空气温度与表层土壤温度(土壤 5 cm 温度)有明显的日变化特征,深层土壤温度日变化不明显。各层空气温度最低和最高值出现时间极为同步,均为 6:00 与 14:00,土壤表层温度最低值较空气温度有两个小时的延迟,温度最高点出现较为同步。不同高度间年平均气温差异小于 0.3 ℃,7 m 温度最高,30 m 温度最低,平均气温自 7 m 开始随高度升高递减。白天 7 m 处温度最高,38 m 处温度最低,夜间 38 m 出温度最高,1 m 处温度最低。

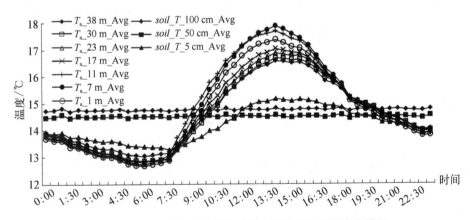

图 4.18 2014 年安吉毛竹林不同高度的空气温度变化特征

2) 降雨与土壤含水量

2011—2014 年年降雨量分别为 1 543 mm、2 018 mm、1 508 mm 和 1 476 mm,各年降雨均处于正常年份。降雨量随季节差异较为明显(见图 4.19),各年均主要集中在夏季,夏季总降雨分别占到全年的 68.8%、42.6%、40.4% 和 45.6%，冬季是降雨最少的季节，冬季降雨量均低于全年的 18%。其中在 2013 年 7、8 月出现极端高温干旱，两月降雨量分别为 75.8 mm 和 139.0 mm，均为四年最低。各层土壤含水量受各月降雨量影响较为明显，土壤含水量随土壤深度增加而增大，土壤 50 cm 深含水量各年平均值均高于 0.33 $m^3 \cdot m^{-3}$，而土壤 100 cm 深含量各年平均值均大于 0.35 $m^3 \cdot m^{-3}$，而表层土壤含水量则各年平均值均小于 0.27 $m^3 \cdot m^{-3}$。受极端高温干旱影响 2013 年 7、8 月表层土壤含水量分别为 0.224 $m^3 \cdot m^{-3}$ 和 0.223 $m^3 \cdot m^{-3}$，均为同期最低值。

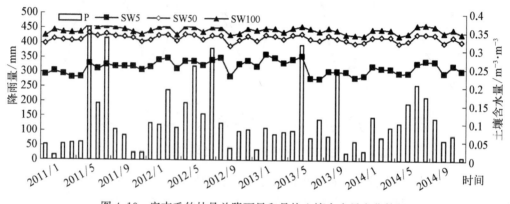

图 4.19　安吉毛竹林月总降雨量和月均土壤含水量变化特征

3) 光合有效辐射

毛竹 2011—2014 年昼间年平均光合有效辐射（Photosynthetically active radiation，PAR）分别为 276.76、277.21、302.14 和 271.35 $\mu mol \cdot m^{-2} \cdot s^{-1}$，2011 年与 2012 年较为接近，2013 年偏高，2014 年偏低。受各月阴雨天影响，各月份昼间平均 PAR 有较大波动（见图 4.20），不同于温度变化，PAR 往往呈多峰曲线变化。2011 年 PAR 双峰值出现在 4 和 7 月，6 月受梅雨期影响，PAR 有明显的降低；2012 年呈三峰曲线变化，7 月为全年 PAR 最高月份，达到 444.43 $\mu mol \cdot m^{-2} \cdot s^{-1}$，6 月和 8、9 月由于降雨天较多，PAR 整体

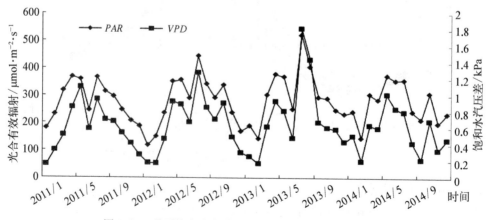

图 4.20　月平均光合有效辐射与饱和水汽压差变化特征

低于相邻月份;2013 年类似于 2011 年受 6 月梅雨季影响呈双峰曲线变化,但在 7、8 月受副热带高压影响降雨天较少,月平均 PAR 达到了 521.46 $\mu mol \cdot m^{-2} \cdot s^{-1}$ 和 405.97 $\mu mol \cdot m^{-2} \cdot s^{-1}$,均为四年同期最高;2014 年全年受降雨分布较为均匀的影响,PAR 呈不规则曲线变化,月均 PAR 最高值为 5 月的 373.45 $\mu mol \cdot m^{-2} \cdot s^{-1}$,7 月仅为 357.30 $\mu mol \cdot m^{-2} \cdot s^{-1}$,为四年同期最低。

4) 饱和水汽压差

饱和水汽压差(Vapor pressure deficit,VPD)是由气温和空气相对湿度计算得到(Kaimal J et al,1976)(干旱小论文),受水热条件变化影响较大。如图 4.20 所示,月平均 VPD 同 PAR 变化趋势较为一致,也表现出明显的季节变化。通常来说辐射的增强往往伴随着温度的升高以及空气湿度的降低,从而促进 VPD 的升高,相反则会使 VPD 降低。各年 VPD 分别为 0.593 kPa、0.655 kPa、0.736 kPa 和 0.562 kPa,这同光合有效辐射的年均值变化趋势也一致,受极端高温干旱影响,2013 年 7、8 月 VPD 分别达到了 1.815 kPa 和 1.440 kPa,也是四年同期最高值。

5) 风速与风向

实验区风速在日尺度及不同空间尺度有明显的差异,以 2014 年毛竹林各层年平均日变化为例(见图 4.21)。各层均表现出明显的日变化特征,白天风速要明显高于夜间,其中 6:30AM 至 7:00AM 风速最小(各月具体时间会有所差异),随后随着太阳辐射增强而逐渐加大,至 12:30PM 达到全天最大,之后逐渐降低,在太阳落山前后达到一个低值,随后缓慢变化。毛竹林不同高度也呈现一定程度的梯度变化,受毛竹冠层对风的阻挡影响 7 m 和 11 m 风速最低,由于竹林地表灌木草本较少,整体较为通透,1 m 风速要略高于 7 m 与 11 m,林冠上层随高度的增加风速逐渐加大。

风向传感器安装于通量塔 38 m 高度,如图 4.22 所示,观测站主要盛行为西北风和东北风,很少出现西南方向的风。四年间方向风频差异不明显。

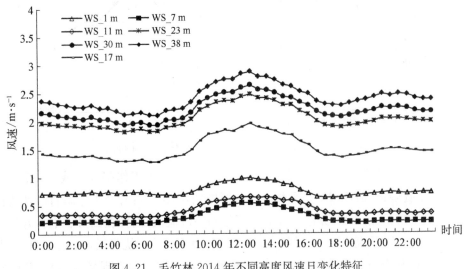

图 4.21　毛竹林 2014 年不同高度风速日变化特征

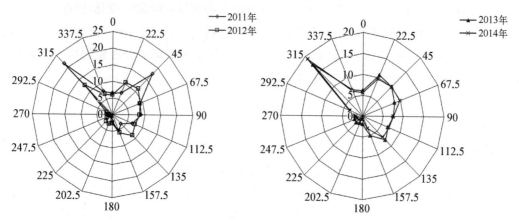

图 4.22　年风向频率图

4.3.6.2　毛竹林生理生态变化特征

1）叶面积指数变化特征

实验区 2011—2012 年毛竹林叶面积指数如图 4.23 所示,由于两年环境差异不明显,其叶面积指数受竹林物候期以及人为影响较大。2011 年大年毛竹林全年平均叶面积指数达到 3.937,全年呈单峰曲线变化。结合毛竹物候期可以发现,1—2 月为冬笋越冬期,没有人为干预,叶面积指数稳定在 3.3~3.5;3—6 月为春笋生长期,直到 6 月新竹才开始展叶,期间部分老竹出现少量换叶,整体来说 LAI 升高缓慢,直到 6 月才达到 4.083;7—9 月为主要生长期,新竹展叶完成,7、8 月 LAI 达到 5.3 以上,9 月部分 5 年及 5 年以上生老竹开始砍伐,LAI 出现部分下降;10 月至次年 2 月是老竹砍伐及新竹钩梢的主要时期,且部分两年生叶片及新生叶片逐渐老化脱落,LAI 呈逐月下降趋势。

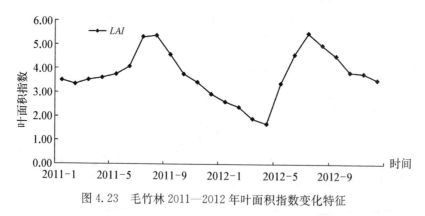

图 4.23　毛竹林 2011—2012 年叶面积指数变化特征

进入 2012 年,随着 1—2 月份老竹砍伐及大年新竹钩梢工作基本完成,3—5 月人为因素对竹林干扰降低,但该时期是毛竹的主要换叶期,多年生叶片及大年新竹叶片逐渐老化,出现大量脱落,4 月 LAI 仅为 1.693,是两年间的最低值,同样在四月底毛竹开始大量抽发新叶,5 月 LAI 逐渐上升;随后的 6 月至年底,由于人为干扰降低,无大规模砍竹与钩梢的发生,LAI 始终保持较高的水平,均高于 3.5,但该期间易受到暴雨、台风及降雪影响,仍会有少量毛竹因倒伏而被砍伐,因此 7 月之后竹林 LAI 会出现缓慢下降的趋势。

整体来看,2012 年为毛竹林小年,其林内毛竹密度在后半年要低于大年同期值,且毛竹换叶主要发生在小年的前半年,全年 LAI 平均值为 3.558,低于大年整体水平。

2) 毛竹叶片光合能力季节变化特征

2011—2012 年毛竹林叶片各月最大光合速率变化如图 4.24 所示,受环境及叶片自身生理性能影响,各月最大净光合速率呈明显季节变化特征,2011 年 1—5 月竹林叶片多为两年生叶片(2010 年 4 月换叶),其光合能力整体不强,但随着温度光合增强其最大光合速率有一定程度上升;7 月毛竹新竹展叶完成,整体提升毛竹林的光合速率,随后两个月随着新叶片叶绿素含量升高,其光合速率仍有进一步的提升,9 月达到全最高值 3.665 mg·m^{-2}·s^{-1};入秋后,随着温度降低以及毛竹叶片的老化,最大净光合速率逐步降低,2011 年 11 月至 2012 年 5 月毛竹最大净光合速率均低于 2 mg·m^{-2}·s^{-1};2012 年 4、5 月份毛竹逐步完成换叶,5 月毛竹新叶片叶绿素含量较低,最大净光合能力没有明显上升,经过一个月的生长,6 月毛竹叶片光合能力大幅度提高,达到 4.325 mg·m^{-2}·s^{-1},7 月达到全年最高值 5.812 mg·m^{-2}·s^{-1};随后,随水热条件降低叶片最大净光合速率逐渐降低。

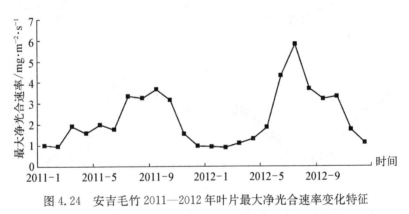

图 4.24　安吉毛竹 2011—2012 年叶片最大净光合速率变化特征

4.3.7　毛竹林生态系统 CO_2 浓度及碳储存通量的变化

4.3.7.1　冠层 CO_2 浓度的时间变化特征

1) 日变化特征

安吉毛竹林自 5 月底新竹抽叶开始至 10 月结束为其主要生长季,将生长季内每个月相同时刻各层 CO_2 浓度值进行平均处理,得到毛竹林生长季各层 CO_2 浓度的月平均日变化。由图 4.25 可以看出,不同月份和高度的 CO_2 浓度日变化均呈"单峰型"。各层 CO_2 浓度均在日出前后 1 h 达到最高,随后由于逆温层的打破,风速增大,空气扰动增强,出现一段迅速释放 CO_2 的过程,这与吴家兵等(2005)在长白山阔叶红松林以及 Grace 等(1996)在亚马逊热带雨林的研究结果相同。日出后,伴随着光合有效辐射的增强,毛竹光合作用吸收 CO_2 能力也显著增强。受两者影响,林内 CO_2 浓度不断降低,在午后 14:00—16:30

达到最低值(7月最低值达到 352.4 $\mu mol \cdot mol^{-1}$);随后受到光合有效辐射持续降低的影响,竹内 CO_2 浓度有一定上升趋势。在日落后,植被光合作用停止,受逆温层的影响,空气湍流减弱,植被与土壤呼吸产生的 CO_2 在林内堆积,CO_2 浓度逐渐升高。

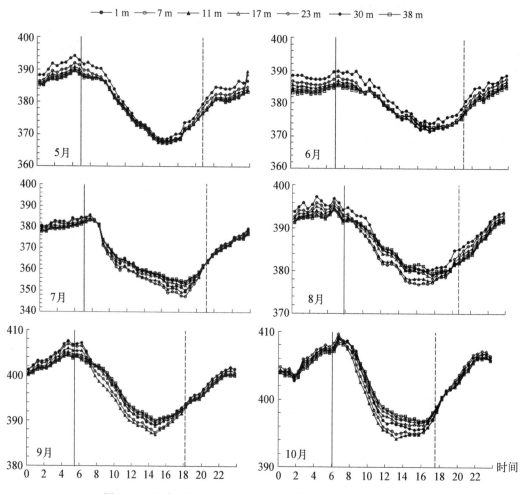

图 4.25　安吉毛竹林生长季不同高度月平均 CO_2 浓度的日变化

注:图中竖直实线和虚线分别代表日出和日落时间

　　毛竹林生长季各层 CO_2 的日变化格局也具有明显的月份差异。以冠层 17 m 高度 CO_2 浓度为例,在生长季初期的 5 月其日变幅为 22.9 $\mu mol \cdot mol^{-1}$;而受梅雨季的影响,光合有效辐射相对降低,6 月 CO_2 浓度日变幅仅为 13.8 $\mu mol \cdot mol^{-1}$;6 月 26 日出梅,加上新竹展叶完成,白天竹林光合能力最强,且受温度升高的影响,夜间竹林 CO_2 排放也较强,7 月 CO_2 浓度日变幅达到 31.2 $\mu mol \cdot mol^{-1}$;随后几个月受温度降低及光照减弱的影响,日变幅逐渐降低,在生长季末期的 10 月冠层 CO_2 浓度日变幅仅为 12.8 $\mu mol \cdot mol^{-1}$。

　　2) 季节变化特征

　　毛竹林生长季冠层 CO_2 平均浓度为 386.1 $\mu mol \cdot mol^{-1}$,图 4.26 为安吉毛竹林生长

季(5—10 月)冠层 CO_2 浓度月平均日变化。5 月毛竹林部分老龄竹换叶结束,叶片光合能力较强,新生竹开始抽叶,光合作用能力较弱,其呼吸值较高,月平均冠层 CO_2 浓度 380.2 $\mu mol \cdot mol^{-1}$。6 月受到梅雨季影响,光照不足,叶片光合能力不能充分发挥,白天冠层 CO_2 浓度较之于 5 月有所升高,月平均 CO_2 浓度也有一定程度升高,达到 380.9 $\mu mol \cdot mol^{-1}$。7 月梅雨季结束,光合有效辐射迅速增强,且新竹展叶完成,在新老毛竹的共同作用下竹林固碳能力达到全年最大,白天 CO_2 浓度明显低于各月份,月平均 CO_2 浓度仅为 368.1 $\mu mol \cdot mol^{-1}$。随后几个月份随着光照、温度以及叶片光合能力减弱,竹林固碳能力逐月降低,林间 CO_2 浓度也逐渐升高,8—10 月平均 CO_2 浓度分别为 387.1、397.7 和 402.6 $\mu mol \cdot mol^{-1}$。

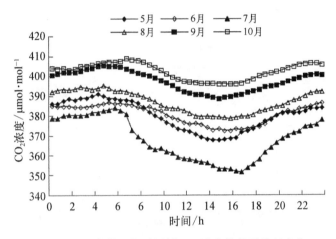

图 4.26　毛竹林生长季冠层 CO_2 浓度的月平均日变化

4.3.7.2　冠层 CO_2 浓度的空间变化特征

如图 4.27 所示,不同高度 CO_2 浓度的日变化也存在一定差异。各月均表现为夜间近地层 CO_2 浓度始终为最高,随高度的增加 CO_2 浓度递减,这表明夜间竹林呈 CO_2 排放源;日间,冠层底部(7 m/11 m)CO_2 最低,随高度的增加 CO_2 浓度递增,竹林冠层表现为 CO_2 的碳汇;而近地层 1 m 处始终处于较高水平,其中 5 月、6 月以及 8 月尤为明显,其他月份白天部分时段地表 CO_2 浓度稍低于冠层上部,但高于冠层浓度,这表明毛竹林地表全天均呈 CO_2 的排放源。

各层间 CO_2 梯度也表现出明显的差异。以生长季初期(5 月)和生长高峰期(7 月)为例,可以发现,生长高峰期各层梯度波动明显大于生长季初期。林冠下层(1~11 m),两个月全天 G_{UC} 均为负值,表明近地层 CO_2 向冠层流动;夜间 5 月 CO_2 梯度绝对值要高于 7 月,主要因为 5 月份是竹笋生长旺盛期,林下呼吸较为旺盛,夜间其林下碳源强度要高于 7 月;受新竹叶片未展开,冠层郁闭度较低,空气流通性较好,5 月白天的梯度值有一定程度降低;受空气流动性差、冠层光合能力强的影响 7 月白天林冠下层 CO_2 梯度值则呈负向升高(见图 4.27),这也从侧面说明毛竹林冠层光合作用吸收的 CO_2 来自林冠上和地表排放的 CO_2。在林冠层以及林冠上层,两月 CO_2 梯度值在夜间均是为负,表现为大气 CO_2

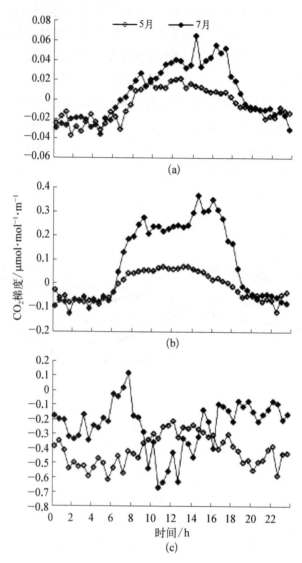

图 4.27 2011 年 5 月和 7 月安吉毛竹林月平均 CO_2 浓度的垂直梯度

（a）林冠上层 （b）林冠层 （c）林冠下层

源,白天梯度值为正,表现为大气 CO_2 汇;5 和 7 月林冠内层梯度值由负转正的时间分别
为 6:30 和 6:00,迟于日出时间 1~1.5 h,林冠上层则在林冠层基础上再推迟 0.5~1 h;
而两月林冠层和林冠上层 CO_2 梯度值由正转负的时间分别为 18:00 和 19:00,5 月要早于
当月日落时间 1 h,7 月同当月日落时间基本同步。

4.3.7.3 冠层 CO_2 储存通量的变化特征

利用涡动相关法得出的 CO_2 储存通量,是利用涡动仪器观测得到的冠层上方 CO_2 浓
度变化计算得出(张弥等,2010),而廓线法计算 CO_2 储存通量则需要考虑不同高度处 CO_2
浓度的变化。受到大气结构影响,森林冠层及冠层下 CO_2 并不能完全通过湍流作用输送

到冠层上方,造成涡动相关法估算 CO_2 储存通量并不能真实反映出植被林冠层及林冠下层 CO_2 浓度的变化(同小娟等,2015),而廓线法恰好弥补这一缺点。

选取生长季中期的 9 月做储存通量和 NEE 的平均日变化(见图 4.28),可以看出毛竹林冠层储存通量有明显的日变化规律。夜间,地表边界层较为稳定,土壤及植被呼吸作用产生的 CO_2 逐渐积聚于冠层及冠层下方, CO_2 储存通量为正;5:30 左右 CO_2 储存通量由正转为负,这主要是由于光合有效辐射逐渐增强,冠层光合作用吸收林间积累的 CO_2 造成;10:30 CO_2 储存通量达到最大,此时 NEE 也达到了全天最大。中午,受较强大气湍流及较高 VPD 抑制植被光合作用影响(同小娟等,2015), CO_2 储存通量开始缓慢下降,至 14:30, CO_2 储存通量由负转正,林冠层内 CO_2 浓度逐渐升高。

9 月毛竹林 NEE 和冠层 CO_2 储存通量日变幅分别为 $-0.596\sim0.161$ 和 $-0.092\,5\sim0.065\ \mathrm{mg\cdot m^{-2}\cdot s^{-1}}$。在半小时尺度上,冠层 CO_2 储存通量平均可以达到 NEE 的 25.5%。分别对 9 月每天储存通量与当天 NEE 进行计算,得出日尺度上 CO_2 储存通量平均占 NEE 的 8.9%,这表明毛竹林冠层 CO_2 储存通量在短时间尺度对 NEE 影响较大,计算短时间毛竹林 NEE 过程中不可忽略冠层的 CO_2 通量。而通常在长时间尺度上 CO_2 储存通量的累加值近似等于 0,对碳吸收总量影响不明显(Massman et al,2002)。毛竹林生长季各月份总 CO_2 储存通量分别为 -0.457、-0.379、-1.234、0.724、0.212 和 $0.408\ \mathrm{g\cdot m^{-2}\cdot mon^{-1}}$,分别占各月总 NEE 的 0.270%、0.2074%、0.338%、0.235%、0.077% 和 0.194%,而整个生长季 CO_2 储存通量仅占总 NEE 的 0.048%。因此,在月尺度及更长时间尺度上计算安吉毛竹林 NEE 时,可以忽略 CO_2 储存通量。

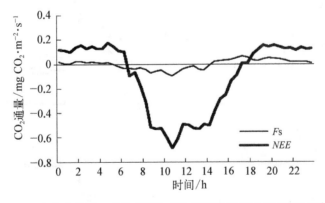

图 4.28　安吉毛竹林 9 月份月平均 CO_2 储存通量(Fs)和 NEE 日变化

4.3.8　毛竹林生态系统碳通量变化特征

4.3.8.1　毛竹林大小年 NEE 日变化差异

对 2011 与 2012 年 1、4、7 和 10 月相同时刻数据做平均处理,得到各月 NEE 的平均日变化。如图 4.29 所示,各月 NEE 均呈"U"形曲线变化,夜间 NEE 呈正值,毛竹林为碳源,白天 *NEE* 呈负值,毛竹林变现为碳汇。两年间相同月份由碳源转变为碳汇的时间,以及由碳汇转换为碳源的时间相一致,均表现出一定季节差异,不同月份具体转换时间日出与日落时间变化而变化。1 月与 4 月白天竹林 *NEE* 值大小因大小年不同而出现差异,其中大年(2011)*NEE* 要高于小年(2012)*NEE*,其中大年 1 月与 4 月 *NEE* 峰值非别为 -0.303 和 -0.521 mgC·m^{-2}·s^{-1},而小年相应月份 *NEE* 峰值分别为 -0.257 和 -0.305 mgC·m^{-2}·s^{-1},在其环境因子差异不明显的情况下,造成其出现差异的原因可能是大年竹林叶面积指数与叶片光合能力均强于小年对应月份。7 月与 10 月两年度 *NEE* 变化差异不明显。

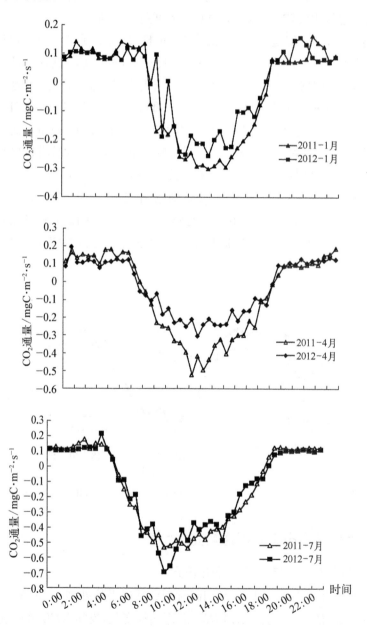

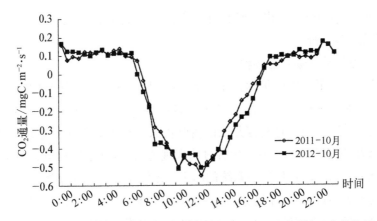

图 4.29　安吉毛竹林 2011 与 2012 年不同月份 CO_2 通量平均日变化特征

4.3.8.2　毛竹林 CO_2 通量季节及年际变化特征

详见本章 4.1.1.3

4.3.8.3　毛竹林大小年碳通量差异

为准确分析毛竹林因大小年物候期及生理过程不同而引起碳通量的差异,本研究选取气候条件较为相近的 2011 与 2012 年分析两年碳通量差异。

全年总 NEE 对比,大年的 2011 年(-638.81 gC·m^{-2}·y^{-1})要高于小年的 2012 年(-546.29 gC·m^{-2}·y^{-1}),如图 4.30 所示,大年前 5 月 NEE 年均高于小年,这可能由于该时间段大年竹林叶面积指数略高于小年叶面积,且大年毛竹叶片均为两年生叶片,而小年同期叶片部分为两年生而多数为三年生叶片,大年叶片光合能力略高小年叶片光合能力;小年毛竹经过 4、5 月的换叶期到 6 月新叶基本完成展叶,叶绿素含量也相对升高,而同期大年新竹刚进入抽叶期,竹林整体 LAI 较低,且新叶片光合能力较弱,从而使该月份 NEE(-49.84 gC·m^{-2}·mon^{-1})远低于小年同期值(-81.51 gC·m^{-2}·mon^{-1});7、8 月两年毛竹林均达到各自 LAI 和净光合速率最大,两者 NEE 差异不明显;进入大年 9 月,受老竹砍伐与新竹钩梢影响,其叶面积指数逐渐降低,而同期小年毛竹林人为干扰较少,叶面积指数较为稳定,两年份竹林 LAI 逐渐拉开差距,从而造成小年固碳量高于大年同期值。

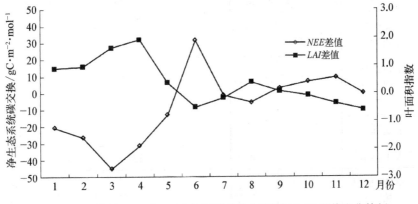

图 4.30　毛竹林 2011 与 2012 年相同月份 NEE 与 LAI 差值变化特征

2013 与 2014 年同样变现出相似的通量差异（7、8 月除外），由于缺少 LAI 及光合数据，在这里不做过多分析。

4.3.8.4 毛竹林固碳功能评价

安吉毛竹林四年平均固碳量达到了 5.87 tC·ha^{-1}·a^{-1}，对比与国内同处于相邻纬度的千烟洲的中亚热带针阔混交林、鼎山湖的常绿阔叶林和会同的人工杉木林，以及高纬度的长白山暖温带针阔混交林和帽儿山的落叶松人工林等森林生态系统，毛竹林变现出更强的固碳能力（见表 4.1），且其全年各月均表现为碳汇，低于同纬度天目山落阔混交林的 7.38 tC·ha^{-1}·a^{-1}。森林生态系统的净生态系统生产力取决于其总生态系统生产力和总生态系统呼吸，对比年总生态系统生产力，毛竹林四年平均值为 15.26 tC·ha^{-1}·a^{-1}，与国内的鼎湖山、千烟洲、会同、长白山和天目山都比较接近，明显低于西双版纳和 La Selva 的热带雨林，这可能与森林总生态系统生产力随着纬度发生变异性有关，即 GPP 随纬度的增加而减小。毛竹林四年的总生态系统呼吸值平均为 9.39 tC·ha^{-1}·a^{-1}，低于鼎山湖、千烟洲、长白山及西双版纳等多处自然森林，同会同与帽儿山的人工林的总呼吸值较为接近，这可能与人工林较多的的人为干预有关，不同于农出生态系统的人为干预方式，如雷竹林的施肥与覆盖谷糠保温等人工措施增加了呼吸排放 CO_2，安吉毛竹林定期的砍伐老竹与林下除草势必会减少林下枯枝落叶分解作用的发生，从而降低生态系统的呼吸排放 CO_2 量。低的呼吸排放加上高的生态系统生产力共同决定了安吉毛竹林较高的净生态系统生产力，同纬度差异没有明显相关性。

此外，尽管安吉毛竹林在 2013 年主要生长季的 7、8 月发生了较为严重的季节性高温干旱，当月 NEE 出现明显下降，但在该年度净生态系统生产力仍然达到了 5.32 tC·ha^{-1}·a^{-1}，固碳能力仍旧高于多种类型森林生态系统，表现出了极为稳定的固碳能力。

表 4.1　不同地区森林碳交换及其相关特性的比较

地点	植被	观测时段	纬度	净初级生产力均值 tC·ha^{-1}·a^{-1}	总初级生产力均值 tC·ha^{-1}·a^{-1}	总生态系统呼吸均值 tC·ha^{-1}·a^{-1}	文献来源
安吉	毛竹林	2011—2014	30°28′N	5.87	15.26	9.39	本文
鼎湖山	南亚热带常绿阔叶林	2003—2004	3°09′N	5.02	15.69	10.67	Yan 等，2006
千烟洲	中亚热带针阔混交林	2003—2005	26°44′N	5.01	17.98	12.97	刘允芬 等，2006
长白山	暖温带针阔混交林	2003—2005	42°24′N	1.77	14.21	12.45	Baldocchi, D. 等，1996
会同	人工杉木林	2006	26°50′N	3.13	12.72	9.59	杨振 等，2007
帽儿山	落叶松人工林	2007	45°20′N	2.63	9.81	7.18	王庆丰 等，2008

（续表）

地点	植被	观测时段	纬度	净初级生产力均值 tC·ha⁻¹·a⁻¹	总初级生产力均值 tC·ha⁻¹·a⁻¹	总生态系统呼吸均值 tC·ha⁻¹·a⁻¹	文献来源
西双版纳	热带雨林	2003	21°96′N	−3.21	19.26	22.47	杨振等,2007
临安	雷竹林	2010—2011	30°18′N	1.26	12.35	11.09	陈云飞等,2013
天目山	落阔混交林	2013—2014	30°24′N	7.38	16.69	9.31	牛晓栋等,2015

4.3.9 环境与生理生态因子对毛竹林碳通量的影响

4.3.9.1 环境因子对毛竹林碳通量的影响

1) 温度

如表 4.2 所示,空位及土壤温度同安吉毛竹林 NEE、RE 和 GEE 均有较高乡相关性水平,以空气温度为例,各年 RE 和 GEE 同 Ta 相关性均达到极显著水平(2013 年 Ta 同 GEE 呈显著相关),RE 呈正相关,GEE 呈负相关,即温度的升高将促进竹林呼吸作用以及光合作用。从四年总体来看 RE 同 Ta 相关项略高于 GEE,表明竹林呼吸作用对温度变化更为敏感。而受到 GEE 和 RE 对温度敏感程度不同影响,NEE 同温度相关性略有下降,其中 2013 年受到极端高温干旱影响 NEE 在温度升高的情况下有所降低,导致当年 NEE 同 Ta 相关性不显著,但从四年整体来看 NEE 同 Ta 仍呈极显著相关。

表 4.2 空气与土壤 5 cm 温度同毛竹林 NEE、RE 和 GEE 的相关性系数

	2011 年		2012 年		2013 年		2014 年		4 年总量	
	R	P	R	P	R	P	R	P	R	P
Ta−NEE	−0.715	0.009	−0.880	0.000	−0.267	0.401	−0.695	0.12	−0.642	0.000
Ta−RE	0.941	0.000	0.876	0.000	0.925	0.000	0.925	0.000	−0.901	0.000
Ta−GEE	−0.856	0.000	−0.941	0.000	−0.620	0.031	−0.839	0.001	−0.797	0.000
Ts−NEE	−0.695	0.012	−0.893	0.000	−0.264	0.406	−0.712	0.009	−0.653	0.000
Ts−RE	0.949	0.000	0.886	0.000	0.914	0.000	0.929	0.000	−0.980	0.000
Ts−GEE	−0.844	0.001	−0.954	0.000	−0.613	0.034	−0.854	0.000	−0.808	0.000

土壤温度对竹林碳通量的影响与大气温度较为相似,就其相关系数来看,只有 RE 同 T_s 相关性系数有一定程度上升,这也说明土壤温度对毛竹林生态系统呼吸的影响要略高于空气温度,这也是本研究中利用土壤 5 cm 温度同夜间 RE 关系反推白天 RE 的依据,同国际上普遍应用 5 cm 土壤温度作为生态系统呼吸的环境制约指标相一致。

2）光合有效辐射

森林生态系统吸收固定 CO_2 主要依赖植被的光合作用，而光合有效辐射是植被进行光合作用的主要限制因子，表 4.3 所示，从 4 年整体来看，PAR 同 NEE 和 GEE 均呈极显著负相关，毛竹林 NEE 和 GEE 随 PAR 升高而增大。从单年尺度上来看，2011 和 2012 年 PAR 同 NEE 和 GEE 均呈极显著负相关，2014 年也达到显著水平，但 2013 年 PAR 同 NEE 和 GEE 相关性水平不显著，这可能与当年 7、8 月高温干旱有关。一定范围内，光强升高会引起光合速率的升高，但超过最适点后，光合速率则随着两者的升高而减弱. 孙成等(1993)和施建敏等(1994)多人的研究也表明夏季毛竹林具有明显的"光合午休"现象，高的气温和高的光合有效辐射将会影响植被的叶片功能，致使叶片保卫细胞膨胀进而关闭，导致光合能力降低，生态系统碳吸收减少，这也是导致 2013 年 NEE 和 GEE 同 PAR 相关性不显著的主要原因。

表 4.3　PAR 同毛竹林 NEE 和 GEE 的相关性系数

	2011 年		2012 年		2013 年		2014 年		4 年总量	
	R	P	R	P	R	P	R	P	R	P
PAR - NEE	−0.714	0.006	−0.733	0.007	−0.197	0.539	−0.503	0.096	−0.496	0.000
PAR - GEE	−0.763	0.004	−0.791	0.002	−0.495	0.101	−0.549	0.065	−0.594	0.000

3）土壤含水量

如表 4.4 所示，受毛竹根系较深影响，表层土壤含水量同毛竹林碳通量及各分量无明显相关性，而深层土壤含水量 SW_{50} 同毛竹林 NEE 相关性有所升高，同 RE 呈极显著正相关，同 GEE 呈显著负相关，即表明深层土壤含水量的升高在一定程度上会促进毛竹林生态系统呼吸，也会促进毛竹的光合固定 CO_2 的能力，受两者影响 NEE 也可能存在一定程度升高（相关性不显著）。不同年际间土壤含水量同毛竹林碳通量的相关性有明显差异，毛竹大年的 2011 和 2013 年相关性略高于小年的 2012 和 2014 年，这可能与毛竹不同生长阶段对水分需求不同有关。出现高温干旱的 2013 年仅有 GEE 同土壤含水量达到显著相关水平，这也说明相比于呼吸作用，毛竹林光合能力更容易受到含水量降低的影响。

表 4.4　土壤含水量同毛竹林 NEE、RE 和 GEE 的相关性系数

	2011 年		2012 年		2013 年		2014 年		4 年总量	
	R	P	R	P	R	P	R	P	R	P
SW5 - NEE	−0.236	0.460	−0.005	0.987	−0.309	0.328	−0.181	0.573	−0.105	0.476
SW5 - RE	0.386	0.215	0.136	0.673	−0.114	0.724	0.422	0.172	0.136	0.357
SW5 - GEE	−0.307	0.331	−0.045	0.890	−0.182	0.572	−0.270	0.397	−0.127	0.390
SW50 - NEE	−0.597	0.040	−0.002	0.996	−0.562	0.057	−0.070	0.830	−0.218	0.136
SW50 - RE	0.706	0.010	0.277	0.384	0.393	0.206	0.415	0.180	0.430	0.002
SW50 - GEE	−0.689	0.013	−0.084	0.795	−0.602	0.038	−0.175	0.586	−0.310	0.032

4) 饱和水汽压

饱和水汽压差是空气水分含量的一种表示方式,VPD 在一定程度上升高将会促进植物叶片的蒸腾作用,加快植物体生理运转,提高植物体光合作用能力,但当 VPD 达到一定阈值,植物叶片水势增加,导致气孔关闭,从而降低了植物光合作用速率(顾小平等,2001;顾小平等,1994)。如表 4.5 所示,4 年整体来看,VPD 同毛竹林 NEE 和 GEE 均呈显著负相关,及随着 VPD 的升高毛竹林 NEE 和 GEE 逐渐增大。但各年间 VPD 同 NEE 和 GEE 相关性有一定差异,在水热同期性较好的 2011 和 2012 年 VPD 同 GEE 均呈极显著负相关,而在出现高温干旱的 2013 年其相关性不显著,这说明当年 VPD 的升高在一定程度上抑制了 GEE。

表 4.5 VPD 同毛竹林 NEE 和 GEE 的相关性系数

	2011 年		2012 年		2013 年		2014 年		4 年总量	
	R	P	R	P	R	P	R	P	R	P
VPD - NEE	−0.612	0.034	−0.731	0.007	0.009	0.977	−0.381	0.222	−0.351	0.014
VPD - GEE	−0.715	0.009	−0.783	0.003	−0.382	0.297	−0.412	0.183	−0.470	0.001

4.3.9.2 生理生态因子对毛竹林碳通量的影响

1) 叶面积指数

LAI 是毛竹林及其他森林类型碳通量变化的主要驱动因素之一,如表 4.6 所示,两年毛竹林 LAI 同 GEE 和 NEE 均呈极显著负相关,随着毛竹林 LAI 升高,GEE 和 NEE 逐渐升高(见图 4.31),不同于温度光照等因子同毛竹碳通量的相关性变化(多年总量相关性略低于各单年相关性),2011—2012 年两年总 NEE 和 GEE 同 LAI 因子相关性也达到极显著水平,且其相关性没有出现下降,这可能由于 2011—2012 年是完整的生长周期,其两年同期 LAI 差异将会影响到两年同期的碳交换。LAI 变化是大小年通量差异的主要影响因子。

表 4.6 叶面积指数与最大净光合速率同 NEE 和 GEE 相关性系数

	2011 年		2012 年		2 年总量	
	R	P	R	P	R	P
LAI - NEE	−0.852	0.000	−0.861	0.000	−0.855	0.000
LAI - GEE	−0.920	0.000	−0.855	0.000	−0869	0.000
Pm - NEE	−0.831	0.001	−0.962	0.000	−0.877	0.000
Pm - GEE	−0.856	0.000	−0.941	0.000	−0.880	0.000

2) 叶片光合作用

毛竹叶片光合能力随叶龄的变化而变化,叶片光合能力出现差异其竹林碳通量必然受到影响,如表 4.6 所示,毛竹叶片各月份最大净光合速率 P_m 同各月 NEE 和 GEE 呈极显著负相关,两年差异不明显,叶片 P_m 的升高往往伴随着 NEE 的增大(见图 4.32),类似

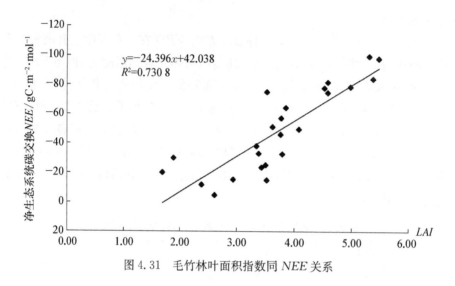

图 4.31　毛竹林叶面积指数同 NEE 关系

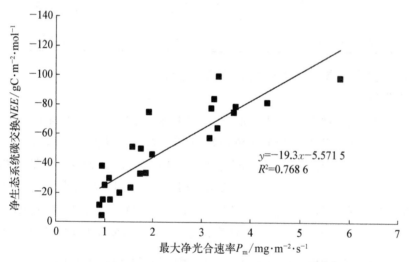

图 4.32　毛竹叶片最大净光合速率同 NEE 关系

于 LAI 同 NEE 和 GEE 相关性变化,两年 P_m 数据同 NEE 和 GEE 做相关性分析发现,其相关系数对比各年间没有显著差异,这表明,P_m 和 LAI 是影响毛竹林大小年碳通量差异的主要因子。

4.3.9.3　毛竹林大小年 NEE 差异的原因分析

为更加准确分析造成毛竹林大小年碳通量出现差异的原因,以 2011 与 2012 年为例,分析造成两年 NEE 差异的主要影响因子。将 2011 与 2012 年相同月份 NEE 之差与同期环境及生理生态因子之差做直线拟合,如图 4.33 所示,各因子随拟合系数从高到低分别为:LAI、PAR、P_m、$SW50$、VPD 以及 Ta,LAI 是造成 2011 与 2012 年各月 NEE 出现差异的主要因子,2012 年 LAI 每降低 1 个叶面积指数毛竹林则少固定 22.699 gC $\cdot$ m^{-2} $\cdot$ mon^{-1};最大净光合速率每降低 1 mgCO$_2$ $\cdot$ m^{-2} $\cdot$ s^{-1}毛竹林则少固定 12.749 gC $\cdot$ m^{-2} $\cdot$ mon^{-1};

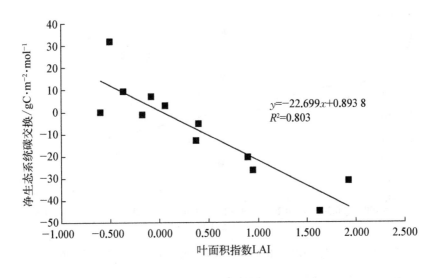

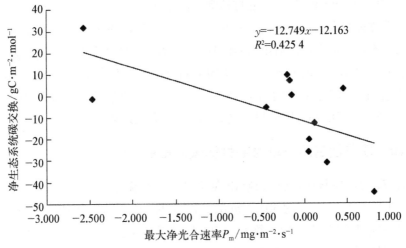

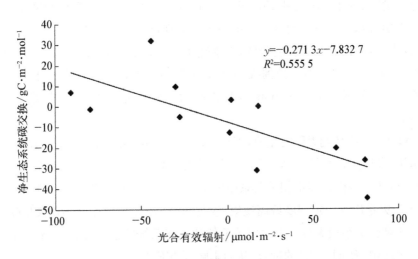

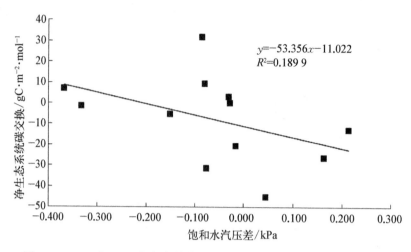

图 4.33 2011 与 2012 年相应月份 NEE 差值同环境与生理因子差值关系

PAR 每降低 100 $\mu mol \cdot m^{-2} \cdot s^{-1}$ 毛竹林则少固定 27.13 $gC \cdot m^{-2} \cdot mon^{-1}$；$VPD$ 每降低 0.1 kPa 毛竹林则少固定 5.34 $gC \cdot m^{-2} \cdot mon^{-1}$，其他环境因子对毛竹林 NEE 造成影响可以忽略不计。由上可以看出，在环境因子较为稳定的情况下，毛竹林大小年碳通量主要取决于 LAI 以及 P_m 的差异，且 LAI 的影响要略大于 P_m；而从环境因子变化对毛竹林碳通量来说，在一定变化范围内 PAR 的变化是主要影响竹林 NEE 原因，温度以及 VPD 等其他环境因子的小范围差异对其 NEE 没有太大影响。

4.3.10 季节性高温干旱对毛竹林碳通量的影响

2013 年 7、8 月受副热带高压影响出现长时间的高温干旱天气，两月总降雨量仅为 214.8 mm，明显低于 2011 年的 609.2 mm、2012 年的 540.0 mm 和 2014 年的 478.0 mm；两月内日最高气温达到 37 ℃的天数为 39 天，日最高气温达 40 ℃的天数为 9 天。由于温度升高、降雨量减少，导致研究区 2013 年 7、8 月 5 cm 深土壤含水量明显降低，少数观测日 5 cm 深土壤含水量甚至低于 0.15 $m^3 \cdot m^{-3}$，50 cm 深土壤含水量的下降幅度小于 5 cm 土壤含水量，但仍有一定程度降低；受水热条件变化的影响，2013 年 7、8 月的月平均 VPD 高达 1.79 和 1.44 kPa。受到极端环境变化的影响，2013 年 7、8 月 NEE 分别为 —39.86 和—16.83 $gC \cdot m^{-2} \cdot mon^{-1}$，对比同为毛竹大年的 2011 年同期分别下降了 59.87% 和 70.77%。

由于 NEP 是 GEP 与 RE 的差值，即 GEE 与 RE 共同决定了 NEE 的大小，利用月尺度 R_e 和 GEE 的耦合关系结合 NEE 值进行对比分析（见图 4.34）。结果表明，2011 和 2013 年 R_e 与 GEE 呈极显著正相关关系（$P<0.01$），但是 2011 年 3 月、2013 年 7 月和 8 月 R_e 与 GEE 关系出现一定程度偏离现象，这与同期 NEE 出现差异的现象相吻合。表明 R_e 和 GEE 的耦合关系很大程度上决定了毛竹林生态系统碳吸收特征，季节性干旱及其他气候变化将会影响 R_e 同 GEE 的耦合，从而影响到 NEE。

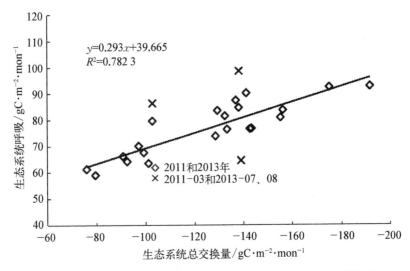

图 4.34 安吉毛竹林生态系统 2011 和 2013 年 RE 与 GEE 的关系

实线代表 2011 和 2013 年 R_e 与 GEE 线性拟合曲线,但不包括 2011 年 3 月和 2013 年 7 和 8 月数据。

植物的光合作用主要受到温度、水分和太阳辐射等环境因子的影响,呼吸作用又受控于土壤水分和温度。因此,空气和土壤温度、光合有效辐射、饱和水汽压差和土壤含水量都将影响到安吉毛竹林的碳交换(Baldocchi D. D et al,1988;Aubinet M et al,2000;Baldocchi,D. D et al,1996;杨振等,2007)。

4.3.11 环境要素对净生态系统生产力的影响

由表 4.2、4.3 可以看出,2011 年安吉毛竹林月尺度 NEE 与空气温度和光合有效辐射呈极显著负相关($P < 0.01$),与土壤温度呈显著负相关($P < 0.05$)。表明空气温度和光合有效辐射是控制毛竹林生态系统月尺度 NEE 的主要环境要素,但 2013 年月尺度 NEE 同光合有效辐射和空气温度的相关性不显著($P > 0.05$),由图 3.20 可以看出,2011 年 NEE 同空气温度与光合有效辐射呈极显著负相关($P < 0.01$),NEE 随温度与光合有效辐射的升高而升高,但在 2013 年 7、8 月高温、强辐射条件下 NEE 却出现明显降低,这表明 2013 年 7、8 月温度与 PAR 并不是制约 NEE 的主要因子,这也是导致 2013 年 NEE 同温度与 PAR 相关系数降低的主要原因。

VPD 也是影响生态系统净碳交换的重要因子(顾小平等,2001)。由于饱和水汽差是由温度和相对空气湿度计算所得,月际间的饱和水汽压差对 NEE 的响应不能很好表示其对 NEE 的影响,在这里对不同 VPD 条件下毛竹林 NEE 对光的响应过程进行了分析。结果表明:当 $VPD < 1.0$ kPa 时,NEE 与 PAR 之间有很好的线性关系,$VPD \leqslant 1.0$ kPa 时对应的 PAR 比较小,物叶片光合作用不易达到光饱和。当在 $1.0 < VPD \leqslant 2.0$ kPa时,NEE 随 PAR 的增加而增加,两者呈显著的直角双曲线关系。当 $VPD >$

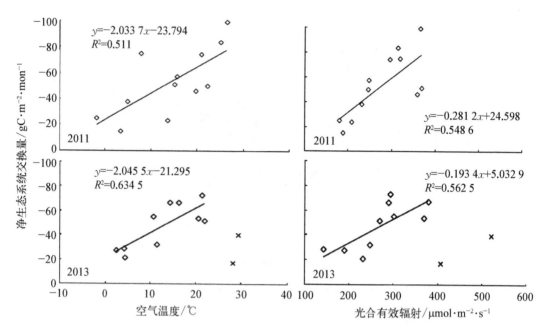

图 4.35   安吉毛竹林生态系统 2011 和 2013 年月净生态系统生产力
（NEE）与空气温度（T_a）和光合有效辐射（PAR）的关系

注：×号代表 2013 年 7 和 8 月 NEE 值，图中实线代表不包括×号数据的拟合曲线

2.0 kPa 时，尽管 NEE 随 PAR 的增加也呈增加趋势，但增幅明显变小，主要原因是 VPD 较大时，植物叶片水势增加，导致气孔关闭，从而降低了光合作用速率（顾小平等，1994），2013 年同 2011 年相比，由于 7、8 月的高温干旱导致 VPD 偏高，其变小幅度更为明显。这也说明，2013 年 7、8 月的 VPD 也是抑制安吉毛竹林生态系统碳吸收的关键因子（见图 4.36）。

4.3.12   环境要素对总生态系统生产力的影响

安吉毛竹林 2011 年 GEE 同温度和光合有效辐射均有极显著的相关性（$P<0.01$）（见表 4.3），同 VPD 的回归系数也达到了极显著水平（$P<0.01$），同 SW_{50} 呈显著性相关（$P<0.05$），但与表层土壤含水量相关性不显著（$P>0.05$）。这表明，温度和光合有效辐射是安吉毛竹林生长的主要控制因子，而 VPD 和 SW_{50} 也是影响毛竹林 GEE 的重要环境因子。2013 年 GEE 同 SW_{50} 相关性最高，达到显著水平（$P<0.05$），这说明在 2013 年 7、8 月 SW_{50} 是制约该月份 GEE 的主要因子，同时也导致了该年度 PAR、空气和土壤温度同 GEE 相关性明显低于 2011 年，如图 4.37 所示，2013 年温度最高的 7、8 月 GEE 明显的降低，严重偏离温度与 GEE 的趋势线，但 SW_{50} 同 GEE 的趋势线图中（见图 4.38），两个月偏离程度不大。此外，饱和水汽压差是控制气孔导度和冠层导度的重要因子，如图 4.39 所示，在 2011 年，当 $VPD>0.9$ kPa（2013 年结果较高，为 1.1 kPa）时，毛竹林叶片的光饱和点将会减小，从而降低毛竹林的固碳能力。但 2013 年 VPD 同 GEE 的拟合程度同 2011 年相比差异较大，2013 年 7、8 月在较高的 VPD 件下 GEE 值降低幅度较小，这表明 VPD

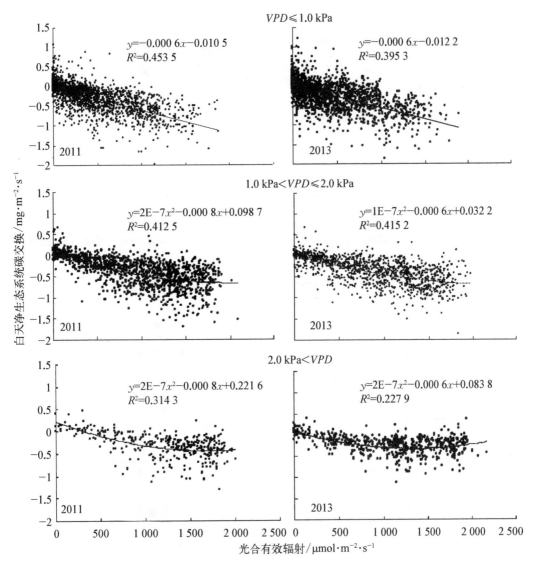

图 4.36　不同 VPD 条件下白天安吉毛竹林生态系统碳交换（NEE）同光合有效辐射的关系

虽然对 GEE 有一定程度影响，但其并不是制约 GEP 的主要因子。

　　实心菱形代表 2011 年数据，×号代表 2013 年 7 和 8 月份数据，空心菱形代表 2013 年其他月份数据，实线代表 2011 年线性拟合曲线，虚线代表 2013 年线性拟合曲线，但不包括 2013 年 7 和 8 月数据。

　　实心菱形代表 2011 年数据，空心菱形代表 2013 年数据；实线代表 2011 年线性拟合曲线，虚线代表 2013 年线性拟合曲线。

　　施建敏等人的研究也表明夏季毛竹林具有明显的"光合午休"现象，而安吉 2013 年 7、8 月份气温和光合有效辐射要明显高出 2011 年同期值，从而延长毛竹林的"午休"时长，这也是造成 NEE 降低的重要原因。而水分则以土壤水分和大气水分的形式来影响

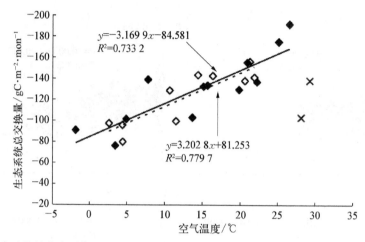

图 4.37　安吉毛竹林生态系统 2011 和 2013 年月总生态系统生产力（GEE）与空气温度（Ta）的关系

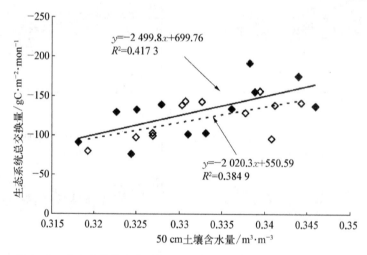

图 4.38　安吉毛竹林生态系统 2011 和 2013 年月总生态系统生产力
（GEE）与 50 cm 土壤含水量（SW$_{50}$）的关系

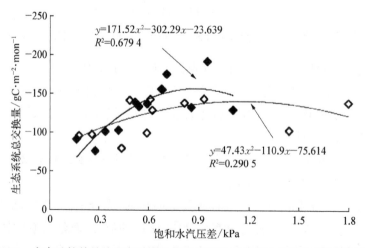

图 4.39　安吉毛竹林月总生态系统生产力（GEE）同饱和水气压差（VPD）的关系

生态系统,两者是森林生态系统总生产力的关键限制因子。土壤和大气水分的降低所造成的水分胁迫都会引起植物叶片气孔关闭、光合作用和蒸腾作用降低,从而使植物生长速度减缓,最终导致总生产力的降低(顾小平等,2001)。本研究选取土壤含水量和饱和水汽压差两指标来分别表征土壤水分和大气水分,研究发现,饱和水汽压差较高的条件下(月平均 $VPD>1.0$ kPa),毛竹林光饱和点降低,从而抑制总生态系统生产力升高。但在本研究中,2013 年 VPD 同安吉毛竹林生态系统 GEE 的相关系数低于土壤 50 cm 含水量同 GEE 的相关系数(见表 4.3、4.4),这表明土壤水分是安吉毛竹林 2013 年 7 和 8 月 GEE 下降的主要影响因素。

4.3.13　环境要素对生态系统呼吸的影响

如表 4.2 所示,空气和土壤温度同 RE 的相关性达到极显著($P<0.01$),但两者差异不明显,VPD 和 SW_{50} 同 RE 呈显著性负相关($P<0.05$),5 cm 深土壤含水量相关性不显著($P>0.05$),这表明温度是控制 RE 的主要环境因子,VPD 和 SW_{50} 也是影响 RE 的重要环境因子。2013 年的季节性高温使得温度和 VPD 同 RE 的相关性与 2011 年差异不明显,但 SW_{50} 同 RE 的相关性有明显降低。如图 4.40 所示,SW_{50} 同 RE 呈显著性负相关($p<0.05$),即土壤含水量的升高将会促进生态系统呼吸,但 2013 年 7、8 两月土壤含水量的降低,并未导致 RE 值明显降低,这也说明 2013 年 7、8 月较低的土壤含水量并没有影响毛竹林生态系统呼吸,温度仍旧是控制 RE 的主要环境因子,同时 VPD 的升高也在一定程度上促进了生态系统呼吸。

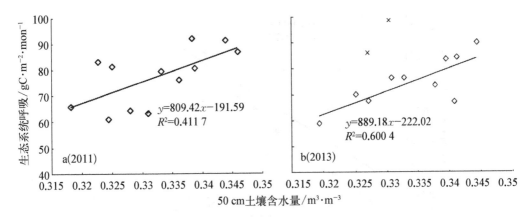

图 4.40　安吉毛竹林生态系统 2011 和 2013 年 RE 与 SW_{50} 的关系

目前,生态系统呼吸随温度呈指数增加已得到学术界广泛认同(Gifford R et al,1994;周本智等,2004;江泽慧等,2002),土壤水分通过调控植物、微生物的生理活动以及土壤通透性等方式来影响生态系统的呼吸。在土壤水分较低时,土壤微生物活性降低,凋落物分解减缓,此外,由于受气孔与非气孔等因素的影响,植物光合作用降低,也会致使向根系输送有机物的减少,从而降低根系呼吸的底物供应,最终造成生态系统呼吸的降低(罗华河等,2004)。本研究区 2013 年 7、8 月出现一定程度土壤干旱,但主要出现在土壤表层,深层土壤含水量降低程度不高,不足以抑制植物体的呼吸作用。另外,土壤含水量降低的同时还伴随着土壤温度的升高,在一定程度上会促进土壤呼吸(Valentini R et al, 2000),多方面因素综合作用导致了生态系统呼吸同土壤含水量相关性不高。而空气饱和水汽压差的升高往往伴随着温度的升高(Reynolds O et al,2006),因此,在一定范围内饱和水汽压差同生态系统呼吸呈正相关。

4.3.14 水热耦合对于碳吸收的影响

NEE 及其两个组分(*GEE* 和 *RE*)都会受到温度和水分的影响,水分和热量的耦合关系很大程度上决定了 *NEE* 值的大小。研究期间,毛竹林 *NEE* 与 SW_{50} 相关性的达到极显著水平($P<0.01$),与 *VPD* 和降雨量的相关性不显著($P>0.05$)。因此,本研究选取 SW_{50} 代表水分条件与空气温度进行耦合分析(见图 4.41),结果表明,2011 和 2013 年温度和土壤含水量总体呈极显著正相关关系($P<0.01$)。说明空气温度和 SW_{50} 的耦合关系总体较好,除了少数月份(2011 年的 4、5 月,2013 年的 2 月、3 月以及出现季节性高温干旱的 7 月和 8 月)温度和土壤含水量关系表现出不同程度的偏离。2011 年 4、5 月的 *NEE* 为 2013 年相应月份的 76.6% 和 85.8%,2013 年 2、3 月的 *NEE* 分别为 2011 年同期的 75.4% 和 73.5%,2013 年 7 月和 8 月的 *NEE* 分别为 2011 年对应月份的 40.1% 和 20.0%。可见,温度和土壤含水量的耦合关系很大程度上决定了安吉毛竹林生态系统碳吸收的特征,当温度和水分同步性较好时,*NEE* 随着两者升高而升高,反之,将导致 *NEE* 降低,且其偏离程度越高,*NEE* 降低幅度越大。

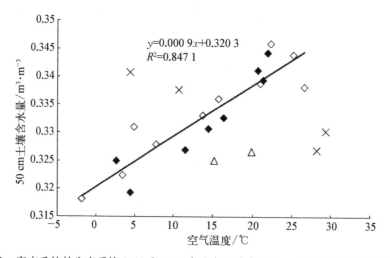

图 4.41　安吉毛竹林生态系统 2011 和 2013 年空气温度与 50 cm 土壤含水量(SW_{50})的关系

注:图中空心三角形代表 2011 年 4、5 月数据,实心菱形代表 2011 年其他月份数据;"×"号代表 2013 年 2、3、7 和 8 月数据,空心菱形代表 2013 年其他月份数据.实线代表 2011 和 2013 年空气温度与 SW_{50} 线性拟合曲线,但不包括 2011 年 4 和 5 月和 2013 年 2、3、7 和 8 月数据。

季节性高温干旱归根结底是该地区的水热不同步,类似于 2013 年 7、8 月高温干旱,水分过多也会对 *NEE* 造成影响,降雨增多,光照不足,也会导致 *NEE* 两组分 *RE* 和 *GEE* 紊乱。如 2013 年 2 月研究区降雨量为 2013 年同期的 7 倍,*PAR* 仅为 2011 年同期的 61.9%,直接导致 *GEE* 相比 2011 年同期下降 8.5%,*NEE* 更是降低了 24.6%。高温干旱并不是影响森林生态系统碳吸收的唯一因素。为更准确地了解森林生态系统碳交换过程，还需要考虑到洪涝、冻害、雪灾、寒流等各种极端环境条件，并将其发生时期、持续时间与强度等要素进行综合分析。

极端高温干旱会抑制毛竹林固碳，在高温干旱条件下，SW_{50} 和 VPD 是制约 NEE 的主要环境因子；RE 主要受控于温度与 VPD，VPD 的升高一定程度上促进了生态系统呼吸，土壤含水量对 RE 的影响不大；SW_{50} 是安吉毛竹林 2013 年 7、8 月 GEE 降低的主要驱动因子，VPD 虽然也能在一定程度上抑制 GEE，但其影响程度不及 SW_{50} 显著。RE 和 GEE 对高温干旱响应方式与程度的不同是毛竹林碳吸收变化的根本原因。以 SW_{50} 表征水分条件同空气温度进行耦合分析，发现水热不同步会不同程度造成 NEE 的降低。

4.4　雷竹林生态系统碳通量监测与分析

4.4.1　生态系统碳通量观测结果

4.4.1.1　生态系统碳通量的日变化特征

由图 4.42 月每时刻平均的日进程可以看出，全年 NEE 均呈"U"形变化，表现为在白天通量负值，夜间通量正值，即该生态系统在夜间由于植被呼吸作用表现为碳源，白天由于光合作用具有碳汇功能。雷竹林生态系统月尺度上的 NEE 符号变化时刻和最大的碳排放、碳吸收时刻都有明显的差异。各月通量符号变化，由正值转为负值在日出 1～1.5 h，春冬季与夏秋季相比延迟 1 h；由负值转为正值时刻较集中，发生在 17:00～18:00。9—11 月 NEE 由正转负发生在 6:30～7:00，NEE 最大负值出现在 11:00 前后。在 1、2 月和 12 月 NEE 由正转负发生在 7:30～8:00，NEE 最大负值出现在 12:00 前后。3—8 月的通量符号变化时刻和最大负值时刻介于秋季与冬季之间，NEE 由正转负发生在 7:00～7:30，NEE 最大负值出现在 11:00～11:30。

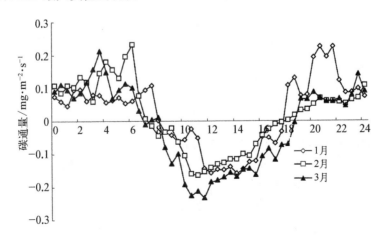

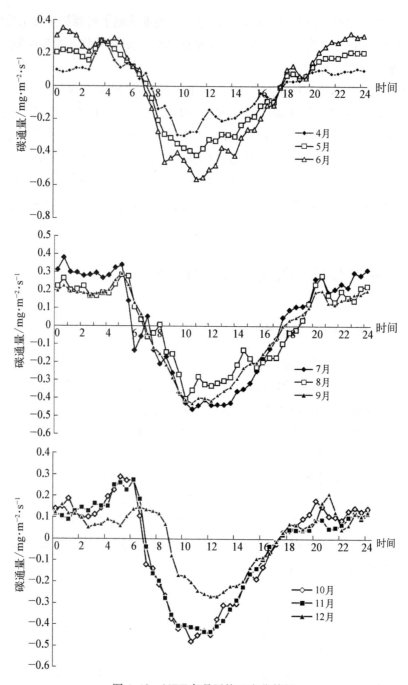

图 4.42　NEE 各月平均日变化特征

从通量的日瞬时最大值看,冬季覆盖的月份 12—3 月,生长缓慢土壤呼吸加大总体为碳源,最大值在 $-0.16 \sim -0.35$ mg $CO_2/(m^2 \cdot s)$,生长旺盛季节的 5—6 月,10—11 月份该值一般 $-0.41 \sim -0.56$ mg $CO_2/(m^2 \cdot s)$。在温度和光照最高的 7—9 月其日最大值为 $-0.40 \sim -0.46$ mg $CO_2/(m^2 \cdot s)$。净生态系统 CO_2 交换量的日累计值平均为 -0.98 g $CO_2/(m^2 \cdot d)$,其中日最大值为 2011 年 6 月 19 日的 -5.6 g$CO_2/(m^2 \cdot d)$。在

所研究的一年 365 天内,264 天为碳汇,其余为碳源。

4.4.1.2 NEE、RE 和 GEE 的年变化

1) NEE、RE 和 GEE 的年变化

雷竹林 2011 年碳吸收总量 98.427 Cg·m^{-2}·a^{-1},总体是碳汇。这要小于周国模应用生物量调查法对毛竹固碳能力 509 Cg·m^{-2}·a^{-1},杉木为 348 Cg·m^{-2}·a^{-1} 的估算。李静洁等研究江西红壤丘陵地区双季稻碳收支,在不同施肥措施下估算早稻田两季稻的碳汇能力为 311~629 Cg·m^{-2}·a^{-1},雷竹年固碳能力要小于水稻,同时也小于北方农田系统198~318 Cg·m^{-2}·a^{-1}年吸收能力。具体季节分析 1—2 月即冬季覆盖月份 NEE 为正,雷竹林表现为碳源,12 月表现为轻微的碳汇,春季、夏季、秋季均为碳汇。全年碳通量,吸收量表现为双峰变化曲线,第一峰出现在 6 月(−21.39 gC·m^{-2}·month^{-1});第二峰出现在 9 月(−19.37 gC·m^{-2}·month^{-1})。最高排放量 1 月(16.061 gC·m^{-2}·month^{-1})。

6 月全月净积累总量要大于 11 月,这可能是 6 月雷竹新竹叶片完全展开,叶片光合能力达到全年最大值。7—8 月受高温影响有明显的"午休"现象,CO$_2$ 通量一般在 10:00~11:00 达到峰值,之后降低,9—11 月适宜的水热条件使碳吸收持续增加可为冬季竹笋萌发积蓄有机物。7—8 月份虽然有较强的初级生产力,但由于呼吸过程排放的碳也比较大,碳净吸收低于 5~6 月和 9—11 月。这在很多类型的生态系统普遍存在,在竹类系统也得到了验证。12 月进入冬季开始覆盖增温,人为经营措施干扰 NEE 开始减小。

由图 4.43 可以看出,RE 呈单峰变化,在夏季较高冬季较低。7 月土壤温度最高月份,RE 达到峰值 151.05 gC·m^{-2}·month^{-1},在气温较低的春冬季呼吸较低。从季节上分析,分为春季(3 月、4 月、5 月),夏季(6 月、7 月、8 月),秋季(9 月、10 月、11 月),冬季(12 月、1 月、2 月)。各季节 RE 占全年总量的比例分别为 20.0%,34.9%,28.5%,16.6%;各季节 NEE 占全年比例分别为 34.1%,33.1%,51.3%,−18.5%;各季节 GEE 占全年比例为 21.1%,34.8%,30.3%,13.8%。全年 RE 贡献最大为夏季,夏季生态系统呼吸是冬季的 2.1 倍;全年 NEE 贡献最大为秋季超过全年其余月份之和,而冬季为负贡献降低了全年碳汇总量,春夏季 NEE 贡献为年平均水平;全年 GEE 最大贡献为夏季,最小为冬季,变化与 RE 一致。

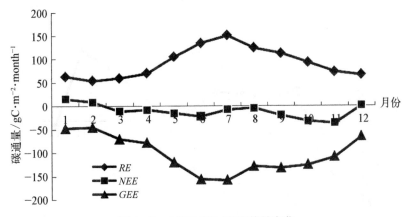

图 4.43 NEE、RE、GEE 的月变化

全年 *GEE* 季节变化特征明显,峰值出现在 6—7 月,可能与温度、水分以及叶片光合效率影响有关;之后开始下降,但秋季生长明显大于春季,冬季 *GPP* 最小。根据雷竹的生长特性,竹笋出土吐叶到成竹经 30—40 天,5 月大量新竹开始光合生产,6 月下旬到 7 月梅雨期,为雷竹生长提供充足的水分供给。冬季的防雪钩梢和温度影响,可能是生产力开始下降的主要影响因素。覆盖月份为 12—3 月,出笋是 1—3 月,竹笋在适宜的水热条件下爆发性生长,竹笋出土呼吸加大,同时覆盖后土壤和覆盖物分解呼吸大大超出覆盖前的土壤呼吸,有研究发现覆盖后是覆盖前的 5~10 倍,造成冬季 CO_2 排放不降。土壤及覆盖物呼吸,植物呼吸与土壤温度密切相关,2 月温度降低,生态系统呼吸随之降低。6 月 *GEE* 与 *RE* 同时上升出现峰值,新竹不断增强的光合作用吸收了一定 CO_2,同时生态系统呼吸达到了较大值,造成 *NEE* 不为最高值。10 月 *GEE* 与 *RE* 同时开始下降时,*NEE* 也开始下降。

2) 竹林固碳效率变化特征

在一定的时间尺度上,生态系统碳交换通量与碳固定和排放速率根据选定的研究界面和对象能够相互直接转化,在数值上 *GEE* 可等同为生态系统固碳速率,*RE* 即为生态系统碳排放速率,*NEE* 即生态系统净固碳速率,量纲不变仍为 $Cg \cdot m^{-2} \cdot a^{-1}$。相对于植物生理研究,定义有碳利用效率(carbon use efficiency,CUE),就是植物净积累的碳占总光合生产中固定碳的比例,即有 $CUE = NPP/GEP$,该指标表示植物碳同化能力的强弱,但是对于整个生态系统的碳收支研究缺失土壤呼吸和植物凋落物等异养呼吸碳排放计算,不能代表整个生态系统碳收支水平。如果将大气-植被-土壤看作一个连续的整体,研究在生态系统气体交换过程中生态系统的碳收支,将生态系统净固碳速率与生态系统固碳速率比值,可以暂时定义为生态系统碳固定效率(ecosystem carbon sequestration efficiency,ECSE),反映生态系统气体交换中固定下来碳的比例,即 $ECSE = NEE/GEE$。由图 4.44 可以看出,生态系统的碳利用效率从 1 月开始为负值表明,是极强的碳释放,冬季雷竹虽然有一定的光合能力但生态系统呼吸大大超过光合生产的净积累量;3 月开始,变为正值转,为固碳并保持在 10%~16%;夏季 7—8 月固碳能力下降,碳排放的比例增加,进入秋季达到峰值,有生态系统气体交换过程有 30% 被固定下来,全年固碳效率为 9.9%。

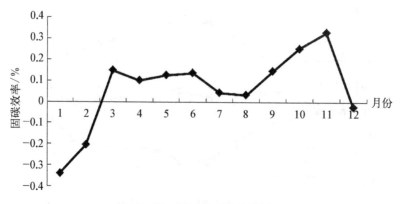

图 4.44　固碳效率变化特征

4.4.2　雷竹碳收支能力

冬季覆盖增加的碳排放部分来自覆盖的有机物分解。从表 4.7 中可以计算不包括地下部分生长计算碳收支平衡,其中雷竹每株干重计以 3 kg 计算,每年每亩伐 300 株,地上部分碳密度参照周国模研究毛竹碳密度(陈云飞等,2013)以 500 g/kg 计算,竹笋收获以 1 500 kg,含水 90% 计算,总年收获量为 525 kg 碳,即 787.50 Cg·m^{-2}·a^{-1}。竹笋收获占 14%,竹材收获占 86%,竹材的碳可以作为碳库多年储存,竹笋的碳运出系统后又将排放到大气中,则雷竹林系统为十分微弱的碳源。雷竹林 NEE 较水稻田、北方农田都小,但收获量缺明显高出其他农田系统,可见高效经营措施对收获量产出的影响。

表 4.7　高效经营中投入产出(以亩计算)

月份	投入	产　　出		
	施肥/kg	覆盖物(稻草、砻糠)/kg	老竹(干重)/kg	竹笋(鲜重)/kg
2	25			500
3—5	100		900	850
11	2 000	500		
12—1	150	9 000		150

覆盖物投入的有机碳含量以及砻糠收回,稻草则腐烂入土的比例需要进一步实验,对竹林系统碳库影响都还不甚清楚。目前有关覆盖物对雷竹林碳储量影响、雷竹土壤有机质转化研究的文献还很少见,初步估计,每年每公顷投入覆盖的稻草及砻糠等有机物料共 100 t 左右,大量的有机质输入对土壤有机碳库的组成分解及转化应产生重要影响(Meulenm W. J et al,1996;肖文发等,1992;Oge J et al,2001)。有文献研究 15 年种植雷竹有机碳转化变化,覆盖经营后极大地提高了土壤有机质含量,每年每亩表层有机质增加达到 616 kg,占投入物料的 23.8%。该值略低于南方红壤区作物秸秆的平均腐殖化系数(0.22~0.34,平均 0.28),可能是由于砻糠 C/N 比较高,不易腐殖化(尹光彩等,2006)。每亩 1.6 t 有机碳投入,以 23.8% 转化系数计算,将有 380 kg 有机碳进入系统,即增加了碳排放 571 Cg·m^{-2}·a^{-1},这些有机碳在系统中如何分配的有待深入研究。

4.5　雷竹林碳通量对环境因子的响应

4.5.1　雷竹林净生态系统交换量(NEE)对冠层温度的响应

冠层温度来自 5 m 出温湿度探头,与 NEE 在半小时尺度和月尺度上都一定的相关性,且二次多项式相关性要高于线性关系。温度在0℃以下,几乎 NEE 全部为正值,表现为碳放排;在温度15℃时,二次多项关系式达到顶点即 NEE 负向最大值,表现为最大初级生产力,碳吸收的最适宜温度为15℃左右;当温度上升到35℃以上,NEE 再次转为正值,高温使得光合作用气孔关闭,成为碳排放。由此可见,最适宜的碳吸收温度为15℃左右,就是在4—5月,10—11月,与前面的观测数据相符。

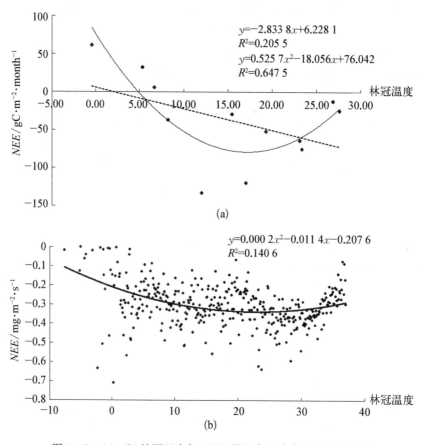

图 4.45 (a)、(b)林冠温度与 NEE 月尺度和半小时的响应关系

在长江三角洲森林生态站栎林的研究(陈云飞等,2011)中,NEE 与气温回归关系呈三次多项式关系,即 NEE 有一个正向最大值和一个负向最大值,当气温低于5℃时,栎林净生态系统碳交换呈上升趋势,5℃为最大正值;当气温在5℃～25℃之间,光合作用随温度增加而增强的趋势更为明显,表现为栎林净生态系统碳交换呈明显下降趋势,25℃为负向最大值;当气温高于25℃时,栎林净生态系统碳交换呈上升趋势。与浙江几乎同纬度的江西千烟洲人工针叶林的研究(于贵瑞等,2004),其气温与 NEE、GEE,都呈线性关系,且相关系数较高,达0.9左右,但明显的发现其研究区域的月平均气温都在5℃～32℃,没有低于5℃的低温和高于32℃的高温,使得在适宜的温度下 NEE 随气温的升高线性的负向增大。

4.5.2　雷竹林夜间生态系统交换量(NEE)对土壤温度的响应

全年土壤温度变化范围 9℃～26℃,波动范围不大,夜间 NEE 可以代表生态系统呼吸即包括植物暗呼吸、土壤微生物呼吸以及凋落物分解的 CO_2 排放,最高呼吸在 $0.6\ mg \cdot m^{-2} \cdot s^{-1} \sim 0.7\ mg \cdot m^{-2} \cdot s^{-1}$。全年的土壤 5 cm 温度与经摩擦风速筛选后夜间 NEE 关系并不明显,因为点数太多,将各个温度下的夜间 NEE 做平均处理,得到图 4.46。从图 4.46 中,可以看出生态系统呼吸与土壤 5 cm 温度成指数关系,但相关系数只有 0.3,成指数关系这与之前有关文献报道的研究结果较一致(朱咏莉等,2007;吴家兵等,2007)。ChinaFLUX 站点也有相似的报道,陈述悦研究华北麦田发现 5 cm 地温同土壤呼吸相关性最好(刘允芬等,2004),刘允芬等研究千烟洲人工针叶林土壤温度与夜间 NEE 数值呈指数关系相关系数 0.38(魏远等,2010)。相关系数不大的原因可能有两个,首先冬季的覆盖增温措施干扰了土壤自然的呼吸,使温度变化范围减小,生物菌肥的使用加大了呼吸;再有温度升高使植物自养呼吸增加,生态系统呼吸也随之增加。

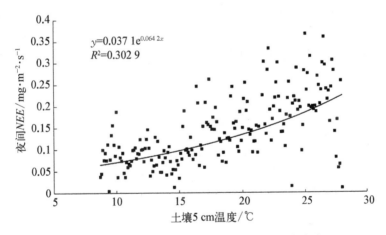

图 4.46　土壤 5 cm 温度变化与夜间 NEE 的关系

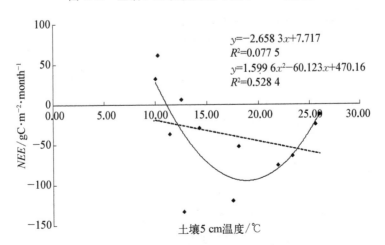

图 4.47　土壤 5 cm 温度变化与 NEE 的月变化关系

在月尺度上,土壤 5 cm 温度与月 *NEE* 呈二次多项式关系,相关性数达到 0.53,而线性关系的相关系数极低不到 0.01。说明 *NEE* 随土壤 5 cm 温度变化,不是一致的线性变化,而是在不同的温度范围,有着不同的相关性。具体表现:当土壤 5 cm 温度在 9℃~19℃范围变化时,随土壤温度的升高,*NEE* 减小;当土壤温度达到 19℃,*NEE* 为负向最大值即雷竹生态系统处于最大的碳吸收值;当土壤 5 cm 温度在 19℃~26℃范围变化时,随土壤温度升高,*NEE* 也开始增加;在 10℃左右时,为 *NEE* 正向最大值即雷竹生态系统处在最大的碳排放值。当土壤 5 cm 温度为 19℃时,冠层温度也在 15℃左右,这与上节林冠温度与 *NEE* 的响应关系可以相互验证。

4.5.3　雷竹林生态系统交换量(*NEE*)与生态系统总呼吸(*RE*)、生态系统总交换量(*GEE*)的关系

从 *RE*、*GEE* 与 *NEE* 的关系看,相关系数分别为 0.4 和 0.09,*GEE* 相关性要高。同时 *GEE* 同 *RE* 之间的相关性有 0.87 要高它们与 *NEE* 的相关性。*GEE* 作为生态系统的总交换量,与作为分量的生态系统净交换量 *NEE* 和生态系统呼吸量 *RE*,都有一定的相关性,而 *NEE* 与 *RE* 几乎不相关。*GEE* 与 *RE* 的高相关性说明,生态系统呼吸直接是由生态系统总交换量驱动的,也可以说生态系统呼吸占总量的比例相对固定些,*NEE* 与

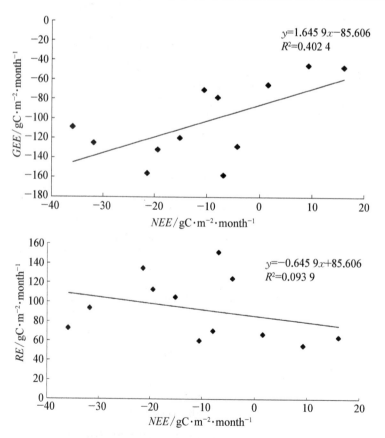

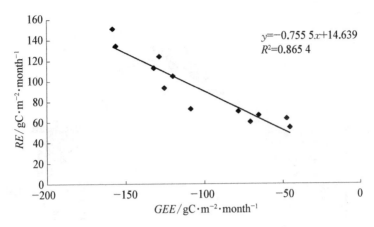

图 4.48　GEE、NEE、RE 月变化的相互关系

GEE 的相关性要小一些，这与 NEE 变化受更多因素影响有关。当 GEE 在绝对值增加和减少时，作为分量的 NEE 与 RE 同步增加或减少，有着线性的正向相关性。在 ChinaFlux 的观测网络的站点研究中也是这样的，千烟洲站点（于贵瑞等，2004）的相关系数很高，其中 NEE 与 GEE 的相关系数在 0.8 以上，RE 与 GEE 的相关系数在 0.9 以上。

4.6　经营管理对雷竹林生态系统碳通量的影响

4.6.1　覆盖经营对碳通量的影响

冬季覆盖技术是雷竹高效经营的关键技术，覆盖的主要作用是增加土壤温度。夏季土壤表层温度高于深层温度，在冬季则相反，土壤温度随深度增加而升高。在冬季增加覆盖措施后 5 cm 土壤温度要高于 1 m 处气温 5℃～10℃。由图 4.49 可以看出，在 12—2 月，地表 5 cm 土壤温度明显高出空气温度，平均温度都维持在 10℃ 以上，这就加大了生态系统的呼吸，同时冬季光合有效辐射为全年最低，形成冬季月份碳源。雷竹林冬季覆盖的措施，使得在冬季处于低值的生态系统呼吸增加，因增加竹笋产量，提高经济利益，而增加了碳排放。从能量的角度来分析，冬季覆盖的系统中自然的能量耗散方式受到干扰，大量热能积聚在地表，使得雷竹笋有足够的能量发出来，但是同时增加了雷竹林呼吸。

假定雷竹光合能力不变，数据显示冬季无覆盖时近地 1 m 空气温度与土壤 5 cm 温度相差不大，用 1 m 处空气温度代替无覆盖的 5 cm 土壤温度，根据与夜间 NEE 的指数方程模拟无覆盖的生态系统呼吸。以温度为影响因子比较无覆盖与有覆盖的碳排放，模拟结果说明 12—2 月单位面积上，覆盖后分别多增加 21.56 g，26.52 g，20.53 g 的排放（见表 4.8）。因此若雷竹林无覆盖可少排放 CO_2，相应冬季月份可由碳源转汇。

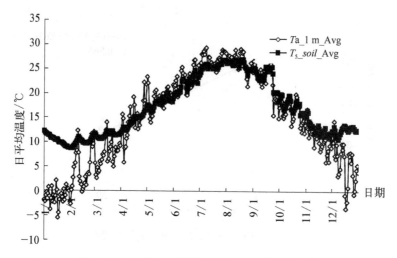

图 4.49　土壤 5 cm 温度与空气 1 m 温度的比较

表 4.8　模拟覆盖与无覆盖碳排放变化

月份	覆盖 /g·m⁻²·month⁻¹	无覆 /g·m⁻²·month⁻¹	增加排放 /g·m⁻²·month⁻¹
12	60.61	39.05	21.56
1	52.06	25.54	26.52
2	60.99	38.26	20.53

4.6.2　雷竹林与农田生态系统、森林生态系统的比较

　　人工高效经营的雷竹林方式,使雷竹林更接近农田生态系统。雷竹林杆高 7～10 m,接近小乔木高度,同时雷竹林定期伐去老龄竹,保持雷竹林活动相当于森林的轮伐措施,又具有森林生态系统的特点。现将最近文献中报道的森林与农田生态系统的碳通量对比。表 4.9 表明,雷竹林 *NEE* 普遍小于亚热带的森林系统,与长江三角洲生态定位站的接近;与农田系统 *NEE* 比较小于平均值。同时,因为观测时间不同,数据处理方法不同,计算的结果也会产生差异。

表 4.9　不同观测站点 *NEE* 结果比较

站　　点	气候类型	植被类型	观测时间	*NEE*	数据出处
长白山-森林	北温带	针阔混交林	2003	−184	赵仲辉等,2011
长江三角洲下蜀生态站-森林	北亚热带	次生栎林	2007—2008	−123	李俊等,2006
江西千烟洲-森林	中亚热带	人工针叶林	2003—2005	−519～−483	于贵瑞等,2004
湖南岳阳-森林	中亚热带	人工杨树林	2006	−579	魏远等,2010
广东鼎湖山-森林	南亚热带	季风常绿阔叶林	2003—2005	−611	Yan et al,2006

（续表）

站　　点	气候类型	植被类型	观测时间	NEE	数据出处
广东鼎湖山-森林	南亚热带	针阔混交林	2003—2005	−271	Yan 等,2006
广东鼎湖山-森林	南亚热带	马尾松林	2003—2005	−170	Yan 等,2006
山东禹城-农田	北温带	冬小麦	2002—2004	−77～−152	于贵瑞等,2004
山东禹城-农田	北温带	夏玉米	2002—2004	−120～−165	于贵瑞等,2004
湖南桃源-农田	中亚热带	双季稻	2003	−2 475	尹光彩等,2006
江西红壤-农田	中亚热带	双季稻	1980—2002	−31～−629	岳平等,2011
太湖流域-农田	中北亚热带	双季稻	1980—2002	−91～−696	于贵瑞等,2004
浙江临安-雷竹林	中北亚热带	雷竹林	2011	−126	陈云飞等,2013

4.7　雷竹林生态系统碳通量变化特征

4.7.1　太湖源雷竹林生态系统 2011 年通量观测结果

4.7.1.1　基本气候要素变化特征

就 2011 年各月光合有效辐射（PAR）、环境温度（Ta,1 m）、饱和水汽压差（VPD,1 m）、土壤 5 cm 和 50 cm 温度（$Ts-5$、$Ts-50$）、降雨量以及土壤 5 cm 和 50 cm 含水量（$VWC-5$,$VWC-50$）进行比较分析,结果如图 4.50 所示。

由图 4.50 可知,全年气候因子变化各异,光合有效辐射（PAR）呈双峰型曲线变化[见图 4.50(a)],1 月最低,仅 180.15 $\mu mol \cdot m^{-2} \cdot s^{-1}$,随着时间的延长,$PAR$ 值逐渐增大,5 月份达到第一个峰值（400.09 $\mu mol \cdot m^{-2} \cdot s^{-1}$）;由于 6 月为梅雨季节,降雨量大,持续时间长,连续的阴雨天气使得 PAR 值迅速降低到 271.83 $\mu mol \cdot m^{-2} \cdot s^{-1}$,出现波谷;6 月底出梅,$PAR$ 值迅速增加,7 月达到全年最大值,为 410.44 $\mu mol \cdot m^{-2} \cdot s^{-1}$;之后,随着月份的推移,$PAR$ 值又逐渐降低。此外,各月空气温度（Ta）以及土壤 5 cm 和 50 cm 温度（$Ts-5$ 和 $Ts-50$）表现出一致的变化趋势,均呈现单峰型曲线变化[见图 4.50(b)],且总体上表现为土壤温度略低于空气温度。Ta 在 7 月有达到最大值,为 27.17℃,最小值出现在 1 月,为负值,仅 −1.17℃,而 $Ts-5$ 和 $Ts-50$ 最大值均出现在 8 月,分别为 25.93℃ 和 24.81℃,均在 2 月有最小值,分别为 10.13℃ 和 11.27℃。

就降雨量而言[见图 4.50(d)],全年总降雨量为 1 127.4 mm,6 月降雨量最大,达到 290.0 mm,占全年降雨量的 25.7%,另外,7、8 两月降雨量也较高,仅次于 6 月;12 月降雨量最低,仅 10.3 mm,占全年降雨量的 0.9%,符合夏季多雨而冬季少雨的变化特征。受降雨变化的影响,土壤 5 cm 和 50 cm 含水量（$VWC-5$ 和 $VWC-50$）存在差异,尤其是表

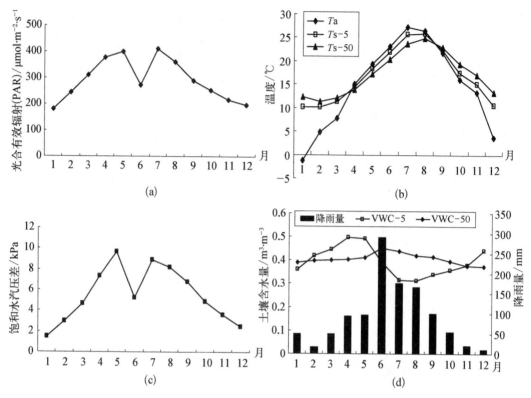

图 4.50　太湖源雷竹林通量观测站 2011 年主要气候要素变化

层土壤含水量(VWC-5)变化较为剧烈,而 VWC-50 相对平稳[见图 4.50(d)]。8 月的 VWC-5 最低,仅 0.3 m³·m⁻³,但 4 月最高,达到 0.5 m³·m⁻³;而 VWC-50 在 6 月和 12 月有最大值和最小值,分别为 0.5 和 0.4 m³·m⁻³,变化幅度较小。饱和水汽压差 (VPD)与降雨量和空气温度有着密切的关系,其变化趋势同 PAR 值一致,也为双峰型曲线变化,6 月有波谷[见图 4.50(c)];全年 1 月份 VPD 最低,仅 1.46 kPa,5 月最高,达到 9.70 kPa,受到夏季高温干旱的影响,7、8 两月的 VPD 也较高,仅次于 5 月,分别达到 8.91 和 8.18 kPa。

4.7.1.2　雷竹林碳通量研究方法

1) 研究方法

开路涡度系统数据采集器可在线计算虚温订正和空气密度变化订正。但是未考虑地形和仪器倾斜影响,当下垫面有倾斜度时,由于地球引力作用,顺着山坡走向大气会发生汇流、漏流现象,此时平均垂直风速并不为零。很多研究都是通过旋转风向坐标轴来计算通量。在中尺度大气环流时,可以旋转坐标轴迫使平均垂直风速为零。根据风向、仪器底座、主风向地形坡度等建立一新的坐标轴参考系,经过坐标旋转后,净生态系统交换量即为涡度相关通量、储存项、水平和垂直方向的平流 3 项的和。常见的有二次坐标旋转、三次坐标旋转和平面拟合,本文采用二次坐标旋转(DR),使坐标系 x 轴与平均水平风方向平行,从而使平均侧向风速度和平均垂直风速度为零。

　　本文的观测方法采用的是涡度相关的微气象观测方法,通过测定大气中湍流运动产生的风速脉动和气体浓度脉动,计算二者协方差求解通量值。

　　净生态系统碳交换量主要是指生态系统中植物光合作用、植被冠层空气的碳储存和生态系统呼吸消耗的碳排放引起的生态系统碳储量变化。

　　微气象学研究以大气为对象,当 CO_2 从大气进入到生态系统时,定义 NEE 符号为负;当 CO_2 从生态系统排放到大气中时,定义 NEE 符号为正。生态学家研究的重点在生态系统的变化,对于通量的符号规定为:气体由大气圈进入生态系统的通量值符号为负,反之为正。

　　净生态系统生产力,定义的符号刚好和 NEE 相关,生态系统总交换量与生态系统总初级生产力(gross primary productivity, GPP)符号也是相反的,这样陆地和大气之间的气体交换过程中的关系,可用下列方程描述:

$$GEE = NEE - RE \tag{4.2}$$

$$NEE = F_c + F_s \tag{4.3}$$

$$RE = RE_{night} + RE_{day} \tag{4.4}$$

式(4.3)中,F_c 为大气和生态系统冠层的碳通量,即涡度探头观测值,F_s 为冠层内的碳储存通量(雷竹林高度不足 8 m 年际变化可忽略);式(4.2)中,RE 生态系统呼吸包括植物自养呼吸以及土壤微生物分解土壤有机质和凋落物呼吸通量,分为白天与夜晚计算。

　　2) 数据校正与插补

　　基于涡度原理开路系统采集的 10 Hz 原始数据,因为用红外气体仪观测的 CO_2 气体浓度是相当于干空气的质量混合比,大气的温度、压力、湿度发生变化会引起 CO_2 质量浓度的变化,需要根据理想气体状态方程校正气体密度为摩尔质量比。需要进行水汽校正,即 WPL 校正。根据垂直平均风速为零假设,做坐标轴旋转校正。以上校正应用 EdiRe softwar 设定参数,加载模块,计算成为 30 min 步长数据。EdiRe software 是由爱丁堡大学编写,专门处理涡度观测数据,并做相关校正。

　　在实际观测中由于受到降水、凝水、昆虫以及随机电信号异常等的影响,需要对通量数据进行质量控制,结合涡度相关法通量观测原理和 ChinaFLUX 推荐筛选标准,目前通用的涡度数据处理,有平均日变化法(MDV),查表法(LookUp‐table),非线性回归法(NLR)。本文中应用非线性的经验方程,光合有效辐射数据偏差较大,插补数据的结果不理想相关性很小,因此采用平均日变化法。平均日变化法是对缺失数据用相邻几天同时刻数据的平均值进行查补。该方法首先确定平均时段的长度,研究发现白天取 14 d、夜间取 7 d 的平均时间长度时偏差最小。

　　涡度相关开路系统数据易受降水、电信号、仪器故障影响造成数据缺失或者不合理,一般来说文献报道的国际通量网络(FLUXNET)各个站点数据缺失和不合理比例在

17%～50%。美洲通量网(AmeriFlux)的站点白天缺失和不合理数据在 20%～35%。本站点白天数据有效率在 80%左右;夜间湍流不充分 CO_2 过多的沉积在林冠下部不能被探头检测到,筛选风摩擦系数较大的数据,有效数据在 48%左右。表 1 说明除 8 月数据有效率偏低外,其余各月数据有效率要高于通量观测网络系统的平均水平。

4.7.1.3 生态系统碳通量观测结果

2011 年雷竹林碳通量观测结果见本章 4.11.1 内容。

4.7.2 太湖源雷竹林生态系统 2012 年通量观测结果

4.7.2.1 基本气候要素变化特征

就 2012 年各月光合有效辐射、环境温度(Ta,1 m)、饱和水汽压差(VPD,1 m)、土壤温度(Ts,50 cm)、降雨量以及土壤 5 cm 和 50 cm 含水量(VWC-5,VWC-50)进行比较分析,结果如图 4.51 所示。

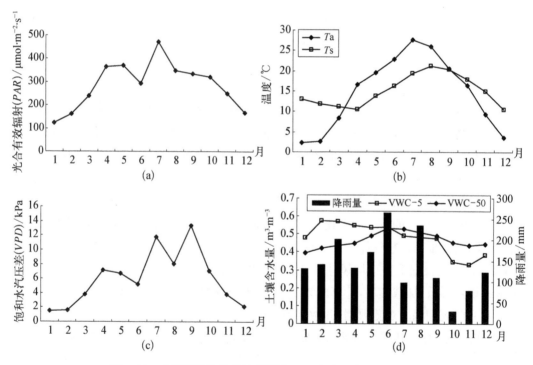

图 4.51　太湖源雷竹林通量观测站 2012 年主要气候要素变化

图 4.51 显示,2012 年全年光合有效辐射呈双峰型曲线变化[见图 4.51(a)],1 月最低,仅 122.48 $\mu mol \cdot m^{-2} \cdot s^{-1}$,随着时间的延长,$PAR$ 值逐渐增大,5 月份达到第一个峰值(372.23 $\mu mol \cdot m^{-2} \cdot s^{-1}$);由于 6 月为梅雨季节,降雨量大,持续时间长,连续的阴雨天气使得 PAR 值迅速降低到 294.56 $\mu mol \cdot m^{-2} \cdot s^{-1}$,出现波谷;6 月底出梅,$PAR$ 值迅速增加,7 月达到全年最大值,为 473.78 $\mu mol \cdot m^{-2} \cdot s^{-1}$;之后,随着月份的推移,$PAR$ 值又逐渐降低。此外,全年空气温度(Ta)先升高后降低,呈现单峰型曲线变化,7 月有最

大值,达 27.77℃,1 月最低,仅 2.37℃[见图 4.51(b)];而 T_s 在 1—4 月有微微的下降趋势,之后升高,8 月达到最大值 21.23℃,最小值出现在 12 月,为 10.61℃[见图 4.51(b)]。

就降雨量而言[见图 4.51(d)],全年总降雨量为 1 715.8 mm,6 月降雨量最大,达到 265.1 mm,占全年降雨量的 15.5%,其次是 8 月,是 234.2 mm;10 月降雨量最低,仅 77.9 mm,占全年降雨量的 4.5%,出现秋旱。受降雨变化的影响,土壤 5 cm 和 50 cm 含水量(VWC-5 和 VWC-50)存在差异,尤其是表层土壤含水量(VWC-5)波动较为剧烈,而 VWC-50 相对平稳[见图 4.51(d)]。11 月的 VWC-5 最低,仅 0.33 m³ · m⁻³,但 2 月最高,达到 0.57 m³ · m⁻³;而 VWC-50 在 6 月和 1 月有最大值和最小值,分别为 0.53 和 0.39 m³ · m⁻³,变化幅度较小。饱和水汽压差(VPD)与降雨量和空气温度有着密切的关系,呈现 3 峰型曲线变化,6 月和 8 月有波谷[见图 4.51(c)],全年 1 月份 VPD 最低,仅 1.52 kPa;受到干旱的影响,9 月最高,达到 13.37 kPa,其次,7 月的 VPD 也较高,仅次于 9 月,达到 11.80 kPa。

4.7.2.2 2012 年生态系统碳通量观测结果

1) 生态系统碳通量的日变化特征

由图 4.52 月每时刻平均的日进程可以看出,2012 年全年 NEE 均呈"U"形变化,表现为在白天通量负值,夜间通量正值,即该生态系统在夜间由于植被呼吸作用表现为碳源,白天由于光合作用具有碳汇功能。雷竹林生态系统月尺度上的 NEE 符号变化时刻和最大的碳排放、碳吸收时刻均有明显的差异。1—3 月份通量由正值转为负值的时间一般为 8:00～9:00,4—9 月为 6:00～6:30,而 10—12 月则为 6:30～7:00,总体较日出时间有 1～1.5 h 时间延迟。由负值转为正值时刻较集中,全年均发生在 17:00～18:30。1—3 月 NEE 最大负值出现在 12:00 前后。在 4—9 月 NEE 最大负值出现在 10:00～12:00。10—12 月 NEE 最大负值出现在 12:00～13:00。

从通量的日瞬最大值看,有覆盖的月份 1—3 月以及 12 月,生长缓慢土壤呼吸加大总体为碳源,最大值在 −0.22～−0.38 mg CO_2/(m² · s),雷竹林在生长旺盛的 5—10 月通量最大值一般为 −0.43～−0.64 mg CO_2/(m² · s)。竹笋生长期的 4 月以及秋末的 11 月份最大值均为 −0.35 mg CO_2/(m² · s)。净生态系统 CO_2 交换量的日累计值平均仅为 −0.63 g CO_2/(m² · d),显著低于 2011 年的 −0.98 g CO_2/(m² · d)。

2) NEE、RE 和 GEE 的年变化

雷竹林 2012 年碳吸收总量 68.674 Cg · m⁻² · a⁻¹,总体是碳汇,但要明显低于 2011 年的 98.427 Cg · m⁻² · a⁻¹,这可能与本年度为连续第三年地表覆盖增温,覆盖厚度要高于 2011 年,且本年度降雨较之于 2011 年多,年平均光合有效辐射较低有关。全年呼吸总量为 1 314.652 Cg · m⁻² · a⁻¹,全年总生态系统生产力为 1 383.33 Cg · m⁻² · a⁻¹,两者均高于 2011 年。全年碳通量,吸收量表现为多峰变化曲线,第一峰出现 3 月 (−23.37 gC · m⁻² · month⁻¹);第二峰出现在 6 月(−26.35 gC · m⁻² · month⁻¹),第三峰出现在 10 月(−25.47 gC · m⁻² · month⁻¹)。全年有四个月(1、2、11 和 12 月)呈现为碳源,其中 2 月排放最高(14.38 Cg · m⁻² · a⁻¹)。

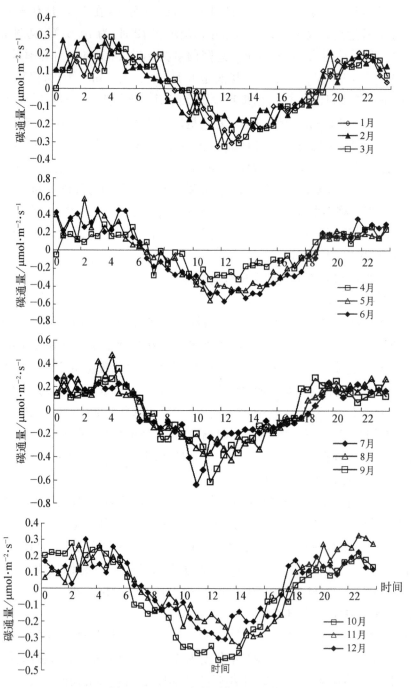

图 4.52　*NEE* 各月平均日变化特征

　　1 和 2 月处于地表覆盖期,土壤温度高,促进土壤呼吸,使雷竹林处于碳排放状态,三月份除去地表覆盖物,呼吸有所降低,且伴随着温度升高,雷竹生长加快,使该月碳吸收迅速增加。4 和 5 月由于处于竹笋生长期,该月份雷竹呼吸较高。6 月全月净积累总量为全年最高,这可能是 6 月份雷竹新竹叶片完全展开,叶片光合能力达到全年最大值有关。

7—9 月受高温以及土壤含水量降低影响有明显的"午休"现象，CO_2 通量一般在 11:00 左右达到峰值，之后降低，10 月适宜的水热条件使碳吸收持续增加，为冬季竹笋萌发积蓄有机物。11—12 月地表重新覆盖谷糠等物质增加地表温度，人为干扰从而使该月份表现为碳源。

由图 4.53 可以看出 RE 呈单峰变化，在夏季较高冬季较低。8 月土壤温度较高，且降雨稍多，RE 达到峰值 144.97 $gC \cdot m^{-2} \cdot month^{-1}$，在气温较低的春冬季呼吸较低。从季节上分析，分为春季（3 月、4 月、5 月），夏季（6 月、7 月、8 月），秋季（9 月、10 月、11 月），冬季（12 月、1 月、2 月）。各季节 RE 占全年总量的比例分别为 23.3%，32.1%，25.8%，18.8%；各季节 NEE 占全年比例分别为 66.0%，52.4%，32.5%，−51.0%；各季节 GEE 占全年比例为 25.4%，33.1%，26.1%，15.4%。全年 RE 贡献最大为夏季，夏季生态系统呼吸是冬季的 1.7 倍；全年 NEE 贡献最大为春季超过全年其余月份之和，而冬季为负贡献降低了全年碳汇总量；全年 GEE 最大贡献为夏季，最小为冬季，变化与 RE 一致。

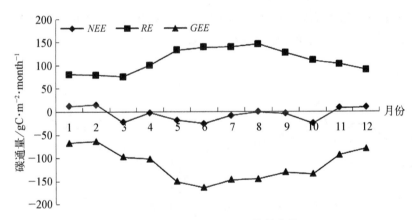

图 4.53　NEE、RE、GEE 的月变化

全年 GEE 季节变化特征明显，整体随温度与光合有效辐射的升高而升高，峰值出现在 6 月，可能与温度、水分以及叶片光合效率影响有关；7 月之后随温度与光照的降低开始下降，但秋季生长略大于春季，冬季最小。雷竹 5 月大量新竹开始光合生产，6 月下旬到 7 月梅雨期，为雷竹生长提供充足的水分供给。冬季的防雪钩梢，也会影响到雷竹林生产力。

3）竹林固碳效率变化特征

由图 4.54 可以看出，2012 年雷竹林生态系统的碳利用效率 1 和 2 月为负值表明，冬季雷竹虽然有一定的光合能力但生态系统呼吸大大超过光合生产的净积累量，是极强的碳释放；3 月开始，变为正值转，但各月份间利用效率极不稳定，总体在 24% 以下波动；夏季 6—8 月固碳能力下降，碳排放的比例增加。全年固碳效率为 5.0%，低于 2011 年的 9.9%。

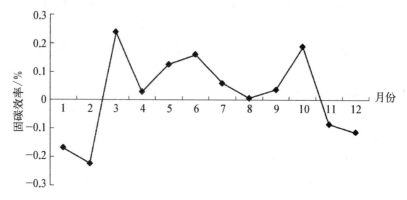

图 4.54　固碳效率变化特征

4.7.3　太湖源雷竹林生态系统 2013 年通量观测结果

4.7.3.1　基本气候要素变化特征

就 2013 年各月光合有效辐射、环境温度、饱和水汽压差、土壤温度、降雨量以及土壤 5 cm 和 50 cm 含水量进行比较分析,结果如图 4.55 所示。

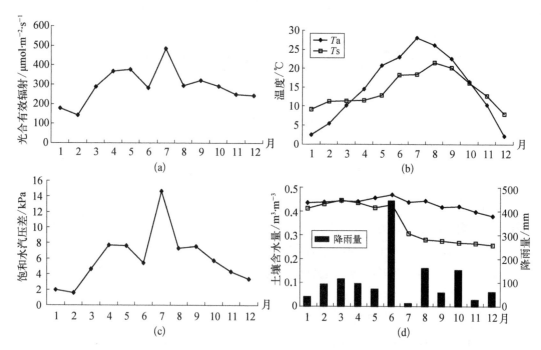

图 4.55　太湖源雷竹林通量观测站 2013 年主要气候要素变化

图 4.55 表示了 2013 全年各气候因子的变化,其中,光合有效辐射呈双峰型曲线变化 [见图 4.55(a)],2 月最低,仅 141.57 μmol · m^{-2} · s^{-1},随着时间的延长,PAR 值逐渐增大,5 月达到第一个峰值(375.80 μmol · m^{-2} · s^{-1});由于 6 月份为梅雨季节,降雨量大,

持续时间长,连续的阴雨天气使得 PAR 值迅速降低到 281.41 μmol·m^{-2}·s^{-1},出现波谷;6 月底出梅,PAR 值迅速增加,7 月达到 482.85 μmol·m^{-2}·s^{-1},为全年最大值;之后,随着月份的推移,PAR 值又逐渐降低。此外,各月空气温度(Ta)以及土壤温度(Ts)表现出一致的变化趋势,均呈现单峰型曲线变化[见图 4.55(b)],具体为:Ta 在 7 月有达到最大值,为 28.00℃,最小值出现在 12 月,为 2.23℃,而 Ts 最大值出现在 8 月,为 21.58℃,在 12 月有最小值,为 7.99℃,且土壤温度总体上略低于空气温度。

就降雨量而言[见图 4.55(d)],全年总降雨量为 1 366.6 mm,6 月降雨量最大,达到 453.30 mm,占全年降雨量的 33.17%,明显较高,除了自然降雨外,还有适量的人工灌溉;7 月降雨量最低,仅 13.2 mm,占全年降雨量的 0.97%,即 2013 年出现了高温干旱天气。受降雨变化的影响,土壤 5 cm 和 50 cm 含水量(VWC-5 和 VWC-50)存在差异,尤其是表层土壤含水量(VWC-5)变化较为剧烈,而 VWC-50 相对平稳,变化幅度较小[见图 4.55(d)]。12 月的 VWC-5 最低,仅 0.26 m^3·m^{-3},但 3 月最高,达到 0.45 m^3·m^{-3};而 VWC-50 在 6 月和 12 月有最大值和最小值,分别为 0.47 和 0.38 m^3·m^{-3}。另外,饱和水汽压差与降雨量和空气温度有着密切的关系,其变化趋势同 PAR 值一致,也为双峰型曲线变化,6 月有波谷[见图 4.55(c)];全年 2 月 VPD 最低,仅 1.59 kPa;受到夏季高温干旱的影响,7 月最高,达到 14.63 kPa,远高于其他各月。

4.7.3.2　生态系统碳通量观测结果

1) 生态系统碳通量的日变化特征

由图 4.56 月每时刻平均的日进程可以看出,2013 年全年 NEE 均呈"U"形变化,表现为在白天通量负值,夜间通量正值,即该生态系统在夜间由于植被呼吸作用表现为碳源,白天由于光合作用具有碳汇功能。雷竹林生态系统月尺度上的 NEE 符号变化时刻和最大的碳排放、碳吸收时刻均有明显的差异。1—3 月通量由正值转为负值的时间一般为 6:30～8:30,4—9 月为 6:00～7:00,而 10—12 月则为 7:00～7:30。由负值转为正值时刻 1—3 月以及 10—12 月一般为 17:00～18:00,而 4—9 月则为 18:00～19:30。NEE 最大负值 1—3 月以及 10—12 月一般出现在 10:00～12:00。在本年度 7、8 月出现高温干旱天气,两月日变化出现明显的光合午休现象,通量负向最大值 10:00 前后。

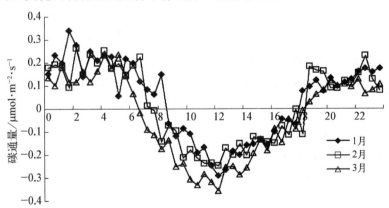

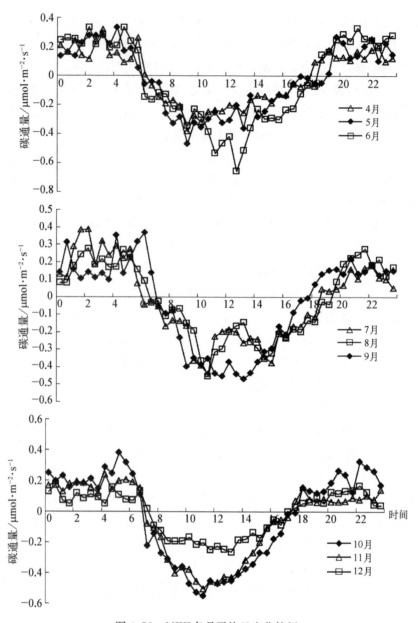

图 4.56　NEE 各月平均日变化特征

从通量的日瞬时最大值看,有覆盖的月份 1～3 月以及 12 月,生长缓慢土壤呼吸加大总体为碳源,最大值在 -0.25～-0.36 mg CO_2/(m^2·s);新竹主要生长期的 4、5 月通量最大值分别为 -0.38 和 -0.47 mg CO_2/(m^2·s);雷竹林在生长旺盛的 5～11 月通量最大值一般为 -0.44～-0.66 mg CO_2/(m^2·s),出现极端高温天气的 7、8 月日最大值均低于 -0.46 mg CO_2/(m^2·s)。净生态系统 CO_2 吸收量的日累计值平均为 1.467 g CO_2/(m^2·d),显著高于 2011 年的 0.98 g CO_2/(m^2·d)以及 2012 年的 0.63 g CO_2/(m^2·d)。

2) *NEE*、*RE* 和 *GEE* 的年变化

雷竹林 2013 年碳吸收总量 148.548 $Cg \cdot m^{-2} \cdot a^{-1}$,总体是碳汇,但要明显高于 2011 和 2012 年的 98.427 和 68.674 $Cg \cdot m^{-2} \cdot a^{-1}$,这可能与本年度 11 和 12 月没有覆盖谷糠增温有关,地表温度降低,从而抑制土壤呼吸向大气排放 CO_2。全年呼吸总量为 1 304.398 $Cg \cdot m^{-2} \cdot a^{-1}$,略低于 2012 年呼吸总量,高于 2011 年呼吸总量。全年总生态系统生产力为 1 452.95 $Cg \cdot m^{-2} \cdot a^{-1}$,高于 2011 和 2012 年。全年碳通量,吸收量表现为多峰变化曲线,类似于 2012 年,第一峰出现在 3 月(-24.60 $gC \cdot m^{-2} \cdot month^{-1}$);第二峰出现在 6 月($-21.57$ $gC \cdot m^{-2} \cdot month^{-1}$),第三峰出现在 11 月($-36.05$ $gC \cdot m^{-2} \cdot month^{-1}$)。全年只有 1、2 月呈现为碳源,其中 1 月排放最高(28.49 $Cg \cdot m^{-2} \cdot a^{-1}$)。

1—2 月还处于地表覆盖期,土壤温度高,土壤呼吸较为旺盛,使你竹林处于碳排放状态,3 月除去地表覆盖物,呼吸有所降低,并伴随着温度升高,雷竹叶片光合效率升高,使该月碳吸收迅速增加。4—5 月由于处于竹笋生长期,该月份雷竹呼吸较高,使 *NEE* 有一定程度降低。6 月雷竹新竹叶片完全展开,叶片光合能力达到全年最大值使 6 月全月净积累总量达到全年第二个峰值。7—10 月受高温以及土壤含水量降低影响有明显的"午休"现象,CO_2 通量一般在 10:00 前后达到峰值,之后降低,11 月适宜的水热条件使碳吸收持续增加,达到全年最大值,为冬季竹笋萌发积蓄有机物。本年度 11—12 月地表并未覆盖谷糠等物质增加地表温度,因此土壤呼吸不强,这也是导致雷竹林后两个月表现为碳汇的主要原因。

由图 4.57 可以看出,*RE* 近似呈双峰曲线变化,两峰值分别出现在 7 月(137.65 $gC \cdot m^{-2} \cdot month^{-1}$)和 10 月(133.55 $gC \cdot m^{-2} \cdot month^{-1}$),尽管 8、9 月份土壤温度较高,但由于降雨量较低,导致土壤含水量偏低,在一定程度上一直土壤呼吸。从季节上分析,分为春季(3 月、4 月、5 月),夏季(6 月、7 月、8 月),秋季(9 月、10 月、11 月),冬季(12 月、1 月、2 月)。各季节 *RE* 占全年总量的比例分别为 23.3%,30.5%,27.1%,19.1%;各季节 *NEE* 占全年比例分别为 30.9%,35.8%,54.8%,−21.5%;各季节 *GEE* 占全年比例为 24.0%,31.0%,30.0%,15.0%。全年 *RE* 贡献最大为夏季;全年 *NEE* 贡献最大为秋季超过全年其余月份之和,而冬季为负贡献降低了全年碳汇总量;全年 *GEE* 最大贡献为夏季,最小为冬季,变化与 *RE* 一致。

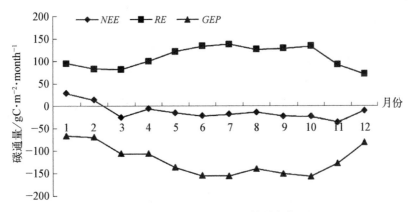

图 4.57　*NEE*、*RE*、*GEE* 的月变化

全年 *GEE* 季节变化特征明显,受 7、8 月高温干旱影响,全年 *GEE* 成双峰曲线变化。整体随温度与光合有效辐射的升高而升高,峰值出现在 7 月,但受到高温以及长时间干旱影响 8、9 月 *GEE* 出现降低,之后随着 10 月份降雨增加,*GEE* 达到第二个峰值,之后随温度与光照的降低开始下降。

3) 竹林固碳效率变化特征

全年固碳效率为 10.2%,略高于 2011 年的 9.9%。就季节来看,固碳效率为秋季>春季>夏季>冬季,与 *NEE* 变化略有不同。由图 4.58 可以看出,2013 年雷竹林生态系统的碳利用效率 1 和 2 月为负值表明,冬季雷竹是极强的碳释放;3 月开始,变为正值转,夏季 6—8 月固碳效率逐渐下降,秋季又有不同程度上升,但各月份间利用效率极不稳定,总体在 24% 以下波动。

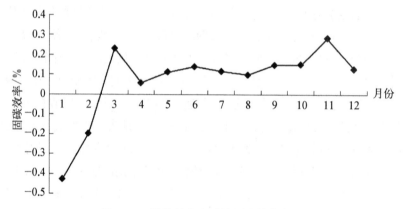

图 4.58 雷竹林生态系统固碳效率变化

第5章
利用物联网技术监测毛竹林的碳通量过程

物联网(Internet of Things)是将物体连接起来的网络被称为"物联网",即为将各种信息传感设备,如射频识别 RFID 装置、红外感应器、全球定位系统、激光扫描器等种种装置与互联网结合起来而形成的一个巨大网络。物联网集成了感知技术、自动化控制技术、数据网络传输、储存、处理及分析技术(Qin et al, 2001)。物联网由部署在监测区域内大量传感器节点组成,用于感知和采集网络覆盖区域内的环境和事件信息,并通过无线通信自组织地将感知数据传回基站。

物联网传感器应用于生态系统监测中,能够发挥其成本低、布置灵活、时间频率高等优点。这些优点能够弥补样地尺度通量监测时间不连续、代表范围小的缺点,也可以对通量塔估算的林内碳收支结果进行验证和补充,将碳收支监测方式由原来的"基于单点监测的推算"转变为"以高精度、多层次、动态化为基础,多传感数据相融合"的全方位监测体系。

在上述背景下,本研究选择浙江安吉的毛竹林为研究对象,实现利用物联网监测毛竹小气候的精度评估、物联网监测毛竹林虚拟通量塔的技术分析以及物联网监测毛竹垂直和水平碳足迹分析。

5.1 毛竹林物联网观测系统简介

5.1.1 传感器介绍

温湿度传感器型号是 Telos 系列的 Rev. B 节点,节点大小约有 U 盘尺寸。温湿度传感模块为 SH11,温度测量范围为 $-40 \sim 123.8$℃,测量精度为 ± 0.3℃,分辨率为 0.01℃,响应时间大于等于 1 s;湿度测量范围为 $0 \sim 100\%$RH,测量精度为 $\pm 3.0\%$RH,分辨率为 0.01%RH,响应时间大于等于 1 s。

CO_2 传感器内嵌 B-530 模块,体积小,重量轻,适用于野外观测。该传感器工作温度范围为 $0 \sim 50$℃,工作湿度范围为 $0 \sim 95\%$RH。B-530 模块采用 NDIR 技术监测 CO_2 浓度,测量范围是 $0 \sim 10\,000$ ppm,检测精度为 ± 30 ppm$\pm 5\%$,最高采样时间为 6 秒,分辨率为 1 ppm。该模块尺寸为 50 W×25.5H×66D(mm),使用寿命在 10 年以上,平均消耗电流值为 25 mA。

5.1.2 物联网结构介绍

本研究中,物联网以 GreenOrbs 网络为基础,利用 Radio Frequency Identification (RFID)射频识别技术进行传输,网络具有多维度监测环境信息、实时传输的能力。在网络覆盖的试验区域内布设物联网传感器节点(Sensor node)、汇聚节点(Sink)以及任务管理节点(Task manager node),由各个传感器节点(温湿度传感器和 CO_2)进行覆盖区域信息的采集,并以多跳方式利用相邻节点的接收/转发路由传输到汇聚节点(Sink),最后利用 Sink 节点的桥接能力将信息传输至任务管理节点,以供用户在终端进行各种操作。Sink 节点具有较强的数据处理、存储及通信能力,是类似网关的特殊节点,可以把传感器网络桥接至其他的通信网络。任务管理节点可以是各种智能终端,如笔记本电脑等,在野外观测中灵活性强。

5.1.3 物联网实验方案

为实现传感器精度评价、校正及利用传感器对林内小气候与碳源汇时空变化进行监测与模拟,将传感器通量塔上及塔周围 40 m^2 范围的区域内。

垂直分布:将温湿度和 CO_2 浓度传感器分别布设于通量塔 7 层高度上,分别为 2 m,7 m,11 m,17 m,23 m,30 m,38 m,每层 2 套传感器(一个温湿度传感器和一个 CO_2 浓度为一套),用于降低异常误差及缺失数据插补。传感器布设位置与通量塔涡动相关观测系统和 CO_2/H_2O 廓线系统设备同等高度,并尽可能靠近,用于传感器数据精度评价及校正,以及不同垂直高度森林小气候与碳通量特征的观测。

水平分布:以通量塔为中心,在其周围 40 m^2 范围内,按东、南、西、北 4 个方向以及距离通量塔 10 m、20 m 两个空间梯度布设传感器。以毛竹为依托,分为近地面(0.5 m)与植被冠层(9 m)两个梯度,每个方位每层布设 2 套传感器,监测近地表与近林冠层环境因子变化。

5.2 物联网监测毛竹林传感数据的精度评估

通量塔观测系统中,CO_2/H_2O 廓线系统观测 CO_2 浓度和气象梯度系统观测的空气温度、相对湿度具有较高的观测精度,视作标准数据。为评价传感器数据在毛竹林生态系统中的适应性,利用通量塔观测系统的温度和相对湿度梯度数据以及 CO_2 浓度廓线数据,分别对温湿度传感器和 CO_2 传感器的观测结果进行数据精度评价与误差校正。将传感器布设于通量塔上气象梯度系统和 CO_2/H_2O 廓线系统对应的 7 层高度,使传感器和廓线、梯度系统设备进行同步观测。

本研究使用的精度评价指标包括通量塔设备观测值和传感器观测值的简单线性回归方程决定系数 R^2 和精度 EA（柳艺博，2011）。其中 EA 的计算公式如下：

$$RMSE = \sqrt{\frac{\sum\limits_{i=1}^{n}(D\_Sensor - D\_Tower)^2}{n}} \tag{5.1}$$

$$EA = \left(1 - \frac{RMSE}{Mean}\right) \times 100 \tag{5.2}$$

式中，D_Sensor 和 D_Tower 分别是传感器观测的数据结果和通量塔梯度系统或廓线系统观测的结果，n 表示样本个数，$Mean$ 表示 n 个梯度系统或廓线系统观测结果的平均值。

5.2.1　温度传感器数据评价与校正

5.2.1.1　数据精度评价

首先，对温湿度传感器观测的温度数据进行整体精度评价。将所有传感器观测的温度结果与对应时间、对应高度的气象梯度系统观测的温度结果进行比较，结果如图 5.1 所示，传感器温度观测结果的整体精度较高，与梯度系统温度数据线性回归分析，斜率 k 值为 1.04，非常接近于 1∶1 线，决定系数 R^2 为 0.94，精度 EA 为 87%。

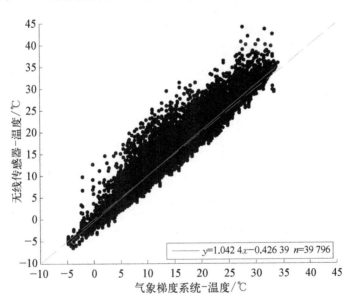

图 5.1　传感器温度数据整体精度评价

分析晴天和阴雨天传感器和气象梯度系统观测的温度误差在日周期内的差异。晴天与阴天温度误差有较大的差异，误差主要出现在晴天天气，且主要集中在白天时段。晴天白天的平均误差为 2℃，最大误差出现在 9:00。晴天夜间平均误差为 −0.9℃。阴天温度误差白昼差异不明显，白天误差的均值为 −0.3℃，最大误差出现在 8:00，夜间误差均值为 −0.5℃。

综上所述，传感器观测温度误差会受到因昼夜、天气状况变化引起的环境湿度变化的影响。与气象梯度系统温度观测值相比,传感器观测值在白天偏高,夜间偏低,且白天温度越高观测误差越大,而夜间温度越低观测偏差越大;晴天误差大,雨天误差小。据此可推断,温度观测误差的产生与研究中传感器组装外壳有关。传感器被包裹于组装外壳内,外壳为塑料材质。在晴朗的白天,传感器外壳受到太阳照射会快速增温,使传感器内保持比周围气温更高的温度,致使传感器观测温度偏高。而在晴朗的夜晚,大气逆辐射弱,易形成低温,而塑料材质更易失温,造成传感器外壳温度低于气温,因此传感器观测到的温度较环境温度偏低。

5.2.1.2 数据校正

由以上传感器温度数据的精度评价结果可知,传感器温度观测精度主要受传感器外壳温度变化的影响,这与天气晴阴存在较大关系,而天气阴晴可利用日尺度的相对湿度值进行指示。因此,本研究在传感器温度观测结果的校正中,以湿度为校正因子,以一小时为时间单位,将日尺度内观测结果分为 24 个时段,在每个时间段内分别建立传感器温度观测误差与湿度的线性回归关系,作为误差校正公式。

以气象梯度系统观测的相对湿度数据为参考,初步判断传感器温度观测误差在不同时段与湿度的关系。在白天传感器温度观测误差基本为正值(观测值偏高),随湿度增加而表现出降低趋势,表明在白天二者表现出负相关关系,晴朗天气比阴雨天气下温度观测误差要大。夜晚传感器温度观测误差总体为负值(观测值偏低),误差绝对值随湿度增加而降低,表明在夜晚二者表现为正相关,同样晴朗天气下观测误差大于阴雨天气下观测误差。另外,以同样的思路对传感器温度观测误差与不同时段实际温度进行分析,结果表明温度观测误差与实际气温无显著相关。

以每小时为时间单元,根据传感器温度观测误差与对应时段相对湿度值的关系,建立线性回归关系,即

$$D\_T = k_i \times RH + b_i \tag{5.3}$$

式中 $i=1\sim24$,表示日周期内 24 个小时;D_T 表示某时刻温度传感器观测误差;RH 表示对应时刻的相对湿度;k_i 和 b_i 分别表示对应时刻所在时段的误差回归方程参数(斜率和截距)。

根据温度传感器观测误差与相对湿度的关系,建立温度观测结果校正式:

$$T = T\_raw - D\_T = T\_raw - (k_i \times RH + b_i) \tag{5.4}$$

温度传感器校正结果 T 为某时刻原始观测数据 T_raw 与 D_T 的差值,D_T 则根据式(5.3)计算。

5.2.1.3 校正后检验

经上述校正过程,传感器校正后温度的精度评价如图 5.2 所示,结果表明,校正后传感器结果与实际温度有很好的 1∶1 关系,对二者进行线性回归分析,回归方程斜率 k 值为 1.01,决定系数 R^2 为 0.96,精度 EA 为 91%,各项精度评价指标均有提高。上述校正过程主要减小了白天偏大的温度误差和夜间偏小的误差,对提高传感器温度数据的整体精度有较好帮助。

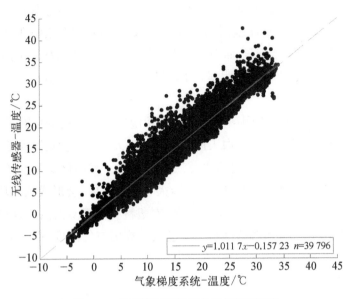

图 5.2　传感器温度数据校正后精度评价

5.2.2　湿度传感器数据评价与校正

5.2.2.1　数据精度评价

对传感器观测的湿度值进行整体数据精度评价,结果如图 5.3 所示,传感器湿度观测数据有较高的整体精度,与梯度系统湿度数据的线性回归方程中,斜率 k 值为 0.91,接近于 1 : 1 线,决定系数 R^2 为 0.89,精度 EA 为 82%。

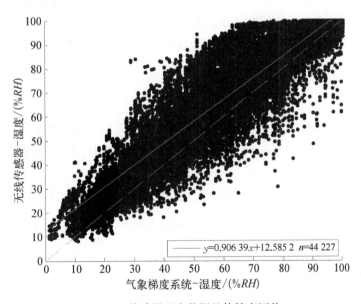

图 5.3　传感器湿度数据整体精度评价

按相对湿度状况分析传感器湿度的观测误差。晴天与阴天传感器和气象梯度系统之间湿度观测误差有较大的差异,误差主要集中在晴天天气,且主要集中在夜间时段。晴天天气下,夜间平均误差为 $12\%RH$,而白天的平均误差仅为 $4.3\%RH$。阴雨天天气下,传感器湿度观测误差的昼夜差异不明显,白天误差均值为 $2.1\%RH$,夜间误差均值为 $3.1\%RH$。

综上所述,传感器的湿度观测误差主要和环境湿度以及昼夜变化有关。传感器观测值整体呈现偏大趋势,夜间误差大,白天误差小。晴天天气下湿度观测误差大于阴天天气下误差。晴朗的夜间为误差最大时段,占总误差的 64%。推测该误差的产生可能也与本研究中传感器组装外壳有关。在晴朗的夜间,大气逆辐射弱,会形成低温环境,空气含水汽的能力减小,低层大气的水汽会凝结成露水;因塑料材质更易失温,造成传感器外壳温度比气温更低,易形成露水,造成传感器内湿度大于周围空气湿度,因此造成观测偏大的误差。

5.2.2.2 数据校正

如同温度观测校正方法,本研究在传感器湿度观测的校正中,以相对湿度为校正因子,以每小时为时间间隔,将日尺度观测数据分为 24 个时段,在各个时间段内分别构建传感器湿度观测误差与湿度值的线性回归关系,以此为误差校正方程。

以气象梯度系统的相对湿度观测数据为依据,判断传感器湿度观测误差在不同时段与湿度的关系。在白天湿度误差与湿度呈正相关关系,湿度大于 $60\%RH$ 时,湿度误差趋向于正值,湿度小于 $60\%RH$ 时,误差趋向于负值。夜晚传感器温度观测误差总体为正值(观测值偏高),误差随湿度增加而降低,表明在夜晚二者表现为负相关,晴朗天气下观测误差大于阴雨天气下观测误差。另外,以同样的思路对传感器湿度观测误差与不同时段实际温度进行分析,结果表明湿度观测误差与实际气温无显著相关。

根据每时段内传感器的湿度观测误差与对应相对湿度值的关系,建立线性回归方程,即

$$D\_RH = k_i \times RH + b_i \tag{5.5}$$

式中 $i=1\sim24$,表示日周期内 24 个小时;D_RH 表示某时刻湿度传感器观测误差;RH 表示对应时刻的相对湿度;k_i 和 b_i 分别表示对应时刻所在时段的误差回归方程参数(斜率和截距)。

根据湿度传感器观测误差与相对湿度的关系,建立湿度观测结果校正式:

$$RH = RH\_raw - D\_RH = RH\_raw - (k_i \times RH + b_i) \tag{5.6}$$

湿度传感器校正结果 RH 为原始观测数据 RH_raw 与 D_RH_i 的差值,D_RH 则根据式(5.6)计算。

5.2.2.3 校正后检验

经上述校正,传感器的湿度观测结果与气象梯度系统湿度结果表现出较好的 1∶1 关

系。对二者进行回归分析,斜率 k 值为 1.002,决定系数 R^2 为 0.93,精度 EA 为 88%。经过精度校正,主要减小了夜间偏大的湿度,以及白天晴天偏小的湿度和阴雨天偏大的湿度,对湿度数据的整体精度有了很好的提高。在后续传感器布设实验中,均利用校正后的传感器湿度数据对传感器温度和 CO_2 浓度数据进行校正。

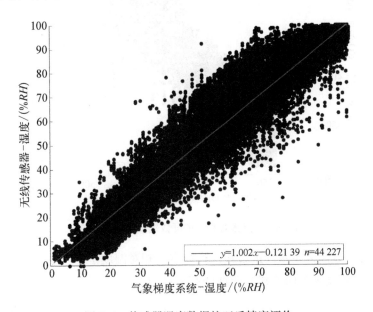

图 5.4　传感器湿度数据校正后精度评价

5.2.3　CO_2 浓度传感器数据评价与校正

5.2.3.1　数据精度评价

在此对 CO_2 传感器的观测结果进行整体精度评价。传感器观测的 CO_2 数据与对应时间、对应高度的 CO_2/H_2O 廓线系统观测的 CO_2 结果进行比较,如图 5.5 所示,传感器的 CO_2 结果与廓线系统 CO_2 数据的精度 EA 为 95.1%,二者线性回归分析结果显示斜率 k 值为 1.08,决定系数 R^2 为 0.74,非常接近于 1∶1 线(见图 5.5)。

分析不同天气状况对 CO_2 观测精度的影响。晴天与阴雨天温度误差有明显的差异,误差主要集中在阴雨天天气。夜间误差占阴天总误差的 68%。晴天夜间误差占晴天总误差的 48%。因此,因湿度影响引起的 CO_2 浓度观测误差主要集中在阴天的夜间,晴天昼夜的误差均等。

由以上分析可知,传感器的 CO_2 浓度观测精度与空气相对湿度关系密切。温室气体 CO_2 浓度的传感器原理为非色散红外线(NDIR)技术,该技术利用 CO_2 气体在特征吸收带对红外能量的吸收来监测气体浓度大小。因红外光谱受水汽影响较大,CO_2 浓度的观测容易受到环境湿度的影响,对观测精度造成一定影响。

5.2.3.2　数据校正

在传感器 CO_2 观测结果的校正中,以湿度为校正因子,建立传感器 CO_2 观测误差与湿

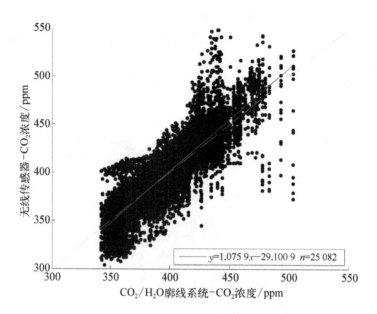

图 5.5　传感器 CO_2 浓度数据整体精度评价

度的线性回归关系,作为误差校正公式。选取空气相对湿度小于 $90\%RH$ 的数据,与对应时刻传感器 CO_2 浓度观测误差建立线性回归关系如下:

$$D\_CO_2 = k \times RH + b \tag{5.7}$$

式中 D_CO_2 表示某时刻传感器观测 CO_2 浓度的误差,RH 表示对应时刻的相对湿度,k 和 b 分别表示误差回归方程参数(斜率和截距),R^2 为 0.53。

　　根据 CO_2 浓度传感器观测误差与相对湿度的关系,建立 CO_2 浓度观测结果校正式:

$$CO_2 = CO_2\_raw - D\_CO_2 = CO_2\_raw - (k \times RH + b) \tag{5.8}$$

　　CO_2 浓度传感器校正结果 CO_2 为原始观测数据 CO_2_raw 与 D_CO_2 的差值,D_RH 则根据式(5.7)计算。

5.2.3.3　校正后验证

　　经上述校正,CO_2 传感器与 CO_2/H_2O 廓线系统的 CO_2 观测值的对应关系如图 5.6 所示,沿 $1:1$ 线分布。对二者建立回归方程,斜率 k 值为 0.99,决定系数 R^2 为 0.76,EA 为 96.4%。经过精度校正,主要减小了夜间偏大的 CO_2 浓度,CO_2 浓度数据的整体精度有了很好的提高。需要注意的是,传感器观测的 CO_2 浓度数据比温湿度数据有更高的精度,这与本研究选用的精度指标计算原理有关。EA 计算中用到均方根误差与均值之比,因为 CO_2 浓度均值的数值较大,削弱了误差值的比重,造成 EA 较高。但从另一个评价指标 R^2 来看,CO_2 浓度传感器的表现不及温湿度传感器。

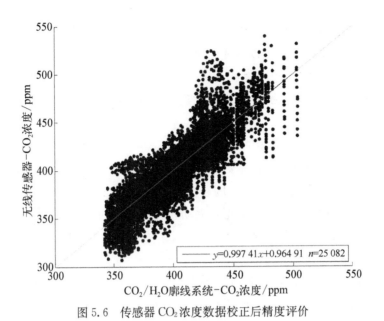

图 5.6　传感器 CO_2 浓度数据校正后精度评价

5.2.4　小结

本章主要进行了传感器温度、湿度以及 CO_2 浓度观测数据的精度评价,并实现数据校正。温度观测误差与传感器塑料外壳存在一定联系,太阳辐射造成传感器外壳增温,对温度观测具有明显影响。对于湿度传感器,传感器外壳易形成露水,造成传感器内湿度大于周围空气湿度,会造成偏大的误差。因传感器工作原理,CO_2 浓度观测差异主要影响因素为空气湿度,高湿度环境会使 CO_2 浓度观测偏差增大。分别分析传感观测误差与湿度的关系,建立误差校正模型,校正后温度、湿度、CO_2 浓度的观测精度均有提高。

5.3　物联网监测毛竹林虚拟通量塔的技术分析

涡动相关观测系统通常搭载在通量观测塔上,造价比较昂贵,仪器运行与维护成本较高,且布设不够灵活。若可以用物联网设备实现毛竹林碳通量的计算,建成虚拟的通量塔观测系统,即"虚拟通量塔",则可以节约大量成本,且实现监测系统的大范围、灵活布设,对研究毛竹林生态系统内部碳收支格局与过程具有重要价值。基于不同碳通量计算原理,探究利用物联网数据对森林生态系统碳通量计算的有效方法。本研究利用了当前常用的三种碳通量估算方法,分别为基于大气湍流原理的涡动相关法,基于空气流动梯度关系的空气动力学法,以及基于森林碳循环分室模型的碳收支估算方法。

5.3.1　基于物联网数据和涡动相关算法的碳通量估算

5.3.1.1　涡动相关算法原理

涡动相关算法(Eddy Covariance)是当前公认准确度最高的陆地生态系统碳通量观测

方法,其原理是通过测定和计算物理量脉动与垂直风速脉动的协方差来求算湍流通量。对象气体(如 CO_2)的垂直通量可以描述为单位时间(如 1 s)内,由下向上或由上向下通过单位截面积(1 m×1 m)的空气中(体积为 1 m×1 m× w' m)所含的该气体质量。对于均一且平坦的下垫面,可近似认为 $\overline{w} = 0$。因此通量可以简化为以 w 和 s 的协方差($\overline{w's'}$)表示。

5.3.1.2　数据频率对碳通量估算的影响

尝试利用传感器观测的 CO_2 浓度数据和涡动相关算法计算碳通量。因 CO_2 传感器因缺少配套的三维风速观测系统,在此使用通量塔上原有的三维风速仪的同步观测数据配合计算。从以下两方面分析物联网数据在涡动相关算法中的适用性:一是 CO_2 浓度与垂直风速的采样频率对碳通量估算结果的影响,二是传感器与三维风速仪的布设位置对碳通量估算结果的影响。

首先分析数据采样频率对涡动相关研究结果的影响。为保证数据质量,本实验以晴天条件下毛竹林 10 hz 的开路观测系统的 CO_2 浓度和三维风速仪观测的垂直方向风速为基础数据,利用等间距取瞬时值方法分别降低采样频率,包括 1 s/次(1 hz),10 s/次(0.1 hz),100 s/次(0.01 hz),200 s/次(0.005 hz),以 30 分钟为平均周期,计算获得 1 天内碳通量时间序列,与 10 hz 采样频率通量时间序列进行比较,评价其准确性。在每个频率的实验中,随机选取起始采样点,共重复 5 次实验,将多次实验结果汇总,进行分析。

图 5.7 表示了等间距每 1 s 内选取 1 次瞬时,即 30 分钟内有 1 800 次采样,计算碳通量与 10 hz 采样频率数据计算结果的比较。等间隔随机选取采样点,重复五次实验。结果显示每 1 s 内取 1 次瞬时值的通量计算结果与原始频率的结果具有很高的一致性,线性回归决定系数 R^2 达 0.99 以上。

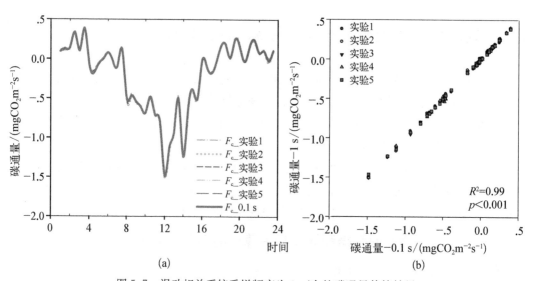

图 5.7　涡动相关系统采样频率为 1 s/次的碳通量估算结果

　　等间距每 10 s 内取 1 次瞬时值,即半小时内有 180 次采样,计算碳通量与原结果比较,如图 5.8 所示。等间隔随机选取采样点,重复五次实验。结果显示每 10 s 内取 1 次瞬时值的通量计算结果与 10 hz 采样频率的结果一致性较高,各次实验计算的碳通量时序数据与原结果的日变化趋势基本一致,线性回归决定系数 R^2 达 0.96。

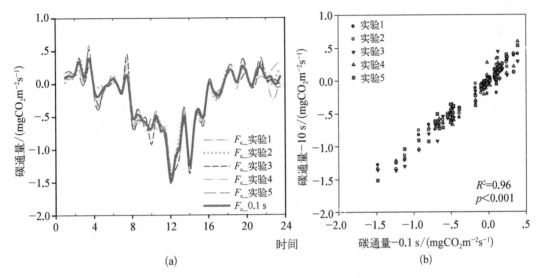

图 5.8　涡动相关系统采样频率为 10 s/次的碳通量估算结果

　　按每 100 s 内取 1 次瞬时值,即半小时内有 18 次采样,计算时序碳通量,结果如图 5.9 所示。等间隔随机选取采样点,重复五次实验。结果显示 0.01 hz 与 10 hz 采样频率之间时序碳通量的回归关系决定系数 R^2 为 0.51,时序数据的异常波动增加,日变化特征进一步减弱。

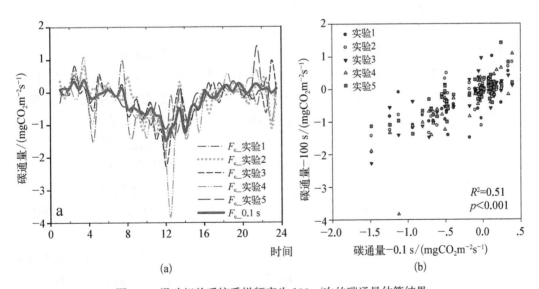

图 5.9　涡动相关系统采样频率为 100 s/次的碳通量估算结果

每 200 s 内取 1 次瞬时值,即半小时内有 9 次采样,计算碳通量与原结果比较,如图 5.10 所示。等间隔随机选取采样点,重复五次实验。结果显示每 200 s 内取 1 次瞬时值的通量计算结果与每秒取 10 次瞬时值的结果的线性回归关系进一步减弱,决定系数 R^2 为 0.39。各次实验碳通量的异常波动明显,误差显著增大。

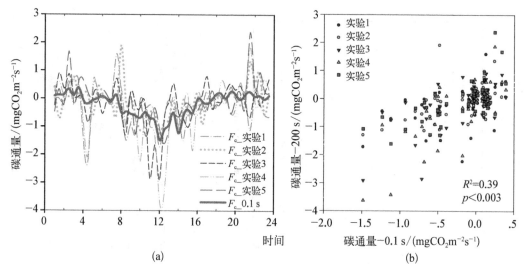

图 5.10　涡动相关系统采样频率为 200 s/次的碳通量估算结果

以上实验结果表明,随着 CO_2 浓度和对应风速采样频率的降低,一天内碳通量时间序列的日变化特征逐渐减弱,波动性增加,准确率逐渐降低。当采样频率在低于 200 s(0.005 hz)时,即 0.5 小时平均周期内采样点小于 9 个,碳通量计算结果与 10 hz 采样频率的通量结果回归方程的决定系数 R^2 均小于 0.4,计算结果不可靠。

5.3.1.3　物联网数据的碳通量估算

尝试利用传感器观测的 CO_2 浓度替换涡动相关系统观测的 CO_2 浓度,配合相同时刻三维风速仪垂直方向风速数据,基于涡动相关原理求协方差计算碳通量。

考虑 CO_2 浓度观测设备和三维风速仪空间位置关系对碳通量计算结果的影响,设计 3 组对比实验,将 CO_2 传感器布设于不同位置,分别为 38 m 高度(在不影响风速仪正常工作情况下)贴近三维风速仪、38 m 高度距离三维风速仪 2 m 左右位置的塔体上和 30 m 高度的塔体上;每个位置放置两个传感器,以降低观测仪器误差对结果的影响。

前文研究表明数据采样频率越高涡动相关算法计算碳通量准确性越好,因此 CO_2 传感器采样频率设置为最高采样频率 6 s/次,涡动相关碳通量计算的平均周期为 30 分钟。利用传感器 CO_2 浓度数据和垂直风速数据计算获得 1 天内碳通量时间序列,并与同步的涡动相关系统 10 hz 采样频率的通量结果进行比较(见图 5.11)。

CO_2 传感器贴近三维风速仪时,通量计算结果如图 5.11(a)所示。传感器与涡动相关系统的通量估算结果比较一致,线性回归方程的决定系数 R^2 为 0.30,相关关系显著($p<$ 0.001),表明传感器采样频率为 6 s/次且布设位置贴近三维风速仪时,基本可以反映碳通

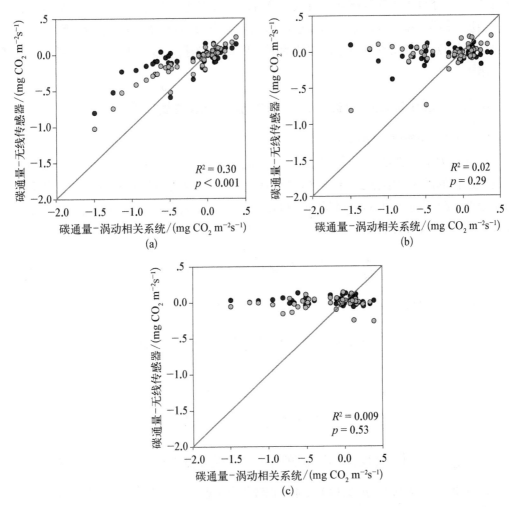

图 5.11　基于传感器和三维风速仪数据的碳通量估算结果检验

(a) 传感器与三维风速仪贴近
(b) 传感器与三维风速仪水平距离 2 m
(c) 传感器位于 30 m 高度

量的日变化特征,碳通量结果具有一定的准确性。当 CO_2 传感器距离三维风速仪 2 m 时〔见图 5.11(b)〕,传感器与涡动相关系统的通量估算结果差异比较明显,线性回归方程的决定系数 R^2 为 0.02,相关关系不显著($p=0.29$)。当 CO_2 传感器位于 30 m 高度时〔见图 5.11(c)〕,传感器估算的碳通量与涡动相关系统估算的碳通量基本无相关性($R^2=0.009$,$p=0.53$)。

　　上述结果表明,在相同的采样频率下,随 CO_2 浓度传感器与三维风速仪距离增加,传感器 CO_2 浓度与对应时刻垂直风速的相关关系逐渐降低,基于物联网的碳通量结果准确度逐渐降低。除采样频率外,传感器间距也能够造成涡动相关对 CO_2 通量的低估(梁捷宁,2014)。在传感器采样频率为 6 s/次,贴近三维风速仪时,碳通量结果能够表现出日周期变化特点,具有一定的准确性。将传感 CO_2 数据代替开路系统 CO_2 数据,与三维风速仪配合,在一定条件下可实现碳通量有效计算,证明"虚拟通量塔"技术可行。今后随传感器观测精度、采样频率等硬件条件的改进,"虚拟通量塔"将具有更高的观测精度,发挥其布设灵活的特点,能够实现森林不同位置的碳通量观测,为揭示森林内部碳通量结构做出重要贡献。

5.3.2 基于物联网数据和空气动力学法的碳通量估算

5.3.2.1 空气动力学原理

空气动力学方法是指通过描述近地层气流的动力学特征,来解释各种能量和物质输送物理过程的微气象学方法(于贵瑞,2006),是一种重要的通量观测方法。根据空气动力学原理,森林冠层以上 CO_2 通量(F_c)可由 CO_2 浓度和风速的垂直梯度表达,由以下公式计算 (Verma *et al.*,1975;Rosenberg *et al.*,1976):

$$\frac{\partial c}{\partial z} = -F_c \varphi_c \ / \ \rho_c ku*(z-d)K_c \ / \ K_m \tag{5.9}$$

由式(5.9)可得

$$F_c = -\rho_c k^2 (z-d)^2 \frac{\partial c}{\partial z}\frac{\partial u}{\partial z}K_c \ / \ K_m (\varphi_m \varphi_c)^{-1} \tag{5.10}$$

或

$$F_c = -\rho_a u*^2 \frac{\partial c}{\partial u}K_c \ / \ K_m \varphi_m \varphi_c^{-1} \tag{5.11}$$

式中,$\frac{\partial c}{\partial z}$、$\frac{\partial u}{\partial z}$ 分别为 CO_2 浓度和平均风速的梯度;$u*$ 为摩擦速度;d 为零平面位移;k 为 Ven Karman 常数(一般为 0.4);ρ_c 是 CO_2 气体体积转化为比重的系数(1.83×10^{-6} kg·m^{-3});ρ_a 为大气密度($1.2897 - 0.0049$T)(kg·m^{-3});z 是有效高度;φ_c、φ_m 分别是 CO_2 和动量的无量纲稳定度函数;K_c 和 K_m 是 CO_2 气体和动量的湍流交换系数(刘树华和麻益民,1997),取 $K_c \ / \ K_m = \varphi_m / \varphi_c$。大气层结条件的稳定度会对通量的计算造成影响,空气动力学法采用了稳定度订正函数,提高冠层碳通量准确度(张永强等,2011)。

无量纲稳定度函数可由 Richardson 数 Ri 求得(于贵瑞,2006),

$$Ri = g\left(\frac{\partial \theta}{\partial z} + \gamma_d\right)\theta^{-1}\left(\frac{\partial u}{\partial z}\right)^{-2} \tag{5.12}$$

式中,g 是重力加速度(9.8 m·s^{-2});$\frac{\partial \theta}{\partial z}$ 是平均温度的梯度;γ_d 为干绝热递减率(0.00976 ℃·m^{-1})。该方法能对森林大气稳定度做出合理的评价(杨振等,2008)。稳定度函数采用 Pruitt 等给出的关系式(Pruitt *et al.*,1973):

$$\varphi_m = \begin{cases} (1-16Ri)^{-1/3} & Ri \leqslant 0 \\ (1+16Ri)^{-1/3} & Ri \geqslant 0 \end{cases} \tag{5.13}$$

$$K_c/K_m = \begin{cases} 1.13\,(1-60Ri)^{0.074} & Ri \leqslant 0 \\ 1.13\,(1+95Ri)^{-0.11} & Ri \geqslant 0 \end{cases} \tag{5.14}$$

式中, $Ri \leqslant 0$ 为大气不稳定层结; $Ri \geqslant 0$ 为大气稳定层结。变量 u, θ, c 的梯度用以下差分方程计算:

$$\frac{\partial \psi}{\partial z} = (\psi_1 - \psi_2)/(\sqrt{z_1 z_2} \ln(z_1/z_2)) \tag{5.15}$$

ψ 为廓线变量, z_1 和 z_2 为观测高度(陈步峰等,2001a)。

5.3.2.2　物联网数据的碳通量估算

如前文所述,在安吉研究区的通量塔 2 m、7 m、11 m、17 m、23 m、30 m 和 38 m 七层高度上分别布置温湿度和 CO_2 传感器,进行垂直梯度观测。其中 2 m 高度位于近地面层,7 m、11 m、17 m 分别位于林冠下边缘、林冠中部、林冠上边缘,23 m、30 m、38 m 均位于林冠层以上。为保证数据的准确性,避免天气原因造成的数据偏差,研究中选择多天晴朗天气的观测数据作为基础,求其观测数据及碳通量的多天平均值作为最终结果。

将观测数据代入空气动力学通量计算方法中,并借用通量塔上各层对应高度对应时间的风速数据,计算各层碳通量。结果表明,垂直高度的碳通量具有明显的梯度差异(见图 5.12)。2~7 m 近地面层碳通量呈现全天正值状态,且白天正通量高,最高值在上午 11 点左右,夜间正通量低。近地面层的碳通量主要表示土壤和植被树干的呼吸作用以及地表矮小植被的光合和呼吸作用。其余各层通量日变化均呈现白天为负值、夜间为正值的

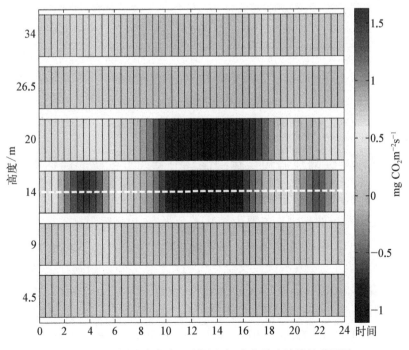

图 5.12　不同垂直高度上利用空气动力学法计算的碳通量

特征,白天负通量最大值出现在中午 12 点左右,夜间正通量最大值出现在凌晨 4 点。位于植被冠层内部的 11 m～17 m 和近冠层上边缘的 17 m～23 m 碳通量日变化振幅较大,因受到植被冠层光合和呼吸作用的影响较大,呈现白天较大的向下通量和夜间较大的向上通量。这两层白天的碳通量值相似,夜间位于冠层内部高度的碳通量最大。在植被冠层上部的大气中,随着高度的增加,碳通量日变化范围逐渐减小。森林生态系统中影响 CO_2 通量变化的主要来源为植被冠层的光合和呼吸作用等生态过程,其次为土壤呼吸和植物树干呼吸。

将各垂直高度的碳通量计算结果与开路系统涡动相关法计算的生态系统碳通量相比较,植被冠层以上 17 m～30 m 高度碳通量与涡动通量一致性较好(见图 5.13),线性回归方程的斜率为 1.26,决定系数 R^2 为 0.90。空气动力学法通量结果略偏高,尤其夜间偏高严重,该现象可能因为夜间大气层结条件稳定,空气湍流不充分,大气 CO_2 存在堆积现象,导致了空气动力学方法结果偏高(姚玉刚等,2012;谭正洪等,2008)。

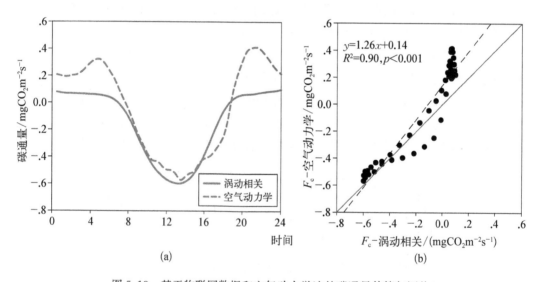

图 5.13 基于物联网数据和空气动力学法的碳通量估算与评价

5.3.3 基于物联网数据和森林碳循环分室模型的碳通量估算

5.3.3.1 森林碳循环分室模型

自然森林生态系统的碳收支主要由植物光合吸碳、植物呼吸排碳以及土壤呼吸排碳三部分组成。将不同的碳收支分量视为碳循环过程中不同分室(Compartment),则森林生态系统碳收支可表示为:森林碳收支量=植物光合固碳量-植物呼吸释碳量-土壤呼吸释碳量,即森林碳循环分室模型(Compartment Model of Carbon Cycle in forest Ecosystem)(Hiroyuki Muraoka & hiroshi koizumi, 2009)。在生态系统尺度,植物光合固碳量为总初级生产力(Gross Primary Productivity,GPP),植物呼吸(Vegetation Respiration,Rv)和土壤呼吸(Soil Respiration,Rs)合计为生态系统呼吸(Ecosystem

Respiration，Re)，森林碳收支量即为净生态系统生产力(Net Ecosystem Productivity，NEP)。

5.3.3.2　碳收支分量与环境因子的关系

根据本研究仪器条件，碳收支各分量的观测与计算方式有所差异。对于植物光合，利用涡动相关系统观测的碳通量(NEE)拆分得到的 GPP，代表冠层光合固碳分量；对于植物呼吸，利用 Li‐6400 观测的植物叶片暗呼吸，代表叶片呼吸速率，并根据叶面积指数计算叶片呼吸分量；对于土壤呼吸，可利用 Li‐8100 观测土壤呼吸速率，计算得到土壤呼吸分量。

1) 植物冠层光合

植物光合能力主要受到光照强度、大气温度、湿度、CO_2 浓度，以及臭氧浓度、风速、酸雨和矿物质营养等影响(Monteith et al.，1995；Pritchard et al.，2000；李国栋等，2008)。为实现传感观测数据对植物光合作用的估算，本研究主要考虑温度、湿度、CO_2 浓度三种环境因子与 GPP 的关系。

研究表明，晴朗天气日周期内 CO_2 浓度的变化幅度与植物光合作用具有较强相关性(Chen et al.，2008)，温度变化幅度也具有相似的作用。因此本研究分析日周期内温度、湿度、CO_2 浓度的白天距平值(ΔT、ΔRH 和 ΔCO_2)与森林 GPP 的关系。结果显示，GPP 与 ΔT 呈显著正相关，GPP 与 ΔCO_2 呈显著负相关，与 ΔRH 无显著相关关系。

通过相关关系分析，选择与 GPP 显著相关的 ΔT 和 ΔCO_2 作为模拟冠层光合分量的环境因子。参考已有研究，利用常用的回归模型为多元一次回归模型和多元二次回归模型进行拟合，选择最优拟合模型。安吉毛竹林植物光合数据与对应时间温度、CO_2 浓度多元回归结果，多元二次模型拟合效果较好，决定系数 R^2 为 0.58。

2) 植物叶片呼吸

由于多时相植物枝干的呼吸作用观测困难，本研究中植物地上部分呼吸仅考虑叶片呼吸，影响叶片呼吸作用的主要因素包括叶片性状及环境因子。其中，叶片性状包括植物种类、气孔导度、植物年龄、叶片叶绿素含量等，环境因子包括大气温度、湿度、光照强度、CO_2 浓度以及臭氧浓度、风速、酸雨和矿物质营养等。

建立呼吸速率与对应时间参比室环境因子的关系。结果显示，叶片呼吸速率与温度的正相关性最强。通过相关关系分析，选择温度作为模拟叶片呼吸速率的环境因子。利用线性模型、幂函数模型、二次函数模型和一次指数模型分别对温度和叶片呼吸速率进行拟合，选择最优拟合模型。安吉毛竹林叶片呼吸数据与对应时间温度一元回归分析结果，二次函数模型拟合效果最好，决定系数 R^2 为 0.75。在低温时，随温度升高叶片细胞活性增强，叶片呼吸速率加快；达到最适温度时，叶细胞活性最强，呼吸速率最高；超出最适温度后，高温会抑制叶片细胞活性，叶片呼吸速率进入平缓甚至下降。本研究中，结果显示研究区温度范围未超过最适温度，增温会加速促进叶片细胞活性，因此用一次指数模型能够较好地反映叶片呼吸速率随温度上升的趋势。

3) 土壤呼吸

土壤呼吸速率的影响因素众多，其中植被覆盖类型的差异是重要的影响因素之一。

杜丽君等(2006)研究了水田、旱地、林地、果园四种土地利用方式下的土壤CO_2排放量,结果差异显著。除此之外,土壤呼吸还受到温度、湿度等环境因子以及土壤性质、土壤含水量、微生物含量等土壤特性的影响(刘绍辉等,1998;Davidson *et al.*,1998)。

分析安吉土壤呼吸与近地表的温度、湿度、CO_2浓度的相关性。土壤呼吸速率与温度间存在显著的正相关关系,而湿度与CO_2浓度变化对土壤呼吸速率无显著影响。通过相关关系分析,选择温度作为模拟土壤呼吸速率的环境因子。利用线性模型、幂函数模型、二次函数模型和一次指数模型分别对地表温度和土壤呼吸速率进行拟合,选择最优拟合模型。安吉毛竹林土壤呼吸数据与对应时间地表温度一元回归分析结果,二次函数模型拟合效果最好,决定系数R^2为0.88。以上模型能够在一定温度范围较好地反映土壤呼吸速率随温度上升的趋势。

5.3.3.3 物联网数据的碳通量估算

根据上述最优模拟方程,利用连续观测的物联网数据估算森林碳收支分量或生态指标。利用物联网观测的植被冠层CO_2浓度数据和温度数据估算植物GPP,利用冠层温度数据估算植被叶片呼吸速率,利用近地表温度数据估算土壤呼吸速率。获取8个观测点的植物GPP、叶片呼吸速率和土壤呼吸速率,结合叶面积指数,利用森林碳循环分室模型计算各观测点碳收支量。为消除瞬时误差的影响,将各观测点碳收支结果取多天日平均值。

利用传感器观测的环境因子数据进行碳通量估算,并于同步的涡动相关系统的碳通量观测结果进行比较,如图5.14所示。结果表明物联网数据模拟结果在晴朗天气中能够表现碳通量日变化特征,二者线性回归方程决定系数R^2为0.85,斜率k为1.25。因为环境因子与植物生态指标的统计关系是建立在日尺度基础上的,该方法可较好的估算碳通量的日总量,但对瞬时通量捕捉的能力相对较弱。

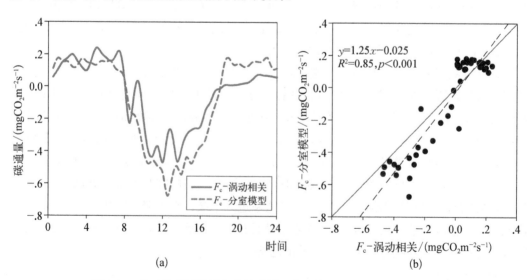

图5.14 基于物联网数据和森林碳循环分室模型的碳通量估算与评价

5.3.4　小结

本章主要探讨不同碳通量计算方法在物联网数据估算森林生态系统碳通量中的适用性，包括涡动相关法、空气动力学法和森林碳循环分室模型。结果如下：对于涡动相关算法，随着 CO_2 浓度和对应风速采样频率的降低，通量估算偏差增大。当 CO_2 浓度传感器与三维风速仪位于同一位置时，利用传感器最高采样频率的 CO_2 浓度和对应时间垂直风速计算的碳通量，结果具有较好准确性。利用传感器观测的环境因子垂直梯度和空气动力学法估算碳通量，结果表明植被冠层以上 17～30 m 高度的碳通量与涡动通量一致性较好，但估算结果略偏高，尤其是夜间。建立环境因子与森林碳收支分量的拟合关系，表明森林 GPP 与冠层 CO_2 浓度和温度的日周期距平值具有较好的相关性，叶片、土壤呼吸速率与温度的具有较好相关性；利用传感数据观测的环境因子和森林碳循环分室模型估算碳通量，结果能够表现碳通量水平日变化特征，但对碳通量的细节变化捕捉能力相对较弱。

5.4　物联网监测毛竹林垂直和水平的碳足迹动态

在安吉毛竹林实验区开展传感器垂直和水平布设实验，利用校正后的温度、湿度、CO_2 浓度传感观测数据和适用于物联网数据的碳通量估算方案，包括空气动力学法和森林碳循环分室模型，进行森林生态系统林冠以上和林内碳通量估算，模拟垂直与水平方向碳通量格局。

5.4.1　垂直方向碳收支特征

5.4.1.1　环境因子垂直变化

安吉毛竹林的环境因子在垂直方向上存在明显差异。不同高度安吉夏季和冬季温度的日周期变化如图 5.15 所示。夏季温度较高，日温差范围在 19.3～24.8℃，冬季温度较低，日温差范围为 -0.3℃～5.6℃，夏季的日较差略大。两季均呈现白天高温、夜间低温的日周期特点，夏季最高温出现在下午 12:00～13:00 之间，冬季最高温在 14:00～15:00之间。各高度的昼夜差异性也类似，均呈现白天冠层(7～17 m)温度最高，其次为近地层(2～7 m)，再次为林冠以上(17～38 m)。夜间近地层温度最低，冠层次之，林冠以上温度最高。这些现象与白天太阳辐射及夜间大气逆辐射对冠层和近地面的影响有关。

图 5.16 为毛竹林不同季节空气相对湿度的垂直梯度，表现为夏季相对湿度高，冬季相对湿度低，日均值变化范围分别为 65%～96% 和 36%～66%，日较差分别为 16% 和 30%。两季均呈现白天湿度低，夜间湿度高的特点。夏、冬两季最低湿度分别出现在 11:00～12:00 和 15:00。近地层 2 m 和 7 m 高度全天湿度较低，较之林冠层，近地层湿度夏季低 7.8%，冬季低 5.7%。这可能是由于毛竹林冠层高度一致，且林冠下层其他种类

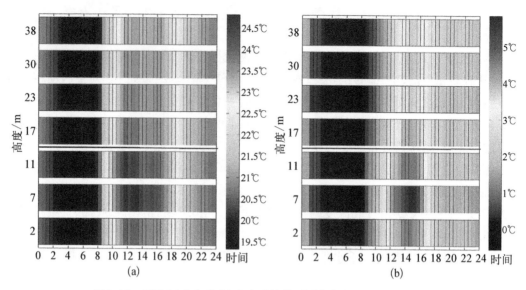

图 5.15　夏季(a)和冬季(b)安吉毛竹林不同高度的温度日变化特征

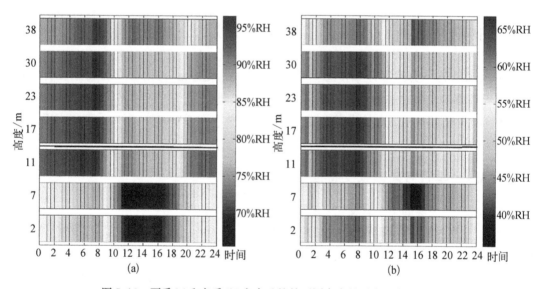

图 5.16　夏季(a)和冬季(b)安吉毛竹林不同高度的湿度日变化特征

植被很少,只有少量草本植物,因此在冠层高度形成较密闭屏障,阻止了湿热空气传输。冠层 11 m 至林上 30 m 湿度相近且较高,38 m 高度湿度较低。总体而言,近地层湿度最低,林冠和林冠上层白天湿度相似,夜间冠层较高。

毛竹林冬季风速整体略大于夏季,近地面层风速呈现白天高夜间低的特点,垂直高度差异明显(见图 5.17)。夏季毛竹枝叶茂密,林冠层 7 m 和 11 m 高度风速小于近地层。冬季叶片量减少,11 m 高度风速高于近地层。夏季风速均值为林冠上层 2.0 m/s>近地层 0.6 m/s>林冠层 0.3 m/s。冬季风速均值为林冠上层 2.4 m/s>林冠层 0.8 m/s>近地层 0.7 m/s。其中 7 m 高度风速均为最低。

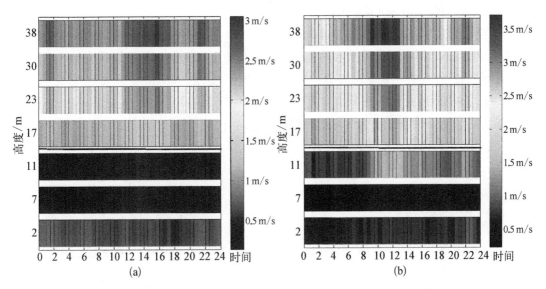

图 5.17　夏季(a)和冬季(b)安吉毛竹林不同高度的风速日变化特征

安吉夏、冬季各高度 CO_2 浓度具有明显的白天浓度低、夜间浓度高的日变化特点(见图 5.18)。白天植被冠层是光合作用最集中的高度,因此冠层 CO_2 浓度最低,其次为近地层,植被林冠以上大气 CO_2 浓度较高。夜间土壤和植物呼吸作用释放的 CO_2 在林下堆积,近地层 CO_2 浓度最高,林冠层次之,林冠以上 CO_2 浓度较低。夏季白天各高度 CO_2 浓度差异较小,夜间各高度 CO_2 浓度差异较大,可达 40 ppm。这主要由于夏天森林光合和呼吸作用都较强,夜间各层温度梯度差异不明显,林内大气环境相对稳定,呼吸释放 CO_2 在林下堆积量大,造成不同高度的明显差异;白天各层之间温度差较大,加速空气流动与混合,植物光合吸收 CO_2,各高度 CO_2 浓度均明显下降,且高度差异较小。冬季日夜各高度间差异均较小。

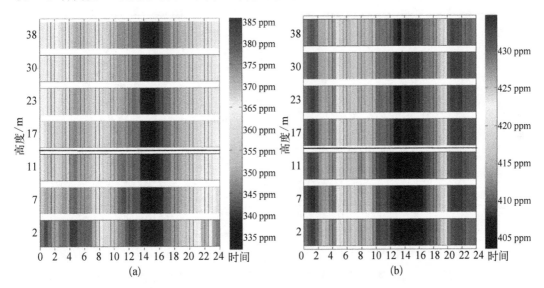

图 5.18　夏季(a)和冬季(b)安吉毛竹林不同高度的 CO_2 浓度日变化特征

5.4.1.2 垂直方向碳通量估算

利用空气动力学法计算安吉毛竹碳通量,上下两层垂直梯度高度分别为林冠上边缘的 17 m 和 30 m。将空气动力学法的碳通量结果与同步的涡动相关系统观测的生态系统碳通量相比较,结果表明夏季两者线性归回分析的斜率为 1.48,决定系数 R^2 为 0.70(见图 5.19)。冬季两者线性归回分析的斜率为 1.56,决定系数 R^2 为 0.76(见图 5.20)。空气动力学法通量结果普遍表现为估算结果偏大,尤其在夜间,该现象可能由于空气湍流不充分,大气 CO_2 在林内存在堆积现象导致。

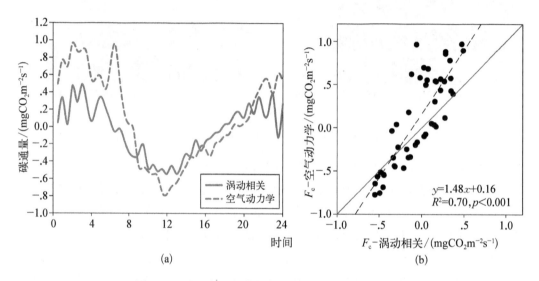

图 5.19　基于物联网数据和空气动力学法的夏季安吉
毛竹林碳通量估算(a)及精度验证(b)

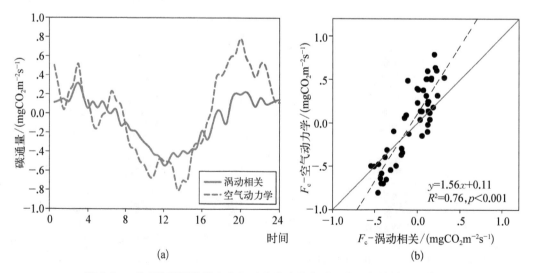

图 5.20　基于物联网数据和空气动力学法的冬季安吉毛竹林碳通量估算

5.4.2　水平方向碳收支特征

5.4.2.1　输入数据

安吉毛竹林内夏季与冬季不同观测点温度平均日变化特征与空间异质性如图 5.21所示。日变化特征为显著的白天高温、夜间低温,且夏季温度大于冬季。夏季开始增温的时间点较早,约在上午 7:00～8:00,冬季约在上午 8:00～9:00,夏季开始降温的时间点较晚,约在下午 18:00,冬季约在下午 17:00。夏季的温度空间差异均大于冬季,且白天温度差异较大,夜间温度差异较小,两季均在 8:00 之后出现温度最大空间差异。

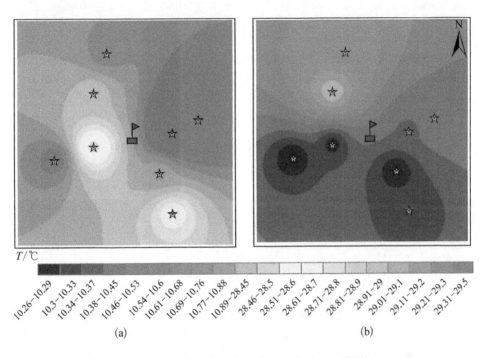

图 5.21　夏季(a)与冬季(b)安吉毛竹林通量塔周围
传感器观测点的温度日均值空间差异

安吉毛竹林林内空间湿度呈现白天湿度低、夜间湿度高的特点(见图 5.22),夏季湿度高于冬季。夏季林内的湿度空间差异大于冬季,且白天湿度的空间差异较大,夜间湿度的空间差异小。这与夏季多雨且天气变化快有关。

安吉毛竹林内夏季与冬季不同观测点 CO_2 浓度平均日变化特征和空间差异如图 5.23所示。两个季节 CO_2 日均值均呈现白天低夜间高的特点。对于白天时段,夏季 CO_2 浓度小于冬季;在夜间时段,夏季 CO_2 浓度大于冬季,表明夏季 CO_2 浓度日变化幅度较大,这与夏季森林碳交换量强度较大有关。夏季 CO_2 浓度的空间差异大于冬季,且白天的空间差异大于夜晚。

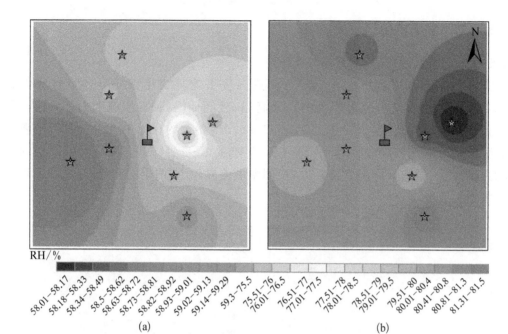

RH/%

(a)   (b)

图 5.22 夏季(a)与冬季(b)安吉毛竹林通量塔周围
传感器观测点的湿度日均值空间差异

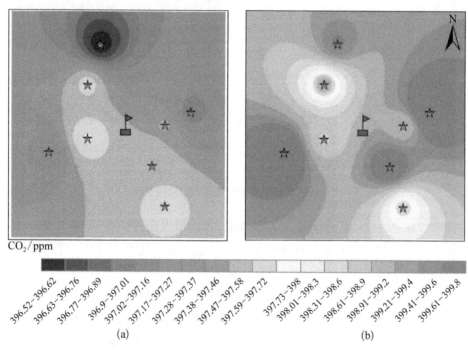

CO₂/ppm

(a)   (b)

图 5.23 夏季(a)与冬季(b)安吉毛竹林通量塔周围
传感器观测点的 CO₂ 浓度日均值空间差异

5.4.2.2　空间通量差异及结果验证

利用毛竹林林内近地层和冠层的传感观测数据,基于森林生态系统碳循环分室模型计算林内各观测点的碳通量,将各个观测点的碳通量结果取均值,代表毛竹林生态系统的总碳通量结果。夏季与冬季林内空间均呈现白天为碳汇、夜间为碳源的日变化特征,且夏季碳通量变幅幅度较大。夏季白天最高碳汇能力约是冬季最高碳汇能力的1.5倍,夏季的空间差异性较大,冬季较小。图5.24为冬夏两季林内碳通量日均值的空间差异性。

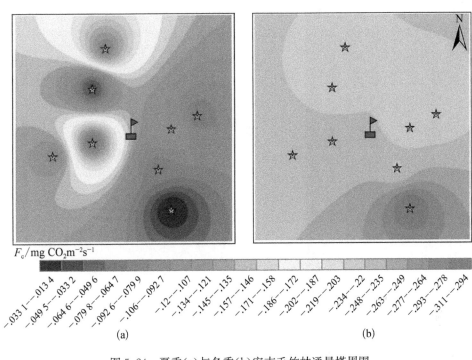

图 5.24　夏季(a)与冬季(b)安吉毛竹林通量塔周围
传感器观测点的碳通量日均值空间差异

5.4.3　小结

本章中,主要完成利用物联网数据进行毛竹林生态系统碳收支垂直与水平分布的研究。首先,通过在安吉实验区布设垂直方向和水平方向传感器,获取不同季节的环境因子监测数据;然后利用前面章节结果中的温度、湿度、CO_2浓度传感观测数据的校正方法及适用于物联网数据的碳通量估算模型,对安吉毛竹林生态系统进行林冠上和林内碳通量估算,模拟垂直与水平空间碳收支分布。

毛竹林生态系统环境因子的垂直梯度:夏季温、湿度垂直梯度差异大于冬季,不同高度风速差异主要由于森林下垫面植被对风的阻挡作用差异造成;夏季各高度之间 CO_2 浓度差异在白天较小,夜间较大,冬季各高度 CO_2 浓度差异较为均一。利用环境因子梯度数据和空气动力学法计算夏季和冬季毛竹林林冠上缘碳通量,与同步涡动相关通量观测结果相比,精度较高。

毛竹林生态系统环境因子的水平空间异质性:夏季林内温度和湿度的空间差异大于冬季,且夜间温度和湿度的空间差异小于白天;夏季 CO_2 浓度的水平空间差异大于冬季,白天的空间差异大于夜间。利用林内近地和冠层物联网数据和森林生态系统碳循环分室模型计算林内各观测点的碳通量,林内碳通量的空间差异主要出现在白天,且夏季的空间差异性较大。

第6章
竹林生理生态特征

　　碳素营养是植物的生命基础,这是因为,植物体的干物质中 90% 以上是有机化合物,而有机化合物都含有碳素(约占有机化合物质量的 45%),使得碳素成为植物体内含量较多的一种元素;其次,碳原子是组成所有有机化合物的主要骨架(王宝山,2007;潘瑞炽,2008)。碳素进入生态系统的途径最主要的是绿色植物的光合作用,即绿色植物利用光能,吸收 CO_2 等无机物,在叶绿体中转化为糖类等有机物,并释放出 O_2 的过程。其固定的能量直接支持着植物的生长并产生动物和土壤微生物所需的有机物。此外,光合作用研究的历史悠久,合成的碳水化合物最多,维持着大气中 CO_2 和 O_2 的平衡,与人类的关系也最密切,是地球上生命存在、繁荣和发展的根本源泉,所以人们称之为"地球上最重要的化学反应"。

　　叶片是进行光合作用的主要器官,而叶绿体是进行光合作用的主要细胞器。净光合作用是在叶片水平上测得的净碳获得的速率,它是同时进行的 CO_2 固定和叶片在光下呼吸(包括光呼吸和线粒体呼吸)之间的平衡。在低光照的最适条件下,光能转变为糖的总效率约为 6%,但在大多数野外条件下仅约 1%(Chapin et al,2005(李博等译))。另外,植物的光合用作还决定着其所在生态系统的碳源/汇作用,使得植物光合生理的研究尤为重要。竹林在我国分布面积较大,尤其是毛竹(*Phyllostachys edulis*)和雷竹(*Phyllostachys praecox*),在浙江一带为主要经济竹种,种植广泛,本章将以浙江安吉的毛竹林和临安太湖源的雷竹林为对象来介绍竹林的光合生理。

6.1　毛竹光合生理特征

6.1.1　P_n对 *PAR* 的光响应研究

6.1.1.1　各月 P_n 对 *PAR* 的光响应

　　图 6.1 为 2014 年 10 月—2015 年 9 月(无 2 月)毛竹叶片净光合速率 P_n 与 *PAR* 的响应曲线,其拟合参数结果如表 6.1 所示。可知,各月净光合速率与 *PAR* 呈极显著的响应关系,拟合系数 R^2 均高于 0.96,且曲线变化规律性较强,即当光照强度为 0 时,叶片只存

在呼吸作用,其净光合作用为负值;之后,在一定范围内,叶片的净光合速率随着光照强度的增强而线性增大,由负值慢慢转为正值,且净光合速率为0时对应的光照强度为光补偿点;当净光合速率达到最大值时,随着光照强度的进一步增大,毛竹叶片维持在最大净光合速率不再增加,甚至表现出一定的"光抑制"现象,过程中存在着光饱和点,且2014年10月和翌年6—9月相对较高。具体来说,2014年12月—2015年5月的曲线变化趋势较为相似,当光照强度低于300 μmol·m^{-2}·s^{-1}时,叶片净光合速率与光照强度呈正相关变化,受低温和光照较低的影响,1月份的最大净光合速率最低;而2014年10月和2015年6—9月的最大净光合作用明显高于其他各月,7月最高。同时,由表6.1可知,研究时间段内各月暗呼吸速率在0.007~0.040 mg·m^{-2}·s^{-1}间波动,最小值在12月,最大值在7月,而各月表观量子效率在0.001~0.003 mg·μmol^{-1}间波动,差别不大。

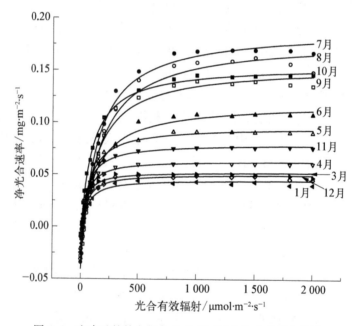

图6.1 安吉毛竹林全年各月 P_n 与 PAR 的响应拟合曲线

表6.1 安吉毛竹林全年各月 P_n 与 PAR 的响应拟合参数

时 间	光 合 参 数			R^2
	表观量子效率/ mg·μmol^{-1}	最大净光合速率/ mg·m^{-2}·s^{-1}	暗呼吸速率/ mg·m^{-2}·s^{-1}	
2014-10	0.002	0.163	0.023	0.99
2014-11	0.002	0.092	0.012	0.99
2014-12	0.003	0.084	0.007	0.98
2015-01	0.002	0.075	0.009	0.96
2015-03	0.002	0.076	0.013	0.98

（续表）

时　间	光 合 参 数			R^2
	表观量子效率/ mg · μmol^{-1}	最大净光合速率/ mg · m^{-2} · s^{-1}	暗呼吸速率/ mg · m^{-2} · s^{-1}	
2015 - 04	0.001	0.088	0.014	0.99
2015 - 05	0.003	0.120	0.023	0.99
2015 - 06	0.003	0.137	0.027	0.98
2015 - 07	0.002	0.231	0.040	0.99
2015 - 08	0.001	0.216	0.035	0.99
2015 - 09	0.002	0.188	0.033	0.99

　　然而，与 5 月相比较，6 月的净光合速率并没有迅速升高，主要是因为 6 月为梅雨季节，阴雨天较多，降雨量较大，光照强度减弱，而 6 月底出梅，至 7 月时，光照迅速增强，温度快速升高，使得 7 月毛竹的光合能力迅速升高。另外，2015 年为毛竹生理大年，5、6 月，也是竹笋长成成竹过程中新竹抽叶的时间，随着毛竹叶片的完全展开，水热条件的适宜，至 7 月时，毛竹具有较高的光合能力。表明毛竹叶片在测量时间段内表现出明显的季节变化，夏季最高，而冬季最低。

6.1.1.2　各季节 P_n 对 PAR 的光响应

　　表 6.2 为 2014 年 10 月至 2015 年 9 月（无 2 月）全年各季节毛竹叶片净光合速率 P_n 与 PAR 响应曲线的拟合参数。可知，各季节最大净光合速率和暗呼吸速率均呈先升高后降低的变化规律，其中最大净光合速率的变化范围为 0.080～0.195 mg · m^{-2} · s^{-1}，而暗呼吸速率在 0.017～0.031 mg · m^{-2} · s^{-1} 间波动，两者均表现为冬季最低，夏季最高。各季节表观量子效率在 0.001～0.003 mg · μmol^{-1} 间波动，差别不大。

表 6.2　安吉毛竹林全年各季节 P_n 与 PAR 的响应拟合参数

时　间	光 合 参 数		
	表观量子效率/ αmg · μmol^{-1}	最大净光合速率/ mg · m^{-2} · s^{-1}	暗呼吸速率/ mg · m^{-2} · s^{-1}
春季	0.002	0.094	0.023
夏季	0.001	0.195	0.031
秋季	0.002	0.147	0.027
冬季	0.003	0.080	0.017

6.1.1.3　全年 P_n 对 PAR 的光响应

　　图 6.2 为 2014 年 10 月—2015 年 9 月（无 2 月）全年毛竹叶片净光合速率 P_n 与 PAR 的响应曲线，可知，毛竹叶片年最大净光合速率为 0.130 mg · m^{-2} · s^{-1}，暗呼吸速率为

$0.023\ \text{mg} \cdot \text{m}^{-2} \cdot \text{s}^{-1}$,表观量子效率为 $0.002\ \text{mg} \cdot \mu\text{mol}^{-1}$,但是因为毛竹换叶时间(存在大小年)的不一致,整个生态系统中存在着老叶和新叶并生的情况,拟合得到的数值可能会低估其净光合作用。总之,毛竹的光合能力相对较强,具有较高的碳吸收能力(孙成,2013;杨爽,2012),对毛竹林生态系统的碳汇作用有着重要的意义。

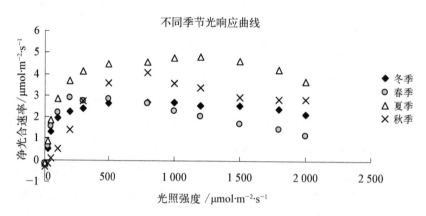

图 6.2　安吉毛竹林全年 P_n 与 PAR 的响应拟合曲线

此外,黄真娟(黄真娟,2014)通过研究发现,毛竹叶片净光合速率的日变化在不同生长季节里基本呈现两种曲线变化,即单峰型(冬季)和双峰型(春季、夏季和秋季),且净光合速率平均值表现出明显的季节变化,由大到小依次为夏季、秋季、春季和冬季。

6.1.2　安吉毛竹林生态系统 CO_2 通量的月变化特征

6.1.2.1　各月 NEE 对 PAR 的响应

如前所述,NEE 与 PAR 有着显著的负相关关系,而这种关系可以通过 Michaelis-Menten 方程来描述和体现。就 2014 年 10 月至 2015 年 9 月(无 2 月)白天($PAR \geqslant 2\ \mu\text{mol} \cdot \text{m}^{-2} \cdot \text{s}^{-1}$)的 NEE 对 PAR 的响应曲线进行拟合,结果如图 6.3 所示,所得拟合参数结果如表 6.3 所示。可知,12 月和 1 月曲线比较接近,NEE 最大值较低,所对应的光照强度也低;其他月份的 NEE 数值相对较高,尤其是 10、7 和 8 月。可见冬季的光照强度弱,日照时间短,环境温度低,毛竹林吸收 CO_2 的能力也相应减弱,随着春夏季的到来,光照强度逐渐增加,温度逐渐升高,毛竹林吸收 CO_2 的能力也逐渐增强。

表 6.3　安吉毛竹林全年各月 NEE 与 PAR 的响应拟合参数

时　间	光　合　参　数			R^2
	表观量子效率 $\alpha_1 / \text{mg} \cdot \mu\text{mol}^{-1}$	最大净光合速率 $P_{m_1} / \text{mg} \cdot \text{m}^{-2} \cdot \text{s}^{-1}$	暗呼吸速率 $R_e / \text{mg} \cdot \text{m}^{-2} \cdot \text{s}^{-1}$	
2014 - 10	0.001	1.266	0.196	0.96
2014 - 11	0.001	0.904	0.084	0.90
2014 - 12	0.002	0.608	0.069	0.94

（续表）

时　间	光　合　参　数			R^2
	表观量子效率 $α_1$ / mg · μmol⁻¹	最大净光合速率 P_{m_1} / mg · m⁻² · s⁻¹	暗呼吸速率 R_e / mg · m⁻² · s⁻¹	
2015 - 01	0.002	0.543	0.067	0.90
2015 - 03	0.002	0.579	0.096	0.97
2015 - 04	0.001	0.906	0.157	0.97
2015 - 05	0.001	1.011	0.229	0.95
2015 - 06	0.001	1.008	0.265	0.93
2015 - 07	0.001	1.889	0.296	0.97
2015 - 08	0.001	1.661	0.255	0.96
2015 - 09	0.002	1.328	0.246	0.95

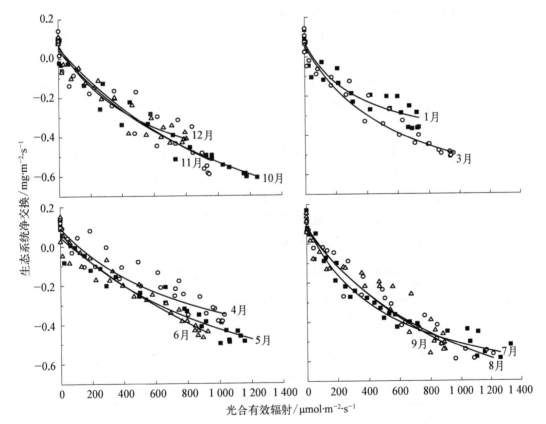

图 6.3　安吉毛竹林全年各月 NEE 与 PAR 的响应拟合曲线

　　毛竹林生态系统全年不同月份白天 NEE 与 PAR 值的拟合关系较好，拟合系数 R^2 均高于 0.9。从 2014 年 10 月到 2015 年 9 月，各月最大净光合速率总体表现出先降低后升高再降低的变化趋势，在 0.543～1.889 mg · m⁻² · s⁻¹ 间变化，1 月最低，7 月最高；各月暗呼吸速率表现出与最大净光合速率一致的变化趋势,在 $0.067\sim0.296$ mg $\cdot$ m^{-2} $\cdot$ s^{-1} 范围内波动,受温度和水分的影响,1 月最低,7 月最高。2014 年 11 月至次年 3 月期间,两者均偏低,主要是因为植物的光合和呼吸跟环境因子着密切关系,冬季和早春时节的光照强度低,日照时间段,温度较低,植物的生理活动较弱,光合和呼吸速率也相应较低,之后随着温度的升高,毛竹的光合和呼吸速率逐渐增大。表观量子效率的变化规律较差,在 $0.001\sim0.002$ mg $\cdot$ μmol^{-1} 间波动,变化微小,12—3 月相对较高,而 4—8 月相对偏低,表明光照强度较弱时,毛竹的光合作用也较弱,但是毛竹的初始光能利用率反而较高,能捕获更多的光能进行光合作用,从而维持自身的生长;相应地,外界光照强度较大时,毛竹的光合作用较强,但是初始光能利用率却相对降低,因为此时有多余的光能供利用。

6.1.2.2 月光合参数的比较

测定毛竹的叶面积指数(LAI),并计算与叶片最大净光合速率 Pm_2 和暗呼吸速率 Rd 的乘积,得到毛竹冠层的最大净光合速率 $Pm_2 \times LAI$ 和暗呼吸速率 $Rd \times LAI$,再与拟合碳通量光响应曲线($NEE-PAR$)得到的冠层最大净光合速率 Pm_1 和 Re 比较(见表 6.4)。结果显示,毛竹全年各月的叶面积指数变化较小,7—9 月偏高,因为有新竹产生,且 7—9 月是主要的生长季。两种测量方法得到的冠层最大净光合速率数值比较接近,差值在 $0.005\sim0.272$ mg $\cdot$ m^{-2} $\cdot$ s^{-1} 范围内,同时具有相似的变化规律,均在 1 月最低,7 月最高;全年除了 12、8 和 9 月 $Pm_2 \times LAI$ 高于 Pm_1 外(分别高出 0.8%、2.7% 和 11.8%),其余各月均较低;就冠层暗呼吸速率而言,数值变化也较小,差值在 $0.001\sim0.067$ mg $\cdot$ m^{-2} $\cdot$ s^{-1} 间波动,均表现为 7 月最高,但 1 月 Re 最低,而 12 月 $Rd \times LAI$ 最低。除了 11、7、8 和 9 月外,其余各月的 $Rd \times LAI$ 均低于 Re(11、7、8 和 9 月略高于后者的 4.3%、5.4%、8.4% 和 6.0%),主要是受到土壤呼吸、凋落物或土壤微生物呼吸因素以及温、湿度的影响。比较表 6.1 和表 6.2,两种方法得到各月的表观量子效率相差 $0\sim$ 0.002 mg $\cdot$ μmol^{-1},差异较小,表明两种方法测定的结果具有一定的吻合度。此外,环境 CO_2 浓度对冠层表观量子效率也有重要影响(宋海清等,2008)。

表 6.4 两种测量方法得到的各月最大净光合速率和暗呼吸速率比较

时　间	叶面积指数 LAI/m^2 $\cdot$ m^{-2}	$Pm_2 \times LAI$/ mg $\cdot$ m^{-2} $\cdot$ s^{-1}	$Rd \times LAI$ / mg $\cdot$ m^{-2} $\cdot$ s^{-1}	Pm_1/ mg $\cdot$ m^{-2} $\cdot$ s^{-1}	Re/ mg $\cdot$ m^{-2} $\cdot$ s^{-1}
2014 - 10	7.4	1.206	0.170	1.266	0.196
2014 - 11	7.3	0.672	0.088	0.904	0.084
2014 - 12	7.2	0.613	0.050	0.608	0.069
2015 - 01	7.2	0.539	0.065	0.543	0.067
2015 - 03	7.3	0.540	0.095	0.579	0.096
2015 - 04	7.2	0.634	0.101	0.906	0.157
2015 - 05	7.3	0.876	0.168	1.011	0.229

（续表）

时 间	叶面积指数 LAI，m² · m⁻²	$Pm_2 \times LAI$/ mg · m⁻² · s⁻¹	$Rd \times LAI$/ mg · m⁻² · s⁻¹	Pm_1/ mg · m⁻² · s⁻¹	Re/ mg · m⁻² · s⁻¹
2015 - 06	7.3	1.000	0.197	1.008	0.265
2015 - 07	7.8	1.802	0.312	1.889	0.296
2015 - 08	7.9	1.706	0.277	1.661	0.255
2015 - 09	7.9	1.485	0.261	1.328	0.246

　　另外，图 6.4 比较了两种测量方法得到的冠层最大净光合速率和暗呼吸速率的相关性，可知两种测量方法得到的最大净光合速率和暗呼吸速率间均表现出较好的正相关关系，Pearson 相关系数分别达到 0.97 和 0.93，表明两种测量方法具有较好的一致性。此外，2014 年 10 月—2015 年 9 月全年的平均 Pm_1 和 Re 均高于 $Pm_2 \times LAI$ 和 $Rd \times LAI$，分别高出 7.04% 和 9.95%，表明生理法与涡度相关法测定结果有一定程度同步性的同时略高于后者。

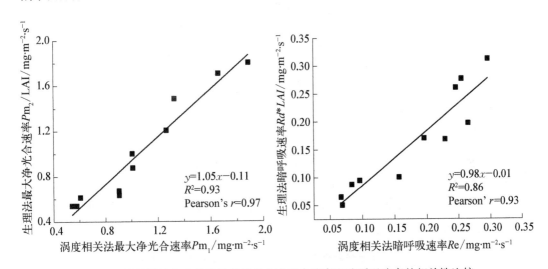

图 6.4　两种测量方法得到的各月最大净光合速率和暗呼吸速率的相关性比较

6.1.3　安吉毛竹林生态系统 CO_2 通量的季节变化特征

6.1.3.1　季节日变化

　　统计安吉毛竹林生态系统 2014 年 10 月—2015 年 9 月（缺 2 月）的 CO_2 通量数据，按季节将每天同时刻的水汽通量求平均值，当作某季节平均日变化，结果如图 6.5 所示。可知，与月平均日变化规律相似，各个季节日变化曲线均呈"V"形变化，规律性较好，即傍晚 18:00 至次日早上 6:00，CO_2 通量维持虽都在相对低的水平，日出之后，随着光照强度的增加以及温度的升高，CO_2 通量逐渐增大，12:00 左右出现最大值，夏季最高，冬季最低，具有明显的季节变化，之后曲线又开始慢慢回落，CO_2 通量降低。各季节的日平均值（数值）

从大到小依次为：夏季($0.110\ \mathrm{mg} \cdot \mathrm{m}^{-2} \cdot \mathrm{s}^{-1}$)＞秋季($0.096\ \mathrm{mg} \cdot \mathrm{m}^{-2} \cdot \mathrm{s}^{-1}$)＞春季($0.085\ \mathrm{mg} \cdot \mathrm{m}^{-2} \cdot \mathrm{s}^{-1}$)＞冬季($0.060\ \mathrm{mg} \cdot \mathrm{m}^{-2} \cdot \mathrm{s}^{-1}$)，表明该毛竹林夏季的碳汇作用最强，冬季最弱，因为夏季光照强度大，光照时间长，温度偏高，水分适宜，利于植物对 CO_2 的吸收；而冬季光照强度较弱，气温较低，天气多变，甚至出现霜冻或者雨雪天气，植物的生理活动相对较弱，影响了植物对 CO_2 的吸收。

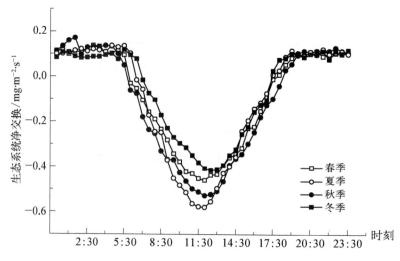

图 6.5　安吉毛竹林生态系统 CO_2 通量的季节平均日变化

6.1.3.2　季节 NEE 对 PAR 的响应

图 6.6 为 2014 年 10 月至 2015 年 9 月(无 2 月)各季节白天的 NEE 对 PAR 的响应拟合曲线，所得拟合参数结果如表 6-5 所示。可知，夏秋两个季节的曲线比较接近，近似于线性变化，NEE 最大值较高；春季和冬季相对较低，尤其是冬季。表明各季节 NEE 具有明显的季节变化，夏季最高，春秋季次之，冬季最低，即受温度和光照的影响，冬季毛竹林生态系统的碳汇作用最弱。

表 6.5　安吉毛竹林全年各季节 NEE 与 PAR 的响应拟合参数

时　间	光　合　参　数		
	表观量子效率 $\alpha_1/\mathrm{mg} \cdot \mu\mathrm{mol}^{-1}$	最大净光合速率 $Pm_1/\mathrm{mg} \cdot \mathrm{m}^{-2} \cdot \mathrm{s}^{-1}$	暗呼吸速率 $R_e/\mathrm{mg} \cdot \mathrm{m}^{-2} \cdot \mathrm{s}^{-1}$
春季	0.002	1.205	0.171
夏季	0.001	1.689	0.254
秋季	0.001	1.234	0.206
冬季	0.002	0.766	0.159

如表 6.5 所示，全年各季节的表观量子效率、最大净光合速率和暗呼吸速率变化各异，但均有着较好的规律性。具体表现为：表观量子效率在 $0.001 \sim 0.002\ \mathrm{mg} \cdot \mu\mathrm{mol}^{-1}$

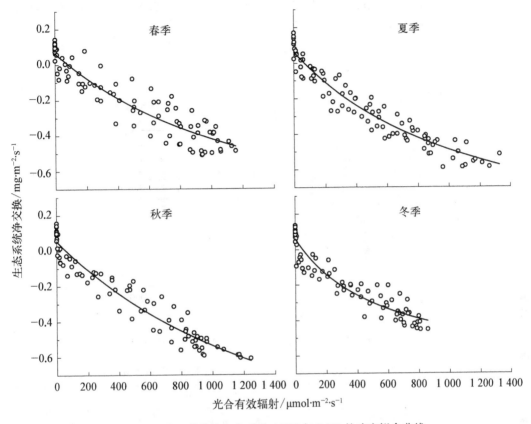

图 6.6　安吉毛竹林全年各季节 NEE 与 PAR 的响应拟合曲线

间波动,变化微小,夏季和秋季相对较低,而春季和冬季相对偏高,表明光照强度较弱时,毛竹的初始光能利用率反而较高,能捕获更多的光能进行光合作用,从而维持自身的生长。最大净光合速率和暗呼吸速率变化规律相似,均表现出先升高后降低的变化趋势,且都在夏季最高,分别达到 1.689 和 0.254 mg · m^{-2} · s^{-1},冬季最低,分别为 0.766 和 0.159 mg · m^{-2} · s^{-1}。

6.1.3.3　季节 P_n 对 PAR 的响应

图 6.7 为 2014 年 10 月至 2015 年 9 月(无 2 月)全年各季节毛竹叶片净光合速率 P_n 与 PAR 的响应曲线,其拟合参数结果如表 6.6 所示。可知,与各月净光合速率与 PAR 的响应关系变化一致,各季节净光合速率与 PAR 的响应曲线变化规律性也较强,即在一定范围内,不同季节净光合速率随着光照强度的增加而逐渐增大,并至最大值,之后随着光照强度的进一步增加,净光合速率却维持在最大值不再增加。冬季净光合速率最低,春秋两季居中,夏季最高,从而表现出明显的季节变化。此外,同各季节 NEE - PAR 结果一致,P_n - PAR 响应曲线拟合的各季节最大净光合速率和暗呼吸速率均呈先升高后降低的变化规律(见表 6.6),其中最大净光合速率的变化范围为 0.080～0.195 mg · m^{-2} · s^{-1},而暗呼吸速率在 0.017～0.031 mg · m^{-2} · s^{-1} 间波动,两者均表现为冬季最低,夏季

最高。各季节表观量子效率在 $0.001 \sim 0.003$ mg $\cdot$ μmol^{-1} 间波动，差别不大，冬季较高，而夏季较低，与涡度相关法测定的结果吻合度较高。

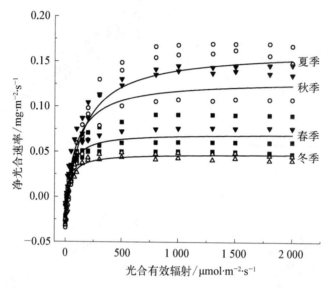

图 6.7 安吉毛竹林全年各季节 P_n 与 PAR 的响应拟合曲线

表 6.6 安吉毛竹林全年各季节 P_n 与 PAR 的响应拟合参数

时　间	光 合 参 数		
	表观量子效率 α_2/mg $\cdot$ μmol^{-1}	最大净光合速率 Pm_2/ mg $\cdot$ m^{-2} $\cdot$ s^{-1}	暗呼吸速率 Rd/ mg $\cdot$ m^{-2} $\cdot$ s^{-1}
春季	0.002	0.094	0.023
夏季	0.001	0.195	0.031
秋季	0.002	0.147	0.027
冬季	0.003	0.080	0.017

6.1.3.4 季节光合参数的比较

表 6.7 对比了不同季节基于涡度相关技术和生理生态法测定的毛竹冠层的最大净光合速率 Pm_1 和 $Pm_2 \times LAI$ 以及暗呼吸速率 Re 和 $Rd \times LAI$，及其所占比例。结果显示，两种测量方法得到的不同季节冠层最大净光合速率数值比较接近，同时具有相似的变化规律，均在冬季最低，夏季最高；各季节得到的 $Pm_2 \times LAI$ 均低于 Pm_1，并分别占到后者的 56.68%、88.57%、89.71% 和 75.20%。就冠层暗呼吸速率而言，与最大净光合速率变化一致，也呈现出先升高后降低的变化规律，夏季最高，冬季最低。不同季节的 $Rd \times LAI$ 均低于 Re，且分别占到后者的 97.66%、93.70%、98.54% 和 76.73%，比例较高。此外，通过相关性分析，可知基于两种测量方法得到最大净光合速率的 Pearson 相关系数达到 0.91，暗呼吸速率为 0.95，即表明两种测量方法测定结果具有较高的相关性。

表 6.7 两种测量方法得到的不同季节最大净光合速率和暗呼吸速率比较

时间	Pm_1/ mg·m^{-2}·s^{-1}	$Pm_2×LAI$/ mg·m^{-2}·s^{-1}	$(Pm_2×LAI)/Pm_1$/ %	Re/ mg·m^{-2}·s^{-1}	$Rd×LAI$/ mg·m^{-2}·s^{-1}	$(Rd×LAI)/Re$/%
春季	1.205	0.683	56.68	0.171	0.167	97.66
夏季	1.689	1.496	88.57	0.254	0.238	93.70
秋季	1.234	1.107	89.71	0.206	0.203	98.54
冬季	0.766	0.576	75.20	0.159	0.122	76.73

6.1.4 安吉毛竹林生态系统 CO_2 通量的年变化特征

6.1.4.1 年 NEE 对 PAR 的响应

图 6.8 为 2014 年 10 月至 2015 年 9 月(无 2 月)全年白天的 NEE 对 PAR 的响应拟合曲线。拟合得到的年最大净光合速率为 1.221 mg·m^{-2}·s^{-1},生态系统暗呼吸速率为 0.263 mg·m^{-2}·s^{-1},表观量子效率为 0.001 mg·μmol^{-1}。

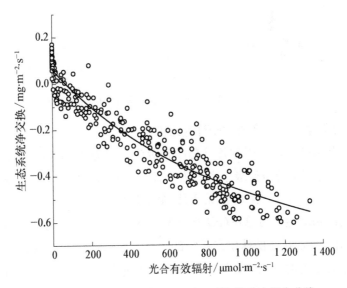

图 6.8 安吉毛竹林全年 NEE 与 PAR 的响应拟合曲线

6.1.4.2 年 P_n 对 PAR 的响应

图 6.9 为 2014 年 10 月至 2015 年 9 月(无 2 月)全年毛竹叶片净光合速率 P_n 与 PAR 的响应曲线,可知,毛竹叶片年最大净光合速率为 0.130 mg·m^{-2}·s^{-1},暗呼吸速率为 0.023 mg·m^{-2}·s^{-1},表观量子效率为 0.002 mg·μmol^{-1},依次得到冠层的年最大净光合速率为 0.967 mg·m^{-2}·s^{-1},暗呼吸速率为 0.171 mg·m^{-2}·s^{-1},均低于涡度相关法测定的结果,分别降低了 20.80% 和 34.98%。分析原因,涡度相关法能够在一个较大的时间和空间尺度进行测量,测定的组分较多,也比较全面,而叶室法测定组分相对单一,不包括除了毛竹叶片以外的树干、枝条甚至林下草本等的光合和

呼吸,以及土壤微生物、凋落物等的呼吸消耗部分,王文杰等(王文杰等,2007)的研究也表明,需要考虑到林下植物的光合能力,才能够使涡度协方差法计算的结果与生理生态学方法测定结果吻合。但是,尽管存在一定的差距,但两种测量方法依然具有一定的吻合度,尤其是生理法测定的变化趋势,可作为对涡度相关技术的补充和解释。

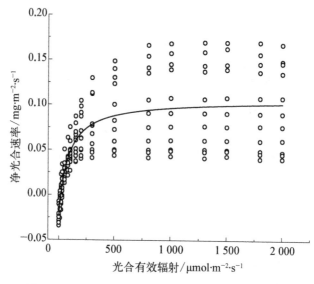

图 6.9　安吉毛竹林全年 P_n 与 PAR 的响应拟合曲线

6.1.4.3　全年净初级生产力(NEP)的比较

设定用涡度相关技术观测得的各月总净初级生产力为 NEP_{1t},白天的净初级生产力为 NEP_{1d},基于光合测定的净初级生产力为 NEP_2。表 6.8 比较了基于两种方法测定的毛竹林 2014 年 10 月至 2015 年 9 月(无 2 月)全年各月 NEP 的总量,可知,毛竹林生态系统在观测期间的净初级生产力总量(NEP_{1t})为 2 581.33 g • m^{-2},吸收的碳约 0.704 kg • m^{-2},高于长白山温带阔叶红松林生态系统的 300.5 g • m^{-2}(王秋凤等,2004),千烟洲中亚热带人工林生态系统的 387.2 g • m^{-2}(2003)(刘允芬等,2006),鼎湖山常绿针阔叶混交林生态系统的 563 g • m^{-2}(2003)和 441.2 g • m^{-2}(2004)(王春林等,2006),华北丘陵山地人工混交林生态系统的 549.1(2006)和 445.4 g • m^{-2}(2007)(同小娟等,2010),北亚热带次生栎林生态系统的 123.49 g • m^{-2}(蒋琰,2010),帽儿山落叶松人工林生态系统的 263~264 g • m^{-2}(邱岭等,2011),杉木人工林生态系统的 255.3 g • m^{-2}(赵仲辉等,2011),毛竹林 2010 至 2011 年的 668.40 g • m^{-2}(孙成等,2013),人工经营雷竹林生态系统的 126.30 g • m^{-2}(陈云飞等,2013),表现为较高强度的碳汇。其中 8 月总量最高,达到 344.68 g • m^{-2},而 1 月最低,仅 95.94 g • m^{-2},表现出明显的季节变化,即夏季最大,春秋季次之,冬季最低。另外,因为 5、6 月竹笋的爆发式生长和新竹抽叶,其净初级生产力总量偏低,仅 128.36 和 199.51 g • m^{-2}。

表 6.8 基于涡度相关技术和生理法的 NEP 月总量的比较

时 间	$NEP_{1d}/$ $g \cdot m^{-2}$	$NEP_{1t}/$ $g \cdot m^{-2}$	$NEP_2/$ $g \cdot m^{-2}$	NEP_2/NEP_{1d} %
2014 - 10	455.24	320.68	373.42	82.03
2014 - 11	359.39	180.59	239.61	66.67
2014 - 12	306.33	180.06	182.55	59.59
2013 - 01	230.63	95.94	116.54	50.53
2015 - 03	408.04	283.06	306.70	75.17
2015 - 04	384.60	262.06	287.82	74.84
2015 - 05	267.17	128.36	229.18	85.78
2015 - 06	352.68	199.51	277.13	78.58
2015 - 07	468.75	333.97	454.22	96.90
2015 - 08	465.28	344.68	439.31	94.42
2015 - 09	380.59	252.42	370.99	97.48
总和	4 078.69	2 581.33	3 277.50	80.36

就白天而言,基于涡度相关法的 NEP_{1d} 总量为 4 078.69 g·m^{-2},而基于生理生态法的 NEP_2 为 3 277.50 g·m^{-2},并占到 NEP_{1d} 的 80.36%,比例较高。各月 NEP_2 均低于 NEP_{1d},主要是因为:① 生理法(NEP_2)测定组分单一,不包括除毛竹叶片以外的其他能够吸收消耗 CO_2 的部分;② 涡度相关法(NEP_1)能在自然条件下长时间连续测定,能说明毛竹的真实光合和呼吸情况,而叶室法选择每月代表性天气进行测定,虽能最大程度反映毛竹的光合,但仪器配置的光源为人工冷光源,虽尽可能模仿自然光,但是散射光对叶片光合的影响很难模拟(王文杰等,2007);③ 毛竹的叶面积指数利用鱼眼镜头拍摄分析,受光照影响大,很大程度地影响着叶室法测定结果的计算,最终导致 NEP_2 可能被低估;④ 拟合光响应曲线的时候,可能存在误差。但是,各月 NEP_2 所占比例偏高,均高于50%,表明毛竹的光合作用在该生态系统净初级生产力中扮演者重要的角色。尤其是毛竹光合能力比较强的 7、8 和 9 月,占到 94% 以上,比例较高。分析原因:① 7—9 月为毛竹主要生长季,加上环境中光照强度较大,温度较高,利于毛竹吸收 CO_2;② 叶片光响应曲线的测定均是在毛竹生长良好的晴天进行的,且采用的是封闭叶室,受外界环境影响较小,没有阴雨天的干扰;③ 利用涡度相关技术观测 CO_2 通量,虽然比较全面,时间分辨率也较高,但是地势不平坦、平流干扰都会影响其观测精度;④ 通量数据的处理,包括一些极端天气数据的收集与整理,会影响最终得到的 NEP_{1d}。

另外,由表 6.8 还可以看出,全年净初级生产力总和(NEP_{1t})低于其白天的总和(NEP_{1d})以及 NEP_2 的总和,主要是因为在毛竹的生活周期中,有很长一段时间的非生长季,期间,植被、凋落物及土壤微生物的呼吸作用较为旺盛,甚至森林主要的 CO_2 交换由光合吸收转变为呼吸释放,冬季最为明显,从而对毛竹林生态系统净 CO_2 的吸收具有抑制作用。另外,毛竹笋的爆发式生长以及新竹抽叶的时间段,虽处于生长季,但其呼吸作用较强。总之,毛竹林生态系统的 CO_2 通量变化受系统内多个组分和过程的影响,而不仅仅是毛竹的光合作用,要明确毛竹林生态系统净交换量的生理生态学基础,还需要对系统内多个组分进行分别观测。

6.1.5　环境因子对 CO_2 通量的影响

涡度相关技术方法能够在自然条件下对生态系统 CO_2 通量进行长期测定,但同时生态系统的 CO_2 通量也很容易受到多个环境因子,如光照、温度、湿度等的影响,本文重点讨论光合有效辐射 PAR、环境温度 Ta 和饱和水汽压差 VPD 对 CO_2 通量的影响。

6.1.5.1　PAR 对净初级生产力(NEP)的影响

图 6.10 比较了全年各月白天 PAR 的平均值与 NEP_{1d} 以及 NEP_2 间的关系,结果显示,各月 PAR 和 NEP_{1d} 以及 NEP_2 间均呈现极显著($p<0.01$)的正相关关系,Pearson 相关系数均达到 0.95,表明 PAR 是影响生态系统净初级生产力的重要环境因子,尤其是对其日变化有着直接的影响。

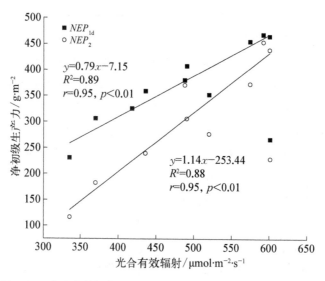

图 6.10　光合有效辐射 PAR 与净初级生产力 NEP 之间的关系

6.1.5.2　Ta 与 NEE - PAR 拟合参数的关系

图 6.11 比较了环境温度 Ta 与生态系统光合参数 α_1、Pm_1 和 R_e 之间的关系。可以看出,随着 Ta 的升高,表观量子效率呈现降低的变化趋势。同时进行线性和多项式进行拟合,可知表观量子效率随 Ta 的变化更符合线性变化,即两者间表现为明显的负相关关系,其 Pearson 相关系数为 -0.66。此外,由图 6.11 还可以看出,随着环境温度的升高,安吉毛竹林生态系统的最大净光合速率 Pm_1 和暗呼吸速率 R_e 均呈指数增大趋势,这与宋海清等(宋海清等,2010)研究热带雨林生态系统净光合作用中得到的结果一致,即说明温度在

植物的光合作用和呼吸作用等生理过程中有着重要的作用,影响着生态系统的碳平衡。同时,相关研究(Schimel,1995;Zhang et al.,2006)指出,在其他环境因子一定的情况下 Ta 升高,生态系统的 Pm_1 增大,随着 Ta 降低,使得整个森林生态系统的碳吸收能力会有一个上限,受到多种环境因子的共同限制。

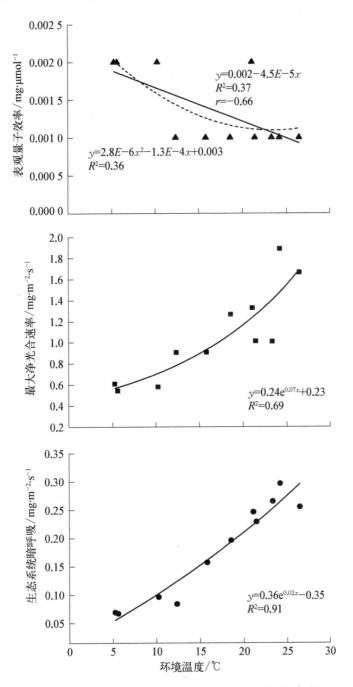

图 6.11　生态系统光合参数和环境温度 Ta 之间的关系

6.1.5.3 *VPD* 与 *NEE - PAR* 拟合参数的关系

图 6.12 比较了环境中饱和水气压差 *VPD* 与生态系统光合参数 α_1、Pm_1 和 *Re* 之间的关系，可知，与 *Ta* 变化一致，随着 *VPD* 的升高，表观量子效率呈现降低的变化趋势，且线性变化更能说明 *VPD* 与 α 间的关系，两者间表现出明显的负相关关系，Pearson 相关系

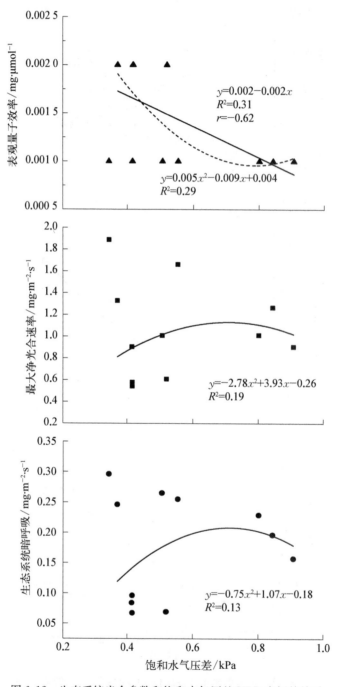

图 6.12 生态系统光合参数和饱和水气压差 *VPD* 之间的关系

数为一0.62。分析原因,水分亏缺会导致叶片气孔关闭,且 VPD 越大,植物的蒸腾越强烈,会导致毛竹老叶脱落,以及嫩叶的卷曲等,从而造成生态系统冠层结构的改变,进而使得生态系统的 α 呈现下降的趋势。

另外,就生态系统最大净光合速率 Pm_1 和暗呼吸速率 Re 而言,随着 VPD 的增大,两者均呈现出先增加后降低的变化趋势,具体表现为:$0<VPD\leqslant0.7$ kPa 时,Pm_1 和 Re 随着 VPD 的增加呈上升趋势,$0.7<VPD<1$ kPa 时,两个参数逐渐降低。对于森林生态系统来说,VPD 既是生理因子,同时也是物理因子(宋海清等,2010),Pm_1 和 Re 所呈现出的变化就是 VPD 生理调节和物理调节共同作用的结果,这在众多研究结果中也得到证实(Ruimy et al.,1995;Loescher et al.,2003;宋海清等,2010)。

总之,无论是 PAR,还是 Ta 和 VPD 对毛竹林生态系统的碳吸收都有着重要的影响,尤其是后两个环境因子,有研究表明,PAR 对 NEE 的季节差异贡献较小,但是影响 NEE 日变化的主要因素,而 Ta 和 VPD 是引起 NEE 季节差异的主要因素(赵双菊等,2006)。

6.2　毛竹叶绿素荧光分析

6.2.1　叶绿素荧光的测定

2014 年 10 月至 2015 年 10 月,共测定了除 2015 年 2 月之外的 11 个月份的数据,在每个月份晴朗的天气下进行。选取两年生毛竹阳面健康成熟的功能叶进行测定,事先挂牌标记。

选取测定光响应曲线的相同叶片,使用 PAM - 2500(德国 WALZ 公司生产)测定其叶绿素荧光参数,充分暗适应后,以弱调制测量光(0.05 $\mu mol \cdot m^{-2} \cdot s^{-1}$)测定初始荧光($F_0$),以强饱和光($6\,000$ $\mu mol \cdot m^{-2} \cdot s^{-1}$)激发最大荧光($F_m$),闪光 2 秒。计算最大光化学效率($F_v/F_m$),潜在活性($F_v/F_0$),实际最大光化学效率($F_v'/F_m'$),公式为

$$F_v \text{ 为可变荧光且 } F_v = F_m - F_0,$$
$$F_v/F_m = (F_m - F_0)/F_m$$
$$F_v/F_0 = (F_m - F_0)/F_0$$
$$F_v'/F_m' = (F_m' - F_0')/F_m'$$

多次强饱和闪光脉冲($6\,000$ $\mu mol \cdot m^{-2} \cdot s^{-1}$,脉冲时间 2 秒)直至光下最大荧光($F_m'$)稳定,读取光化学猝灭系数($qP$),非光化学猝灭系数($NPQ$),PSII 的实际量子产量($YII$)和表观电子传递速率($ETR$)值。

6.2.2　相对叶绿素含量的测定

相对叶绿素含量采用日本产的 SPAD - 502 手持式叶绿素测定仪测定。以测定光响

应参数和叶绿素荧光参数的植株叶片为测定对象,在各个叶片中脉两侧随机选取 5 个点,取平均值作为该叶片的相对叶绿素含量值。

6.2.3 毛竹林叶绿素荧光和相对叶绿素含量变化特点

6.2.3.1 毛竹林叶绿素荧光特性

叶绿素荧光与光合作用中各种反应过程密切相关,任何环境因子对植物光合作用的影响都可通过叶片叶绿素荧光动力学反映出来(殷秀敏等,2012),植物光合作用受到抑制最初影响的就是 $PSII$,$PSII$ 在逆境下的响应机制被认为是植株光合作用适应逆境的最重要的生存策略,光合速率下降,必然会影响植物对光能的吸收、传递和转化,最主要的表现是光化学活性下降(管铭等,2015),所以叶绿素荧光分析技术常用来检测植物光合机构对环境胁迫的响应(李晓等,2006;温国胜等,2006;徐德聪等,2003;殷秀敏等,2010)。F_v/F_m 是暗适应下 $PSII$ 的最大光化学量子产量,代表光合机构把吸收的光能用于化学反应的最大效率,反映了植物潜在的最大光合能力,高等植物一般在 0.7～0.85 之间,非胁迫情况下变化极小,胁迫下显著下降,所以常被用作表示环境胁迫程度的探针,其变化程度可用来鉴别植物抵抗逆境胁迫的能力;F_v'/F_m' 是实际光化学效率,表征植物实际的光合能力;表观光合电子传递速率(ETR)反映实际光强下 $PSII$ 的非循环电子传递速率;实际光化学量子产量 $Y(II)$,表示 $PSII$ 反应中心受到环境胁迫时,在反应中心部分关闭情况下的实际光化学效率,反映植物叶片在光下用于电子传递的能量占吸收光能的比例,已有研究表明:Yield、ETR 与热害指数呈显著的负相关关系,是 $PSII$ 功能的重要指标之一(尤鑫等,2012);光化学猝灭系数(qP)是由光合作用引起的荧光猝灭,反映的是 $PSII$ 原初电子受体 QA 的氧化还原状态中开放的反应中心所占的比例,其数值越大,说明质体醌(PQ)还原程度越小,$PSII$ 传递活性越高(Krause 和 Weis,1991);NPQ 反映了 $PSII$ 天线色素吸收的光能不能用于光合电子传递,而以热的形式耗散的光能(张守仁,1999),是由于热耗散引起的荧光下降,反映了植物将过剩光能转化为热能的光保护能力。

毛竹林叶绿素荧光特点如图 6.13 所示。由图可知,F_v/F_m 全年除了 2015 年 1 月和 3 月明显降低外,其余月份基本持平,即这两个月发生了胁迫,主要原因可能是低温和 3 月份天目山冻雨的影响,同时结合 qP 和 NPQ 的变化可知,在胁迫发生时,毛竹通过关闭部分光系统和增加热耗散将过剩的光能散发,从而避免受到不可逆的伤害。F_v'/F_m' 大体呈"U 型",即 2015 年 1 月和 3 月的最低,最大值亦为 2015 年 8 月;$Y(II)$ 年变化趋势大致呈"三峰曲线",三个峰值分别出现于 2014 年 11 月、2015 年 4 月和 2015 年 8 月,总体而言是随温度降低而减小,在 2015 年的 3 月份出现最低值;qP 趋势和 $Y(II)$ 基本一致,也是 2015 年 3 月最低,4 月最高,即毛竹林在受冻雨影响之外的其他月份 $PSII$ 传递活性都比较高;ETR 变化呈"双 M 型",2014 年 11 月、2015 年 1 月、2015 年 5 月和 7 月是 4 个峰值,其中 2015 年 5 月最高,秋季普遍较低,但以 2015 年 3 月最低。总体而言,毛竹林无论是生长季还是非生长季均具有较高的光合能力,并且抵御胁迫的能力较强,可通过自身调节,降低光抑制程度,并在胁迫结束后及时恢复到正常水平。

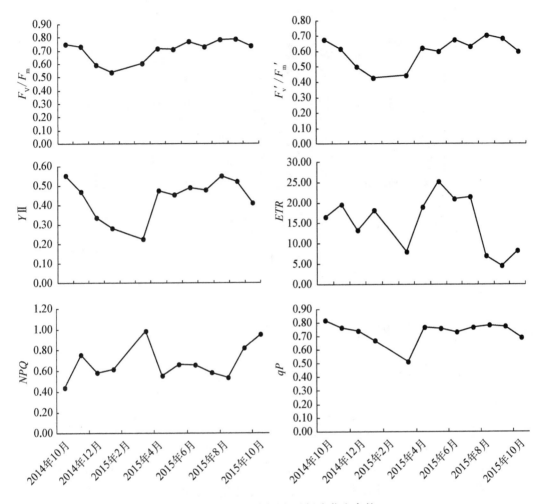

图 6.13 毛竹不同月份叶绿素荧光参数

6.2.3.2 毛竹林相对叶绿素含量特性

植物叶绿素含量和组成与光合速率有着密切的联系(宋廷宇等,2014;李旭华等,2014;孙常青等,2014;俞世雄等,2014),相对叶绿素含量(SPAD)的高低直接影响着叶片的光合能力,SPAD 值与叶片叶绿素含量呈正相关的关系,能较好地反映植物叶片叶绿素的变化,其值越高,越有利于植物捕获更多的光能用于光合作用(李彩虹等,2014;吴顺等,2014)。

毛竹林相对叶绿素含量如图 6.14 所示,由图可知,最大值出现在 2014 年 11 月,最小为 2015 年 7 月,2014 年 11 月同 2015 年 1,8,9,10 四个月之间差异不显著,冬季(2014 年 12 月,2015 年 1 月)和春(2015 年 3、4、5 三个月)、夏(2015 年 6、7 两个月)差异显著,总的来说,秋冬季高于春夏季,即适当低温有助于毛竹相对叶绿素含量增加,从而保证秋、冬季的光合能力。

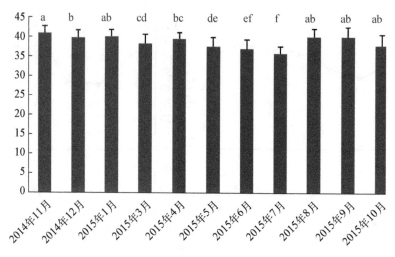

图 6.14 毛竹不同月份相对叶绿素含量

6.3 雷竹光合生理特征

研究太湖源雷竹的光合生理对研究雷竹的经济和生态效益有重要的意义,从另外的角度反映了雷竹的固碳能力。

6.3.1 全年 P_n 对 *PAR* 的光响应

图 6.15 为 2015 年 9 月至 2016 年 7 月(无 2、8 月)全年雷竹叶片净光合速率 P_n 与 *PAR* 的响应曲线。可知,各月雷竹叶片光响应曲线的变化具有一致的规律性,当光照强度较弱时($PAR<10\ \mu mol \cdot m^{-2} \cdot s^{-1}$),叶片呼吸作用占主导,其净光合作用为负值;之后,随一定范围内光合有效辐射的增高,叶片的净光合速率正方向逐渐增大,增大速度较快,且净光合速率为 0 时对应的光照强度为雷竹光补偿点;当净光合速率达到最大值时,随着光照强度的继续增大,光合速率值不再增加,甚至呈下降趋势,出现"光抑制"现象。光合速率值达到最大值时所对应的光照强度即为雷竹的光饱和点。受光照、水热条件及雷竹自身生理特性的影响,各月光合参数在数值上存在较大差异,雷竹年最大净光合速率、暗呼吸速率、表观量子效率分别为:11.211 6 mg $\cdot$ m^{-2} $\cdot$ s^{-1}、0.917 6 mg $\cdot$ m^{-2} $\cdot$ s^{-1} 和 0.055 mg $\cdot$ μmol^{-1},均出现在 7 月,最低值出现在 1 月,分别为:2.499 3 mg $\cdot$ m^{-2} $\cdot$ s^{-1}、0.203 9 mg $\cdot$ m^{-2} $\cdot$ s^{-1} 和 0.001 3 mg $\cdot$ m^{-2} $\cdot$ s^{-1},但总的来说,雷竹具有较高的光合速率,因此雷竹林光合能力较强。

表 6.9 为全年各月(无 2、8 月)雷竹叶片净光合速率 P_n 与 *PAR* 的响应拟合参数,可知 2015 年 9 月至 2016 年 1 月雷竹净光合速率呈逐渐下降的趋势,入秋后,随着温度降低及叶片的老化,最大净光合速率逐渐降低,其中 1、12 月光合速率均较小,主要是因为此时

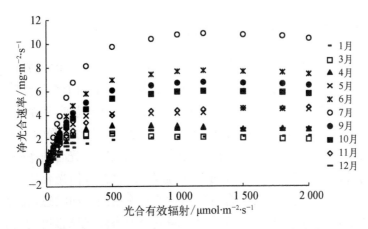

图 6.15　雷竹林全年各月 P_n 与 PAR 的响应拟合曲线

强降雪,温度较低,雷竹受到低温胁迫,因此光合能力减弱,成为全年的最低值。2016 年 3—5 月气温逐渐回升,光合作用增强,其最大净光合速率有一定的升高,但 4 月份出现大规模换叶,伴随着叶面积指数降低,同时伴随少量竹笋生长,呼吸作用增强,另外受降雨的影响,光合速率整体增加不明显。6—7 月份正是雷竹生长旺季,6 月份老竹换叶和新竹展叶完成,叶片叶绿素含量升高,整体提升叶片的光合速率,但受梅雨季节的影响,持久的降雨,削弱了光照,而 6 月底出梅,至 7 月时,光照迅速增强,温度快速升高,使得 7 月雷竹的光合能力迅速升高,并成为全年最高值。全年雷竹净光合速率 P_n 与 PAR 的响应拟合所得最大净光合速率(P_n)、暗呼吸速率(Rd)和表观量子效率(α)的变化范围分别为: 2.499 3~11.211 6 mg·m^{-2}·s^{-1}、0.207 6~0.917 6 mg·m^{-2}·s^{-1}、0.001 3~ 0.005 5 mg·m^{-2}·s^{-1},各月光合参数变化较大。

表 6.9　雷竹林全年各月 P_n 与 PAR 的响应拟合参数

时　间	光　合　参　数		
	表观量子效率 α/ mg·μmol^{-1}	最大净光合速率 Pm/ mg·m^{-2}·s^{-1}	暗呼吸速率 Rd/mg·m^{-2}·s^{-1}
2015 - 9	0.035	7.086 2	0.233 5
2015 - 10	0.031	6.309 8	0.207 6
2015 - 11	0.027	5.110 8	0.417 1
2015 - 12	0.017	3.250 3	0.262 2
2016 - 01	0.013	2.499 3	0.203 9
2016 - 03	0.039	2.747 7	0.507 9
2016 - 04	0.045	3.415 7	0.326 8
2016 - 05	0.055	5.106 1	0.452 7
2016 - 06	0.041	8.152 7	0.266 9
2016 - 07	0.055	11.211 6	0.917 6

6.3.2　各季节 P_n 对 PAR 的光响应

图 6.16 为 2015 年 9 月至 2016 年 7 月(无 2、8 月)全年各季节雷竹叶片净光合速率 P_n 与 PAR 响应曲线,其拟合参数如表 6.10 所示。通过测定四个季节光响应曲线可知,同气候变化一致,雷竹叶片光响应曲线也具有明显的季节变化特征,四个季节光合作用速率大小依次为:夏季>秋季>春季>冬季,夏季是雷竹光合能力最强的季节,冬季则表现为最弱,春季光合速率低于秋季。在一定的光照强度范围内,净光合速率随光照强度的增加而增加,当光照强度增加到一定程度时,光照强度继续增加,但光合速率不随光照强度的增加而增加,雷竹叶片基本上对光合有效辐射的响应达到饱和状态,表现为光抑制,在此过程中出现"光饱和"现象,夏季尤为明显。净光合速率随光照强度的变化规律是:当光照强度为 0 时,雷竹叶片只进行呼吸作用,光合速率为负值,当光照强度从 $0 \sim 500\ \mu mol \cdot m^{-2} \cdot s^{-1}$ 逐渐增大时,叶片光合速率逐渐增大,增加速度最大的是夏季和秋季,冬季与春季相对比较平缓。夏、秋季光合速率达到饱和点的光照强度大约是 $1\ 000\ \mu mol \cdot m^{-2} \cdot s^{-1}$ 左右,冬、春季大约在 $800\ \mu mol \cdot m^{-2} \cdot s^{-1}$ 出现光饱和现象,四个季节雷竹的光补偿点大约在 $20 \sim 50\ \mu mol \cdot m^{-2} \cdot s^{-1}$ 之间。

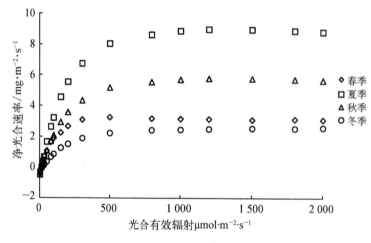

图 6.16　雷竹林不同季节光响应曲线的变化特征

表 6.10 为四个季节雷竹叶片净光合速率 P_n 与 PAR 拟合参数。可知,各季节最大净光合速率和暗呼吸速率均呈先升高后降低的变化规律,受低温和光照较低的影响,冬季最大净光合速率最低,夏季最高,秋季高于春季。而 P_n 与 PAR 拟合最大净光合速率的变化范围为 $2.860\ 4 \sim 9.629\ 8\ mg \cdot m^{-2} \cdot s^{-1}$,暗呼吸速率在 $0.233\ 0 \sim 0.468\ 4\ mg \cdot m^{-2} \cdot s^{-1}$ 间波动,表观量子效率在 $0.001\ 5 \sim 0.004\ 9\ mg \cdot \mu mol^{-1}$ 间波动,三者均表现为冬季最低,夏季最高,各季节差别较大。金爱武等(金爱武等,2000)人研究表明雷竹光合作用的最适宜气温范围 $28.2 \sim 32.2$℃,最适宜的光强范围为 $860 \sim 1\ 020\ \mu mol \cdot m^{-2} \cdot s^{-1}$,并且在干热的环境中,雷竹的净光合速率日变化呈双峰型,有"午睡"现象。可见,温度及光照强度的高

低对雷竹的光合速率影响较大,这也是雷竹净光合速率在季节上存在差异的主要原因。

表 6.10　雷竹林全年各季节 P_n 与 PAR 的响应拟合参数

时　间	光　合　参　数		
	表观量子效率 α/mg·μmol^{-1}	最大净光合速率 Pm/mg·m^{-2}·s^{-1}	暗呼吸速率 Rd/mg·m^{-2}·s^{-1}
春季	0.004 7	3.692 4	0.429 2
夏季	0.004 9	9.629 8	0.468 4
秋季	0.003 1	6.139 3	0.286 1
冬季	0.001 5	2.860 4	0.233 0

6.3.3　太湖源雷竹林生态系统 CO_2 通量的季节变化特征

统计雷竹林生态系统 2011 年 1 月—12 月的一年的 CO_2 通量数据,按季节将每月每天同时刻的 CO_2 通量求平均值,每季节每 3 个月再求平均值作为该季节平均日变化。结果如图 6.17 所示。可知,四个季节 CO_2 通量具有较好的变化规律,各个季节日变化曲线均呈"V"形变化,傍晚 18:00 至次日早上 6:00,CO_2 通量都维持虽在相对低的水平,CO_2 通量都为负值,向大气释放 CO_2,日出之后,随着光照强度的增加以及温度的升高,CO_2 通量逐渐增大,并且由正值向负值转化,中午 12:00 左右 CO_2 通量出现最大值,以夏季最高,冬季最低,具有明显的季节变化,之后曲线又开始慢慢回落,CO_2 通量降低,并逐渐由负值转向正值,受季节性光照和水热等条件的影响,不同季节 CO_2 通量由正转负和由负转正出现的时间不一致。各季节的日平均值从大到小依次为:夏季>秋季>春季>冬季,表明雷林夏季的碳汇作用最强,冬季最弱。

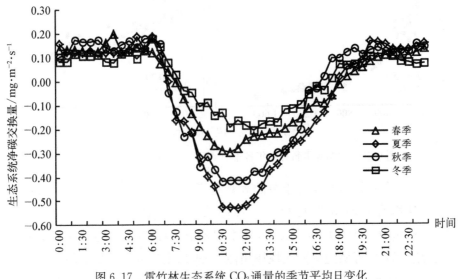

图 6.17　雷竹林生态系统 CO_2 通量的季节平均日变化

6.3.4 各季节雷竹林 *NEE* 对 *PAR* 的光响应

在植物生长比较旺盛的季节,白天一般以光合同化作用占优势,因此,影响植被与大气之间白天碳通量的环境因子是控制植物光合作用的主导因子,即光合有效辐射 *PAR*。通过 Michaelis – Menten 模型分析了 2011 年 1 月至 12 月全年雷竹林各月 *NEE* 和 *PAR* 的响应关系,拟合参数如表 6.12 所示。

由图 6.18 可知,各月 *NEE* 与 *PAR* 呈现较好的相关性,相关系数均大于 0.79,其中夏、秋季节的曲线比较接近,*NEE* 最大值较高,相关性更好,相关系数分别为:0.96、0.94、均达到了极显著水平($P < 0.01$)。春季和冬季相对较低,尤其是冬季。四个季节 *NEE* 与 *PAR* 呈现一致的变化规律:*NEE* 均随着 *PAR* 的增加而增大,光合作用逐渐增强,*NEE* 负值也逐渐增大,CO_2 净吸收较快,生态系统的碳汇能力也逐渐增强。

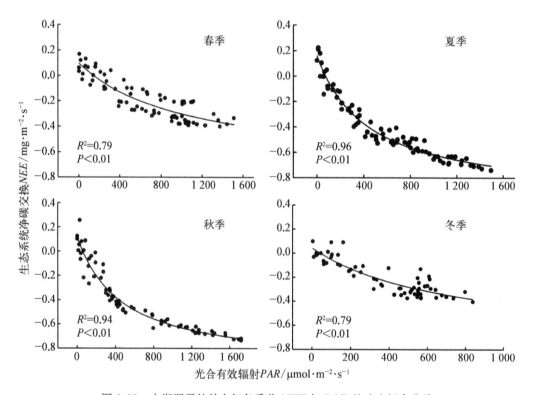

图 6.18 太湖源雷竹林全年各季节 *NEE* 与 *PAR* 的响应拟合曲线

由表 6.11 可以看出,全年各季节的表观量子效率、最大净光合速率和暗呼吸速率变化各异,但均有着较好的规律性。具体表现为:表观量子效率在 0.001 1 ~ 0.002 6 mg · μmol^{-1} 间波动,变化微小,夏季和秋季相对较高,而春季和冬季相对偏高,最大净光合速率和暗呼吸速率变化规律相似,均表现出先升高后降低的变化趋势,且都在夏季最高,分别达到 1.184 和 0.159 7 mg · m^{-2} · s^{-1},冬季最低,分别为 0.789 0 和

$0.120\ 8\ \text{mg} \cdot \text{m}^{-2} \cdot \text{s}^{-1}$。

表 6.11　太湖源雷竹林全年各季节 *NEE* 与 *PAR* 的响应拟合参数

时　间	光　合　参　数		
	表观量子效率 $\alpha/\text{mg} \cdot \mu\text{mol}^{-1}$	最大净光合速率 $Pm/\ \text{mg} \cdot \text{m}^{-2} \cdot \text{s}^{-1}$	暗呼吸速率 $Rd/\text{mg} \cdot \text{m}^{-2} \cdot \text{s}^{-1}$
春季	0.001 7	0.805 5	0.155 3
夏季	0.002 6	1.118 4	0.159 7
秋季	0.002 3	1.055 6	0.140 7
冬季	0.001 1	0.789 0	0.120 8

6.3.5　年 *NEE* 对 *PAR* 的响应

图 6.19 为 2011 年雷竹林全年白天 *NEE* 对 *PAR* 的响应拟合曲线。拟合得到的年最大净光合速率为 $0.997\ 5\ \text{mg} \cdot \text{m}^{-2} \cdot \text{s}^{-1}$,生态系统暗呼吸速率为 $0.134\ 8\ \text{mg} \cdot \text{m}^{-2} \cdot \text{s}^{-1}$,表观量子效率为 $0.001\ 8\ \text{mg} \cdot \mu\text{mol}^{-1}$。

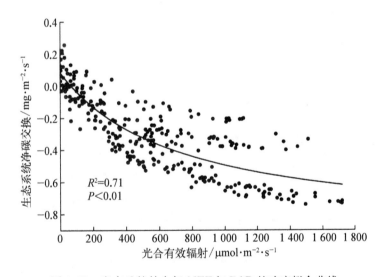

图 6.19　安吉毛竹林全年 *NEE* 与 *PAR* 的响应拟合曲线

6.3.6　雷竹净光合速率与环境因子的关系

刘玉莉(刘玉莉,2013)等于 2012 年分析了四个季节雷竹光合速率与环境因子的相关性,发现夏秋季的净光合速率 P_n 与各因子的相关性较好,冬春两季相对较差,四季的净光合速率均与光照强度呈正相关关系,夏秋季显著,冬春季不显著,与气孔导度的关系均达极显著水平,各季节相差较大(见表 6.12)。

表 6.12　雷竹林净光合速率与其环境因子的季节相关性

时间	因子	光照强度 /μmol·m^{-2}·s^{-1}	叶温 /℃	叶温下蒸汽压亏缺 /kPa	气孔导度 /mol·m^{-2}·s^{-1}
冬季	P_n	0.49	-0.258	-0.685^*	0.904^{**}
春季	P_n	0.545	0.032	-0.667^{**}	0.933^{**}
夏季	P_n	0.611^*	0.818^{**}	-0.515	0.974^{**}
秋季	P_n	0.671^*	-0.838^{**}	-0.882^{**}	0.961^{**}

6.3.7　典型晴天雷竹光合作用日变化

黄真娟等(黄真娟等,2013)于 2012 年 10—12 月测定了典型晴天雷竹净光合速率的日变化(见图 6.20),指出 3 个月中,雷竹林净光合作用的日变化规律相似,曲线均表现为凸型,与环境中光照在全天的变化一致,且在 10:00～12:00 范围内存在最大净光合速率。然而,雷竹净光合作用的日变化在不同时期又表现出不同的变化规律,10 月和 11 月呈现单峰曲线,而在 12 月呈现出双峰型。另外,研究也发现,影响雷竹光合作用的因子较多,经相关性分析得到众多因子的先后顺序为:光照强度、气孔导度、叶温下蒸汽压亏缺、叶温、气温和空气相对湿度。

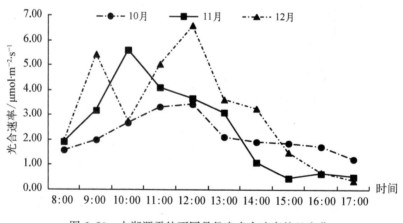

图 6.20　太湖源雷竹不同月份净光合速率的日变化

6.3.8　雷竹光合作用季节日变化特征

图 6.21 表示了 2012 年春季(3 月)、夏季(7 月)、秋季(9 月)、冬季(12 月)太湖源雷竹光合作用日变化特征。可知,春季雷竹日光合速率整体较高,在 8:00 时净光合速率开始为正,随光照强度逐渐升高,光合作用强度逐渐增大,至 10:00 时,净光合速率达到最大值,10:00～12:00 光合作用强度基本保持不变,12:00～18:00,光合作用呈下降趋势,未出现光合午休现象。夏季早晨净光合速率较高并持续增加,在 10:00 左右,净光合速达到全天的最高值,之后净光合速率呈缓慢下降趋势,中午 14:00 左右出现光合午休现象,净

光合速率成为白天的最低值,而后 14:00~16:00 基本保持稳定,16:00~18:00,略微有所回升。秋季光合作用仍维持较高水平,分别在上午 10:00 左右光合速率达到最大值,在中午 14:00 左右出现光合午休现象,由光合作用日变化曲线可以看出,冬季雷竹光合速率均不高,并且在中午 12:00 左右出现了光合午休现象,不同季节,受光合强度和水热条件及自身生理等的影响,不同季节雷竹光合作用日变化特征较大,规律性不明显,但除春季外,都出现了光合午休现象,只是出现的时间不同。雷竹出现光合午休现象的原因主要是在温度过高、光照过强的条件下,植物叶片的蒸腾作用旺盛,为保持植物体内水分代谢平衡,在较强光照条件及高温下,叶片气孔关闭,从而影响了雷竹叶片内的气体与外界环境的气体交换,使得叶片胞间 CO_2 浓度降低,限制了光合作用的进行。

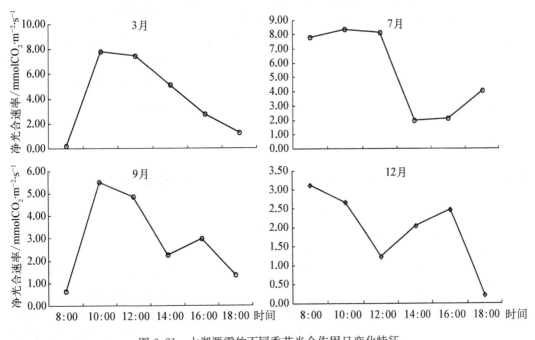

图 6.21　太湖源雷竹不同季节光合作用日变化特征

此外,金爱武等(金爱武等,2000)研究了雷竹的光合作用并得到结论,雷竹光合的适宜气温为 28.2~32.2℃,适宜光强为 860~1 020 $\mu mol \cdot m^{-2} \cdot s^{-1}$,并指出胞间 CO_2 度对雷竹光合作用的影响最大,其次是气孔阻力和光照强度。就不同竹龄雷竹(王俊刚,2002)而言,1~2 年生的雷竹生产同化物的能力明显强于 3~5 年生的雷竹(见表 6.13),具体表现为 1~2 年生的雷竹比叶重较大,叶绿素 a/叶绿素 b 比值较高,其净光合速率为 3~5 年生的雷竹 5 倍,气孔导度和蒸腾速率也高于 3~5 年生的雷竹。郑炳松等(郑炳松等,2001)也指出雷竹幼叶的光合速率、光饱和点以及相关影响因子(叶绿素含量、蛋白质含量、Rubisco 及 Rubisco 活化酶的含量和活性等(见表 6.14))较二龄叶高,具有较高的光合生理特性,表明新生叶片具有较高的生理生化机能和旺盛的光合能。

表 6.13 不同竹龄雷竹的叶绿素含量和光合速率(引自王俊刚,2002)

	1～2 年生	3～5 年生
叶绿素 a/mg/(g・fw)	1.431	1.427
叶绿素 b/mg/(g・fw)	0.580*	0.647*
叶绿素总量/mg/(g・fw)	2.012	2.068
Cha/Chb	2.452*	2.021*
光合速率/μmolCO$_2$・m^{-2}・s^{-1}	5.468±1.81**	0.945±0.57**

* $P<0.05$；** $P<0.01$

表 6.14 雷竹不同叶龄光合生理特性比较(引自郑炳松等,2001)

叶龄	P_n/μmol CO$_2$・m^{-2}・s^{-1}	Pr・/g・m^{-2}	$Ch1$・/g・m^{-2}	Rubisco・/g・m^{-2}	RCA/mg・m^{-2}	IBA/μmol CO$_2$・g^{-1}FW	TRA/μmol CO$_2$・g^{-1}FW	$RCAA$/μmol CO$_2$・g^{-1}FW
幼叶	14.52	0.70	2.42	1.27	19.58	21.97	98.68	60
二龄叶	11.97	0.57	2.31	0.84	12.08	15.67	68.94	40.51

6.4 雷竹叶绿素荧光特征和相对叶绿素含量的变化

6.4.1 雷竹林叶绿素荧光参数变化特征

由图 6.22 可知,F_m/F_v 值在 10、11 以及 1 月份有降低,其他月均在正常值范围内,10 和 11 月 F_m/F_v 值之所以降低,可能与 2015 年的 10 月及 11 月连续一个多月的降雨有关,F_m/F_v 值 1 月出现降低的现象则主要是由于该月出现强降雪,雷竹受到了低温胁迫,同时降雪伴随着雷竹大面积倒伏,在一定程度上影响了正常生长。$Yield$ 和 qP 值的变化趋势基本一致,在 1 月出现了最低值,3 月之后基本呈平稳上升的趋势,说明 $Yield$ 和 qP 值与温度有紧密关系,随着温度的升高,两者也升高。ETR 作为反映电子传递速率的指标,总体呈现"V"字,最低峰值在一月,而 NPQ 则呈现倒"V"式,最高值在 1 月,最低值在 7 月。总体来看,毛竹在 10 和 11 月受到了长时间降雨带来的水分胁迫,在一月份受到了降雪带来的低温胁迫,毛竹在受到低温胁迫时,导致毛竹体内酶的活性降低,$PSII$ 原初电子受体氧化还原的量变少,即 $PSII$ 的电子传递活性变低,实际表光量子数也变小,光合速率也随之降低了。在 7 月这样的高温下,毛竹通过将多余的光能以热能得形式耗散掉,来避免光抑制。

6.4.2 雷竹叶片相对叶绿素含量变化特征

雷竹相对叶绿素含量见图 6.23,由图可知,$SPAD$ 最大值出现在 2015 年 10 月,略高于同年 11 月,差异不显著;相比而言,2016 年 3、4、5 月相对叶绿素含量均较低,甚至均低

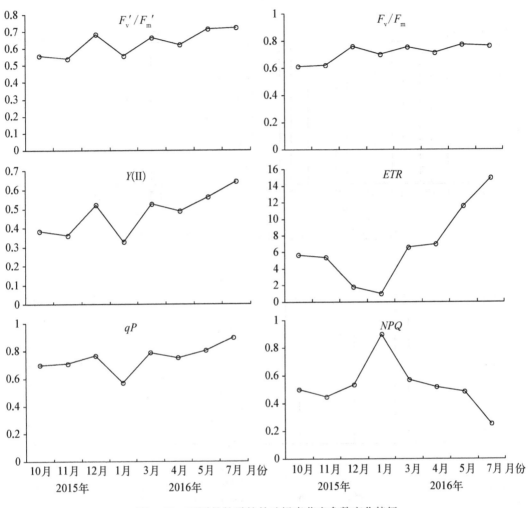

图 6.22　不同月份雷竹林叶绿素荧光参数变化特征

于 1 月。四个季节相对叶绿素含量的大小依次为：秋季＞夏季＞冬季＞冬季,秋季 $SPAD$ 值极显著($P<0.01$)高于春季,显著($P<0.05$)高于夏季和冬季,可见春季换叶大大降低了叶片叶绿素含量,而适当低温有助于雷竹叶片相对叶绿素含量增加,保证了雷竹一年四季正常光合作用,有利于提高雷竹林生态系统的固碳能力。

　　此外,田海涛等(田海涛等,2009)在不同季节利用叶绿素荧光分析技术对浙江杭州西郊阳坡、平地、阴坡三种立地条件下生长的雷竹的叶绿素荧光参数进行测定和分析。结果表明(见图 6.24),不同立地条件下,相对叶绿素含量($SPAD$)、叶绿素荧光参数差异显著,且都存在一定的变化规律;实际光化学量子产量(YⅡ)、PSⅡ实际光化学效率(F_v'/F_m')、表观光合电子传递速率(ETR)均存在明显的日变化和季节变化规律,其中 F_v'/F_m'、Y(Ⅱ)均呈先下降后上升的"V"形分布,在中午强光下降到一天中的最低值,ETR则呈先上升后下降的趋势,在中午达到一天的峰值;林地覆盖与经营时间对叶绿素荧光参数影响显著,经覆盖处理后,雷竹的 $SPAD$、Y(Ⅱ)、F_v'/F_m' 均显著提高。

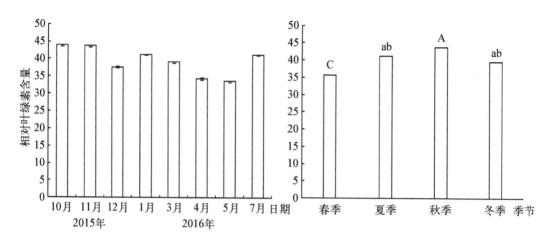

图 6.23　雷竹林相对叶绿素含量不同月及季节变化

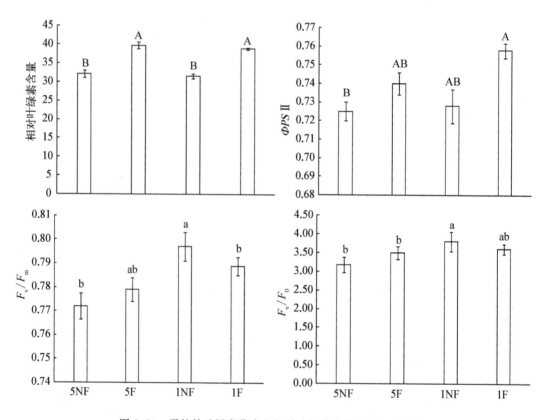

图 6.24　雷竹林叶绿素荧光和相对叶绿素含量(引自田海涛)

注：5NF 为未覆盖五年生竹；5F 为覆盖五年生竹；1NF 为未覆盖一年生竹；1F 为覆盖一年生竹；采用 LSD 检验，不同小写字母表示差异达 0.05 水平显著，不同大写字母表示差异显著达 0.01 水平

第7章
竹林生态系统的水分利用效率

7.1　水分利用效率和碳水耦合研究进展

7.1.1　水分利用效率研究进展

水分利用效率(water use efficiency，WUE)是一个具有外延丰富的概念，也是农学、植物生理学和植物生态学等学科中比较常见的一个概念，由于学科不同，研究角度、时空尺度的差异，对其的定义也不尽相同，但是，无论水分利用效率的具体定义如何变化，其基本的内涵是不变的，都可以概括为植物生产力(productivity)与耗水量(water use)的比值(于贵瑞等，2010)。而生产力(productivity)表示形式及计算方法主要有光合速率、干物质产量、经济产量以及碳同化量、碳通量等；耗水量(water use)是在生产力形成过程中所消耗的水分的量，常以单位叶面积、下垫面面积上以水汽形式散失的水分多少或速率度量，因此，一般称为蒸散量、蒸散速率，简称为蒸散(evapotranspiration，ET)。蒸散根据水分散失形式以及途径的差异主要分成蒸腾($T_r$anspiration，T_r)和蒸发(evaporation，E)两个方面。蒸腾(T_r)为水分经过植物体的吸收以及传输以后，再散失到大气中的水汽散失形式，其以植物叶片的气孔蒸腾为主，也包括皮孔蒸腾、角质蒸腾；蒸发(E)是指没有经过植物本身的吸收，直接散失到大气中的水汽散失形式，其以土壤等环境蒸发为主，也包括植物体表的水分蒸发。而水汽通量(water vapor flux)是生态系统水循环过程的一个重要特征参数，又称水汽输送量，是单位时间内通过单位面积的水汽量。陆地-大气系统的水蒸气输送是水循环的一个环节，潜热输送的载体，能量平衡的重要影响因子。森林水汽通量主要指地面或水面的蒸发通量、植被冠层截留降水的蒸发通量和植物的蒸腾通量三者之和，是森林植被水分状况的重要指标，生态系统能量闭合的重要影响因素，影响区域和全球气候的重要因子。尤其是地表植被的蒸散通量一直被作为影响全球气候的重要因素之一(Shukla et al，1982；Irmak et al，2011)。在实际的研究中，生产力以及耗水量的对象有叶片、个体、群体、群落、生态系统、景观甚至全球的陆地生态系统等；水分利用效率(WUE)的研究空间尺度有叶片、冠层、植株个体、生态群落乃至全球尺度，时间尺度有秒、分、小时、日、月、年以及百年等。

最早的水分利用效率是在农学中出现的,用来表示农业中作物的产量与耗水量之间的关系。定义是作物产量与耗水量的比值,也就是作物消耗单位水分所得到的产量,反映了作物产量与耗水量之间的关系,在实际的生产实践过程中,也是作物栽培、用水管理的一个重要指标。其计算方法是以整个生长季、单位时间内的经济产量(或干物质产量)与同期耗水量的比值。具体的计算公式为

$$WUE_{T.B} = Biomass/T_r \tag{7.1}$$

$$WUE_{ET.B} = Biomass/ET \tag{7.2}$$

$$WUE_{T.Y} = Y/T_r \tag{7.3}$$

$$WUE_{ET.Y} = Y/ET \tag{7.4}$$

式(7.1)、(7.2)是基于干物质产量的水分利用效率。式中,$Biomass$ 代表生物量,常用单位面积上干物质的重量来表示,由于实际观测中的地下生物量测定比较困难,因此,常用地上的是生物量来代替,T_r 代表作物的蒸腾量,ET 代表作物的田间总蒸散量。式(7.3)、(7.4)是基于作物经济产量的 WUE 公式中的 Y 代表的是经济产量。基于 T_r 计算的 WUE,又称为蒸腾效率(transpiration efficiency,TE),它反映的是植物生长与其本身的蒸腾耗水的关系,是物种、品种间的水分利用效率差异的评价指标;而基于 ET 计算的 WUE 是根据作物在大田中试机号水总量算出来的,反映了作物在农田环境中的实际水分利用效率,它除了与作物本身的生物性状相关之外,与土壤条件等其他环境因素密切相关,反映了大田的作物生长与水分的关系,在实际的生产活动中更具有实际的意义。

水分利用效率在植物生理学中的研究尺度主要集中在叶片尺度,是植物叶片光合速率(An)与蒸腾速率(T_r)的比值($WUE=An/T_r$),即叶片气体交换过程中 CO_2 与水汽的交换比值,又称叶片水分利用效率、叶片蒸腾效率。植物叶片是其光合作用、蒸腾作用的共同器官,气孔是植物与大气之间气体交换的主要通道。而叶片与大气间 CO_2 与水汽的交换特征一定程度上是植物 WUE 研究的生理学基础。又可分为瞬时 WUE、内禀 WUE 与长期 WUE。

生态学中 WUE 的研究,一般为系统生产力及其耗水量的比值。由于尺度不同(叶片、生态系统、区域),具体的计算方法也不相同,但都以叶片尺度的水分利用效率为基础。其中叶片尺度的概念、计算方法均与植物生理学上的相同。在生态系统尺度,生产力有总初级生产力(gross primary productivity,GPP),是指单位时间内生物(主要指绿色植物)通过光合作用途径所固定的光合产物(或有机碳总量),又称为总生态系统生产力(gross ecosystem productivity,GEP);净初级生产力(net primary productivity,NPP)是植物光合作用所固定的光合产物(或有机碳 GPP 中,扣除植物自身呼吸消耗部分(自养呼吸,autotrophic respiration,R_a)之后,真正用于自身生长、生殖的光合产物量或有机碳量;净生态系统生产力(net ecosystem productivity,NEP)一般是指净初级生产力再扣除异养

生物(土壤)的呼吸作用(异养呼吸,R_h)所消耗的光合作用产物之后的部分,即

$$NEP = (GPP - R_a) - R_h = NPP - R_h \tag{7.5}$$

(当 $NEP > 0$ 时,说明生态系统是大气 CO_2 的汇;当 $NEP < 0$ 时,说明生态系统是大气 CO_2 的源;当 $NEP = 0$ 时,生态系统的 CO_2 的排放、吸收达到平衡状态)。耗水量有植物的蒸腾量(T_r)、蒸散量(ET) 2 个水平,因此,相应的水分利用效率也有 6 个,分别是 3 个生产力与 2 个耗水量的比值。其中基于植物蒸腾的 WUE 表示植物本身对水分的消耗程度,基于蒸散(ET)的 WUE 表示在生长环境中植物对水分的总的消耗程度,并且基于植物蒸腾的 WUE 要大于基于蒸散的 WUE。区域尺度的 WUE 的研究,一般是通过估算的 GPP、NPP 以及 NEP 总量与系统 ET 总量的比值计算,也有学者用降水代替蒸散计算水分利用效率,前者表示生态系统的实际 WUE,后者表示植被对降水的利用效率(precipitation use efficiency,PUE)(于贵瑞等,2010)。

截至目前,水分利用效率是国内外干旱、半干旱以及半湿润地区的农业、生物学的研究的热点。在农田生态系统中,在有限的水资源条件下,提高水分利用效率是提高农作物的有效方法(曹生奎等,2009)。在森林生态系统中,WUE 是林业生产与水分管理的重点环节。综合国内外研究,叶片尺度水分利用效率研究的较多。Hanks(Hanks,1983)与 Abbate(Abbate et al,2004)等大量试验结果表明农作物的生产力(产量)与耗水量(蒸散量)有比较稳定的线性正相关关系。De Wit(De,1958)、Bierhuizen(Bierhuizen et al,1965)以及 Arkley(Arkley et al,1963)等学者还提出了大田作物水分利用效率的计算方法以及影响 WUE 的环境因子(温度、相对湿度以及饱和水汽压差)。党建友(党建友等,2012)等研究了灌水时间对冬小麦生长发育及水肥利用效率的影响,结果表明配合小麦拔节期灌水可以提高水肥利用效率;任玉忠(任玉忠等,2012)等运用地面灌、微喷灌以及滴灌等方式对干旱区枣树水分利用效率、果实品质的影响,表明微喷灌以及滴灌显著提高了枣树的果实、品质,成为干旱区林果节水灌溉的依据。秦欣等(秦欣等,2012)在大田的条件下,通过不同时期对华北地区冬小麦-夏玉米的水分处理,研究了二者轮作节水体系周年的水分利用特征。张喜英(张喜英等,2013)从水氮调控作物叶片和群体耗水过程、根系调控提高土壤水分的有效性、遗传改良提升作物 WUE 几个方面,提出了严重缺水的华北地区如何提高农田 WUE 的调控机制。

陆地生态系统中,尤其是森林生态系统的生产力(GPP、NPP、NEP 或 NEE)与蒸散(ET)比值作为其水分利用效率的计算方法,Webb(Webb et al,1978)等比较了美国典型的陆地生态系统的降水利用率,结果发现森林的最高,草地的次之,荒漠的最小,宋霞(宋霞,2007)通过大量的研究显示,对于同一区域的自然林、人工林,后者能较好地摄取养分、水分,即人工林的水分利用效率高于自然林,Yu(Yu et al,2008)等利用涡度相关技术研究了我国东部鼎湖山常绿阔叶林、千烟洲人工针叶林以及长白山红松林 3 个森林生态系统的水分利用效率及其气象因子的关系,发现在森林样带上,一般北方干旱地区的森林的水分利用效率明显大于南方水分条件较好地区的森林,赵风华(赵风华,2008)基于叶片光

合-蒸腾及涡度相关技术研究了我国华北地区冬小麦、夏玉米的叶片尺度的水分利用效率、冠层的 WUE，胡中民(胡中民等，2009)等研究表明，森林生态系统的最大瞬时水分利用效率(NEE/ET)一般在 10 mg $CO_2 \cdot ^{-1}H_2O$ 以上，而草地生态系统的 WUE 常常小于 5 mg $CO_2 \cdot ^{-1}H_2O$，Zhu(Zhu et al，2010)等运用 IBIS 模型及遥感反演的方法，从不同的时间和空间尺度研究了中国陆地生态系统，在未来气候变化过程中，水分利用效率和 CO_2 的变化，周洁(周洁等，2013)等运用涡度相关开路系统、微气象观测系统研究了不同土壤水分条件下，人工杨树林水分利用效率的变化，及其对环境因子的响应，结果表明，当相对土壤含水量小于 0.1 时，环境因子对水分利用效率的影响较小，当大于 0.1 且小于 0.4 时，水分利用效率随着土壤含水量的增大而减小，当大于 0.4 时，水分利用效率随着饱和水汽压差的升高而降低。综合国内外研究结果，基于叶片尺度的 WUE 的计算方法，大多为借助于美国基因公司生产的便携式光合测定仪，得到叶片的瞬时水分利用效率(赵风华等，2009)，还有就是近 20 年来，发展起来的稳定碳同位素法(Farquhar et al，1984)，归纳影响生态系统水分利用效率的因子有净辐射、土壤水分、饱和水汽压差、CO_2 浓度、植物的生物学特性(主要有 C_3 植物、C_4 植物、CAM 植物)等，而相关的研究方法有涡度相关法、箱式法以及结合蒸散量的生物量法等(Zhao et al，2007)。而较大的区域尺度的 WUE 计算方法大多为模型模拟，主要有 FOREST - BGC (BIOME - BGC)、SiB2、BEPS、AVIM、CEVSA 等(王秋凤，2004)。

7.1.2　碳水耦合的研究进展

Neilson(Neilson et al，1992)以及 Hetherington(Hetherington et al，2003)等学者研究表明，北美地区植被分布及水分状况具有较高的相关关系，Stephenson(Stephenson et al，1990)等研究发现，全球尺度上，陆地生态系统中，植被的碳同化的生产力与蒸散量的区域分布上，具有较好的一致性。Valentini(Valentini et al，2000)等、Yu(Yu et al，2008)等学者研究结果表明，生态系统尺度，水是植物生长的重要资源，也是控制其生长的重要因子，对生态系统的固碳能力等均有举足轻重的地位，可见，水是影响生态系统碳通量变化的重要因子。

目前，在全球范围内，微气象学的涡度相关法已应用在陆地生态系统物质和能量交换观测，并且取得良好效果。这种方法也成为通量观测网络 FLUXNET(Ameri - Flux、Euro - Flux、Asia - Flux、China - Flux) 的标准观测方法(Baldocchid et al，1996；Lee，1998；Falge et al，2001)也已成为生态系统尺度直接观测植被-大气间碳水通量的主要手段。基于此，大量的研究结果表明，陆地生态系统的碳、水通量常常具有一定的相关关系。Law (Law et al，2002)等学者对亚欧大陆中高纬度 64 个站点的碳水通量的研究结果表明，年总生态系统生产力和蒸散之间呈显著线性正相关关系，Yu(Yu et al，2008)等通过对中国鼎湖山亚热带常绿阔叶林、千烟洲亚热带人工针叶林、长白山温带针阔混交林 3 个典型的森林生态系统的碳、水通量研究发现，年均水分利用效率长白山的最高，为 9.43 mg $CO_2 \cdot g^{-1}H_2O$，千烟洲的其次为 9.27 mg $CO_2 \cdot g^{-1} H_2O$，鼎湖山的最小为

$6.90 \text{ mg CO}_2 \cdot g^{-1} H_2O$,三者的 NEP 与 ET 之间有显著的正相关关系,郭维华(郭维华等,2010)等研究发现中国西北旱区葡萄园的水碳通量具有较好的耦合关系,尤其是在白天,二者的变化规律比较明显,在一定的时间范围内,存在比较明显的线性关系,表明葡萄园每平方米每秒固定 1 mgCO_2,同时约会蒸腾 $2.2 \times 10^{-9} \text{ mm}$ 水汽。

综合前文已有的大量研究,结果表明生态系统碳、水耦合的关系存在。对碳水耦合的模型模拟也先后出现。1968 年,Rosenzweig(Rosenzweig,1968)提出的估算地上净初级生产力的模型(ANPP)模型,之后的 Lieth 的 Miami 模型,以及之后在此基础上改进的一些其他模型,1998 年,于强(于强等,1998)等学者建立的光合-蒸腾-气孔导度耦合模型,2001 年,Yu(Yu et al, 2001)等基于气孔行为的光合-蒸腾耦合模型,在此基础上,提出了以水分利用效率估算的模型即 SMPTSB 模型 FOREST - BGC (BIOME - BGC)、BEPS、SiB2 大叶模型、CEVSA、AVIM 等模型也都是以气孔导度为中介把水循环、碳循环的过程耦合在一块(王秋凤,2004)。

综合以上叙述,大多研究为集中在生态系统的单一尺度上生产力及蒸散等的变化规律,不同尺度的碳水的关系如何,以及二者耦合的生理机制如何,相关的研究较少,而由于全球变暖、水资源紧缺的问题日益突出,深入系统研究陆地生态系统碳、氮、水循环之间的耦合关系,是未来碳-水-氮循环、生态系统碳-水-氮管理的研究重点之一(于贵瑞等,2004;于贵瑞等,2013)。

7.1.3　研究内容

7.1.3.1　毛竹林水分利用效率及碳水耦合特征
主要研究安吉毛竹林叶片尺度的光合-蒸腾耦合的特点,水分利用效率的变化、生态系统水分利用效率、二氧化碳通量、水汽通量的月平均日变化、季节变化,并分析其与净辐射、空气温度、饱和水汽压差等气象因子的响应关系,主要分析毛竹生长期内的水分利用效率和碳水耦合关系。

7.1.3.2　雷竹林水分利用效率及碳水耦合特征
主要研究太湖源人工高效经营的雷竹林叶片尺度的光合-蒸腾耦合的特点,水分利用效率的变化、生态系统的水分利用效率、二氧化碳通量、水汽通量的月平均日变化、季节变化,并分析其与净辐射、空气温度、饱和水汽压差等气象因子的响应关系,主要分析雷竹生长期内的水分利用效率和碳水耦合关系。

7.1.4　研究目的及意义

以浙江省湖州市安吉县山川乡的天然毛竹林、浙江省临安市太湖源镇的人工高效经营的雷竹林生态系统为例,结合植物叶片尺度上、生态系统尺度上对碳、水交换的观测研究,分析了我国亚热带毛竹林、人工高效经营雷竹林生态系统水分利用效率、碳水通量变化及其耦合关系的一般特征以及基本的生理生态机制,为毛竹林、雷竹林生态系统水分利用研究、碳水通量研究及其碳水管理提供一定的理论支持,进一步也为我国陆地生态系统水分利用效率、碳水耦合研究提供多尺度、初步系统性的研究案例。除此以外，选择具有代表性的中亚热带毛竹林和雷竹林典型的生态系统为研究对象，对于该区域毛竹林、雷竹林的碳水循环研究和林业用水研究也具有较强的现实意义，从而也为竹林的可持续发展、区域模型模拟提供了科学的基础数据，具有较大的理论指导意义。

7.2 水分利用效率研究方法

7.2.1 叶片尺度的水分利用效率研究方法

选取安吉通量观测系统样地中具有代表性的 2～3 年生健康、长势较好的毛竹，并选取其朝南枝上长势一致、健康、成熟的叶片为对象；选取太湖源通量观测系统样地中 1～2 年生健康、长势较好的竹子，并选取其朝南枝上长势一致、健康、成熟的叶片作为实验对象，每月于光照较好的晴朗天气用美国 Li-Cor 6400 仪器 LED 2×3 red blue 活体测定其光合日变化及其光响应曲线，可获得叶片净光合速率（An）、蒸腾速率（T_r）、水分利用效率（$WUE = An/T_r$）以及气孔导度（$Cond$）、细胞间 CO_2 浓度（Ci）、叶片表面光合有效辐射（PAR）、叶片表面水汽压差（$Vpdl$）、叶片表面温度（$Tleaf$）等多个微气象因子及其相关生理参数。

7.2.2 生态系统尺度的水分利用效率的研究方法

利用涡度相关技术（Eddy Covariance，EC）对毛竹林、雷竹林进行观测研究，其由开路 CO_2/H_2O 分析仪（Li-7500，LiCorInc.，USA）和三维超声风速仪（CAST3，Campbell Inc.，USA）组成，原始采样数据频率为 10 Hz，数据传输到 CR1000 数据采集器（CR1000，Campbell Inc.，USA）存储，根据涡度相关系统原理，通过测定、计算物理通量的脉动与垂直风速脉动的协方差求算湍流通量，并在线存储 30 min 的 CO_2 通量（carbon flux，F_c）、摩擦风速（Ustar）、潜热通量（latent heat flux，LE）等结果。获得植被冠层与大气间的 CO_2 通量或交换量（net ecosystem exchange，NEE）、水汽通量（water vapor flux，F_w），二者的比值为其冠层水分利用效率（Asseng et al，2000；Baldocchi et al，2001）另有研究表明，一般情况下有 F_c 或 NEE 的绝对值等于净生态系统生产力（Zhao et al，2007）。即水分利用效率的计算公式为

$$WUE = -F_c/F_w \qquad (7.6)$$

式中，$-F_c$ 为 NEP（净生态系统生产力，net ecosystem productivity），单位是 CO_2 mg·m^{-2}·s^{-1}；F_w 为水汽通量，单位是 g·m^{-2}·s^{-1}；WUE 的单位为 mg CO_2·$g^{-1}H_2O$。

计算 CO_2（F_c）通量的公式为

$$F_c = \overline{w'\rho_c'} \qquad (7.7)$$

式中,w'为垂直风速脉动量,ρ_c 为空气中 CO_2 的密度,上划线(—)表示平均时间值;撇号(′)表示瞬时值与平均值的偏差(于贵瑞等,2006)。当 CO_2 从大气进入生态系统时,通量符号为负,CO_2 从生态系统进入大气时,通量符号为正,单位为 $mg \cdot m^{-2} \cdot s^{-1}$。

通过实时测定的垂直风速与其浓度的协方差来求得水汽通量(E)。其公式为

$$E = \rho \overline{q'w'} \tag{7.8}$$

式中,ρ 为干空气密度;q 为比湿脉动;w 为垂直风速;横线(—)表示一段时间内的平均值;撇号(′)表示脉动。当气体由大气圈进入生态系统,通量符号为负,当气体由生态系统进入大气圈,则通量符号为正(李菊等,2006),单位是 $g \cdot m^{-2} \cdot s^{-1}$。

空气中水汽所产生的压力,称为水汽压(e),单位用百帕(hPa)表示。空气中的水汽含量与温度有密切关系,当温度一定时,单位体积空气中所能容纳的水汽量是有一定限度的,如果水汽含量达到这个限度,空气便呈饱和状态。空气中水汽达到饱和点时的水汽压称为饱和水汽压(E)。而饱和水汽压差(vapor pressure deficit,VPD)是在一定温度条件下,饱和水汽压与空气中实际水汽压的差值(D),其计算公式为

$$D = E - e \tag{7.9}$$

单位是百帕(hPa),它表明了空气距离饱和的程度,大小可以显示水分蒸发的能力(于贵瑞等,2010)。

7.2.3　试验地气象数据的观测

毛竹林、雷竹林各有采样频率为 0.5 Hz 的常规气象数据的观测系统。常规气象观测系统由三层风速(010C,metone,USA)三层大气湿度、温度(HMP45C,Vaisala,Helsinki)组成。毛竹林的涡动相关系统的探头安装高度为 38 m,3 层安装高度分别为 1 m、7 m 和 38 m,2 个安装高度为 2 m、23 m 的 SI-111 红外温度仪(用来采集地表温度、冠层温度)、1 个安装高度为 38 m 的净辐射仪(CNR4,Kipp & Zonen)传感器(用来采集长波、短波辐射和净辐射数据),安装深度分别为 5 cm、50 cm、100 cm 的土壤含水量(CS616,Campbell,USA)观测仪,观测深度分别为 5 cm、50 cm、100 cm 的土壤温度(109,Campbell,USA)等仪器。所有仪器的探头均与数据采集器相连接,每 30 min 在线计算一次统计量(平均值、方差及协方差)。样地内设有雨量筒,记录试验区内的降水信息。雷竹林的微气象观测塔距地面 17.0 m 处安装有开路涡度相关系统探头,此外,还有安装高度为 1 m、5 m 和 17 m 的 3 层风速和 3 层气温、相对湿度,净辐射仪传感器置于 17.0 m 的高度,可用于采集净辐射数据等仪器。此外还有观测深度 5 cm、50 cm、100 cm 土壤含水量(CS616,Campbell,USA);观测深度分别为 5 cm、50 cm、100 cm 土壤温度(109,Campbell,USA)。试验样地内设有 4 个雨量筒,用于记录降水数据。

7.2.4　数据的处理及分析方法

开路 CO_2/H_2O 分析仪相关系统的探头由于降水、露水、湍流不充分(摩擦风速 U∗

$<0.2\,\mathrm{m\cdot s^{-1}}$)等外部因素影响,易导致据此计算的水汽通量和$CO_2$通量的数值异常,须剔除异常值。而常规气象数据风速、大气温度、相对湿度、净辐射等数据不受影响,可实时测得。根据试验地具体情况(地形为斜坡地形,缺乏中尺度环流),数据处理采用了二次坐标旋转(DR)法,使坐标系的x轴与平均水平风方向平行,从而使平均侧风速度和平均垂直风速度最小化,即为 0(Baldocchi et al,2000;于贵瑞等,2006)。之后,再进行 WPL(WPL correction)矫正,最后根据阈值范围剔除异常值(Leuning,2004),本研究结合国内外研究结果、经验,CO_2通量超出范围$-2.0\sim2.0\,\mathrm{mg\cdot m^{-2}\cdot s^{-1}}$,$CO_2$浓度超出 $500\sim800\,\mathrm{mg\cdot m^{-3}}$,水汽浓度超出范围$0\sim40\,\mathrm{g\cdot m^{-3}}$以及某一数值与连续 5 点平均值之差的绝对值大于 5 个点方差的 2.5 倍的观测数据剔除。经过上述方法剔除以后有效数据有68.6%。对打雷、仪器故障等因素导致的缺失数据及剔除的异常值要进行插补,本文采用平均日变化法(Mean Diurnal Variation,MDV),即缺失的数据用相邻几天同时刻数据的平均值来替代。研究表明白天取 14 d,夜间取 7 d 的平均时间长度所得结果的偏差是最小的(Falge et al;2001),其中对于 2 h 内的缺失数据用平均值来插补,大于 2 h 的,根据与当月的净辐射回归方程进行插补。

数据统计分析用 SPSS18.0 软件,水分利用效率(WUE)、碳通量(F_c)、水汽通量(F_w)以及各气象因素的日均变化、季节变化分析采用的是比较均值、单因素方差分析的方法,WUE 与环境因子的相关性采用的是双变量分析的方法,采用 Sigmaplot10.0、Excel 制图。以 3—5 月为春季,6—8 月为夏季,9—11 月为秋季,12—2 月为冬季统计作为毛竹林、雷竹林的四个季节划分。

7.2.5   能量闭合度的分析

能量平衡闭合是指利用涡度相关仪器直接测的潜热、显热之和与净辐射通量、土壤热通量以及冠层热储量等之和之间的平衡。能量平衡闭合程度的评价是数据质量评价的重要参照方法之一。一般,常见的评价能量平衡闭合的方法有最小二乘法线性回归、简化主轴法线性回归以及能量平衡比率等(李正泉等;2004)。利用能量平衡比率的方法,计算的太湖源镇雷竹林的年能量闭合度 0.782,月平均能量闭合度 0.808,为国内外通量站点的中等水平(0.76)(陈云飞等,2013),计算的安吉毛竹林的年能量比合度为 0.85,月平均能量比合度为 0.84,通量站点数据质量可靠(孙成等,2015)。

7.3   毛竹林生态系统水分利用效率的特征

7.3.1   毛竹叶片水分利用效率特征

光合作用是植物、藻类和某些细菌利用叶绿素,在可见光的照射下,将 CO_2 和水等无机物转化为有机物,并释放氧气的生化过程,也叫"碳同化作用"。蒸腾作用是指植物根系吸收的水分,通过木质部的输导组织后,再经过植物体的表面,主要是叶片表面的气孔以气体状态散失到大气中的生物物理过程。通过植物的光合作用和蒸腾作用进行的 SPAC 系统的物质、能量交换信息是定量评价植物生产、植被与大气之间相互作用关系的基础(于贵瑞等,2006)。

水分利用效率是光合作用的净光合速率与蒸腾速率的比值,其大小是由气孔调节的光合作用、蒸腾作用的 2 个耦合过程,因此,也被认为可以反映碳、水循环耦合关系的一个重要参数。

2011 年 9 月 17—18 日(两者的平均作为 9 月的光合日进程)、10 月 13—14 日(两者的平均作为 10 月的光合日进程)典型晴天测得毛竹的净光合速率(P_n)、蒸腾速率(T_r)、水分利用效率(WUE)及气孔导度(Cond)等变化情况如图 7.1 所示。

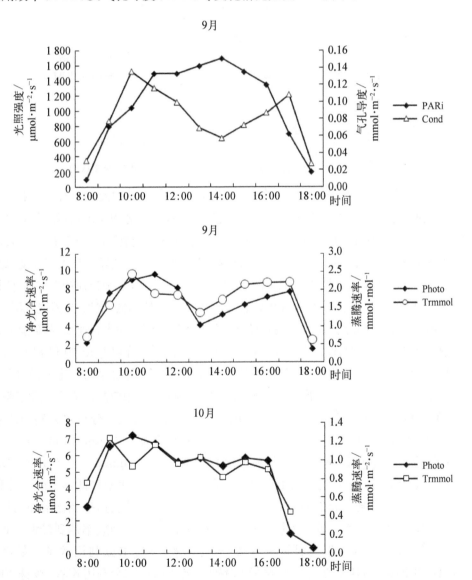

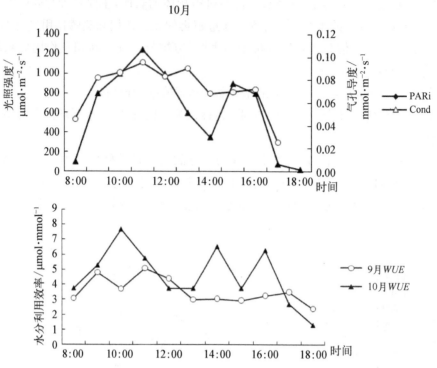

图 7.1　毛竹典型晴天的净光合速率、蒸腾速率、水分利用效率等参数的变化

分析图 7.1，毛竹 9 月的光照强度呈单峰型变化，8:00 左右开始增大，在 12:00 左右达到最大值，之后逐渐减小，在 18:00 左右达到最低。气孔导度呈双峰变化，从 8:00 开始，气孔导度逐渐增大，10:00 左右达到最大值，之后逐渐减小，减小的趋势一直保持到 14:00 左右，之后逐渐增大，并在 16:00 左右达到全天第二峰值，之后又逐渐减小，原因是气孔导度与光照强度息息相关。一定范围内，气孔导度随光照强度的增大而增大，当正午前后，由于光强持续增大，植物蒸腾加剧，为了减少自身水分散失，植物气孔会部分关闭，气孔导度降低，之后，虽然光强降低，温度降低，植物气孔打开，因此在 16:00 左右有峰值，之后逐渐降低。净光合速率、蒸腾速率的日变化与气孔导度的日变化规律相似，均为双峰型，峰值出现的时间分别为 10:00 和 16:00 左右。

分析 10 月的光合日进程，与 9 月份相比，10 月份的光照强度存在一定的波动性，原因是 10 月 13、14 日 14:00 左右出现了短暂的阴天，光强减小，相应的净光合速率、蒸腾速率以及气孔导度均呈现一定的波动性，变化规律不如 9 月份典型。分析水分利用效率的变化规律，10 月（日均值为 4.61 $\mu mol \cdot mmol^{-1}$，日最大值为 7.68 $\mu mol \cdot mmol^{-1}$）大于 9 月（日均值为 3.58 $\mu mol \cdot mmol^{-1}$，日最大值为 5.09 $\mu mol \cdot mmol^{-1}$），10 月的波动较大，9 月相对比较平缓。变化规律为由于早上的光强较弱，光合速率较低，因此，水分利用效率在早上较小；之后随着光强的变大，光合速率迅速增大，而蒸腾速率相比增加的较慢，在 10:00 左右，净光合速率达到较大值，而蒸腾相对较小，水分利用效率达到最大。此后，即使 P_n、T_r 都持续增大，由于气温越来越高，蒸腾越来越强，水分利用效率开始降低。16:00 以后，由于净光合速率急剧下降，蒸腾下降趋势相对平缓，水分利用效率又快速下降。

对 9 月、10 月毛竹光合日进程的各个参数值与光照强度、叶片温度、叶温下蒸汽压亏缺与气孔导度进行相关性分析(见表 7.1)。9 月的净光合速率与光照强度显著正相关,与叶片温度显著相关,与气孔导度极显著相关,而与叶温下蒸汽压亏缺相关性不显著;蒸腾速率与光照强度、气孔导度极显著相关,与其他参数的相关性不显著;水分利用效率与光照强度极显著正相关,与气孔导度显著正相关。10 月净光合速率与光照强度、气孔导度极显著正相关,与叶温显著正相关,蒸腾速率与光照强度、叶温、气孔导度极显著正相关,水分利用效率与气孔导度显著正相关,其他的相关性不明显。

表 7.1　安吉毛竹 9 月、10 月净光合速率(P_n)、蒸腾速率(T_r)、水分利用效率(WUE)及其与环境因子的相关性

时间	因子	光照强度/ $\mu mol \cdot m^{-2} \cdot s^{-1}$	叶温/ ℃	叶温下蒸汽压亏缺/ kPa	气孔导度/ $mol \cdot m^{-2} \cdot s^{-1}$
9 月	P_n	0.715*	0.650*	−0.323	0.936**
	T_r	0.866**	0.196	0.045	0.861**
	WUE	0.772**	−0.406	−0.584	0.624*
10 月	P_n	0.879**	0.699*	0.507	0.958**
	T_r	0.815**	0.736**	0.292	0.917**
	WUE	0.588	0.512	0.339	0.667*

＊＊,表示在 0.01 水平上显著相关;＊,表示在 0.05 水平上显著相关。

分别在 3 月、8 月、9 月、10 月、12 月几个月份的晴朗天气的上午测定毛竹的光响应曲线,并按季节分类,设置的光照强度依次为 2 000、1 500、1 000、600、300、200、100、80、50、20、0,在 9 月、10 月,增加了 1 800、1 200。结果如图 7.2 所示。

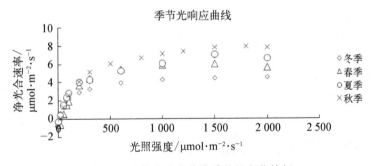

图 7.2　毛竹光响应曲线季节的变化特征

图 7.2 显示,毛竹的光响应曲线在不同的季节表现亦不相同。四个季节的光响应曲线变化规律基本一致,从 0～1 000 $\mu mol \cdot m^{-2} \cdot s^{-1}$,毛竹的净光合速率逐渐增大,并且增加的速度比较快,之后,当光照强度在 1 200～1 500 $\mu mol \cdot m^{-2} \cdot s^{-1}$ 时,净光合速率的增速变慢,到 1 800～2 000 $\mu mol \cdot m^{-2} \cdot s^{-1}$ 时,虽然光照强度继续增大,但是净光合速率却呈下降趋势,原因是毛竹达到了光饱和点。四个季节毛竹的净光合速率大小为秋季高于夏季、其次为春季,冬季最小。

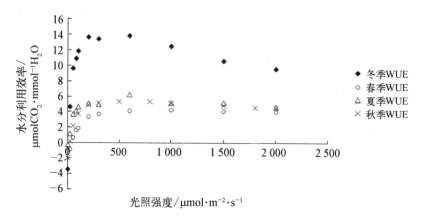

图 7.3　毛竹叶尺度季节水分利用效率

分析图 7.3,毛竹叶片的季节水分利用效率的变化情况,冬季较大,春季最小,夏秋季比较相近,变化规律基本一致,变化曲线冬季的波动较大,其他 3 个季节比较平缓,曲线变化规律为在光强为 0 时,WUE 最小,其中冬季的最低 $-3.398\ \mu molCO_2 \cdot mmol^{-1}H_2O$,春季为 $-2.42\ \mu molCO_2 \cdot mmol^{-1}H_2O$,秋季 $-1.95\ \mu molCO_2 \cdot mmol^{-1}H_2O$,夏季的最大为 $-0.165\ \mu molCO_2 \cdot mmol^{-1}H_2O$,冬季在光强是 600 $\mu mol \cdot m^{-2} \cdot s^{-1}$ 时,达到最大值 13.839 $\mu molCO_2 \cdot mmol^{-1}H_2O$,之后虽然光强继续增大,但是水分利用效率却减小,原因是达到了毛竹的光饱和点,春季的最大值是光强为 1000 $\mu mol \cdot m^{-2} \cdot s^{-1}$,此时的 WUE 也最大为 4.29 $\mu molCO_2 \cdot mmol^{-1}H_2O$,夏季的 WUE 最大值是 6.26 $\mu molCO_2 \cdot mmol^{-1}H_2O$,此时的光强是 600 $\mu mol \cdot m^{-2} \cdot s^{-1}$,秋季的 WUE 为 5.38 $\mu molCO_2 \cdot mmol^{-1}H_2O$,光强为 800 $\mu mol \cdot m^{-2} \cdot s^{-1}$。

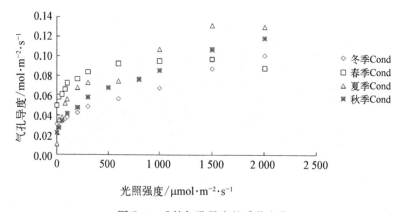

图 7.4　毛竹气孔导度的季节变化

气孔(stomata)是植物进行体内外气体交换的重要门户。气孔的开闭会影响植物的蒸腾、光合、呼吸等生理过程。通常利用气孔导度(或者是它的倒数,气孔阻力)量化气孔对水汽蒸腾、碳同化的控制。一般认为,光是影响气孔运动的主要因素。如图 7.4 所示,毛竹叶片气孔导度的变化趋势,夏季的最大(0.131 mol $\cdot m^{-2} \cdot s^{-1}$),秋、春季次之(分别为 0.108 mol・m^{-2}・s^{-1}、0.097 mol・m^{-2}・s^{-1})，冬季的最小(0.095 mol・m^{-2}・s^{-1})。变化规律为当光强为 0~1 000 μmol・m^{-2}・s^{-1} 时，$Cond$ 随着光强的增大而增大，当为 1 000~1 500 μmol・m^{-2}・s^{-1} 时，增加速度减慢，增加幅度为夏、秋季最大，春冬季较小，之后，随着光强到达 2 000 μmol・m^{-2}・s^{-1}，气孔导度基本保持不变。

如表 7.2 所示，安吉毛竹林四个季节的净光合速率、蒸腾速率与光照强度、叶片温度、气孔导度均呈极显著相关关系，冬季的 WUE 与各因子的相关性不显著，春季 WUE 与气孔导度呈极显著正相关，夏季的 WUE 与气孔导度显著正相关，与其余因子相关性不显著，秋季 WUE 与叶温下蒸汽压亏缺呈显著负相关，与叶温呈极显著相关，与气孔导度显著相关。

表 7.2　安吉毛竹净光合速率(P_n)、蒸腾速率(T_r)、水分利用
效率(WUE)及其与环境因子的季节相关性

时间	因子	光照强度/ μmol・m^{-2}・s^{-1}	叶温/ ℃	叶温下蒸汽压亏缺/ kPa	气孔导度/ mol・m^{-2}・s^{-1}
冬季	P_n	0.786＊＊	−0.829＊＊	−0.830＊＊	0.830＊＊
	T_r	0.989＊＊	−0.997＊＊	−0.998＊＊	0.998＊＊
	WUE	0.239	−0.296	−0.295	0.305
春季	P_n	0.765＊＊	0.776＊＊	0.524	0.988＊＊
	T_r	0.828＊＊	0.837＊＊	0.603＊	0.988＊＊
	WUE	0.647＊	0.653＊	0.37	0.951＊＊
夏季	P_n	0.844＊＊	0.894＊＊	−0.698＊＊	0.966＊＊
	T_r	0.902＊＊	0.811＊＊	−0.693	0.995＊＊
	WUE	0.387	0.391	−0.228	0.658＊
秋季	P_n	0.852＊＊	−0.910＊＊	−0.899＊＊	0.940＊＊
	T_r	0.952＊＊	−0.820＊＊	−0.967＊＊	0.994＊＊
	WUE	0.517	0.732＊＊	−0.628＊	0.673＊

＊＊，表示在 0.01 水平上显著相关；＊，表示在 0.05 水平上显著相关。

结合以上分析结果，毛竹叶片的净光合速率与蒸腾速率，基本表现为极显著的正相关关系，二者与气孔导度均呈极显著正相关关系。分析毛竹叶片的光合与蒸腾的耦合关系的生理生态机制有：叶片上的气孔是控制二氧化碳、水汽出入叶片的共同门户，对二者有一致的作用；净辐射(或光合有效辐射)是毛竹叶片进行光合作用、蒸腾作用的共同驱动力，对二者有趋于一致性的驱动作用；最后，就是叶温及叶温下蒸汽压亏缺等环境因子对二者具有相似的影响作用。

7.3.2　毛竹林 WUE 日均月变化特征

对安吉毛竹林 2011 年全年碳通量、水汽通量数据进行统计，得到逐日逐半小时的碳

通量、水汽通量数据,根据式(2.1)按月将每天同时刻的水分利用效率求平均值,计算当月水分利用效率的平均日变化,结果如图 7.5 所示。

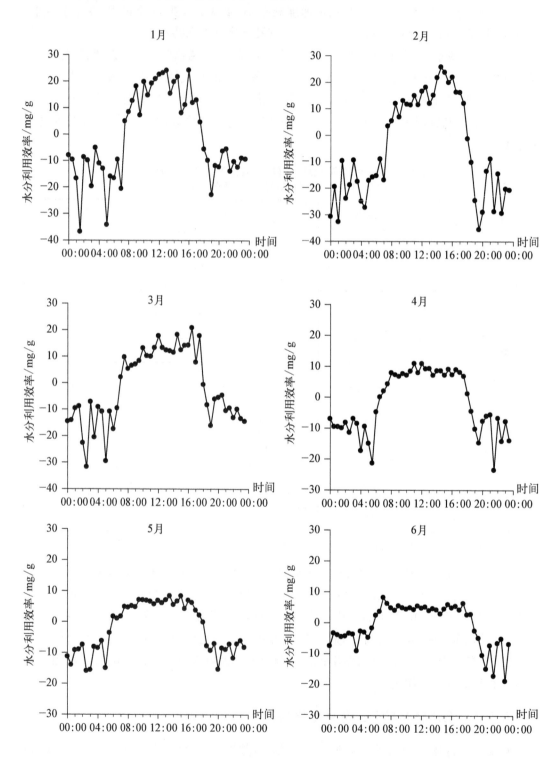

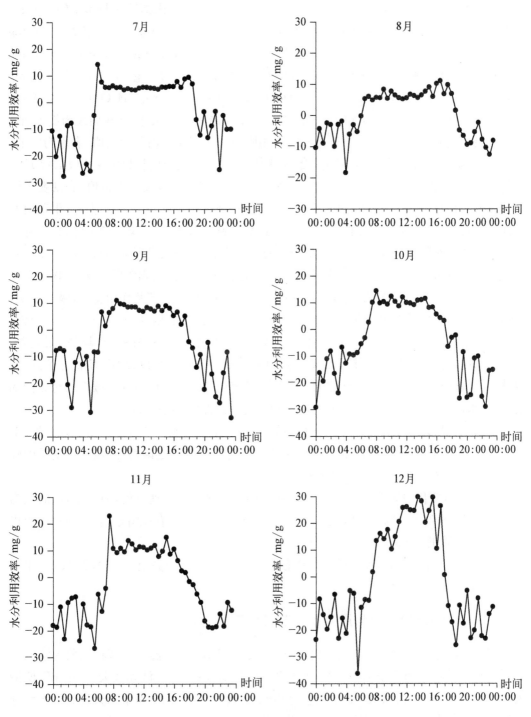

图 7.5 毛竹林水分利用效率的日均月变化特征

由图 7.5 可知,安吉毛竹林水分利用效率最高为 12 月(白天平均最大值为 19.89 mg $CO_2 \cdot g^{-1}H_2O$,瞬时最大水分利用效率为 29.58 mg $CO_2 \cdot g^{-1}H_2O$),最低月份为 8 月(白天平均最大值为 6.57 mg $CO_2 \cdot g^{-1}H_2O$,瞬时最大水分利用效率为 11 mg $CO_2 \cdot g^{-1}H_2O$),每月全天时段的平均 WUE 分别为 1 月 3.29 mg $CO_2 \cdot g^{-1}H_2O$,2 月 5.26 mg $CO_2 \cdot g^{-1}H_2O$,3 月 5.87 mg $CO_2 \cdot g^{-1}H_2O$,4 月 2.97 mg $CO_2 \cdot g^{-1}H_2O$,5 月 2.23 mg $CO_2 \cdot g^{-1}H_2O$,6 月 1.81 mg $CO_2 \cdot g^{-1}H_2O$,7 月 3.33 mg $CO_2 \cdot g^{-1}H_2O$,8 月 2.91 mg $CO_2 \cdot g^{-1}H_2O$,9 月 3.95 mg $CO_2 \cdot g^{-1}H_2O$,10 月 4 mg $CO_2 \cdot g^{-1}H_2O$,11 月 2.12 mg $CO_2 \cdot g^{-1}H_2O$,12 月 6.11 mg $CO_2 \cdot g^{-1}H_2O$,12 月最大,6 月最小,变化曲线为倒 U 形,由于日出后太阳辐射增强,毛竹进行光合作用吸收 CO_2,NEE 白天为负值,表现为碳汇,日落以后,太阳辐射减小为 0,植物光合作用中止,由于呼吸作用释放大量 CO_2,NEE 表现为正值,表现为碳源,据公式(7.1)计算的 WUE 白天为正值,夜晚为负值,表现在上图即为白天为正值,夜晚为负值。变化趋势全年基本一致,均在 7:00~8:00 左右,由负值开始向正值转变,并呈逐渐增大的趋势,在正午前后达到最大值,之后又逐渐下降,且下降趋势会持续一段时间,在 15:30 左右达到当天的第二峰值,之后又呈下降趋势。在 18:00 左右降为 0,呈现单峰型变化趋势。日均 WUE 变化原因是早上,太阳辐射较弱,植物光合作用较弱,日出后,光强变强,温度升高,蒸散加强,毛竹光合作用、蒸腾作用变强,吸收 CO_2,WUE 上升;之后,虽然太阳辐射继续增大,但由于温度越来越高,蒸腾作用越来越强,WUE 开始下降,这种趋势会一直保持。16:00 左右毛竹出现下午的光合峰值(张利阳,2011),以后,光合速率迅速下降,而蒸腾速率的下降趋势较平缓,以致 WUE 快速下降,到日落时为最低点。日均 WUE 变化的主要原因是植物的光合作用与其蒸散作用对太阳辐射、饱和水汽压差、温度等生态因素的响应趋势的一致性(王秋凤,2004)。

据图 7.5 可以看出,6—9 月份变化曲线较平缓,原因可能是 6 月份开始进入夏季,毛竹光合作用逐渐增强,蒸散作用也较强,虽然植物消耗的水分逐渐增加,但由于夏季的降水及时补给,毛竹的水分利用效率并未有较大的变化。

12—2 月,变化曲线较复杂,水分利用效率的值明显大于其他月份,原因是,该时期为冬季,太强辐射较弱,气温较低,毛竹光合作用较弱,且该时期有积雪难消融,植物蒸散也较弱,据此计算的水分利用效率就较大。

3 月明显大于 4、5 月,原因是 3 月是毛竹竹笋高生长期(朱国全,1979),为 4、5 月出笋做准备,水分利用效率变大。

7.3.3 毛竹的水分利用效率季节日均变化特征

毛竹林水分利用效率与碳、水通量变化相关,受太阳辐射、温度等多种气象因素的影响,如图 7.6 所示,四个季节中,冬季的 WUE 变化曲线最复杂,波动较大,冬季 WUE 最大,夏季的最小,变化最平缓,春秋季变化相似,曲线较平缓,四个季节白天瞬时最大水分利用效率为冬季 23.72 mg $CO_2 \cdot g^{-1}H_2O$,春季 11.94 mg $CO_2 \cdot g^{-1}H_2O$,夏季 8.0 mg $CO_2 \cdot g^{-1}H_2O$,秋季 13.0 mg $CO_2 \cdot g^{-1}H_2O$,白天的平均值为冬季 17.53 mg $CO_2 \cdot g^{-1}$

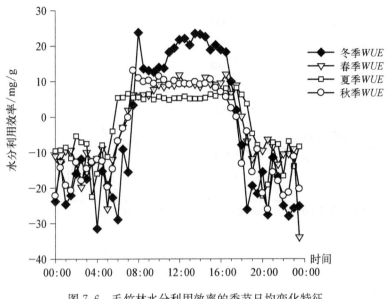

图 7.6 毛竹林水分利用效率的季节日均变化特征

H_2O,春季 8.66 mg CO_2 · $g^{-1}H_2O$,夏季 5.62 mg CO_2 · $g^{-1}H_2O$,秋季 9.17 mg CO_2 · $g^{-1}H_2O$。即毛竹林的 WUE 季节变化模式与其生态系统光合和蒸散的季节变化趋势不同,WUE 在生长旺季(夏季)达到最小值,在非生长旺季(冬季)的 WUE 明显大于生长旺季(夏季),与 Yu(Yu et al,2008) 等应用 China Flux 的通量观测数据研究我国鼎湖山亚热带常绿阔叶林、千烟洲亚热带人工针叶林的水分利用效率的结果一致。原因是生长旺季的 WUE 强烈依赖毛竹林生态系统的光合,而蒸散的影响较小。毛竹林光合蒸散的季节尺度日均变化如图 7.7 所示。

如图 7.7 所示,夏秋两季白天水汽通量、CO_2 通量的变化关系较为明显,为单峰型变化曲线;冬春两季白天水汽通量、CO_2 通量的变化关系较夏秋两季稍复杂,变化曲线波动较多,除一较大峰值外,还有若干小峰。白天 6:00~7:00,水汽通量逐渐增大,F_c 由正转变为负值,表明随着太阳辐射增强,植物开始进行光合作用吸收 CO_2,光合作用吸收量大于呼吸作用的释放量,F_c 表现为负值,蒸散逐渐增强,11:00 左右均达到峰值,之后逐渐减弱。夜晚,植物没有光合作用,只有呼吸作用,释放 CO_2,F_c 变为正值。四个季节 CO_2 通量、水汽通量正负值转变存在时间差异,是由于净辐射、温度、土壤含水量等环境综合因子及植物自身特性等因素造成的。

7.3.4 毛竹林气象因子的变化特征

表 7.3 为 2011 年毛竹林月均温(空气)、空气相对湿度、5 cm 土壤温度、降雨量、蒸散量及其净辐射的等气象因子月均变化情况。安吉毛竹林 2011 年全年气温 7 月最高 26.9 ℃,1 月最低 −2.08℃。5 cm 土壤温度变化与气温相同(7 月最高,1 月最低)。降水量 6 月最大 453 mm,2 月最小 16.3 mm,全年降水总量为 1 543.1 mm。季节差异明

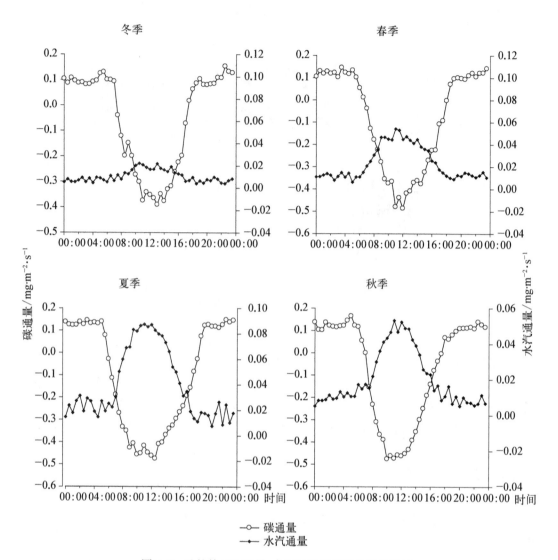

图 7.7　毛竹林 CO_2 通量、水汽通量的季节日变化特征

显,夏秋季明显多于春冬季,夏季最高(1062.2 mm),占全年的 68.84%,秋季为 213.2 mm,占全年的 13.82%,春季为 174.7 mm,占全年的 11.32%,冬季最少为 93 mm,仅占全年的 6.03%,降水分配不均匀。蒸散量 7 月最大 109.18 mm,2 月最小 26.49 mm。

全年净辐射有较大波动性,随着太阳直射点的回归运动,逐渐向北回归线移动,1—5 月逐渐增强,6 月明显下降,是由于 6 月正值梅雨时节,月雨量、雨日特多,日照偏少。7 月净辐射达到最大,之后随着太阳高度角的变化,净辐射逐渐减小。全年净辐射为 2 604.821 MJ·m⁻²,净辐射变化与气温相同。6—9 月净辐射占全年的 43.15%。季节尺度上,夏季最高为 868.939 MJ·m⁻²,占全年的 33.36%,春季次之 827.733 MJ·m⁻²,占全年 31.78%,秋冬季较少,分别为 555.966 MJ·m⁻²、352.183 MJ·m⁻²,分别占全年 21.34%、13.54%。

表 7.3　毛竹林气象因子的月变化情况

月份	月均温/℃	空气相对湿度/%	5 cm 土壤温度/℃	降雨量/mm	蒸散量/mm	净辐射/MJ·m⁻²
1 月	−2.08	75	0.25	52.5	27.89	106.23
2 月	4.85	75	4.65	16.3	26.49	138.61
3 月	7.77	78	7	55.3	46.74	235.26
4 月	15.22	76	13.64	58.7	63.16	296.49
5 月	20	76	18.94	60.7	75.77	295.99
6 月	22.37	81	22.01	453	100.61	221.77
7 月	26.56	75	24.94	192.7	109.18	343.67
8 月	25.15	80	24.36	416.5	105.76	303.62
9 月	20.96	74	20.34	103.6	69.25	255.13
10 月	15.79	77	15.43	84.1	52.47	183.45
11 月	13.67	74	13.43	25.5	40.58	117.47
12 月	6.34	72	6.22	24.2	26.81	107.35

植物吸收、消耗的水分主要来自储存在土壤中的水分,而土壤水分状态不仅是植物生长、发育的环境条件,也是维持并影响植物生存环境的生态条件。水分是土壤的物理学、化学以及生物学过程的制约因子,因此,有关土壤的水分特性、运动的科学认识,一直是生态系统中物质循环和能量交换以及水循环的基础性的问题,也是土壤学、生态学研究的基础。

土壤水分含量(soil water content,SWC)是土壤中所含水分的数量,又称土壤含水量或土壤含水率,一般是指土壤绝对含水量,通常采用重量含水率和体积含水率两种表示方法。本研究中的土壤水分含量用体积含水率表示。毛竹生长需要通过其根系从土壤中吸收水分,进而来保证其生理、生态需水的供应,因此土壤水分的多少必然影响毛竹的生长和 WUE 情况。由于土壤质地的差异,土壤含水率并非最佳衡量生态系统水分多少的标准,因此土壤相对含水量(relative extractable soil water,REW)成为广泛学者衡量土壤水分的较好指标(周洁等,2013),其公式为

$$REW = (SWC - SWC_{min})/(SWC_{max} - SWC_{min}) \tag{7.10}$$

式中 SWC 为土壤体积含水率(单位为%),SWC_{max}、SWC_{min} 分别是最大、最小的土壤体积含水率(单位均为%)。另有研究表明,若一个生态系统的 $REW<0.4$,则表明其受到土壤水分胁迫的影响,对其植物生长造成不利影响(Granier et al,1999;Bernier et al,2012)。

安吉毛竹林 2011 年表层土壤(SWC-5 cm)、中层土壤(SWC-50 cm)、深层土壤(SWC-50 cm)的相对土壤含水量的变化情况如表 7.4 所示。表层土(SWC-5 cm)除 1 月、6 月、12 月 $REW>0.4$ 以外,其他月份均为 $0.1<REW<0.4$,深层土壤(SWC-

50 cm)2月、6月、10月、11月的 $REW>0.4$，其余月份 $0.1<REW<0.4$。3—5月，7—9月，三层土壤深度的 $0.1<REW<0.4$，原因是3—5月份为春季，降水比往年少197.1 mm,3月气温正常,日照充足,但入春较往年晚,且≥10℃的有效积温只有38.6℃,对毛笋等植物的生长不利,退笋率较高。但2011年毛竹产笋为小年,所以降水不足,气温偏低,对毛竹产笋量影响减小。且3月下旬至4月是毛竹出笋及采摘旺季,土壤水分大量输出,故有 $0.1<REW<0.4$;7月气温较高,蒸散加强,土壤含水量减小,8月由于受台风外围云系及冷空气的影响,多暴雨天气,降水充足。10月以后,降水减少,蒸散较弱。

毛竹特殊的生物学特性,表明其地下根系分布的复杂性。罗华河(罗华河,2004)研究表明,毛竹的地下茎(又称竹鞭)具有横向地性,该范围集中在水肥条件较适宜的土壤上层,即距地15~40 cm的土壤深度分布较多,而在50 cm以下的深度则较少;骆仁祥等研究了3种竹子的根系分布特征,结果表明,毛竹的根量较多,分布也相对较深,大多在0~70 cm,有的分布达1 m,根系集中的土壤深度为10~40 cm(骆仁祥等,2009),由此可见,毛竹的根系集中分布的土壤深度为10~40 cm,因此分析土壤相对含水量对其的影响至关重要。

表7.4 毛竹林土壤相对含水量(REW)的变化情况

月份	SWC-5 cm	SWC-50 cm	SWC-100 cm
1月	$REW>0.4$	$0.1<REW<0.4$	$0.1<REW<0.4$
2月	$0.1<REW<0.4$	$0.1<REW<0.4$	$REW>0.4$
3月	$0.1<REW<0.4$	$0.1<REW<0.4$	$0.1<REW<0.4$
4月	$0.1<REW<0.4$	$0.1<REW<0.4$	$0.1<REW<0.4$
5月	$0.1<REW<0.4$	$0.1<REW<0.4$	$0.1<REW<0.4$
6月	$REW>0.4$	$0.1<REW<0.4$	$REW>0.4$
7月	$REW>0.4$	$0.1<REW<0.4$	$0.1<REW<0.4$
8月	$0.1<REW<0.4$	$0.1<REW<0.4$	$0.1<REW<0.4$
9月	$0.1<REW<0.4$	$0.1<REW<0.4$	$0.1<REW<0.4$
10月	$0.1<REW<0.4$	$0.1<REW<0.4$	$REW>0.4$
11月	$0.1<REW<0.4$	$0.1<REW<0.4$	$REW>0.4$
12月	$REW>0.4$	$REW>0.4$	$0.1<REW<0.4$

2011年毛竹林生态系统饱和水汽压差的日均变化情况如图7.8所示。

由图7.8可以看出,季节上,毛竹林生态系统空气饱和水汽压差的大小关系为:夏季>春季>秋季>冬季,变化曲线冬、春、秋三季为典型的单峰型,变化曲线较平缓,夏季的变化曲线稍显复杂。变化规律为,7:00左右,温度升高,VPD 开始逐渐增大,午后14:30左右达到最大值,之后逐渐减小,清晨达到最小值。

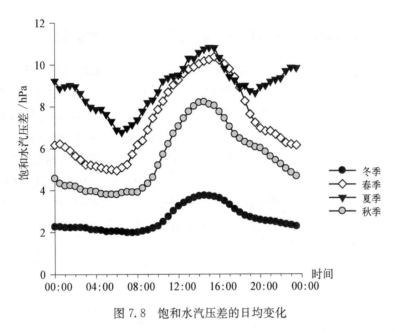

图 7.8　饱和水汽压差的日均变化

对植物群落而言,叶面积指数(Leaf area Index,LAI)对蒸腾、光合的影响至关重要。根据"大叶模型"的假设,当 $LAI>3$ 时,可以把植物冠层看成一片大叶,此时生态系统的水分丧失主要来自植物叶片水分的蒸腾(王建林等,2009)。一般情况下,LAI 越高,植物群落的蒸腾速率也越强。根据 2003—2005 年 $China\ Flux$ 的四个站点(即长白山、千烟洲、内蒙古、禹城)的植被冠层导度的季节动态研究发现,各生态系统的植被冠层导度几乎都在生长旺盛季节内达到最大,与 LAI 的季节动态一致(于贵瑞等,2010)。

如表 7.5 所示,毛竹林从 3 月开始,叶面积呈逐渐增加的趋势,在 8 月份叶面积指数达到最大 8.1,之后逐渐降低,在冬季达到最小(2 月最小 3.2)。分析安吉毛竹的生长情况,毛竹 3 月下旬开始出笋,4 月为出笋旺期,5 月迅速生长,6 月充分展叶,新叶开始进行光合作用,8 月新叶成熟,叶绿素含量达到最大(张利阳,2011),LAI 达到最大。9 月毛竹叶子开始枯萎、凋落,LAI 逐渐减小。尤其在 11 月前后凋落最大,与张家洋(张家洋等,2011)等的研究结果一致。安吉毛竹林在 6—9 月 LAI 处于全年的较高水平,对毛竹的光合、蒸腾有较大影响。

表 7.5　毛竹林叶面积指数变化

月　份	叶面积指数	月　份	叶面积指数
1 月	3.4	7 月	7.1
2 月	3.2	8 月	8.1
3 月	3.8	9 月	7.6
4 月	4.4	10 月	6.6
5 月	5.1	11 月	5.7
6 月	5.7	12 月	4.3

7.3.5 主要气象因素对毛竹水分利用效率日动态的影响

净辐射 Rn（Net Radiation）是指短波辐射（太阳释放的高能辐射）和长波辐射（所有物体散发的热辐射）输入与输出的差额，它的单位是瓦/平方米（W·m^{-2}）。生态系统的净辐射是驱动植被下垫面温度变化、显热和潜热交换、物质合成流转以及碳水循环等植物生理生态活动的能量来源，从根本上说，这些变化所需的能量皆由辐射平衡的能量转化而来（于贵瑞等，2006），可见净辐射也是植物光合作用合成有机物、蒸腾作用等生理活动的驱动力。

不同的生态系统类型，具有不同的群落类型和下垫面性质，从而导致了物质合成、能量流动以及碳水循环的差异。根据毛竹全年的生长情况，选取 6—9 月 7:00～17:00 的水分利用效率与对应时刻的净辐射数据，图 7.9 为对应时刻毛竹 WUE 对净辐射的响应。

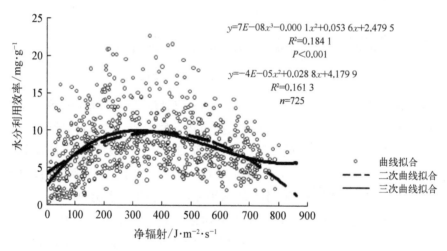

图 7.9 日尺度水分利用效率与净辐射的响应

由图 7.9 可以看出，毛竹林 WUE 随着净辐射（Rn）的增大而增大，当净辐射增大到一定程度时，WUE 的增大趋势减小，若净辐射继续增大，WUE 反而减小。WUE 与净辐射的曲线拟合发现，三次曲线拟合（$R^2=0.184\ 1$）略优于二次曲线拟合（$R^2=0.161\ 3$）（经相关性分析，$P<0.05$，达显著水平），拟合方程：$y=7E-08Rn^3-0.000\ 1Rn^2+0.053\ 6Rn+2.479\ 5$（$Rn$ 为净辐射）。

蒸散发生在土壤、植被与大气间的水汽交换过程，土壤-大气之间和植被-大气之间的水汽浓度都为植被蒸散提供驱动力，因此水分状况直接影响蒸散过程。而表征大气水分状况的指标主要有水汽浓度、湿度、水汽压、相对湿度和饱和水汽压差，其中最能体现水汽密度差异指标的是饱和水汽压差（Vapor Pressure Deficit，VPD），可代表性的反映大气对水分的"需求"，代表植被蒸散的驱动力（于贵瑞等，2010）

饱和水汽压差综合反映了大气温度、湿度的状况，在一定程度上表征了大气对水分的需求，是植被蒸散的驱动力，其数值的大小变化通过影响植物气孔的开闭状态，进而影响植物水分利用效率的变化（于贵瑞等，2010）。图 7.10 为毛竹林 6—9 月 7:00～17:00 的 WUE 与

对应时刻 *VPD* 的日变化响应关系。在整个 *VPD* 增大的过程中，*WUE* 呈下降趋势（经相关性分析，显著性检验，P＜0.001，*Pearson* 相关系数为−0.430，*Spearman* 相关系数为−0.415），两者呈显著负相关关系。*WUE* 与 *VPD* 曲线拟合关系发现，对数曲线拟合效果较幂指函数拟合（Abbate et al. 2004；Tallec et al.，2013）效果好，在拟合方程均为对数方程时，拟合优度（$R^2 = 0.135$）大于刘文国（刘文国，2010）对湖南抑螺防病林的拟合优度（$R^2 = 0.107\ 1$）。

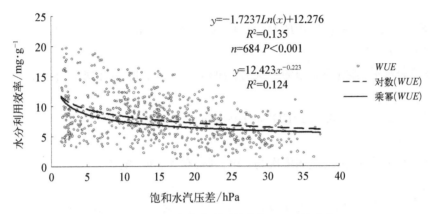

图 7.10　日尺度水分利用效率与 *VPD* 的响应

在月均 0.5 h 尺度，对毛竹林每月水分利用效率（*WUE*）与净辐射（*Rn*）、空气温度（*Ta*）、距地 1 m 的饱和水汽压差（*VPD*）进行回归分析：

1 月

$WUE = 0.748VPD + 0.632Rn - 0.329Ta$　$R^2 = 0.515$　　$F = 6.008$　$n = 20$　$p < 0.01$

2 月

$WUE = 0.27Rn - 0.837VPD + 1.667Ta$　$R^2 = 0.721$　　$F = 14.661$　$n = 20$　$p < 0.001$

3 月

$WUE = 0.228Rn + 1.383Ta - 0.686VPD$　$R^2 = 0.553$　　$F = 7.015$　$n = 20$　$p < 0.01$

4 月

$WUE = 3.43Ta + 0.96Rn - 2.675VPD$　　$R^2 = 0.642$　$F = 10.767$　$n = 20$　$p < 0.001$

5 月

$WUE = 0.547Rn + 0.428VPD - 0.011\ Ta$　$R^2 = 0.55$　　$F = 7.331$　　$n = 20$　$p < 0.01$

6 月

$WUE = -30.277 - 1.315VPD + 0.01Rn + 2.092Ta$　$R^2 = 0.942$　$F = 36.712$　$P < 0.001$　$n = 20$

达极显著水平,影响因子强弱依次为:净辐射、饱和水汽压差、空气温度;

7月

$$WUE = 49.070 + 0.420VPD - 0.001Rn - 1.732Ta \quad R^2 = 0.822 \quad F = 20.032$$
$$P < 0.001 \quad n = 20$$

达极显著水平,影响因素强弱依次为:空气温度、饱和水汽压差、净辐射;

8月

$$WUE = 34.013 - 0.219VPD - 0.005Rn - 0.953Ta \quad R^2 = 0.922 \quad F = 55.373$$
$$P < 0.001 \quad n = 20$$

达极显著水平,影响因素强弱依次为:净辐射、空气温度、饱和水汽压差;

9月

$$WUE = 29.109 + 0.032VPD + 0.002Rn - 0.979Ta \quad R^2 = 0.596 \quad F = 4.916$$
$$P < 0.01 \quad n = 20$$

达显著水平,影响因素强弱依次为:净辐射、空气温度、饱和水汽压差;

10月

$$WUE = 2.562VPD - 2.74Ta + 0.796Rn \quad R^2 = 0.435 \quad F = 4.361 \quad P < 0.01 \quad n = 20$$

11月

$$WUE = 3.894VPD - 3.93Ta - 0.526Rn \quad R^2 = 0.457 \quad F = 4.779 \quad P < 0.01 \quad n = 20$$

12月

$$WUE = 0.311Rn + 0.619VPD - 0.008Ta \quad R^2 = 0.545 \quad F = 6.337 \quad P < 0.01 \quad n = 20$$

以上回归关系显示,在白天7:00~17:00的水分毛竹林水分利用效率与饱和水汽压差(VPD)、空气温度(Ta)、净辐射(Rn)的关系较为密切,每个月的影响因子强度也略有不同,其中以6—9月的水分利用效率和三者的关系比较特殊。分析6—9月份的影响因子有

$$WUE = 20.739 - 0.295VPD + 0.003Rn - 0.499Ta \quad R^2 = 0.695 \quad F = 47.083$$
$$P < 0.001 \quad n = 80$$

达极显著水平,影响因素强弱依次为:饱和水汽压差(VPD)、空气温度(Ta)、净辐射(Rn)。每月净辐射、空气温度、饱和水汽压差的差异造成了其水分利用效率的不同。

季节(冬季、春季、夏季、秋季)上的拟合依次为:

$$WUE = 0.319Rn + 5.726VPD - 5.169Ta \quad R^2 = 0.577 \quad F = 6.821 \quad p < 0.01(p = 0.004) \quad n = 55,达显著水平;$$

$$WUE = 0.218Rn - 0.969Ta + 1.718VPD \quad R^2 = 0.585 \quad F = 7.506 \quad p < 0.01(p = 0.002) \quad n = 57,达显著水平;$$

$$WUE = 0.114Rn - 0.427VPD - 0.416Ta \quad R^2 = 0.623 \quad F = 17.889 \quad p < 0.01(p = 0.002) \quad n = 57,达显著水平;$$

$$WUE = 0.443Rn - 0.69VPD + 0.048Ta \quad R^2 = 0.381 \quad F = 5.959 \quad p <$$
$0.01(p = 0.003) \quad n = 57$，达显著水平。

对毛竹林四个季节的饱和水汽压差(VPD)、水分利用效率(WUE)、净辐射(Rn)与温度(Ta)进行相关性分析，如表 7.6 所示。冬季、春季、秋季 WUE 均与各因子呈极显著相关关系，夏季 WUE 与温度、净辐射呈极显著相关关系，与温度的相关性不显著。

表 7.6　季节水分利用效率与饱和水汽压差(VPD)、水分利用效率
(WUE)、净辐射(Rn)与温度(Ta)进行相关性分析表

季　节		饱和水汽压差 VPD	水分利用效率 WUE	温度 Ta	净辐射 Rn
冬季	VPD	1	0.634**	0.994**	0.447**
	WUE	0.634**	1	0.614**	0.823**
	Ta	0.994**	0.614**	1	0.441**
	Rn	0.447**	0.823**	0.441**	1
春季	VPD	1	0.728**	0.550**	0.976**
	WUE	0.728**	1	0.600**	0.771**
	Ta	0.976**	0.600**	1	0.405**
	Rn	0.550**	0.771**	0.405**	1
夏季	VPD	1	0.131	0.551**	0.697**
	WUE	0.131	1	0.807**	0.383**
	Ta	0.551**	0.807**	1	0.747**
	Rn	0.697**	0.383**	0.747**	1
秋季	VPD	1	0.470**	0.993**	0.441**
	WUE	0.470**	1	0.473**	0.781**
	Ta	0.993**	0.473**	1	0.479**
	Rn	0.441**	0.781**	0.479**	1

＊＊，表示在 0.01 水平上显著相关。

7.3.6　毛竹林 *NEP* 与水通量比值关系

6—9 月毛竹林 7:00～17:00NEP（$-F_c$）与水汽通量之间的关系如图 7.11 所示。

分析图 7.11，毛竹林 NEP、水汽通量存在明显关系。线性、非线性拟合（通过相关性分析、显著性检验，$P < 0.001$）表明 NEP 与水汽通量呈显著正相关关系，相关关系密切（$Spearman$ 相关系数为 0.858，$Pearson$ 相关系数为 0.773，相关系数大于 0.5），且非线性的对数拟合的相关性大于线性拟合的相关性。在拟合方程为线性时，大于郭维华（郭维华等，2010）等对西北旱区葡萄园水碳通量耦合（$y = 0.0022x$）的拟合优度（$R^2 = 0.2782$）；

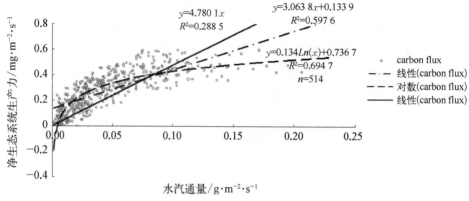

图 7.11　毛竹林 *NEP* 与水汽通量比值关系

在拟合方程为一元一次方程的前提下,小于 Yu(Yu et al, 2008) et al. 对长白山温带森林的拟合优度($R^2 = 0.99$)。

毛竹林光合、蒸散基于线性方程的拟合,表明毛竹林的碳、水通量之间具有较强的耦合关系;而基于非线性的对数拟合,二者之间呈现非线性的对数关系,表明毛竹林碳、水的耦合关系会因其气候环境因子的变化而解耦,原因可能是气象条件一定程度上有水热资源分布不一致的特点,不利于水资源的高效利用,尤其是 6 月月雨量、雨日比较多,梅雨比较典型,气温正常,日照偏少,湿涝和光照不足对毛竹生长不利,而此时正值毛竹新叶展开,开始进行光合作用,所以净辐射是决定毛竹林水分利用效率变化的关键因素,气温及饱和水汽压差的影响强度相对较弱;7 月雨量正常,光温配合较好,气温偏高,月内出现 17 天高温天气,其中连续高温过程有:2—7 日,最高温度 38.9℃,21 日—31 日,最高温度为 39.4℃,温度的升高,会促使毛竹水分的损耗增加,极端的高温天气,增大了毛竹林的蒸散及蒸腾作用,毛竹气孔闭合,净光合速率下降,这也是 7 月份影响毛竹林 *WUE* 变化的主要因素是空气温度的原因;8 月降水量 416.5 mm,比常年偏多 237 mm,超历史极端最高值。雨日 24 天,比常年多 8.6 天,接近历史极端最高值 25 天(1980)。其中有 18 天伴有雷暴,月日照时数 160.5 小时,比常年少 46.2 小时,阴雨寡照天气对毛竹生长极端不利,且 7—8 月为毛竹最大净光合速率的低谷(张利阳,2011),固碳能力下降,其水分利用效率也相应降低,9 月份雨量偏少,气温偏高,日照正常。6—9 月水热资源分布的不一致性,致使毛竹光合作用和生长受抑制,与 Yu et al. (Yu et al, 2008)对亚热带的千烟洲人工针叶林、鼎湖山的针阔混交林森林生态系统的研究结果一致。

分析毛竹林生态系统碳、水耦合关系的生理机制有:净辐射是毛竹林碳、水循环的驱动力,气孔是碳通量、水汽通量的共同通道,饱和水汽压差、温度等环境因子对碳水通量相似的影响作用以及毛竹林冠层稳定的光合及蒸腾的关系。也是碳水耦合从冠层光合-蒸腾过渡到 NEP-ET 的重要生态学基础(Steduto et al, 2007)。

对毛竹林每月的月均 *WUE* 与土壤相对含水量进行相关性分析,发现毛竹林生态系统的水分利用效率与三层土壤深度(*SWC* - 5 cm、*SWC* - 50 cm、*SWC* - 100 cm)的土壤相对含水量的相关性系数分别为：0. 125、0. 465、0. 564，P 值依次为 0. 699、0. 128、0. 056，P 值均大于 0. 05，相关性不显著。

7.3.7　小结

通过对安吉毛竹林典型晴天叶片净光合速率、蒸腾速率、水分利用效率、不同季节的光响应曲线、WUE 的研究及其环境因子的研究，结果表明：

（1）9 月、10 月典型晴天毛竹叶片的净光合速率、气孔导度均呈双峰型变化趋势，峰值出现的时间分别为 10：00 和 16：00 左右，水分利用效率的变化规律，10 月（日均值为 4. 61 $\mu mol \cdot mmol^{-1}$，日最大值为 7. 68 $\mu mol \cdot mmol^{-1}$）大于 9 月（日均值为 3. 58 $\mu mol \cdot mmol^{-1}$，日最大值为 5. 09 $\mu mol \cdot mmol^{-1}$），10 月的波动较大，9 月相对比较平缓；

（2）9 月的净光合速率与光照强度显著正相关，与叶片温度显著相关，与气孔导度极显著相关，而与叶温下蒸汽压亏缺相关性不显著；蒸腾速率与 $PARi$、$Cond$ 极显著相关，与其他参数的相关性不显著；WUE 与 $PARi$ 极显著正相关，与 $Cond$ 显著相关。10 月净光合速率与 $PARi$、$Cond$ 极显著正相关，与叶温显著正相关，蒸腾速率与 $PARi$、叶温、$Cond$ 极显著正相关，WUE 与 $Cond$ 显著相关，其他的相关性不明显；

（3）4 个季节毛竹的净光合速率大小为秋季高于夏季、其次为春季，冬季最小，光响应曲线的变化趋势基本一致，季节水分利用效率的变化情况，冬季较大，春季最小，夏秋季比较相近，变化规律基本一致，变化曲线冬季的波动较大，其他 3 个季节比较平缓，大小关系为：冬季（13. 839 $\mu molCO_2 \cdot mmol^{-1} H_2O$）＞夏季（6. 26 $\mu molCO_2 \cdot mmol^{-1} H_2O$）＞秋季（5. 38 $\mu molCO_2 \cdot mmol^{-1} H_2O$）＞春季（4. 29 $\mu molCO_2 \cdot mmol^{-1} H_2O$）；

（4）季节尺度的净光合速率、蒸腾速率与光照强度、叶片温度、气孔导度均呈极显著相关关系，冬季的 WUE 与各因子的相关性不显著，春季 WUE 与气孔导度呈极显著正相关，夏季的 WUE 与气孔导度显著正相关，与其余因子相关性不显著，秋季 WUE 与叶温下蒸汽压亏缺呈显著负相关，与叶温呈极显著相关，与气孔导度显著相关。

通过毛竹林月均尺度、季节尺度的水分利用效率及碳通量、水汽通量的研究，发现：

（5）毛竹林水分利用效率变化呈单峰型，变化规律基本一致，WUE 最高月份为 12 月（白天平均最大值为 19. 89 mg $CO_2 \cdot g^{-1} H_2O$，瞬时最大水分利用效率为 29. 58 mg $CO_2 \cdot g^{-1} H_2O$），最低月份为 8 月（白天平均最大值为 6. 57 mg $CO_2 \cdot g^{-1} H_2O$，瞬时最大水分利用效率为 11 mg $CO_2 \cdot g^{-1} H_2O$）；

（6）季节尺度，冬季的 WUE 变化曲线最复杂，波动较大，冬季 WUE 最大，夏季的最小，变化最平缓，春秋季变化相似，曲线较平缓，4 个季节白天瞬时最大水分利用效率为冬季 23. 72 mg $CO_2 \cdot g^{-1} H_2O$，春季 11. 94 mg $CO_2 \cdot g^{-1} H_2O$，夏季 8. 0 mg $CO_2 \cdot g^{-1} H_2O$，秋季 13. 0 mg $CO_2 \cdot g^{-1} H_2O$，白天的平均值为冬季 17. 53 mg $CO_2 \cdot g^{-1} H_2O$，春季 8. 66 mg $CO_2 \cdot g^{-1} H_2O$，夏季 5. 62 mg $CO_2 \cdot g^{-1} H_2O$，秋季 9. 17 mg $CO_2 \cdot g^{-1} H_2O$。即毛竹林的 WUE 季节变化模式与其生态系统光合和蒸散的季节变化趋势不同，WUE 在生长旺季（夏季）达到最小值，在非生长旺季（冬季）的 WUE 明显大于生长旺季（夏季）；

（7）毛竹林 6—9 月 WUE 随着净辐射（Rn）的增大而增大，当净辐射增大到一定程度时，WUE 的增大趋势减小，若净辐射继续增大，WUE 反而减小，三次曲线拟合优于二次曲线拟合，净辐射与水分利用效率呈显著相关关系，拟合方程：$y = 7E - 08Rn^3 - 0.0001Rn^2 + 0.0536Rn + 2.4795$（Rn 为净辐射）；同时期的 WUE 与对应时刻 VPD 呈显著负相关关系，拟合方程为：$y = -1.7237Ln(x) + 12.276$（VPD 为距地 1 m 的饱和水汽压差）；毛竹林 NEP、水汽通量存在明显关系。线性、非线性拟合（通过相关性分析、显著性检验，$P < 0.001$）表明 NEP 与水汽通量呈显著正相关关系，相关关系密切（Spearman 相关系数为 0.858，Pearson 相关系数为 0.773，相关系数大于 0.5），且非线性的对数拟合的相关性大于线性拟合的相关性，表明毛竹林碳、水的耦合关系会因其气候环境因子的变化而解耦，原因可能是气象条件一定程度上有水热资源分布不一致的特点，不利于水资源的高效利用。

（8）毛竹林每月的水分利用效率与土壤相对含水量相关性分析显示：WUE 与三层深度的土壤含水量相关性不显著。

7.4 毛竹林生态系统水分利用效率的变化特点

植被可以通过光合作用吸收大气中的二氧化碳，因此生态学家们建议利用植树造林这种营造生态系统的方法来应对全球气候变化（Zhou et al. 2013；Cai et al. 2011）。但是，植物在获取碳的同时要消耗一定量的水，在陆地生态系统中，碳水循环通过气孔耦合在一起（Beer et al. 2009）。水分利用效率（WUE），即植被总初级生产力（GPP）和蒸散发（ET）的比值，可以量化碳水循环的耦合关系（Yu 2004；Tang et al. 2014；Zhu et al. 2015；Wang et al. 2015）。更好的理解 WUE 的特征有助于碳收支的预测评估（Beer et al. 2007，2010）。同时，对 GPP，ET 和 WUE 进行变化特征分析以及了解它们对于气候因子的响应模式，能够进一步提高人们对碳水耦合过程的认识，帮助人们预测气候变化对于碳水平衡的影响（Hu et al. 2008；Reichstein et al. 2007）。全球通量观测网络的建立大大促进了不同生态系统 GPP，ET 和 WUE 的研究，到目前为止，生态学家已经对地中海常绿林（Reichstein et al. 2002），温带阔叶红松混交林（Yu et al. 2008；Zhu et al. 2014），花旗松（Ponton et al. 2006；Jassal et al. 2009），暖温带混交人工林（Tong et al. 2014）和北方森林（Kotani et al. 2014；Ge et al. 2014）进行了系统的观测研究。但是，据我们所知，竹林 GPP，ET 和 WUE 的变化特征还鲜有报道。

竹林是一种重要的植被类型，其主要分布在热带，亚热带和暖温带地区（Lu et al. 2014）。在中国大陆，竹林有 4 990 000 公顷，占中国整个森林面积的 2.5%，世界竹林面积的 39%（SFAPRC，2005）。从 20 世纪 70 年代到 21 世纪初，中国内地地区的竹林面积增加了 51.40%（Chen et al. 2009）。根据早先的国家林业清查数据，98% 的竹林分布在我国南方地区，其中福建，江西和浙江的竹林占总数的一半。

在本次研究中，我们对毛竹林的碳水通量进行了连续观测。之前的研究表明，毛竹林有很强的固碳能力(Zhou & Jiang，2004)。但是，生态系统尺度上的毛竹林碳水通量的特征分析以及二者对气候因子的响应模式分析，目前仍明显不足。

本节的主要目的为：① 描述位于中国长三角地区的一处毛竹林生态系统 GPP，ET 和 WUE 的季节和年际变化特征，进而进一步了解生态系统中碳循环与水循环的关系；② 探清 GPP，ET 和 WUE 对气候因子的响应模式。

7.4.1　竹林 GPP，ET 和 WUE 的变化特征

7.4.1.1　环境条件分析

气候变量的季节变化如图 7.12 所示。总的来说，从 1 月到 5 月，Rn 逐渐增加。但是在 6 月，Rn 有一个短暂的下降。这主要由这个区域特有的天气条件造成的。一般来说，长三角地区从 6 月相继进入梅雨季节，天气状况以多云阴雨为主，少有阳光，因此相比 5 月，Rn 会有所降低。但是，7 月时，随着梅雨季节的结束，Rn 也达到了一年中的最大值。随后，Rn 开始逐渐减少。但是，值得注意的是，2014 年，Rn 的季节变化与之前有所不同。2014 年的 Rn 呈现单峰分布，最大值依然出现在 7 月。气温的季节变化相对简单一些，一般为单峰分布，最大值出现在 7 月。虽然 VPD 没有明显的季节变化模式，但是值得注意的是，2013 年 7 月和 8 月，VPD 出现了明显的高值，其值均超过了 15 hPa。

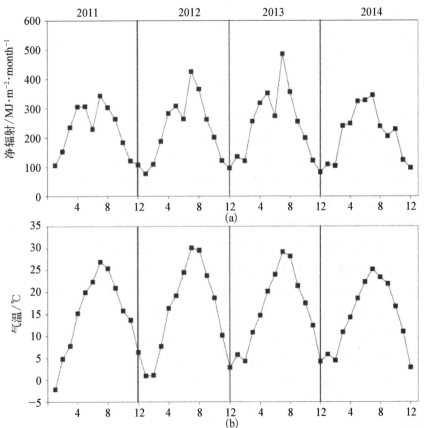

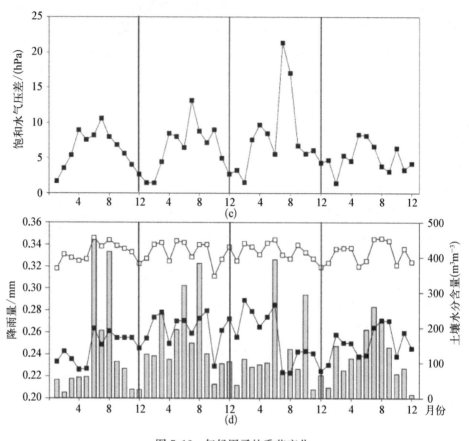

图 7.12 气候因子的季节变化

7.4.1.2 *GPP*,*ET* 和 *WUE* 的季节和年际变化

GPP 和 *ET* 的最大值均出现在 7 月(见图 7.13)。相比之下,*WUE* 的季节变化略显复杂。需要说明的是,在 2013 年,该观测站点经历了一场夏旱,期间月平均 *VPD* 在 7 月和 8 月均超过了 15 hpa。在干旱期间,*GPP* 并没有随着干旱的出现,立刻下降。相反,*GPP* 在干旱的第二个月才出现一个明显的下降。推测起来,可能是干旱刚发生时,土壤中仍然含有足够的水分,能够维持植被正常的生理活动。随着干旱的持续,土壤水分出现严重亏缺,最终造成植被生理活动受限,*GPP* 出现了明显的下降。还可能与物种对干旱的忍耐能力有关,达到植被的忍耐极限时,干旱会对植被产生不利影响。与 *GPP* 不同,*ET* 对干旱有一个快速响应,干旱出现的第一个月,*ET* 就增加到 105 mm/月。在干旱期间,*WUE* 也降到最低,其值为 1.27 g C/kg H_2O。在年尺度上,2011 到 2014 年,*GPP* 分别为 1 567 g C m^{-2} year^{-1},1 481 g C m^{-2} year^{-1},1 441 g C m^{-2} year^{-1} and 1 597 g C m^{-2} year^{-1}。这四年的 ET 分别是 670 kg H_2O m^{-2} year^{-1},696 kg H_2O m^{-2} year^{-1},749 kg H_2O m^{-2} year^{-1} and 656 kg H_2O m^{-2} year^{-1}。对应的 *WUE* 分别是 2.34 g C kg^{-1} H_2O, 2.13 g C kg^{-1} H_2O, 1.92 g C kg^{-1} H_2O and 2.43 g C kg^{-1} H_2O。

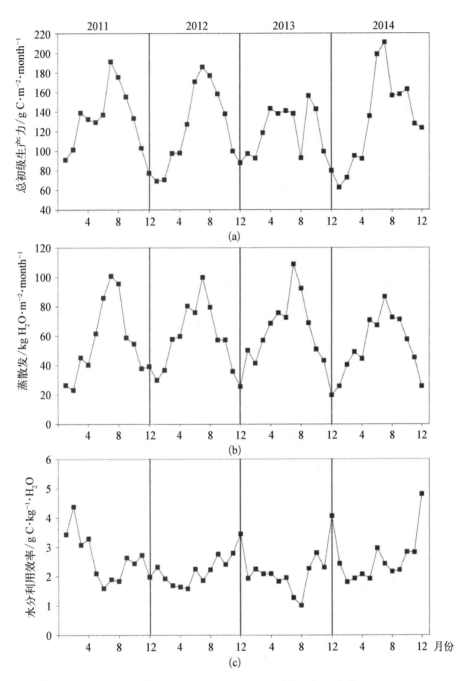

图 7.13　GPP，ET 和 WUE 的季节和年际变化

7.4.1.3　GPP 和 ET 的耦合关系

研究人员发现在不同的生态系统类型中，GPP 和 ET 均存在强有力的耦合关系（Law et al. 2002；Brümmer et al. 2012；Yu et al. 2008）。本文中，当我们把 2013 年的夏旱排除在外时，发现 GPP 和 ET 也存在较好的耦合关系，其决定系数为 0.642（见图 7.14）。

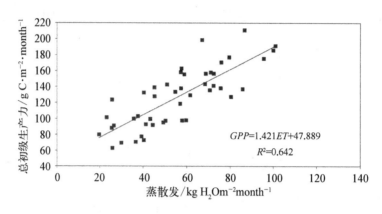

图 7.14　GPP 与 ET 的关系

7.4.1.4　气候因子对 GPP 和 ET 的影响

研究表明,气候因子对 GPP 和 ET 有显著的影响(Wang et al. 2015;Tong et al. 2014)。在本文中,GPP 与气温(Ta),净辐射(Rn)呈现指数相关,与饱和水汽压差(VPD)的关系采用多项式表示。ET 与这些气候因子均呈线性正相关。相比 GPP,ET 和这些气候因子的关系更为紧密,决定系数也相对较高(见图 7.15)。需要说明的是,在表述气候因子对 GPP 和 ET 的影响时,2013 年夏旱期间的数据是排除在外的。

7.4.1.5　VPD 对 WUE 的影响

在叶片尺度上,VPD 与 WUE 呈负相关是有理论支撑的(Farquhar and & Richards,1984)。近些年来,研究人员相继证明了在生态系统尺度上 VPD 与 WUE 也呈负相关(Law et al. 2002;Scanlon an & Albertson 2004;Ponton et al. 2006;Song et al. 2006;Zhao et al. 2007;Testi et al. 2008;Kuglitsch et al. 2008;Tong et al. 2009;Yang et al. 2010)。在本研究中,随着 VPD 的增加,WUE 呈线性减少,其决定系数为 36.3%(见图 7.15)。需要指出的是,由于植物处于不活跃期,我们在研究 VPD 对 WUE 的影响时,并没有将冬季(1 月,2 月和上年的 12 月)的数据考虑在内。

7.4.2　比较分析

7.4.2.1　毛竹林与其他森林生态系统的比较

表 7.7 列出了毛竹林与其他森林生态系统的比较。毛竹林生态系统的 WUE 低于地中海桉树林 (Rodrigues et al. 2011)和亚热带人工针叶林(Yu et al. 2008)的 WUE,高于暖温带混交人工林(Tong et al. 2014)和亚热带常绿阔叶林(Yu et al. 2008)的 WUE,与雪松林生态系统(Arain and Restropo - Coupe 2005)的 WUE 大致相当。

本节中,气候因子与碳水通量的拟合方程与 Tong et al (2014)的研究结果不尽相同。这可能是由于两个观测站点的气候条件不同以及观测的生态系统类型不同。因此关于气候对于碳水通量的影响,需要更多确定的研究予以支持。

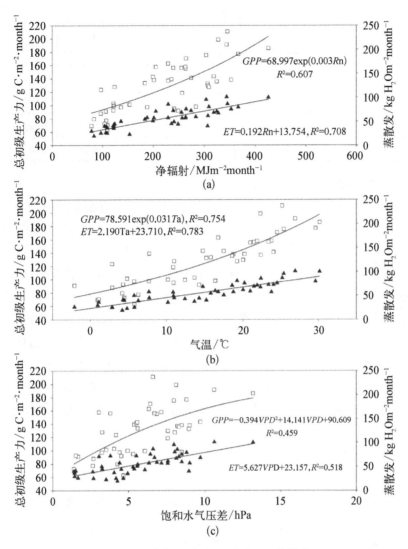

图 7.15　气候因子对 GPP 和 ET 的影响

表 7.7　毛竹林与其他森林生态系统 WUE 的比较

生态系统类型	纬度	GPP/ g C m^{-2} yr^{-1}	ET/ kgH$_2$O m^{-2} yr^{-1}	WUE/ g C kg^{-1} H$_2$O	参考文献
雪松林	42°42′44″N	1 442	422	2.15	Arain and Restropo-Coupe (2005)
亚热带针叶人工林	26°44′N	1 555	632±144	2.53	Yu et al. (2008)
亚热带常绿阔叶林	23°10′N	1 287	685±29	1.88	Yu et al. (2008)

（续表）

生态系统类型	纬度	GPP/ g C m^{-2} yr^{-1}	ET/ kgH$_2$O m^{-2} yr^{-1}	WUE/ g C kg^{-1} H$_2$O	参考文献
桉树人工林	38°38'N	1 571	606	2.87	Rodrigues et al. (2011)
混交林	35°01'N	1 196	579	1.90	Tong et al. (2014)
毛竹林	30°28'N	1 522±73	693±41	2.21±0.23	本研究

7.4.2.2　夏旱对于 WUE 的影响

在未来的一段时间,中高纬度地区干旱的发生频率和强度都会增加,因此人们更加关注干旱对 WUE 的影响(Thomas et al. 2009)。但是,之前的研究结论并不一致。Vickers et al (2012) 发现成熟的北美黄松林和幼龄人工林的 WUE 在夏季干旱期间有所增加。与之相反,其他的研究表明陆地生态系统的 WUE 在夏季干旱期间均有响应的降低(Reichstein et al. 2002; Zeri et al. 2014; Kotani et al. 2014; Mi et al. 2014)。之所以会出现不一致,可能与干旱的强度有关。Lu and Zhuang(2010)指出当干旱处于轻微到中等程度时,生态系统的 WUE 会有所增加;而当严重干旱发生时,WUE 会有明显的下降。该结论在本研究中得到了部分证实。当 2013 发生严重夏季干旱时,WUE 出现了明显的下降。此外,造成 WUE 在严重干旱期间降低,可能还与气孔部分关闭,光合生理能力的变化,叶肉 CO$_2$ 导度的降低以及光抑制有关 (Reichstein et al. 2002)。

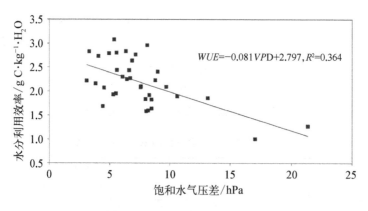

图 7.16　VPD 对 WUE 的影响

本研究对 2011—2014 年间毛竹林生态系统的碳水通量进行了连续观测。期间发生的夏季,为研究干旱对 WUE 的影响提供了宝贵的观测数据。但是,受限于观测时间相对较短,一些其他环境胁迫,诸如春旱等,对于碳水通量的影响在本研究中并未有所体现。在中国东北,Dong et al (Dong et al . 2011) 当春旱发生时,草甸生态系统的 WUE 出现了一定程度的降低。在随后的研究中,需要加入春旱对于毛竹林生态系统 WUE 的影响。

全面的了解环境胁迫对碳水通量的影响有助于准确预测全球变化背景下,碳水循环的变化趋势。同时,本研究采用的时间尺度为月尺度,更高时间分辨率(小时或者分钟)的数据能够揭示更加细致的信息。最后,本研究中的通量观测数据可以与遥感技术结合在一起,二者的结合将进一步推进区域乃至全球碳水循环研究。

7.5 雷竹林生态系统水分利用效率的特征

7.5.1 雷竹叶片水分利用效率特征

雷竹典型晴天(9 月 15 日、10 月 22 日)的净光合速率、蒸腾速率及水分利用效率的变化如图 7.17 所示。

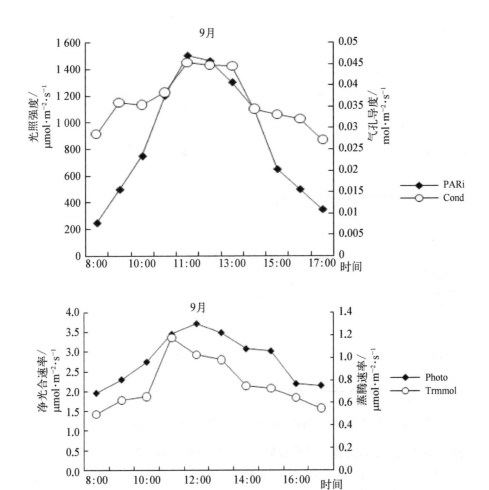

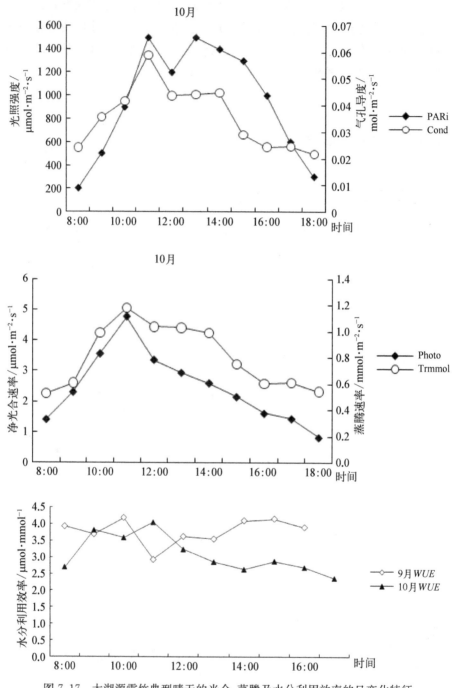

图 7.17　太湖源雷竹典型晴天的光合、蒸腾及水分利用效率的日变化特征

　　由图 7.17 可以看出,雷竹 9 月典型晴天的光照强度、气孔导度呈单峰型变化,最大光强为 11:00 的 1 500 μmol·m^{-2}·s^{-1},最小为 8:00 的 250 μmol·m^{-2}·s^{-1}。变化规律为日出后,太阳辐射逐渐增强,光强逐渐增大,到正午前后达到最大值,之后逐渐减小。气孔导度的变化规律与之相似,清晨开始,逐渐增大,11:00 达到 0.045 mol·m^{-2}·s^{-1},午后,

随着温度的增大,蒸腾作用加剧,气孔导度减小,之后,由于光强减小,气孔导度不断减小。净光合速率、蒸腾速率的日变化也呈单峰变化形式,最大值出现均在 12:00 左右出现,最大净光合速率为 3.74 μmol · m^{-2} · s^{-1},最大蒸腾速率为 1.18 mmol · m^{-2} · s^{-1}。10 月典型晴天,光强在 11:00 左右出现一下降趋势,原因是出现了短暂的阴天,云层较厚,光强减弱,之后云层消失,光强又逐渐变强,曲线呈现一定的波动性。最大光强为 11:00、13:00 时的 1 500 μmol · m^{-2} · s^{-1},最小值为 8:00 的 200 μmol · m^{-2} · s^{-1}。气孔导度的变化规律与 9 月相似,呈单峰型,对光强也有一定的响应,最大值为 0.059 mol · m^{-2} · s^{-1},大于 9 月。净光合速率、蒸腾速率的变化为略有波动的单峰曲线,最大值出现时间为 10:00 左右,分别为 4.79 μmol · m^{-2} · s^{-1}、1.08 mmol · m^{-2} · s^{-1},前者略大于 9 月,后者略小于 9 月。水分利用效率 9 月份的波动较大,除了有 2 个较大的峰值之外,还有若干个较小的峰值,10 月份的比较平缓,峰值出现时间均在 10:30 左右,9 月的略大于 10 月。变化规律为清晨 WUE 较小,随着 PARi 的增大而增大,增大趋势保持一段时间之后,10:30 达到最大,此后,即使 P_n、T_r 都持续增大,由于气温越来越高,蒸腾越来越强,水分利用效率逐渐降低。

　　对雷竹典型晴天的净光合速率、水分利用效率以及蒸腾速率与各环境参数的相关性分析如表 7.8 所示。9 月净光合速率与光照强度显著正相关,与气孔导度极显著相关;蒸腾速率与光强显著相关,与气孔导度极显著相关;水分利用效率与光照强度相关性不显著,与气孔导度显著相关,三者与叶温及叶温下蒸汽压亏缺相关性均不显著。10 月净光合速率与光照强度呈显著正相关关系,与气孔导度呈极显著正相关关系,蒸腾速率与光照强度呈极显著正相关关系,与叶温及叶温下蒸汽压亏缺呈显著正相关关系,与气孔导度相关性不明显,水分利用效率仅与气孔导度呈显著相关关系,与其他因子相关性不显著。

表 7.8　太湖源镇雷竹 9 月、10 月净光合速率(P_n)、蒸腾速率(T_r)、
水分利用效率(WUE)及其与环境因子的相关性

时间	因子	光照强度/ μmol · m^{-2} · s^{-1}	叶温/ ℃	叶温下蒸汽压亏缺 Vpdl/kPa	气孔导度/ mol · m^{-2} · s^{-1}
9 月	P_n	0.626*	0.086	−0.35	0.953**
	T_r	0.649*	0.279	−0.023	0.906**
	WUE	0.28	−0.328	−0.471	0.713*
10 月	P_n	0.704*	0.045	−0.307	0.928**
	T_r	0.715**	0.681*	0.669*	0.585
	WUE	0.518	−0.412	−0.42	0.634*

**,表示在 0.01 水平上显著相关;*,表示在 0.05 水平上显著相关。

　　太湖源镇雷竹林不同季节的光响应曲线及水分利用效率变化情况如图 7.18 所示。

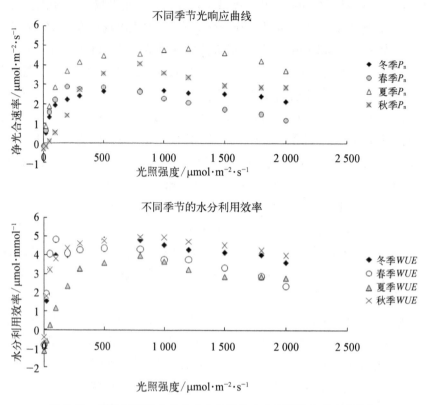

图 7.18　雷竹不同季节的光响应曲线及水分利用效率的变化特征

由图 7.18 可以看出,雷竹夏季净光合速率最高,秋季次之,冬春季次之。变化规律从 $0\sim500~\mu mol \cdot m^{-2} \cdot s^{-1}$ 逐渐增大,增加速度最大的是夏季和秋季,冬季与春季相对比较平缓,秋季大约从 $1~000~\mu mol \cdot m^{-2} \cdot s^{-1}$ 开始下降,冬季、春季大约在 $800~\mu mol \cdot m^{-2} \cdot s^{-1}$ 开始下降。四个季节雷竹的光补偿点大约在 $20\sim50~\mu mol \cdot m^{-2} \cdot s^{-1}$ 之间。水分利用效率方面,秋季最大,冬季次之,春夏季较相似。季节差异不是很明显,原因是雷竹个体的差异,也与雷竹的竹笋出土时间有关。金爱武等(金爱武等,2000)研究表明雷竹光合作用的最适宜气温范围 $28.2℃\sim32.2℃$,最适宜的光强范围为 $860\sim1~020~\mu mol \cdot m^{-2} \cdot s^{-1}$,并且在干热的环境中,雷竹的净光合速率日变化呈双峰型,有"午睡"现象。可见,温度及光照强度的高低对雷竹的光合速率影响较大,这也是雷竹净光合速率在季节上存在差异的主要原因。

对雷竹林不同季节光响应曲线所得的净光合速率、蒸腾速率、水分利用效率与光照强度、气孔导度等相关参数做相关性分析,如表 7.9 所示。夏秋季的 P_n、T_r 与 WUE 与各因子的相关性较好,冬春两季相对较差,四季的净光合速率均与光照强度呈正相关关系,夏秋季显著,冬春季不显著,与气孔导度的关系均达极显著水平;四个季节蒸腾速率与光强、气孔导度均呈极显著正相关关系,与叶温及叶温下蒸汽压亏缺的关系,各季节相差较大,原因可能与当地的天气及经营管理措施有关。与安吉毛竹林相比,存在较多的人为因素。

表 7.9　太湖源雷竹净光合速率(P_n)、蒸腾速率(T_r)、水分利用
效率(WUE)及其与环境因子的季节相关性

时间	因子	光照强度/ μmol · m^{-2} · s^{-1}	叶温/ ℃	叶温下蒸汽压亏缺/ kPa	气孔导度/ mol · m^{-2} · s^{-1}
冬季	P_n	0.49	−0.258	−0.685*	0.904**
	T_r	0.714**	−0.508**	−0.832**	0.994**
	WUE	0.289	−0.086	−0.513	0.769**
春季	P_n	0.545	0.032	−0.667**	0.933**
	T_r	0.708**	−0.168	−0.785**	0.849**
	WUE	0.261	0.555*	−0.067	0.779**
夏季	P_n	0.611*	0.818**	−0.515	0.974**
	T_r	0.719**	0.776**	−0.620*	0.998**
	WUE	0.472	0.840**	−0.352	0.895**
秋季	P_n	0.671*	−0.838**	−0.882**	0.961**
	T_r	0.808**	−0.933**	−0.955**	0.998**
	WUE	0.586*	−0.799**	−0.852**	0.913**

＊＊,表示在 0.01 水平上显著相关;＊,表示在 0.05 水平上显著相关。

7.5.2　雷竹林水分利用效率(WUE)日均月变化特征

对太湖源镇人工高效经营雷竹林 2011 年全年碳通量、水汽通量数据进行统计,得到逐日逐半小时的碳通量、水汽通量数据,根据式(2.1)按月将每天同时刻的水分利用效率求平均值,计算当月水分利用效率的平均日变化,结果如图 7.19 所示。

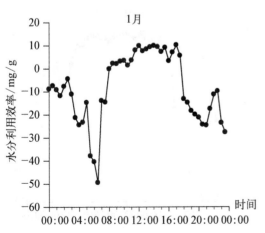
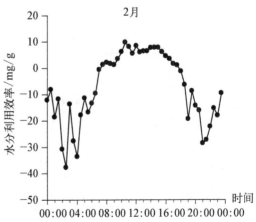

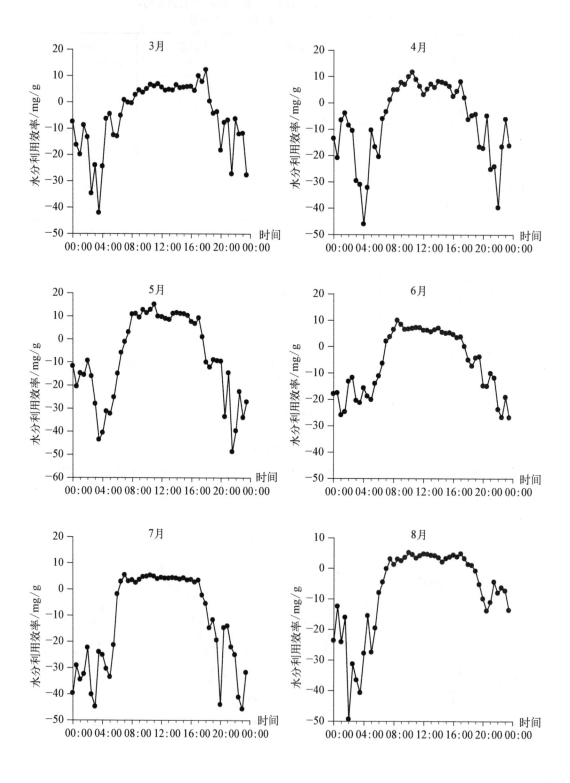

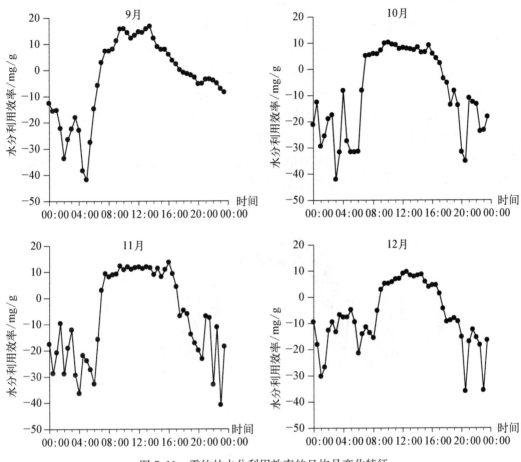

图 7.19　雷竹林水分利用效率的日均月变化特征

由图 7.19 可以看出,雷竹林全年水分利用效率的变化曲线大多呈单峰型,其中 6—8 月曲线波动较小,比较平缓,9 月较特殊,曲线的 2 个峰值比较明显,其他月份波动较大,白天 WUE 相对有规律,曲线有若干个峰值,且峰值大多出现在 8:00~10:00 左右,之后逐渐降低,夜晚曲线波动较大。分析水分利用效率变化原因白天 7:00 左右,雷竹林水分利用效率(WUE)较低,之后,由于净生态系统生产力(NEP=−NEE)和蒸散的迅速增大,WUE 迅速增大,由于上午蒸散升高一般较净生态系统生产力慢,WUE 的峰值大多出现在 8:00~10:00 左右,之后由于温度继续升高,蒸散急剧增加,而净生态系统生产力增加的较慢(由于光照强度增加,植物失水增大,从而引起部分气孔关闭,固碳能力从而下降。),WUE 表现为降低趋势,夜晚比较复杂,波动较大。每月白天时段 WUE 的均值分别为:1 月 6.39 mg $CO_2 \cdot g^{-1} H_2O$,2 月 6.15 mg $CO_2 \cdot g^{-1}$ H_2O,3 月 5.29 mg $CO_2 \cdot g^{-1}$ H_2O,4 月 6.80 mg $CO_2 \cdot g^{-1} H_2O$,5 月 10.39 mg $CO_2 \cdot g^{-1} H_2O$,6 月 6.10 mg $CO_2 \cdot$ $g^{-1} H_2O$,7 月 4.10 mg $CO_2 \cdot g^{-1} H_2O$,8 月 3.76 mg $CO_2 \cdot g^{-1} H_2O$,9 月 11.85 mg $CO_2 \cdot g^{-1} H_2O$,10 月 7.77 mg $CO_2 \cdot g^{-1} H_2O$,11 月 10.87 mg $CO_2 \cdot g^{-1} H_2O$,12 月 6.38 mg $CO_2 \cdot g^{-1} H_2O$,即 9 月份最大,8 月份最小,月瞬时水分利用效率最大为 9 月

15.80 mg CO$_2$ · g^{-1}H$_2$O,最小月份为 8 月 5.04 mg CO$_2$ · g^{-1}H$_2$O。

7.5.2.1 雷竹林水分利用效率季节的日均变化特征

由图 7.20 可以看出,季节尺度雷竹林水分利用效率的变化情况,秋季最大,冬季次之,春夏季比较相似,夏季较小,白天时段平均 *WUE* 为冬季 5.98 mgCO$_2$ · g^{-1}H$_2$O,春季 5.32 mgCO$_2$ · g^{-1}H$_2$O,夏季 4.39 mg CO$_2$ · g^{-1}H$_2$O,秋季 8.61 mgCO$_2$ · g^{-1}H$_2$O;白天时段瞬时最大水分利用效率为冬季 9.77 mgCO$_2$ · g^{-1}H$_2$O,春季 7.85 mg CO$_2$ · g^{-1}H$_2$O,夏季为 5.44 mg CO$_2$ · g^{-1}H$_2$O,秋季为 11.76 mgCO$_2$ · g^{-1}H$_2$O。且秋季变化曲线变化平缓,并呈典型的单峰型,春季曲线波动较大。雷竹林水分利用效率的变化特点与其环境因子、生理特性及经营方式息息相关。

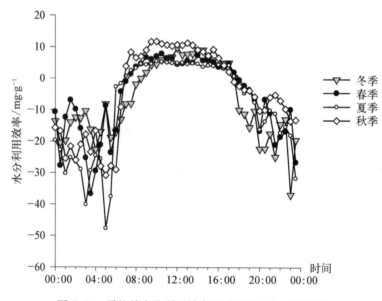

图 7.20 雷竹林水分利用效率的季节的日均变化特征

雷竹林全年栽培农事历(资料来源:临安市竹子现代示范建设项目组):

1 月:竹笋采收,预防竹林雨雪冰冻。

2 月:竹笋采收,每穴施 10 克尿素或竹笋专用肥,每亩 25 公斤。

3 月:注意霜冻天气,每亩留新竹 300 株。

4 月:及时清理覆盖物,防治竹蚜虫,人工流动放烟雾剂。

5 月:深翻松土 25～30 cm,砍去 4 年以上老竹,保持亩立竹量 1 000 株。每亩施竹笋专用肥或生物肥 150 kg,用 50% 好年冬颗粒剂每亩 1.5～2 kg 翻入土中防治金针虫。用 20% 速灭杀丁 800～1 000 倍喷雾防治竹小蜂成虫。

6 月:清沟排水,钩梢,留枝 12～16 档。防治竹小蜂幼虫,装黑光灯,防治竹笋夜蛾。

7—8 月:适时浇水,干旱时,每半个月应浇水一次,每亩施竹笋专用肥 100 kg。

9 月:防治丛枝病,清理重病枝,并用 35% 三唑酮 500 倍喷雾,一周一次,连续三次。

10 月:覆盖前,每亩浇水 10 吨～20 吨,每亩施生物肥 150 kg,厩肥 2 000 kg。

11 月：采用双层覆盖法，下层 15 cm，用竹叶、稻草等，上层 10～15 cm，用砻糠，控制地表温度 20℃左右。

12 月：注意竹笋出土，及时采收竹笋。

通过对雷竹林 2011 年数据进行月平均处理，得到雷竹林 CO_2 通量和水汽通量的季节变化特征，结果如图 7.21 所示。

由图 7.21 可以看出，雷竹林 4 个季节白天 CO_2 通量和水汽通量的变化关系均较明显，变化趋势大体一致，其中冬季的水汽通量较低，冬季降水较少，原因 11 月雷竹林有竹叶、稻草、砻糠覆盖，冬季会有竹笋出土。白天 7:00 左右，随着太阳辐射增强，植物开始吸收 CO_2 进行光合作用，且吸收量大于呼吸作用的释放量，F_c 为负值，随着蒸腾作用逐渐增强，水汽通量逐渐增大；11:00 左右均达到峰值，之后逐渐减小。傍晚日落，植物光合作用减弱，CO_2 吸收量小于呼吸作用释放量，F_c 为正值。由于蒸腾和光合同时受气孔控制，图上就表现为两者在一定程度上有较明显的一致性。根据雷竹林碳和水在土壤-植被-大气

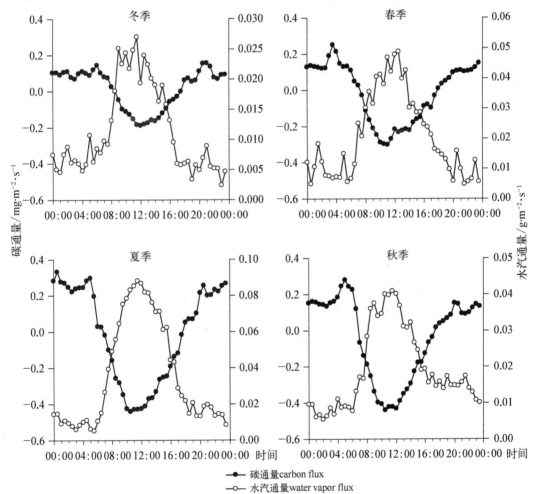

图 7.21 雷竹林 CO_2 通量、水汽通量的季节日均变化特征

连续体(Soil-Plant-Atmosphere Continum，SPAC)的运移过程,有土壤-植被间,植被-大气间,大气-土壤间,以及植物体内的 4 个基本的碳水耦合过程,利用涡度相关系统研究植被-大气之间的碳水耦合过程,主要表现为光合作用和蒸腾作用之间的关系以及在气孔作用下的耦合作用(Farquhar et al. 1982;郭维华等,2010)。根据 Fick 定律,有

$$F_c = \Delta C \cdot gc \qquad (7.11)$$

$$ET = \Delta W \cdot gw \qquad (7.12)$$

其中 ΔC、ΔW 是雷竹林冠层内外的 CO_2、水汽浓度差; gc、gw 是雷竹林对 CO_2、水汽的冠层气孔导度。气孔的开闭决定了 gc、gw 的变化,从而使 CO_2 通量、水汽通量在白天有较明显的关系。此外,当 CO_2 通量增大时,就增大了 CO_2 的消耗,从而引起雷竹叶片内 CO_2 的浓度降低,会导致 gc 增大;当水汽通量增大到一定程度时,雷竹为了减少自身水分的丧失,会减小 gc,致使气孔部分关闭,CO_2 通量就会下降,可见 CO_2 通量和水汽通量之间具有比较密切的反馈机制和生理影响,而气孔是此过程中的关键环节。由于雷竹林温度、土壤含水量、光合有效辐射等环境因子的周期性变化造成了雷竹林 4 个季节 CO_2 通量、水汽通量的差异。

7.5.2.2 雷竹林气象因子的变化特征

图 7.22 为太湖源雷竹林全年的降水、蒸散、净辐射(Rn)、5 cm 土壤温度(T_5)以及空气温度($Ta - 17$ m)等气象因子的月变化情况。

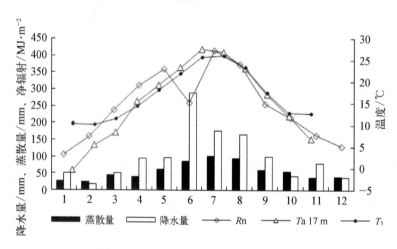

图 7.22 雷竹林环境因子的月变化情况

由图 7.22 可以看出,雷竹林 17 m 高度($Ta-17$ m)处的气温(即雷竹林生态系统的温度)呈现典型的单峰型变化,7 月最高为 27.6℃,1 月最低为 -0.47℃;土壤 5 cm 处的温度(T_5,即地表温度)与前者变化相似,呈单峰型变化曲线,唯一不同之处在于,土壤 5 cm 的温度 8 月全年最高为 26.02℃,2 月全年最低为 10.03℃,比前者的全年极值相对滞后(整整晚了一个月);全年净辐射变化曲线稍显复杂,在 6 月出现一低谷,7 月达到全年最大值,1 月份为全年最小值。胡超宗等(胡超宗等,1994)研究表明,雷竹 2 月中旬至

4 月下旬出笋,出笋量的多少易受温度的影响,适宜出笋的温度为 11℃～13℃,雷竹秆形迅速生长的最适宜温度为 16℃～17℃,且降水量不少于 130 mm,5 月,枝条生长适宜温度范围 22℃～25℃(降水不低于 70 mm),竹叶的为 18℃～25℃(降水不宜大于 27 mm),5 月底,6 月初竹鞭生长的适宜月均温度为 13℃～16℃,尤其在高温时节,月降水在 140～160 mm 最适宜。

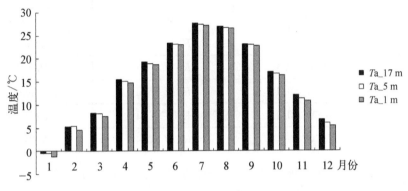

图 7.23　雷竹林三层高度气温的月变化

由图 7.23 可以看出,三层高度的空气温度均呈单峰型变化,1 月最低,7 月最高。1—7 月气温呈上升趋势,7 月达到最大值以后,开始逐渐下降。每月都是 17 m 处温度最高,5 m 其次,1 m 处的最低,即气温随着高度的增大而增大。17 m 与 5 m、5 m 与 1 m 处的气温相差不大,均小于 1℃,但是 17 m 与 1 m 处的温差相对较大,但也小于 1℃。

太湖源雷竹林 2011 年表层土壤($SWC-5$ cm)、中层土壤($SWC-50$ cm)、深层土壤($SWC-100$ cm)的相对土壤含水量的变化情况如表 7.10 所示。表层土壤 1 月、3 月、4 月、6 月和 7 月的相对土壤含水量介于 0.1 与 0.4 之间,大都为 0.2～0.3 左右,部分为 0.38 左右,有轻微水分胁迫,其余月份均大于 0.4,表明不存在水分胁迫;中层土壤除 1 月、3 月的 REW 大于 0.1 而小于 0.4 外(1 月为 0.25,3 月为 0.35),其余均大于 0.4,即说明 1 月、3 月的中层土有轻微水分胁迫,其他的大于 0.4,大多为 0.45～0.6 之间,8 月最大,为 0.92,深层土 1～3 月,7 月、10 月的 0.1<REW<0.4,大小为 0.3 左右,其余的大于 0.4,其中 8 月份的最高,为 0.96。蔡富春等(蔡富春等,2009)研究表明,雷竹竹鞭主要分布的土壤深度为 5～30 cm,鞭量可占该土壤深度的 90%,即分布的土壤深度比毛竹的小,由此可知表层土壤及中层土壤的土壤相对含水量对其影响较大。

表 7.10　雷竹林土壤相对含水量(REW)的变化情况

月份	$SWC-5$ cm	$SWC-50$ cm	$SWC-100$ cm
1 月	0.1<REW<0.4	0.1<REW<0.4	0.1<REW<0.4
2 月	REW>0.4	REW>0.4	0.1<REW<0.4
3 月	0.1<REW<0.4	0.1<REW<0.4	0.1<REW<0.4

月份	SWC-5 cm	SWC-50 cm	SWC-100 cm
4 月	$0.1{<}REW{<}0.4$	$REW{>}0.4$	$REW{>}0.4$
5 月	$REW{>}0.4$	$REW{>}0.4$	$REW{>}0.4$
6 月	$0.1{<}REW{<}0.4$	$REW{>}0.4$	$REW{>}0.4$
7 月	$0.1{<}REW{<}0.4$	$REW{>}0.4$	$0.1{<}REW{<}0.4$
8 月	$REW{>}0.4$	$REW{>}0.4$	$REW{>}0.4$
9 月	$REW{>}0.4$	$REW{>}0.4$	$REW{>}0.4$
10 月	$REW{>}0.4$	$REW{>}0.4$	$0.1{<}REW{<}0.4$
11 月	$REW{>}0.4$	$REW{>}0.4$	$REW{>}0.4$
12 月	$REW{>}0.4$	$REW{>}0.4$	$REW{>}0.4$

7.5.2.3　主要环境因子对雷竹林水分利用效率日动态的影响

净辐射直接影响植物光合作用和系统温度，是影响植被生长、分布的重要生态因子，对植物的光合、蒸腾、有机物运输等生理生态过程产生作用从而影响植物的水分利用效率（张守仁等，2004）。水分利用效率是连接生态系统碳水循环的重要因子，是气候变化以及水文研究的一个重要因素（Zhu et al. 2010）。图 7.24 是雷竹林 6—9 月（7:00～17:00）水分利用效率与太阳净辐射的日变化响应关系。

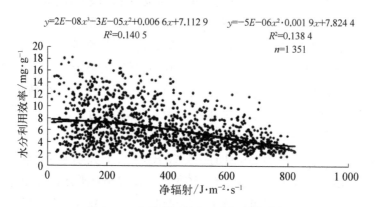

图 7.24　水分利用效率对净辐射的响应

如图 7.24 所示，雷竹林 WUE 随太阳净辐射的增大而增大，当超过一定净辐射时，WUE 的增速变小，逐渐达到峰值，之后，随着太阳净辐射的增大而减小。通过曲线拟合方程发现，三次曲线拟合效果较二次曲线拟合效果好（经 F 检验达极显著水平），拟合优度 $R^2=0.140\,5$，拟合方程为：$y=2E-08x^3-3E-05x^2+0.006\,6x+7.112\,9$，表明雷竹的水分利用效率与净辐射之间有显著的响应关系。与刘文国（刘文国，2010）的研究结果一致。

大气水分条件对植被蒸散有极大的控制作用。饱和水汽压差（vapor pressure difference，VPD）综合反映大气中的温、湿度状况，可看作是植被蒸散的驱动力。生态系统水平,较低的 VPD 一般发生在阴雨天气,太阳辐射较低,而较高的一般发生在太阳辐射、气温较高的天气(Zhao et al. 2007)。VPD 直接控制地面蒸发、植被蒸腾速率,从而决定了 VPD 与 WUE 之间的密切关系。图 7.25 是雷竹林 6—9 月(7:00~17:00)水分利用效率与距地 1 m、5 m 高的林冠 VPD 的日变化响应关系。

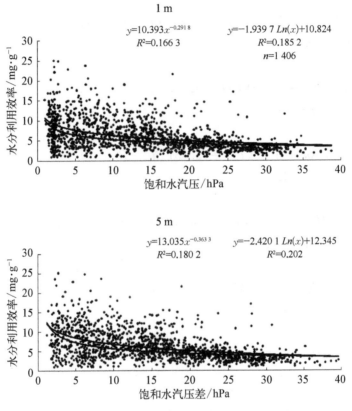

图 7.25 水分利用效率对饱和水汽压差的响应

由图 7.25 可以看出,WUE 随着 VPD 的增加而增加,当超过一定程度时,WUE 随着 VPD 的增加而减小。通过 WUE 对 VPD 的曲线拟合发现,水分利用效率与 1 m 和 5 m 处的饱和水汽压差的拟合曲线,对数曲线的拟合效果($y=-1.939,7Ln(x)+10.824$,$R^2=0.185\ 2$;$y=-2.420,1Ln(x)+12.345$,$R^2=0.202$)比幂指函数(Abbate et al. 2004;Tallec et al., 2013)的拟合效果($y=10.393x^{-0.2918}$,$R^2=0.166\ 3$;$y=13.035x^{-0.3633}$,$R^2=0.180\ 2$)好(经 F 检验,达显著水平),其中对数曲线的拟合优度大于刘文国(刘文国,2010)的拟合优度($R^2=0.107\ 1$),表明雷竹林的 WUE 对 VPD 有较强的响应关系,且与距地面 5 m 处的拟合效果比 1 m 处的效果好,但是相差不是很大。

对太湖源全年水分利用效率月均尺度的白天时段进行回归分析,详细情况如下:

1 月

$$WUE = 1.303VPD - 0.072Rn - 0.488Ta \quad R^2 = 0.641 \quad F = 8.91 \quad P <$$

$0.01(p = 0.001)$　　$n = 19$；

2月

$$WUE = 0.669Rn + 0.679Ta - 0.421VPD \quad R^2 = 0.669 \quad F = 10.092 \quad P <$$

$0.01(p = 0.001)$　　$n = 19$；

3月

$$WUE = 2.422Ta - 1.944VPD - 0.248Rn \quad R^2 = 0.445 \quad F = 4.005 \quad P <$$

$0.05(p = 0.028)$　　$n = 19$；

4月

$$WUE = 0.724Rn - 4.673VPD + 4.355Ta \quad R^2 = 0.439 \quad F = 3.908 \quad P <$$

$0.05(p = 0.03)$　　$n = 19$；

5月

$$WUE = 1.454Rn + 4.48VPD - 3.051Ta \quad R^2 = 0.48 \quad F = 4.618 \quad P <$$

$0.05(p = 0.018)$　　$n = 19$；

6月

$$WUE = 0.686Rn + 0.513Ta - 1.039VPD \quad R^2 = 0.473 \quad F = 4.793 \quad P <$$

$0.05(p = 0.014)$　　$n = 19$；

7月

$$WUE = 0.961Rn + 2.816VPD - 3.53Ta \quad R^2 = 0.4 \quad F = 3.327 \quad P <$$

$0.05(p = 0.048)$　　$n = 19$；

8月

$$WUE = 0.198Rn - 7.334VPD + 7.758Ta \quad R^2 = 0.541 \quad F = 5.896 \quad P <$$

$0.01(p = 0.007)$　　$n = 19$；

9月

$$WUE = 1.035Rn + 0.428Ta - 0.858VPD \quad R^2 = 0.808 \quad F = 21.081 \quad P <$$

$0.001(p = 0.000)$　　$n = 19$；

10月

$$WUE = 0.648Rn - 2.382VPD + 2.277Ta \quad R^2 = 0.672 \quad F = 10.906 \quad P <$$

$0.001(p = 0.000)$　　$n = 19$；

11月

$$WUE = 2.083Rn - 2.406VPD + 4.833Ta \quad R^2 = 0.515 \quad F = 6.014 \quad P <$$

$0.01(p = 0.006)$　　$n = 19$；

12月

$$WUE = 0.751Rn + 0.365VPD + 0.086Ta \quad R^2 = 0.869 \quad F = 28.62 \quad P <$$

$0.001(p = 0.000)$　　$n = 17$。

4个季节(冬季、春季、夏季、秋季)回归方程分别为

$$WUE = 0.473Rn - 0.109VPD + 0.224Ta \quad R^2 = 0.285 \quad F = 6.777 \quad p <$$

$0.01(p = 0.001)$　　$n=55$；环境因子影响程度依次为净辐射、其次为温度、饱和水汽压差的影响程度较小；

$$WUE = 0.011Rn - 0.49VPD + 1.038Ta \quad R^2 = 0.321 \quad F = 8.341 \quad p <$$

$0.001(p = 0.001)$　　$n=57$；环境因子影响程度依次为温度、饱和水汽压差、净辐射；

$$WUE = 0.501Rn + 1.475VPD - 2.195Ta \quad R^2 = 0.527 \quad F = 19.672 \quad p <$$

$0.001(p = 0.001)$　　$n=57$；环境因子影响程度依次为净辐射、饱和水汽压差、温度；

$$WUE = 0.209Rn - 0.193VPD + 0.622Ta \quad R^2 = 0.341 \quad F = 8.965 \quad p <$$

$0.001(p = 0.001)$　　$n=57$；环境因子影响程度依次为温度、净辐射、饱和水汽压差。

对雷竹林季节水分利用效率（WUE）与净辐射（Rn）、饱和水汽压差（VPD）、温度（Ta）的相关性分析（见表 3.10）。四个季节 WUE 与 Rn、VPD、Ta 之间均存在极显著正相关关系。冬季与净辐射、温度的相关性比饱和水汽压差的相关性高；春季与净辐射、饱和水汽压差的相关性大于温度的相关性；夏季与净辐射、饱和水汽压差的相关性也高于与温度的相关性；秋季与饱和水汽压差、净辐射的相关性高于与温度的相关性。综合太湖源雷竹林四季的 WUE 变化基本上由净辐射主导。

表 7.11　雷竹林季节水分利用效率与净辐射、饱和水汽压差及温度的相关性分析

季　节		WUE	Rn	VPD	Ta
冬季	WUE	1	0.714**	0.412**	0.579**
	Rn	0.714**	1	0.426**	0.597**
	VPD	0.412*	0.426**	1	0.883**
	Ta	0.579**	0.597**	0.883**	1
春季	WUE	1	0.547**	0.435**	0.417**
	Rn	0.547**	1	0.316**	0.396**
	VPD	0.435**	0.316**	1	0.957**
	Ta	0.417**	0.396**	0.957**	1
夏季	WUE	1	0.705**	0.605**	0.524**
	Rn	0.705**	1	0.832**	0.761**
	VPD	0.605**	0.832**	1	0.941**
	Ta	0.524**	0.761**	0.941**	1
秋季	WUE	1	0.510**	0.684**	0.471**
	Rn	0.510**	1	0.450**	0.226**
	VPD	0.684**	0.450**	1	0.655**
	Ta	0.471**	0.226**	0.655**	1

＊＊，表示在 0.01 水平上显著相关。

7.5.2.4 雷竹林净生态系统生产力(NEP)与水通量比值关系

选取雷竹林 6 月 1 日至 9 月 30 日 7:00—17:00 间 CO_2 通量($-F_c$)与水汽通量之间的关系,结果如图 7.26 所示。

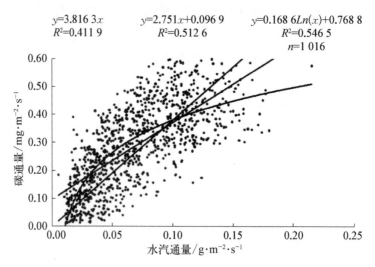

图 7.26　雷竹林 CO_2 通量与水汽通量的关系

由图 7.26 可以看出,雷竹林碳、水通量存在一定的相关关系。不同的线性、非线性拟合方程发现,非线性的对数拟合的相关性大于线性拟合的相关性(通过 F 检验,$P<0.01$),其中,线性拟合方程表明雷竹林冠层尺度上,水碳通量之间具有明显的耦合作用,冠层水、碳通量之间有明显的线性正比相关关系,与郭维华(郭维华等,2010)、Zhao et al.(Zhao et al. 2007)的研究结果一致,在方程均为一元一次方程($y=3.816,3x$,$R^2=0.411,9$)时,大于郭维华(郭维华等,2010)等对葡萄园($y=0.002,2x$)的拟合优度($R^2=0.278,2$);而非线性的对数关系说明雷竹林生态系统的碳、水的耦合关系会因气候环境的变化而解耦,与 Yu et al.(Yu et al. 2008)对千烟洲亚热带人工针叶林、鼎湖山亚热带常绿阔叶林的研究结果一致,表明雷竹林生态系统与二者相似,气象条件有不同程度的水热资源分布不同步的特征,6 月进入梅雨期,阴雨天较多,净辐射较少,降水为 290 mm,占全年的 24.13%,占夏季的 45.87%,不利于雷竹的光合作用,7 月气温全年最高,蒸散作用加大,为全年蒸散量的高峰 100.95 mm,降水为 176 mm,8 月降水及蒸散均有所下降,分别为 100.13 mm、58.89 mm,不利于水资源的高效利用,尤其是 7 月存在高温天气,使雷竹林的光合作用以及生长受到抑制。

通过对雷竹林三层土壤深度的土壤相对含水量与每月月均 WUE 进行相关性分析,$SWC-5\ cm$、$SWC-50\ cm$、$SWC-100\ cm$ 的 $Pearson$ 相关性系数分别为 0.466、0.360、0.484,P 值依次为 0.126、0.250、0.111 均大于 0.05,即相关性不显著。

7.5.2.5 分析与讨论

太湖源镇雷竹林 9 月、10 月典型晴天叶片净光合速率及水分利用效率的变化及不同季节的光响应曲线研究,生态系统尺度的碳水通量以及水分利用效率等的研究结果显示:

雷竹 9 月典型晴天的光强、气孔导度呈单峰型变化,最大光强为 11:00 的 1 500 $\mu mol \cdot m^{-2} \cdot s^{-1}$,最小为 8:00 的 250 $\mu mol \cdot m^{-2} \cdot s^{-1}$。变化规律为日出后,太阳辐射逐渐增强,光强逐渐增大,到正午前后达到最大值,之后逐渐减小。气孔导度的变化规律与之相似,11:00 达到 0.045 $mol \cdot m^{-2} \cdot s^{-1}$,净光合速率、蒸腾速率的日变化也呈单峰变化形式,最大值出现均在 12:00 左右出现,最大 P_n 为 3.74 $\mu mol \cdot m^{-2} \cdot s^{-1}$,最大 T_r 为 1.18 $mmol \cdot m^{-2} \cdot s^{-1}$。10 月光强在 11:00 左右出现一下降趋势,最大光强为 11:00、13:00 时的 1 500 $\mu mol \cdot m^{-2} \cdot s^{-1}$,最小值为 8:00 的 200 $\mu mol \cdot m^{-2} \cdot s^{-1}$。气孔导度的变化规律与 9 月相似,呈单峰型,最大值为 0.059 $mol \cdot m^{-2} \cdot s^{-1}$,大于 9 月。$P_n$、$T_r$ 的变化为略有波动的单峰曲线,最大值出现时间为 10:00 左右,分别为 4.79 $\mu mol \cdot m^{-2} \cdot s^{-1}$、1.08 $mmol \cdot m^{-2} \cdot s^{-1}$;9 月的 WUE 波动较大,除了有 2 个较大的峰值之外,还有若干个较小的峰值,10 月的比较平缓,峰值出现时间均在 10:30 左右,9 月的略大于 10 月;

9 月净光合速率与光照强度显著正相关,与气孔导度极显著相关;蒸腾速率与光强显著相关,与气孔导度极显著相关;WUE 与 PARi 相关性不显著,与气孔导度显著相关,三者与叶温及叶温下蒸汽压亏缺相关性均不显著。10 月 P_n 与 PARi 呈显著正相关关系,与 Cond 呈极显著正相关关系,T_r 与 PARi 呈极显著正相关关系,与叶温及叶温下蒸汽压亏缺呈显著正相关关系,与气孔导度相关性不明显,WUE 仅与 Cond 呈显著相关关系,与其他因子相关性不显著;

雷竹夏季净光合速率最高,秋季次之,冬春季次之。变化规律从 0~500 $\mu mol \cdot m^{-2} \cdot s^{-1}$ 逐渐增大,增加速度最大的是夏秋季,冬季与春季相对比较平缓,4 个季节雷竹的光补偿点大约在 20~50 $\mu mol \cdot m^{-2} \cdot s^{-1}$ 之间。WUE 秋季最大,冬季次之,春夏季较相似。季节差异不明显,夏秋季 P_n、T_r 与 WUE 与各因子的相关性较好,冬春两季相对较差,四季的净光合速率均与光照强度呈正相关关系,夏秋季显著,冬春季不显著,与 Cond 的关系均达极显著水平;四个季节 T_r 与 PARi、Cond 均呈极显著正相关,与 Tleaf 及 vpdl 的关系,各季节相差较大;

雷竹林全年水分利用效率的变化曲线大多呈单峰型,其中 6—8 月曲线波动较小,比较平缓,9 月较特殊,曲线的 2 个峰值比较明显,其他月份波动较大,白天 WUE 相对有规律,曲线有若干个峰值,且峰值大多出现在 8:00~10:00 左右,之后逐渐降低,夜晚曲线波动较大,9 月最大,8 月最小,月瞬时水分利用效率最大为 9 月 15.80 $mg\ CO_2 \cdot g^{-1} H_2O$,最小月份为 8 月 5.04 $mg\ CO_2 \cdot g^{-1} H_2O$;

季节尺度,WUE 秋季最大,冬季次之,春夏季比较相似,夏季较小,白天时段平均 WUE 为冬季 5.98 $mgCO_2 \cdot g^{-1} H_2O$,春季 5.32 $mgCO_2 \cdot g^{-1} H_2O$,夏季 4.39 $mg\ CO_2 \cdot g^{-1} H_2O$,秋季 8.61 $mgCO_2 \cdot g^{-1} H_2O$;白天时段瞬时最大水分利用效率为冬季 9.77 $mg\ CO_2 \cdot g^{-1} H_2O$,春季 7.85 $mg\ CO_2 \cdot g^{-1} H_2O$,夏季为 5.44 $mg\ CO_2 \cdot g^{-1} H_2O$,秋季为 11.76 $mgCO_2 \cdot g^{-1} H_2O$。且秋季变化曲线变化平缓,并呈典型的单峰型,春季曲线波动较大;

6—9 月雷竹林 WUE 随太阳净辐射的增大而增大,当超过一定净辐射时,WUE 的增速变小,逐渐达到峰值,之后,随着太阳净辐射的增大而减小,曲线拟合方程为:$y=2E-08x^3-3E-05x^2+0.006\,6x+7.112\,9$,与饱和水汽压差呈负相关关系,与 1 m 和 5 m 处的饱和水汽压差拟合方程为 $y=-1.939\,7Ln(x)+10.824$、$y=-2.420\,1Ln(x)+12.345$;

雷竹林 6—9 月 7:00～17:00 间 CO_2 通量与水汽通量存在一定的关系,不同的线性、非线性拟合方程发现,$y=0.168\,6Ln(x)+0.768\,8(R^2=0.546\,5)$,线性拟合方程为 $y=3.816\,3x(R^2=0.411\,9)$,表明 6—9 月期间,雷竹林也存在一定的水热资源不同步的特征。

雷竹林 4 个季节的 WUE 与 Rn、VPD、Ta 之间均存在极显著正相关关系。冬季与净辐射、温度的相关性比饱和水汽压差的相关性高;春季与净辐射、饱和水汽压差的相关性大于温度的相关性;夏季与净辐射、饱和水汽压差的相关性也高于与温度的相关性;秋季与饱和水汽压差、净辐射的相关性高于与温度的相关性。综合太湖源雷竹林四季的 WUE 变化基本上由净辐射主导。

7.6 毛竹与雷竹林生态系统水分利用效率的比较

7.6.1 毛竹与雷竹的典型晴天叶片水分利用效率比较

9 月、10 月典型晴天安吉毛竹的净光合速率、蒸腾速率等的变化特征,毛竹净光合速率、气孔导度的日变化呈双峰型变化,峰值出现时间为 10:00 和 16:00 左右,水分利用效率的变化曲线为有波动的曲线,峰值出现时间 10:00 左右,10 月 WUE(日均值为 4.61 μmol·mmol^{-1},日最大值为 7.68 μmol·mmol^{-1})大于 9 月(日均值为 3.58 μmol·mmol^{-1},日最大值为 5.09 μmol·mmol^{-1}),季节尺度,毛竹的净光合速率大小关系为秋季(7.81 μmol·m^{-2}·s^{-1})>夏季(7.06 μmol·m^{-2}·s^{-1})>春季(6.01 μmol·m^{-2}·s^{-1})>冬季(4.44 μmol·m^{-2}·s^{-1}),WUE 的关系为冬季(13.839 μmolCO$_2$·mmol^{-1}H$_2$O)>夏季(6.26 μmolCO$_2$·mmol^{-1}H$_2$O)>秋季(5.38 μmolCO$_2$·mmol^{-1}H$_2$O)>春季(4.29 μmolCO$_2$·mmol^{-1}H$_2$O);4 个季节的净光合速率、蒸腾速率与光照强度(PARi)、气孔导度(Cond)、叶温(Tleaf)及叶温下蒸汽压亏缺(vpdl)的相关性均为极显著正相关关系,春季 WUE 与 PARi 显著正相关,与 Tleaf、Cond 极显著正相关,夏季的仅与 Cond 显著正相关,秋季的与 Tleaf、Cond 显著正相关,与 vpdl 显著负相关,冬季的 WUE 与各因子相关性不明显。

太湖源镇雷竹 9 月、10 月净光合速率、气孔导度及蒸腾速率 的日变化为单峰,最大光强为 11:00 的 1 500 μmol·m^{-2}·s^{-1},最小为 8:00 的 250 μmol·m^{-2}·s^{-1},最大值出现均在 12:00 左右出现,最大 P_n 为 3.74 μmol·m^{-2}·s^{-1}(小于毛竹),最大 T_r 为 1.18 mmol·m^{-2}·s^{-1}。10 月光强在 11:00 左右出现一下降趋势,最大光强为 11:00、13:00 时的

1 500 $\mu mol \cdot m^{-2} \cdot s^{-1}$，最小值为 8:00 的 200 $\mu mol \cdot m^{-2} \cdot s^{-1}$，$P_n$、$T_r$ 的变化为略有波动的单峰曲线，最大值出现时间为 10:00 左右，分别为 4.79 $\mu mol \cdot m^{-2} \cdot s^{-1}$（小于毛竹）、1.08 $mmol \cdot m^{-2} \cdot s^{-1}$，9 月的 WUE（4.19 $\mu molCO_2 \cdot mmol^{-1} H_2O$）略大于 10 月（4.03 $\mu molCO_2 \cdot mmol^{-1} H_2O$）；季节尺度上，净光合速率夏季（4.84 $\mu mol \cdot m^{-2} \cdot s^{-1}$）＞秋季（4.06 $\mu mol \cdot m^{-2} \cdot s^{-1}$）＞春季（2.87 $\mu mol \cdot m^{-2} \cdot s^{-1}$）＞冬季（2.65 $\mu mol \cdot m^{-2} \cdot s^{-1}$）；水分利用效率相差不大，大小关系为秋季（4.96 $\mu molCO_2 \cdot mmol^{-1} H_2O$）＞冬季（4.53 $\mu molCO_2 \cdot mmol^{-1} H_2O$）＞春季（4.45 $\mu molCO_2 \cdot mmol^{-1} H_2O$）＞夏季（3.97 $\mu molCO_2 \cdot mmol^{-1} H_2O$），小于毛竹，夏秋季 P_n、T_r 与 WUE 与各因子的相关性较好，冬春两季相对较差，四季的净光合速率均与光照强度呈正相关关系，夏秋季显著，冬春季不显著，与 Cond 的关系均达极显著水平；4 个季节 T_r 与 PARi、Cond 均呈极显著正相关，与 Tleaf 及 vpdl 的关系，各季节相差较大。

综合分析毛竹、雷竹叶片的净光合速率与蒸腾速率，基本表现为显著的正相关关系，两者与气孔导度均呈极显著正相关关系。分析毛竹、雷竹叶片的光合与蒸腾的耦合关系的生理生态机制有：叶片上的气孔是控制二氧化碳、水汽出入叶片的共同门户，对两者有一致的作用；净辐射（或光合有效辐射）是毛竹叶片进行光合作用、蒸腾作用的共同驱动力，对两者有趋于一致性的驱动作用；叶温及叶温下蒸汽压亏缺等环境因子对两者具有相似的影响作用。

7.6.2　毛竹林与雷竹林水分利用效率的比较

浙江省安吉粗放式经营毛竹林全年为碳汇，年降水量为 1 543.1 mm，年蒸散为 744.43 mm，年净辐射为 2 604.82 $MJ \cdot m^{-2}$，月尺度日均 WUE 的变化曲线为倒 U 型曲线，变化规律为日出后随着光合及蒸散的增大而增大，在 10:00 左右达到峰值，保持一段时间后，由于蒸散的增加大于光合，WUE 开始下降，晚上由于生态系统呼吸及水汽通量的波动，WUE 的变化规律不明显，水分利用效率最大月为 12 月（白天平均最大值为 19.89 $mg CO_2 \cdot g^{-1} H_2O$，瞬时最大水分利用效率为 29.58 $mg CO_2 \cdot g^{-1} H_2O$），最小月为 8 月（白天平均最大值为 6.57 $mg CO_2 \cdot g^{-1} H_2O$，瞬时最大水分利用效率为 11 $mg CO_2 \cdot g^{-1} H_2O$），6—9 月变化曲线较平缓，12—2 月，变化曲线较复杂，水分利用效率的值明显大于其他月份，3 月明显大于 4、5 月；季节尺度，冬季的 WUE 变化曲线最复杂，波动较大，夏季变化最平缓，春秋季变化相似，曲线较平缓。冬季 WUE 最大，夏季的最小，白天瞬时最大水分利用效率为冬季 23.72 $mg CO_2 \cdot g^{-1} H_2O$，春季 11.94 $mg CO_2 \cdot g^{-1} H_2O$，夏季 8.0 $mg CO_2 \cdot g^{-1} H_2O$，秋季 13.0 $mg CO_2 \cdot g^{-1} H_2O$，白天的平均值为冬季 17.53 $mg CO_2 \cdot g^{-1} H_2O$，春季 8.66 $mg CO_2 \cdot g^{-1} H_2O$，夏季 5.62 $mg CO_2 \cdot g^{-1} H_2O$，秋季 9.17 $mg CO_2 \cdot g^{-1} H_2O$，以此为依据，在毛竹水分亏缺的时节，可适当地灌溉，以提高毛竹林的水分利用效率，在水分利用效率较高的时节，可有效控制林分密度，加大择伐强度等措施。

浙江太湖源镇人工高效经营雷竹林,12—2 月为碳源,其他月份为碳汇,年降水量 1 201.7 mm,年蒸散量 669.84 mm,年净辐射为 2 928.92 MJ·m^{-2},全年 WUE 的变化曲线大多呈单峰型,6—8 月曲线波动较小,比较平缓,9 月较特殊,曲线的 2 个峰值比较明显,其他月份波动较大,白天 WUE 相对有规律,曲线有若干个峰值,峰值大多出现在 8:00—10:00 左右,之后逐渐降低,夜晚曲线波动较大。每月白天时段 WUE 的均值,9 月最大(11.85 mg CO$_2$·g^{-1}H$_2$O),8 月最小(3.76 mg CO$_2$·g^{-1}H$_2$O),月瞬时水分利用效率最大为 9 月 15.80 mg CO$_2$·g^{-1}H$_2$O,最小月份为 8 月 5.04 mg CO$_2$·g^{-1}H$_2$O,季节尺度,秋季最大,冬季次之,春夏季比较相似,夏季较小,白天时段平均 WUE 为冬季 5.98 mg CO$_2$·g^{-1}H$_2$O,春季 5.32 mgCO$_2$·g^{-1}H$_2$O,夏季 4.39 mg CO$_2$·g^{-1}H$_2$O,秋季 8.61 mg CO$_2$·g^{-1}H$_2$O;白天时段瞬时最大水分利用效率为冬季 9.77 mgCO$_2$·g^{-1}H$_2$O,春季 7.85 mg CO$_2$·g^{-1}H$_2$O,夏季为 5.44 mg CO$_2$·g^{-1}H$_2$O,秋季为 11.76 mgCO$_2$·g^{-1}H$_2$O。且秋季变化曲线变化平缓,呈单峰型,春季曲线波动较大,均小于毛竹林。

安吉毛竹林、太湖源雷竹林的水汽通量、CO$_2$通量白天均有较好的一致性,夏秋两季白天水汽通量、CO$_2$通量的变化关系较为明显,为单峰型变化曲线;冬春两季白天水汽通量、CO$_2$通量的变化关系较夏秋两季稍复杂,变化曲线波动较多,除一较大峰值外,还有若干小峰。

6—9 月毛竹林、雷竹林的 WUE 与净辐射均呈显著响应关系,拟合方程分别为 $y=7E-08Rn^3-0.000 1Rn^2+0.053 6Rn+2.479 5$ (Rn 为净辐射),$y=2E-08Rn^3-3E-05Rn^2+0.006 6Rn+7.112 9$;与饱和水汽压差均呈显著负相关关系,拟合方程为 $y=-1.723 7Ln(x)+12.276$、$y=-1.939 7Ln(x)+10.824$;毛竹林、雷竹林 NEP、水汽通量存在明显关系。线性、非线性拟合(通过相关性分析、显著性检验,$P<0.001$)表明 NEP 与水汽通量呈显著正相关关系,相关关系密切(Spearman 相关系数为 0.858,Pearson 相关系数为 0.773,相关系数大于 0.5),非线性拟合方程分别为 $y=0.134Ln(x)+0.736 7$ ($R^2=0.694 7$),$y=0.168 6Ln(x)+0.768 8$ ($R^2=0.546 5$),表明毛竹林、雷竹林碳、水的耦合关系会因其气候环境因子的变化而解耦,说明两者均存在一定程度的水热资源不同步的特征。

表 7.12 为不同植被类型的水分利用类型,可知毛竹林水分利用效率大于鼎湖山、雷竹林,小于千烟洲和长白山,瞬时值大于雷竹林和草原;雷竹林的水分利用效率大于草原略高于鼎湖山,小于毛竹林。

对毛竹林、雷竹林的 WUE 与 Rn、VPD 及 Ta 进行相关性分析,均达极显著水平,其中与 Rn 的相关性最高,表明净辐射占主导,与 SWC-5 cm、SWC-50 cm、SWC-100 cm 的相关性不显著。

分析毛竹林及雷竹林生态系统碳、水耦合关系的生理机制有:净辐射是竹林碳、水循环的驱动力,气孔是 CO$_2$通量、水汽通量的共同通道,饱和水汽压差、温度等环境因子对碳水通量相似的影响作用以及竹林冠层稳定的光合及蒸腾的关系。

表 7.12　不同植被类型的水分利用效率

林　　型	年均温度/℃ /降水/mm	生长季最大 WUE /mgCO$_2$·g^{-1}H$_2$O	文　　献
长白山温带阔叶红松林	3.6/695	均值 10.47(±1.53)	(于贵瑞等,2010)
千烟洲亚热带人工针叶林	17.9/1 485	均值 8.48(±2.39)	同上
鼎湖山亚热带常绿阔叶林	21.0/1 956	均值 6.06(±0.62)	同上
草原	12.0/646	瞬时最大 1.2	同上
亚热带雷竹林	16.0/1 201.7	瞬时最大 5.04	本文
亚热带雷竹林	16.0/1 201.7	均值 6.05	本文
亚热带毛竹林	16.6/1 543.10	瞬时最大 11	本文
亚热带毛竹林	16.6/1 543.10	均值 6.57	本文

7.6.3　分析与讨论

(1) 叶片尺度,毛竹典型晴天及不同季节的 P_n、WUE 均大于雷竹,典型晴天毛竹 10 月 WUE 为 4.61 $\mu mol·mmol^{-1}$,日最大值为 7.68 $\mu mol·mmol^{-1}$ 大于 9 月的日均值为 3.58 $\mu mol·mmol^{-1}$,日最大值为 5.09 $\mu mol·mmol^{-1}$;雷竹的为 9 月 WUE (4.19 $\mu molCO_2·mmol^{-1}H_2O$)略大于 10 月(4.03 $\mu molCO_2·mmol^{-1}H_2O$);毛竹季节 WUE 的关系为冬季(13.839 $\mu molCO_2·mmol^{-1}H_2O$)>夏季(6.26 $\mu molCO_2·mmol^{-1}H_2O$)>秋季(5.38 $\mu molCO_2·mmol^{-1}H_2O$)>春季(4.29 $\mu molCO_2·mmol^{-1}H_2O$);雷竹的秋季(4.96 $\mu molCO_2·mmol^{-1}H_2O$)>冬季(4.53 $\mu molCO_2·mmol^{-1}H_2O$)>春季(4.45 $\mu molCO_2·mmol^{-1}H_2O$)>夏季(3.97 $\mu molCO_2·mmol^{-1}H_2O$);

(2) 生态系统尺度,毛竹林全年水分利用效率变化曲线为倒 U 形,白天的规律性比较明显,6—9 月曲线较平缓,12—2 月曲线波动较大,全年峰值出现时间为 10:00 左右,12 月最大(白天平均最大值为 19.89 mg CO$_2$·g^{-1}H$_2$O,瞬时最大 WUE 为 29.58 mg CO$_2$·g^{-1}H$_2$O),8 月最小(白天平均最大值为 6.57 mg CO$_2$·g^{-1}H$_2$O),瞬时最大 WUE 为 11 mg CO$_2$·g^{-1}H$_2$O,季节尺度,冬季的 WUE 变化曲线最复杂,波动较大,夏季变化最平缓,春秋季变化相似,曲线较平缓。冬季 WUE 最大(瞬时值 23.72 mg CO$_2$·g^{-1}H$_2$O,均值 17.53 mg CO$_2$·g^{-1}H$_2$O),夏季最小(瞬时值 8.0 mg CO$_2$·g^{-1}H$_2$O,均值为 5.62 mg CO$_2$·g^{-1}H$_2$O);雷竹林全年 WUE 变化曲线大多呈单峰型,6—8 月曲线波动较小,比较平缓,9 月份较特殊,曲线的 2 个峰值比较明显,其他月份波动较大,白天 WUE 相对有规律,曲线有若干个峰值,峰值大多出现在 8:00~10:00 左右,每月白天时段 WUE 的均值,9 月最大(11.85 mg CO$_2$·g^{-1}H$_2$O),8 月最小(3.76 mg CO$_2$·g^{-1}H$_2$O),月瞬时 WUE 最大为 9 月 15.80 mg CO$_2$·g^{-1}H$_2$O,8 月 5.04 mg CO$_2$·g^{-1}H$_2$O 最小,季节尺度,秋季最大(瞬时值 11.76 mg CO$_2$·g^{-1}H$_2$O,均值 8.61 mg CO$_2$·g^{-1}H$_2$O),夏季较小(瞬时值

5.44 mg $CO_2 \cdot g^{-1} H_2O$，均值 4.39 mg $CO_2 \cdot g^{-1} H_2O$）；

（3）季节尺度，毛竹林、雷竹林 CO_2、水汽通量白天的变化关系均较明显，变化趋势基本一致，CO_2、水汽通量变化曲线分别呈倒 U 形、单峰型；

（4）6—9 月白天毛竹林、雷竹林 WUE 与净辐射均达显著正相关、与饱和水汽压差均达显著负相关，同时期 CO_2 通量与水汽通量呈极显著线性关系，表明二者存在一定耦合关系，由于水热资源一定程度分布差异，也存在一定的解耦现象；

（5）对毛竹林、雷竹林的 WUE 与 Rn、VPD 及 Ta 进行相关性分析，均达极显著水平，其中与 Rn 的相关性最高，表明净辐射占主导，与 SWC - 5 cm、SWC - 50 cm、SWC - 100 cm 的相关性不显著；

（6）毛竹林及雷竹林生态系统碳、水耦合关系的生理机制有：净辐射是竹林碳、水循环的驱动力，气孔是 CO_2 通量、水汽通量的共同通道，饱和水汽压差、温度等环境因子对碳水通量相似的影响作用以及竹林冠层稳定的光合及蒸腾的关系。

第8章
竹林生态系统的液流特点及其与通量的关系

8.1 树干液流的研究进展

水汽通量,又称水汽输送量,是单位时间内通过单位面积的水汽量(刘允芬等,2004;蔺恩杰,2013)。森林水汽通量主要指林下地表蒸发通量、植被蒸腾通量和树冠层水分蒸发通量三部分之和。水汽通量是生态系统物质循环与能量流动的重要参与者,是生态系统能量闭合的重要影响因子。目前涡度相关技术已在全球范围内广泛应用于陆地生态系统物质和能量交换的观测,并取得了很好的成效,该方法已成为国际通量观测网的标准方法(王昭艳,2008;周国模,2006;刘允芬等,2004)。中国陆地生态通量观测网络(China FLUX)也已经利用该技术开展了广泛的观测。国际上权威学术期刊对森林水汽通量的研究十分重视,很多以专刊和特快的形式第一时间报道,可见该领域研究的热点地位。目前,水汽通量研究的主要研究方法有,试验箱式法、模型模拟法、遥感估算法以及微气象法。这些研究方法因研究尺度和估算精度以及适用性限制,各有利弊,微气象法中以涡度相关技术为普遍适用的标准方法,在研究生态系统区域的水汽收支、碳收支及平衡中广泛使用。涡度相关技术可以对土壤-植被-大气间的 H_2O 和能量通量,以及生态生态系统碳水循环的关键过程进行长期和连续的观测,所获取的观测数据能够被用来量化和对比分析研究区域内的生态系统水汽通量特征及其环境变化的响应(Bhaskar,2001;姜培坤等,2002;培坤等,2005)。

竹林生态系统是我国非常重要的生态系统类型之一。根据第五次全国森林资源清查的数据,在我国南方陆地森林生态系统中,竹林面积 421 万 hm^2,其中人工竹林面积占到31%。到第七次全国森林资源清查时,竹林面积增加到 538 万 hm^2。竹林有着较高经济效益和生态效益,通过自然演替和人工造林,在亚热带地区的面积不断扩大。而人工经营的竹林多年生积蓄一定的生物量,同时人工的补充水肥,并收获竹笋,伐除老竹相当于轮伐措施,使竹林兼具森林和农田的特点(陈云飞等,2013)。竹林在我国亚热带森林中占有重要的地位。

　　树干液流就是液体在植物体内部流动的过程,即土壤中液态的水进入根毛后,通过茎向上运输到达林冠层,然后由植物的蒸腾作用转化为气态水扩散到大气中去。这个过程忽略最小的新陈代谢对水分的利用,树木对任何水分利用的主要动力是蒸腾拉力,蒸腾是液流发生的主要动力,液流为蒸腾提供所需的水分,因而可以用树干液流量表征蒸腾量。

　　最近几十年以来国内外的一些生态学家、林学家、水分生理学家一直在寻找能定量检测树木由蒸腾而产生的耗水的研究方法。① 在小枝和叶水平上有光合仪方法、剪枝称重方法、气孔计方法、风室方法,大多用 Li-6400、Li-1600 和 Li-6200 来测定;② 在单株水平上有盆栽称重方法、整树容器方法、法风调室方法、液流速率方法和蒸渗仪方法等(Yan J H,et al,2006;朱咏莉等,2007;贡璐等,2002;潘瑞炽,2001),其中液流速率研究的方法主要有热扩散技术探针法、热脉冲技术、同位素的示踪技术、染色技术、核磁共振技术(刘昌明等,1999;Kramer P J,et al;孙鹏森,2002)等。③ 林地水平上的蒸发散研究基本用单株苗木蒸腾的外推方法和用波文比计算的能量平衡方法、利用空气动力原理计算阻力能量的平衡方法、遥感方法、水量的平衡方法、自由水面的蒸发的估算等方法(Sperry S,et al;翟洪波等,2001;Do F,et al;司建华等,2004;赵平等,2006)虽然有些方法得到了不断地发展与完善,但其在准确性上仍有遗憾,找不到十分准确的方法。不同的测定方法所得到的测定结果不一致。但是利用测定液流速率的方法对植物并无损伤,而且与植物的蒸腾量有较好相关性,随着热扩散和热脉冲技术方法的日趋完善,其与区域生态学制备的蒸腾测定、测量、估算出生态系统蒸腾量已成为摆在眼前的可能。目前,国内、外使用热扩散与热脉冲方法估测生态系统水分利用效率的研究已经十分普遍,据不完全统计,近年来所发表的有关树木或林分蒸腾文章中,有半数以上是应用热技术进行液流测定研究的(高岩等,2001;苏建平等,2004)。

　　测定树干液流的主要热动力学技术按照出现时间顺序有:① 热脉冲法(Heat pulse velocity,HPV);② 树干热平衡(trunk heat balance,THB);③ 茎热平衡(Stem heat balance,SHB);④ 热扩散(Thermal Dissipation Probe,TDP);⑤ 热场变形(Heat field deformation,HFD)。其中热脉冲法、茎热平衡、热扩散由于技术的成熟和设备的商品化应用的较为广泛(孙慧珍等,2005;严昌容等,1999;Granier A. et al,1987;刘淑明等,1999)利用热脉冲法的研究有孙鹏森(孙鹏森等,2002)、刘奉觉(刘奉觉,1997)、李海涛(李海涛等,1998)、马李一(马李一等,2001)等;利用茎热平衡的研究有岳广阳(岳广阳等,2006)许浩(许浩等2006)、王翠(王翠等,2008)等;利用 TDP 法研究有马履一等(马履一等,2003),Tyree(Tyree M T et al,1988),sperry(sperry et al,2002),翟洪波(翟洪波等,2001). Do 和 Rocheteau 曾试图改进 TDP 法的测量精度(Do F et al,2002)。

　　20 世纪 80 年代后期的许多研究发现优势树可以解释整个林地耗水的大约 2/3,平均的树可以解释整个林地耗水的大约 1/4,而受到抑制的树仅可以解释整个林地耗水的 5%～10%(曹文强等,2004;王瑞辉等,2006)。

8.2　竹林液流测定方法

8.2.1　研究区域和研究方法

8.2.1.1　试验地概况

毛竹林试验地与雷竹林试验地概况详见第 2 章及第 3 章详细介绍。

8.2.1.2　研究材料

毛竹和雷竹同其他竹子类相同,是由"竹—鞭—笋"系统所组成。竹干是毛竹和雷竹的地上部分,高度大约为 15 m～20 m,直径在 10 cm～16 cm 之间。新竹是由竹笋在春季开始萌发,经"慢—快—慢"的节律逐节伸长,成竹后的寿命约 12 年左右;竹鞭是毛竹的地下部分,其既是水分与养料的吸收的重要器官,又是竹与竹、竹与笋之间信息传递的通道,也是萌发出"新竹"——笋的重要部位,其寿命在 14 年左右;竹笋是毛竹和雷竹通过无性繁殖的新个体,成芽于上年 8—9 月,至翌年春季气温回升以后破土长成新竹。

在自然条件下,一个完整的"竹—鞭—笋"系统是由多个竹干、多根竹鞭、多个竹笋共同组成,因此系统内水分、养分和激素的运动情况非常复杂。为阐明"竹—鞭—笋"系统内水分流动的情况,我们简化试验内容,创造性地提出"一鞭一竹一笋"系统的水分运动模式,即一株竹干连接一根竹鞭,同时竹鞭上再连接一个竹笋,将其他竹鞭竹笋截断去除。本文通过应用包裹式茎流计(Dynagage, Dynamax Inc. , Houston, Texas, USA)测定毛竹和雷竹的竹干液流特征,应用热扩散边材液流探针(Dynagage, Dynamax Inc. , Houston, Texas, USA)测定竹鞭——竹干交接处、竹鞭—竹笋交接处的液流特征。

8.2.1.3　研究方法与仪器安装

1) 毛竹和雷竹试验对象的选择以及前期的准备工作

与 2008 年 1 月 15 日对标准地进行调查,根据试验的要求在平地处选择合适的样竹一株,要求树干通直圆满,生长健壮,无巴结或损伤。挖开四周地表土,确定与该竹相连的竹鞭数和竹笋数。选择一株生长健壮,且通过竹鞭与竹干相连的竹笋为候选笋,将毛竹和雷竹与其他相连的竹鞭在竹下截断,同时在竹笋下截断与其他相连的竹鞭。最后使该系统成为"竹—鞭—笋"的一鞭一竹一笋系统。同时作 80 个相同的系统作为破坏性试验,取其竹鞭和竹笋测得含水率。

表 8.1 一鞭一竹一笋系统的基本参数

项目	树高/ m	基径/ cm	胸径/ cm	鞭径/ cm	鞭长/ cm	笋长/ cm	笋围/ cm
	20	17.5	14.6	2.87	75	23	20.5

2）茎流测量系统的安装

（1）毛竹和雷竹茎干的预处理用游标卡尺精确测量竹干直径,然后用小号砂纸将测量处竹节突起的部分打磨光滑,用双氧水消毒以后为防止破损处湿气侵蚀加热条,需在包裹处涂上一薄层 G4 硅胶。

（2）包裹式茎流探针的安装使用 SGA150 探针,将其打开到足够的宽度,紧紧包住处理好的茎干(注意:勿用力过大,损坏探头),保证探头电缆在下部。细心包裹住探针以后,不要再上下左右移动。最后安装防辐射护罩,用铝箔纸包裹探头,在铝箔纸的上方和下方用胶带纸把缝隙裹实,以免雨水或昆虫进入。

（3）数据采集器的安装和参数设计将探头电缆与 Dynamax 公司生产的数据采集器 (Flow32 Sap flow Monitoring System)相连接,通过笔记本电脑设定相应工作参数,数据采集时间间隔设为 30 min。

（4）毛竹和雷竹竹鞭的预处理在竹鞭与竹干、竹鞭与竹笋的交接处去除多余的毛根,露出光滑的竹鞭。选鞭节厚处侧向转孔,但不得转通(由于竹鞭内部空洞,使探针充分接触鞭内的木质部)。

（5）热扩散边材液流探针的安装在竹鞭与竹干的交汇处安装 3 cm 探针 TDP1 与探针 TDP2,按竹鞭流向竹干的液流方向为正方向安装;在竹鞭与竹笋的交汇处安装 3 cm 探针 TDP3 与探针 TDP4,按竹鞭流向竹笋的液流方向为正方向安装。并错开各探针之间的距离,以保证彼此不加干扰。

（6）数据采集器的安装和参数设计将 TDP1、TDP2、TDP3、TDP4 依次标记并按顺序连接到数据采集器上(CR10X)上,调节工作电压 3.0V,数据采集时间间隔为 30 min。

表 8.2 探针规格和工作参数

探头型号	通道型号	热传导率	工作电压
SGA150	7	0.28	9.0
TDP30	1,2,3,4		3.0

3）竹鞭竹笋的采集

与 2008 年 1 月至 6 月,每间隔一星期采集标记好的破坏一鞭一竹一笋系统竹笋竹鞭各三具(探针安装情况详见第 2 章图 2.2),除去表面土石快速称重,后带回实验室内放入烘箱内烘干 48 小时称重,记录竹鞭和竹笋含水率的变化。持续时间 2008 年 1 月 15 日至 2008 年 6 月 6 日。

8.2.2　热扩散式树干液流仪与包裹式树干液流仪的原理、结构与模型

表 8.3　热扩散式树干液流仪与包裹式树干液流仪的比较

类型	包裹式茎流计	热扩散式茎流计
原理	热平衡原理	热扩散原理
结构	茎干包裹,下探针输入一定功率的热量,上下探针感应相应温度	茎干插入,下探针持续恒定加热,上下探针感应彼此温差
模型	$F=(Pin-Qv-Qr)/Cp \cdot dT(\text{g/s})$ Cp:水的比热;dT:树液的温度增加;Qr:径向散热;Qv:竖向(轴向)茎秆导热;F:液流通量	$Fd = 118.99 \times 10^{-6}\left[(\Delta Tmax - \Delta T)/\Delta T\right]^{1.231}$ $\Delta tmax$:昼夜最大温差;ΔT:瞬时温差;Fd:瞬时液流密度(g $H_2O \cdot m^{-2} \cdot s^{-1}$)

8.2.3　数据采集与分析方法

毛竹和雷竹的 Sap flow density,Gs,T_r 和 WUE 的测定数据采用 SPSS13.0 软件统计分析完成,采用独立样本 T 检验液流密度、Gs、T_r、WUE 进行差异显著性检验。同时利用 Sigma Plot 10.0 软件进行日变化绘图。

8.3　毛竹林液流和蒸腾及水分利用效率特征

8.3.1　毛竹—鞭—竹—笋系统内液流连月变化

8.3.1.1　1 月至 6 月毛竹系统内竹鞭竹干液流变化以及毛竹的高度生长

如图 8.1 所示,毛竹 1 月至 3 月竹干与竹鞭的液流较小,且较为稳定。3 月至 4 月竹干与竹鞭的液流量开始微小有节律的增加,期间有异常的爆发式增加点,这可能是和毛竹的液流启动有关。4 月中下旬至 6 月初毛竹的竹干液流、竹鞭流向竹干的液流(TDP1,TDP2)以及竹鞭流向竹笋的液流(TDP3,TDP4)都有强烈的日夜规律的变化。结合毛竹竹笋的高度生长状况可知,4 月中下旬在毛竹的竹笋爆发式生长之前毛竹体内的液流较小,水分运动缓慢。而当 4 月中下旬至 6 月毛竹竹笋的快速增长阶段,竹干与竹鞭内水分运动较为激烈,而且有日夜规律变化。

8.3.1.2　竹笋在出笋前、中、后系统内液流变化

如图 8.2 所示,在毛竹出笋前竹干与竹鞭内的水分液流速率都较小,其除 TDP1 以外竹干与竹鞭的液流速率日变化并不明显。竹干内的液流在竹笋出笋之前的液流峰值低于 $400 \text{ g} \cdot h^{-1}$,从竹鞭流向竹干的液流速率低于 $12 \text{ g} \cdot h^{-1}$(TDP1),以及 $40 \text{ g} \cdot h^{-1}$(TDP2),从竹鞭流向竹笋的液流速率低于 $12 \text{ g} \cdot h^{-1}$(TDP3),以及 $40 \text{ g} \cdot h^{-1}$(TDP4)。

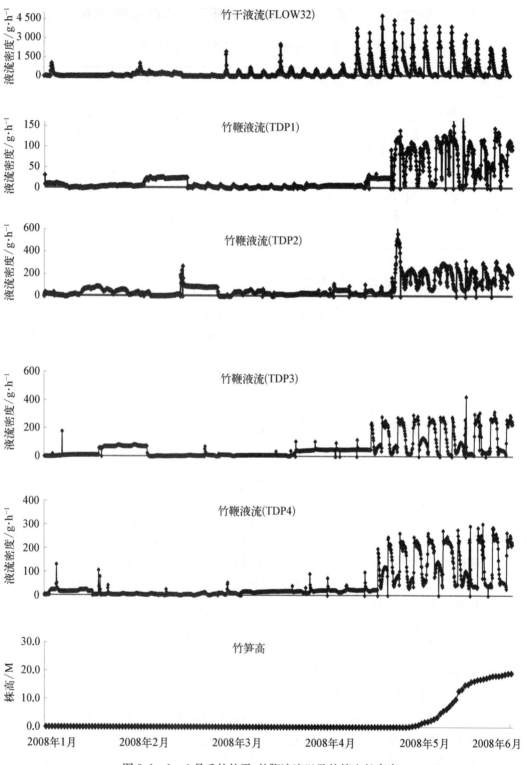

图 8.1 1—6 月毛竹竹干、竹鞭液流以及竹笋生长高度

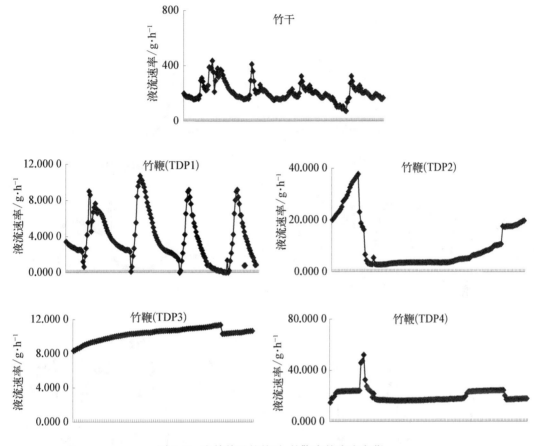

图 8.2　出笋前毛竹竹干、竹鞭内的液流变化

所以毛竹竹笋在出笋前竹干、竹鞭流向竹干与竹鞭流向竹笋的液流较小。

　　如图 8.3 所示,毛竹在出笋中相比出笋前竹干及竹鞭的液流速率都有所增加,同时其液流变化都呈现有规律的日变化。竹干内的液流速率峰值范围是 600 g·h^{-1} 至 900 g·h^{-1}。从竹鞭流向竹干的液流速率峰值增加到 80 g·h^{-1} 至 120 g·h^{-1}(TDP1),以及 50 g·h^{-1} 至 100 g·h^{-1}(TDP2)。从竹鞭流向竹笋的液流速率明显要大于从竹鞭流向竹干的液流速率,其峰值在 200 g·h^{-1} 至 300 g·h^{-1}(TDP3,TDP4)。由此可知,在毛竹的出笋中期,竹鞭既要提供给竹干的水分,又要提供给竹笋的水分需求,但主要是向竹笋供水。

　　如图 8.4 所示,在毛竹竹笋成竹以后竹干与竹鞭都有较大且有规律的液流进行。竹干的液流速率的日变化既有单峰曲线,又有多峰曲线,其日间峰值分布于 3 000 g·h^{-1} 至 4 500 g·h^{-1} 之间。竹鞭不但向竹干提供大量的水分(TDP1,TDP2),而且竹鞭也同时向竹笋成竹提供大量的水分(TDP3,TDP4)。除 TDP1 以外 TDP2、TDP3、TDP4 的液流峰值多在 200 g·h^{-1} 到 300 g·h^{-1} 之间,可知在毛竹竹笋成竹以后,竹鞭向旧竹和新竹同时提供的水分相差不大。

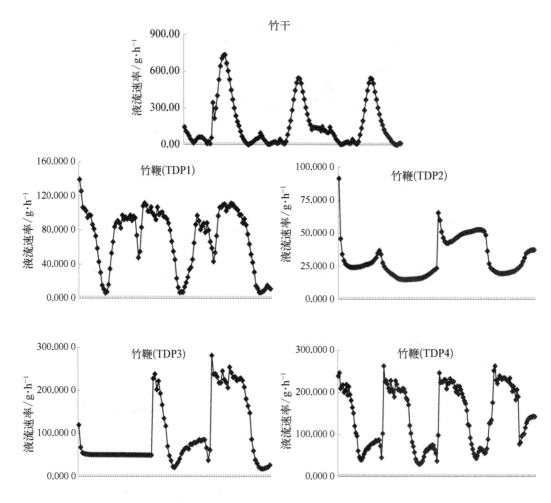

图 8.3 出笋中毛竹竹干、竹鞭内的液流变化

8.3.1.3 竹鞭出笋前、中、后系统内液流流向及 2008 年 1 月至 6 月安吉最低及最高温

假设以竹鞭到竹笋的液流方向为正,竹鞭到竹干的液流方向为负。以正向的液流减去负向的液流,如图 8.6 所示,在 1 月至 4 月下旬竹鞭的液流主要流向竹干,而流向竹笋的液流较小,即负向流动;而 5 月至 6 月竹鞭的大部分液流主要流向竹笋,期间也有一小部分流向竹干。可知在竹笋快速生长时,竹鞭要提供竹笋大量的水分以促进其生长。结合 2008 年 1 月至 6 月临安的最低温与最高温日变化,可知在 4 月中下旬毛竹竹笋开始破土生长时(及竹鞭内液流从负向流动开始转为正向流动),其温度范围在 10℃~20℃。通过两个变量的线性相关分析可知竹鞭内液流方向与最高温和最低温日变化存在极显著的正相关关系($P=0.000<0.01$),即竹鞭内液流的供给对象随着温度的升高从竹干到竹鞭。

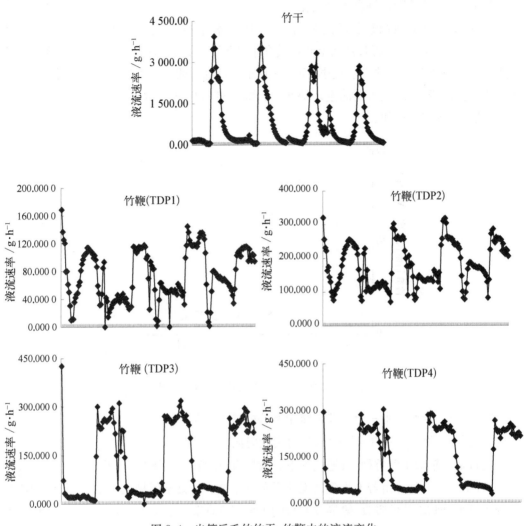

图 8.4　出笋后毛竹竹干、竹鞭内的液流变化

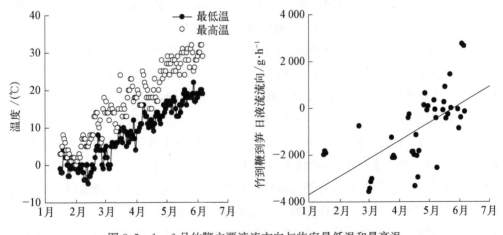

图 8.5　1—6 月竹鞭主要液流方向与临安最低温和最高温

8.3.1.4 竹鞭和竹笋含水率变化

如图 8.7 所示,竹鞭竹笋在 2 月至 5 月含水率有缓慢的增加,其变化范围是 144.07% ～ 425.62%,而 5 月初至 6 月其含水率先下降再急速的升高。说明在竹笋爆发式生长之前竹笋对水分的需求较小,而在 5 月至 6 月毛竹的快速爆发式生长阶段,刚开始由于水分供应滞后,造成短期的生理缺水,含水率下降,但通过竹鞭以及笋根的快速吸水补给,其含水率有所增加。

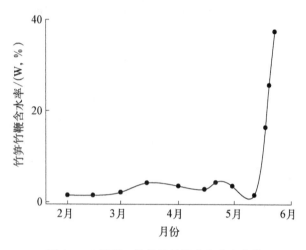

图 8.6　1 月至 6 月竹笋竹鞭内含水率变化

8.3.1.5 毛竹—鞭—竹—笋系统中水分的液流变化

1) 毛竹—鞭—竹—笋系统中水分的液流变化

毛竹是单轴散生型竹种,其通过地下竹鞭繁育,即竹连鞭、鞭生芽、芽孕笋、笋长竹、竹又生鞭,结果一个林分由若干克隆的无性系种群组成。竹鞭不但是无性繁殖的重要器官,而且也是水分和养分的吸收、输导及贮藏的主要器官(Christlan P et al,2004)。因此,竹鞭对竹干与竹笋的水分、养分供应作用就非常重要。由于树木的生理生态状况和环境因子对树干液流的联合控制,使树木的液流通量表现出独特的时间变化格局(张志山等,2007)。1 月至 6 月毛竹的竹鞭、竹干的液流速率的变化规律是从小到大,由弱到强。1 月至 3 月是竹笋地下生长时期,此时从竹鞭流向竹干的液流、竹鞭流向竹笋的液流以及竹干内的液流较小且日变化规律不明显。通过对竹笋和竹鞭的定时采样比较得出,这一阶段毛竹笋的个体变化不大。由于此时的竹笋主要进行休眠期,发育缓慢,对营养的需求较小。同时在此期间从竹鞭流向竹干和从竹鞭流向竹笋的液流相差不大,说明竹干的液流主要是通过毛竹本身的竹根进行的。通过环境比较得出在 1 月到 3 月期间天目山地区的气温较低,植物的叶片蒸腾较小,毛竹本身对水分的需求量较小。3 月至 4 月中下旬,竹笋仍处于地下生长期,但此时从竹鞭流向竹干的液流、竹鞭流向竹笋的液流以及竹干内的液流开始增大,并且开始出现日夜交替的变化规律。竹鞭供给竹笋的液流明显要大于竹鞭供给竹干的液流,说明竹笋的生长活跃,对水分的需求较大。通过对竹笋和竹鞭的定期采样比较,这一阶段毛竹竹笋进入生长活跃期,竹笋的粗度和长度都有明显的增加。由于竹笋从休眠期进入到生长期,对水分和养分的需求增大,只有通过竹鞭供给大量的水分才能保证其生长。5 月至 6 月是竹笋的成竹的时期,此时从竹鞭流向竹干的液流、竹鞭流向竹笋的液流以及竹干内的液流不但强烈而且有明显的日夜变化规律。此时竹笋成竹的过程满足逻辑斯蒂方程,即慢-快-慢的生长模式。在竹笋出笋早期,竹笋的高生长并不快,由于竹鞭供水的滞后性竹笋内的含水率降低,但随着竹鞭内液流的增加,其含水率快速的增高。在竹笋成竹的中后期,竹鞭不但提供给新竹大量的水分,同时也供给老竹大量的水分。

有研究表明,当竹林内温度达到 10℃以上时竹笋开始破土而出(张志山等 2007)。因为竹鞭内液流大小的方向与外间环境的气温存在密切的相关性,所以竹鞭内液流的大小与方向是随着竹笋的生长而变化的。在竹笋出笋前,竹鞭的液流主要流向竹干;在竹笋出笋中,竹鞭主要供给竹笋的生长;在出笋后,竹鞭供给旧竹与新竹的量相近。

2) 毛竹多竹多鞭多笋系统内液流变化

现实中的毛竹是由多竹多鞭多笋组成,即在同一条竹鞭上长有多个毛竹和多个竹笋,或者同一个毛竹上连有多个竹鞭和竹笋等。由于毛竹中多竹多鞭多笋的复杂性以及环境的变化性,通常一个完整的毛竹系统内水分的运输情况非常复杂。但不管竹笋上连有多少竹鞭,其对水分和养分的需求是一定的,即竹鞭对养分和水分的提供越多其生长越快越健康,反之竹笋退化死亡。高的竹笋成活率不但与毛竹大小年有关,而且与其生长环境的光照和水分多少有关。笔者在实验的过程中发现阳坡且水分充足的毛竹林竹笋出笋多生长良好,而阴坡缺水的毛竹林生长稀疏,常常具有各种不同的植物混杂在其中。

8.3.2　毛竹液流变化特征

通过对毛竹全年液流数据进行统计,得到毛竹林液流的全年逐日逐半小时的液流数据,按月将每天同时刻液流求平均值计算当月平均日变化,结果如图 8.8 所示。

全年 8 月毛竹的液流量最大,为 7 3601.75 g,最小月份是 4 月为 6 761.12 g。毛竹全年液流速率均在 8:00～10:00 达到最大值。

全年冬季(12 月、1 月和 2 月)的液流值普遍较小,均未超过 100 gm/hr,说明毛竹成竹在冬季由根部吸收的水分较少,受温度和净辐射等环境因子的影响,毛竹成竹代谢较慢,且蒸腾作用并不旺盛。春季在 3 月的时候毛竹成竹自根部吸收的水分有所增加,主要是因为温度的升高和净辐射的增大,毛竹的蒸腾作用有所增加。但到 4 月,急剧变低,主要是因为 4 月到 5 月上旬为毛竹的出笋旺盛期,期间毛竹笋急剧破土生长,毛竹根部吸收的水分绝大多数经由竹鞭向毛竹笋运输,导致其向毛竹成竹运送的水汽量变少,水分在竹鞭内流向毛竹成竹的液流速率减小,导致 3 月通过探针测定的竹鞭流向成竹的液流量为全年最低。5 月的液流量较 4 月有所回升,但较 3 月和 6 月仍较低,主要原因为 4 月上旬也

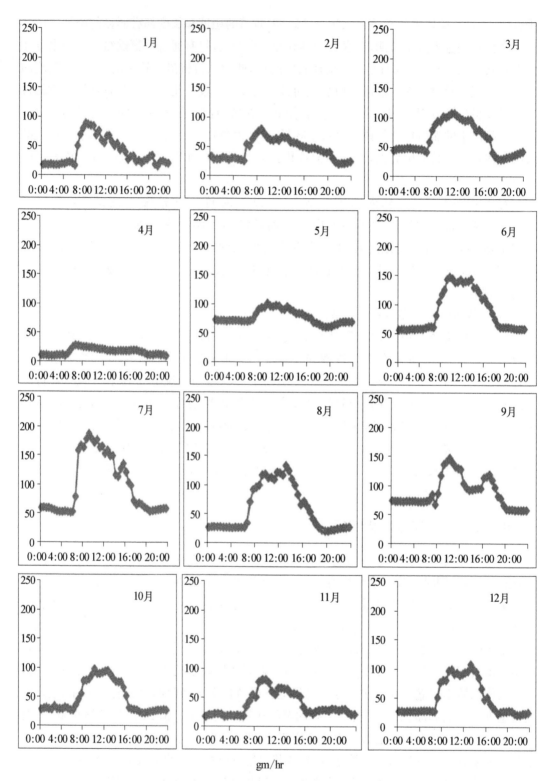

gm/hr

图 8.7　2012 年安吉市毛竹林液流各月平均日变化特征

是毛竹笋生长旺盛的时候,需要大量的水分支持,大量水分由竹鞭流向新生的毛竹笋,从而导致由该竹鞭流向成竹的水分减少,液流量较 3 月与 6 月偏低。6 月毛竹的液流速率变化较有规律,0:00～6:00 维持在 55～61 gm/hr,自 6:30 开始逐步升高,在 9:30 达到最大值 147.52 gm/hr,然后一直维持在较高水平至 13:30 开始下降,至 18:30 维持在 60 gm/hr左右。这主要是因为 6 月进入梅雨季节,毛竹的蒸腾作用较为旺盛。七月毛竹的液流变化波动较大,主要是因为 7 月降雨量较小,净辐射和温度都较高,毛竹的蒸腾作用受多方面因素的影响,其在夜间变化趋势与 6 月相似,在白天,于 10:00 达到最大值后转而下降,主要是因为随着温度和净辐射的升高,毛竹蒸腾作用失水较多,不利于自身生长,毛竹会关闭气孔,减少水分蒸腾,以维持自身生理需水,在这期间,毛竹的蒸腾量会急剧减少,所以液流量会减少。然后随着净辐射的逐渐降低,温度降低,毛竹的气孔会再次张开,蒸腾作用会逐渐增大,需水量也逐渐增大,导致液流量在 17:00 时出现另一个小峰,然后又随着净辐射的降低逐渐降低。8 月的液流量为全年最大,其变化趋势与 7 月相似,该月液流流量的最大值出现在 9:00 为 188.63 gm/hr,该月白天液流流量均维持在较高的水平上。全年秋季的液流变化特征基本相似,且有逐步减少的趋势。9 月和 10 月的液流速率在白天中午时略有小幅的降低。9 月的最高值出现在 13:00,为 134.15 gm/hr,十月份的最高值也出现在 13:00,为 108.67 gm/hr。

8.3.3　毛竹林的液流与蒸腾和水分利用效率

由图 8.8 可以看出,随光照强度的增加毛竹各季度的蒸腾强度逐渐增大,同时,各季度的水分利用效率也呈上升趋势。在相同的光照条件下,全年冬季的植被蒸腾量最小,秋季的水分利用效率最高。在光照强度小于 300 时,毛竹的植被蒸腾量是秋季最高,春季其次,而夏季小于春季大于冬季。在光照强度大于 300 时,毛竹的植被蒸腾为春夏秋冬依次

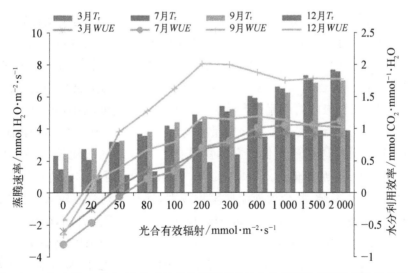

图 8.8　3 月、7 月、9 月和 12 月毛竹林的蒸腾速率和水分利用效率随光照强度的变化

递减。全年夏季温度最高,蒸腾拉力应较大,但由于毛竹通过闭合叶片的气孔来调节体内水分的含量,导致在炎热的夏季,毛竹的植被蒸腾量并没有过于突出。全年冬季植被蒸腾量最低,因为冬季气温较低,毛竹的生理代谢较为缓慢,且蒸腾拉力较小,所以,在冬季毛竹的蒸腾量比其他季节小。

全年春季的水分利用效率最高,这是由于春季时毛竹的出笋期,毛竹的光合效率较高,但其植被蒸腾量较夏秋季没有太大变化,所以在相同的光照条件下,毛竹在春季的水分利用效率比其他季节要高。在光照强度为200时,毛竹在春季的水分利用效率不再随光照强度的增大而增大,因为在光强达到一定值后,光合作用强度的增大和植被蒸腾作用的增大呈现一定的正相关关系。冬季的水分利用效率比春季略小,却大于夏季和秋季,主要是因为冬季的毛竹植被蒸腾量很小,而冬季的平均光合作用强度与夏季的平均光合作用强度以及秋季的平均光合作用强度没有太大差距,所以,毛竹在冬季的水分利用效率比夏季和秋季都略大。夏季和秋季的水分利用效率基本相同,水分利用效率比春季和冬季低。

8.4 雷竹的液流和水汽通量特征

8.4.1 雷竹液流特征

通过对太湖源镇雷竹林生态系统全年的 TDP 数据进行计算,得出太湖源镇人工高效雷竹林生态系统的全年逐日逐半小时的液流速率数据,将 4 月、7 月、9 月和 12 月的每天同时刻液流速率求平均值,以其分别代表春夏秋冬各季节平均日变化,结果如图 8.9 所示。

由图 8.9 可以看出:太湖源镇人工经营的雷竹林春季液流速率变化特征较显著,呈现单峰变化趋势,有较好的规律性,因为春季风和日丽,温度适宜,雷竹林下层已去除谷糠的覆盖。10:00~14:00 这段时间,是春季雷竹林液流速率较为旺盛的时段,主要是因为这段时间净辐射逐渐增大,温度逐渐上升,导致雷竹的蒸腾作用逐渐旺盛,需水量逐渐增大,所以其竹鞭内的液流速率较大。14:00 以后逐渐减小,18:00 后一直较为稳定,仅提供雷竹生长所需的水分和一定量的蒸腾。至次日 7:00 再次随净辐射的增加而逐渐正大,至 10:00 达到最大值。春季雷竹林生态系统的液流速率最高值出现在 12:30 为 97.04 gm/hr,最小值为 5:00 时的 51.25 gm/hr。而夏季雷竹林生态系统的液流速率变化特征较为复杂,其全天液流速率均较大,且其波动范围较大,夏季的雷竹液流速率最小值出现在 18:00 为 80.21 gm/hr,18:00~0:00 逐渐升高,0:00~5:00 基本保持在 170 gm/hr,5:00~7:00 有一小段的下降趋势,7:00~10:00 逐渐升高,于 10:00 达到最大值为 210.01 gm/hr,然后逐渐下降至 18:00。这主要是因为夏季全天净辐射较大,雷竹的蒸腾作用较为旺盛,随净辐射的增加,雷竹的蒸腾作用逐渐增大,当净辐射

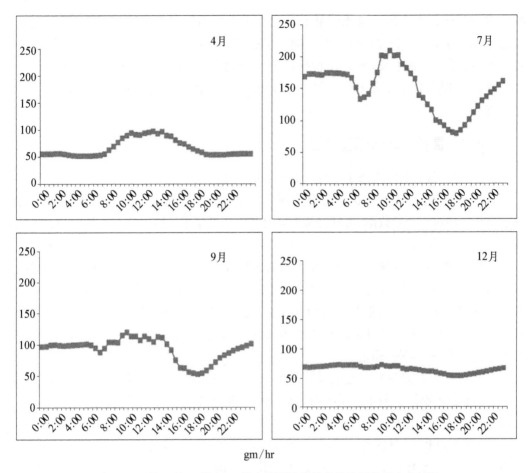

gm/hr

图 8.9 4 月、7 月、9 月和 12 月太湖源镇雷竹林液流平均日变化特征

达到一定程度后,雷竹会出现蒸腾午休现象,即气孔关闭,蒸腾作用减小,蒸腾失水量减少,所以,夏季的雷竹会出现在 10:00～18:00 这段时间液流速率逐渐减小的过程。18:00 后,气孔逐渐张开,蒸腾作用逐渐增大。秋季雷竹液流速率的变化特征与夏季相仿,但其波动范围比夏季小,且全天的液流速率均小于夏季全天的液流速率,其最大值出现在 9:30,为 120.37 gm/hr,最小值出现在 17:30,为 53.28 gm/hr,自 9:30 达到最大值后至 14:00 均保持在 110 gm/hr 以上小范围内波动,自 14:00 开始下降。秋季天气较为干燥,雷竹根部渗透压相对较小,雷竹生长相对缓慢,所需生理水分较生长旺盛时少,也是液流偏小的原因之一,且秋季净辐射相对夏季较小,所以整体上,秋季的液流速率要小于夏季的液流速率。雷竹冬季的液流变化较小,全天较为平缓,无大升大落,最高值出现在 4:00,为 70.54 gm/hr,最小值出现在 18:30,为 52.09 gm/hr,由于实验区为人工经营的高效雷竹林,其林内在冬季会人工覆盖谷糠,保持地表有较高温度,人为控制雷竹的出笋时间,使其在年前大量出笋。所以雷竹在冬季的液流速率受到一定的人为干扰,由于雷竹的出笋时间提前,使其在冬季出笋,导致作为实验对象的雷竹个体与林内其他雷竹根毛所吸收的水分在竹鞭内的流动具有很大的差异性。

冬季雷竹的液流速率较小且无明显变化趋势主要原因是冬季净辐射较小,温度较低,变化范围较小,且由于雷竹处于出笋期,其根毛吸收的水分有很大一部分提供给生长较快的雷竹笋,供其生长,导致在竹鞭内流向成竹的水分含量相对较小,仅提供雷竹生长所需生理水分和少量蒸腾作用耗散,所以冬季的雷竹液流速率相对较小且无明显变化。

8.4.2 雷竹的水汽通量特征

8.4.2.1 雷竹的水汽通量在月尺度上的日变化特征

通过对全年水汽通量数据进行统计,得到太湖源人工高效雷竹林生态系统的全年逐日逐半小时的水汽通量数据,按月将每天同时刻水汽通量求平均值计算当月平均日变化,结果如图 8.10 所示。

由图 8.10 可见,全年水汽通量基本均为正值,即水汽输送方向是由竹林生态系统向大气输送,且呈现单峰变化趋势。各月水汽通量日变化的最大值均出现在 12:00 到 14:00,而夜间基本为 0。这是由于夜间温度较低,光照较弱,地表蒸发以及植被蒸腾都极其微弱。从 6:00 到 8:00 开始逐渐升高,至最高点后逐渐降低,17:00 至 19:00 趋近于 0,波动较为平缓,基本保持稳定。

3—5 月的水汽通量日变化曲线较其他月份波动较大,主要是因为 3—5 月的气候较为多变,温度变化较大,使生态系统内的地表蒸发及植被蒸腾较为多变,导致生态系统水汽通量日变化波动较大。

9 月较 8 月和 10 月较为平缓,且夜间水汽通量高于其他月份。主要是因为 9 月天气较为阴霾,除 4—6 日和 13—15 日晴天,其余均为阴雨天气,雨量不大,云层较厚。白天云层吸收光照热量,使生态系统温度变化相对较小,水汽通量无明显变化。夜间云层释放白天吸收的热量,使生态系统内部温度较其他月份稍高,水汽通量与白天相比也无明显变化,但比其他月份夜间水汽通量稍高。至凌晨 2:00 至 4:00,气温下降,水汽通量下降,趋近于 0。

7 月较其余月份水汽通量较高,日最大值为 1.107 g 水汽通量较高。原因是 7 月光照条件较为充足,气温较高,植被冠层以及地表蒸发量均较大,植物蒸腾作用旺盛。

8.4.2.2 雷竹的水汽通量在季节尺度上的日变化特征

通过对全年数据的计算,得到了太湖源人工高效雷竹林生态系统的全年逐日逐半小时的水汽通量数据,按季节计算平均日变化,结果如图 8.11 所示。

由图 8.11 可以看出,夏季水汽通量变化有极强的规律性,日变化曲线为单峰,且曲线较为平滑,20:00 至次日凌晨 6:00 维持在 $0\sim0.01$ g·m·2·s^{-1},6:00 至 12:00 逐渐升高,至 12:00 左右达到最大值之后逐渐降低,到 19:00 至 20:00 趋于稳定。春秋冬季的水汽通量日变化特征与夏季相比较,变化规律类似,但规律性相对较差。曲线波动较大,不够平滑。

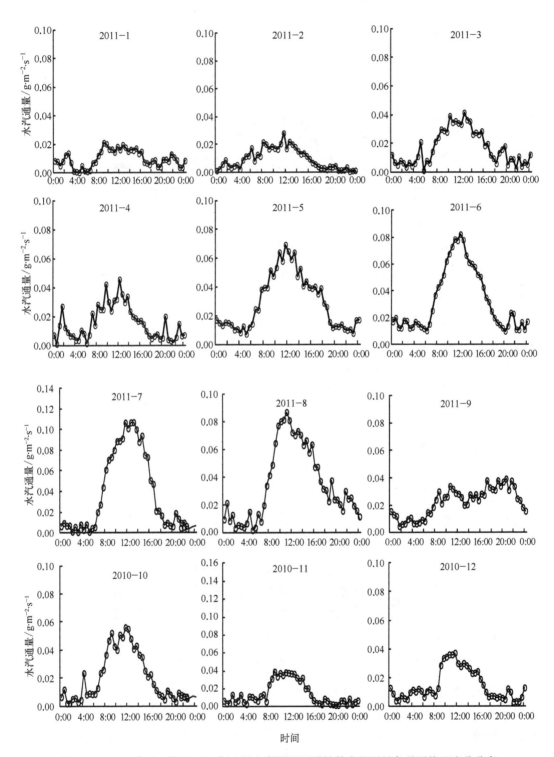

图 8.10 2010 年 10 月至 2011 年 9 月太湖源地区雷竹林水汽通量各月平均日变化分布

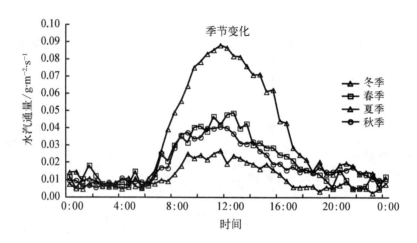

图 8.11　太湖源地区雷竹林不同季节水汽通量各月平均日变化分布

由于气候条件影响,本实验区生态系统的夏季水汽通量明显大于春秋冬季,春秋季基本相同,略大于冬季。

8.4.2.3　雷竹林蒸发散与降水

蒸散量是生态系统内土壤蒸发和植被蒸腾的总耗水量,是全年水汽通量的总和。蒸散量主要受蒸发势、土壤供水状况、植被状况等因素制约。

通过雨量筒测得 2011 年 10 月至 2011 年 9 月各月降水量总和,计算各月水汽通量总和。所得结果如图 8.12 所示。

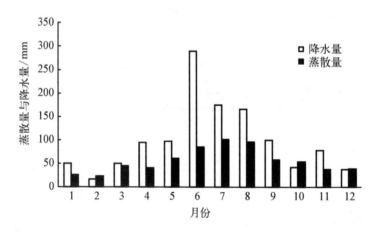

图8.12　2010 年 10 月至 2011 年 9 月太湖源镇雷竹林蒸散量与降水量对比

由图 8.12 可以看出,2 月、10 月和 12 月蒸散量略大于降水量,其余月份蒸散量均小与降水量。其中 6 月降水量远大于蒸散量,6 月进入雨季,降雨量较大,而蒸散量并未受到较大影响。

各季度降水量与蒸散量,及其占全年降水量与蒸发散量的比例如表 8.4 所示。

表 8.4　各季度降水量与蒸散量,以及其占全年降水量与蒸发散量的比重

季　节	月　　份	降　　水		蒸　　散	
		降水量/mm	比例/%	蒸散量/mm	比例/%
冬	12月,1月,2月	106.22	8.84	89.00	13.29
春	3月,4月,5月	241.75	20.12	147.25	21.98
夏	6月,7月,8月	632.20	52.61	282.30	42.14
秋	9月,10月,11月	221.55	18.44	151.30	22.59
全年		1 201.72		669.84	

夏季降水量为 632.2 mm,占全年降水量(1 201.7 mm)的 50% 以上,春秋季降水量基本相同,各占 20% 左右,以冬季最低,仅全年降水量的不到 10%。夏季蒸散量也为全年最高,约占 42%,春秋季次之,各占 22%,冬季最低,占 13%。可见,蒸散量同降水量在季节尺度上的变化情况有极强的响应关系。全年蒸散量(669.8 mm)占全年降水量(1 201.7 mm)的 55.74%,比实际情况略低,主要由于夜间降水或露水对水汽通量的观测有较大影响,易导致低估通量值,处理数据时,对缺失数据进行人为插补也可能导致最终所得的蒸散量较实际情况略小。

8.4.2.4　雷竹林各季节水汽通量与净辐射的关系

雷竹林全年净辐射为 2 928.924 MJ·m^{-2}·a^{-1},其各季度水汽通量对净辐射的响应如图 8.13 所示。

由图 8.13 的拟合曲线可以看出,夏季水汽通量对净辐射的响应最为明显,相关性系数较大,为 0.603 9,秋季稍次之,相关性系数为 0.557 4。冬季和春季相关性系数均较小。春季为 0.259 1,因为春季气候多变,天气变幻无常,气温波动较大,对水汽通量有一定的影响,故从图中反映出各点较为分散,但仍表现出一定的正相关性。与吉喜斌等的研究相符[95]。冬季相关性系数最小,为 0.017 8,因冬季水汽通量普遍较低,但当地雷竹林经营模式为冬季覆盖谷糠,为地表层人为保温,可提高提早第 2 年笋产量,覆盖谷糠前人为浇水,使地表层大量储水升温,影响正常情况下的地表蒸发量,表现出冬季水汽通量与净辐射相关性较小。通过相关性的显著性检验,水汽通量与净辐射之间有极显著相关性。

8.5　毛竹林与雷竹林液流特征的比较分析

8.5.1　毛竹林与雷竹林的水汽通量差异

安吉市山川乡粗放经营的毛竹林生态系统年平均水汽通量略大于太湖源镇人工高效经营的雷竹林生态系统的年平均水汽通量。毛竹林生态系统全年水汽通量为 744.72 ml,

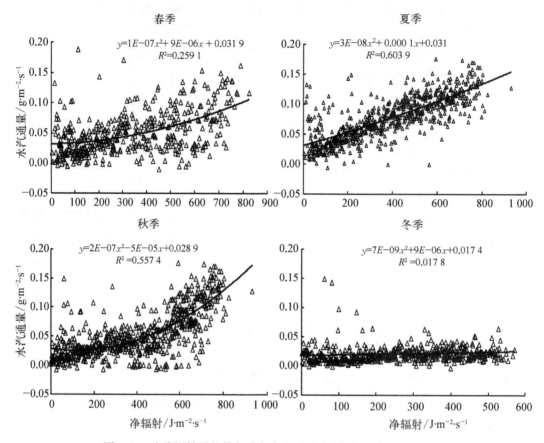

图 8.13　太湖源镇雷竹林各季度水汽通量对净辐射的响应拟合曲线

雷竹林生态系统全年水汽通量为 669.84 ml。雷竹林生态系统全年水汽通量最高月份为 7 月,100.95 ml,全年最低月份为 2 月,23.18 ml。毛竹林生态系统全年水汽通量最高月份为 7 月,109.19 ml,全年最低月份为 2 月,26.49 ml。安吉市毛竹林生态系统和太湖源镇雷竹林生态系统的水汽通量日变化趋势基本一致,均是由 6:00~8:00 左右由略大于 0 开始呈上升趋势,11:00~13:00 左右达到最大值,且呈单峰变化趋势,于 18:00~20:00 左右下降到略大于 0 的位置小范围内上下波动。

　　安吉市山川乡粗放经营的毛竹林生态系统的水汽通量季节变化特征和太湖源镇人工高效经营的雷竹林生态系统的水汽通量季节变化特征基本一致,均是夏季最高,春季和秋季基本一致,较夏季偏低,冬季最低。

　　安吉市山川乡粗放经营的毛竹林生态系统和太湖源镇人工高效经营的雷竹林生态系统的水汽通量与净辐射之间均有较好的响应关系。安吉市毛竹林生态系统对净辐射的响应相关系数与太湖源镇雷竹林对净辐射的响应的相关系数基本相同,安吉市毛竹林夏季的相关系数最大,相关系数为 0.611 1,相关度最高,秋季次之,相关系数为 0.529 5,相关度高,春季的相关系数为 0.260 5,冬季的相关系数最小,相关系数为 0.045 5。太湖源镇雷竹林生态系统夏季水汽通量对净辐射的响应最为明显,相关性系数较大,为 0.603 9,秋季稍次之,相关性系数为 0.557 4。冬季和春季相关性系数均较小。春季为 0.259 1,冬季相关性系数最小,为 0.017 8。

8.5.2　毛竹林液流与雷竹林液流比较

全年 8 月毛竹的液流量最大,为 73 601.75 g,最小月份是 4 月为 6 761.12 g。全年冬季的液流值普遍较小,均未超过 100 gm/hr。春季在 3 月的时候毛竹成竹自根部吸收的水分有所增加。但到 4 月,急剧变低。5 月的液流量较 4 月有所回升,但较 3 月和 6 月仍较低。7 月毛竹的液流变化波动较大,在白天,于 10:00 达到最大值后转而下降。然后随着净辐射的逐渐降低,温度降低,液流量在 17:00 时出现另一个小峰,然后再随着净辐射的降低逐渐降低。8 月的液流量为全年最大,其变化趋势与 7 月相似,该月液流流量的最大值出现在 9:00 为 188.63 gm/hr,该月白天液流量均维持在较高的水平上。

太湖源镇人工高效经营的雷竹林春季液流速率变化特征较显著,呈现单峰变化趋势,有较好的规律性。春季雷竹林生态系统的液流速率最高值出现在 12:30 为 97.04 gm/hr,最小值为 5:00 时的 51.25 gm/hr。而夏季雷竹林生态系统的液流速率变化特征较为复杂,其全天液流速率均较大,且其波动范围较大,夏季的雷竹液流速率最小值出现在 18:00 为 80.21 gm/hr,于 10:00 达到最大值为 210.01 gm/hr。秋季雷竹液流速率的变化特征与夏季相仿,但其波动范围比夏季小,且全天的液流速率均小于夏季全天的液流速率,其最大值出现在 9:30,为 120.37 gm/hr,最小值出现在 17:30,为 53.28 gm/hr。雷竹冬季的液流变化较小,全天较为平缓,无大升大落,最高值出现在 4:00,为 70.54 gm/hr,最小值出现在 18:30,为 52.09 gm/hr。

第9章
气候变化对毛竹林分布的影响

9.1 物种分布模型概述

物种的时间演化及空间分布特征是生物地理学及生态学的重要研究议题。由于交通可达性、时间等因素的限制,野外实地采样能够得到的物种分布地的数据一般是有限的,相对于此物种分布的整个范围非常稀疏。这就迫使生态学家需要研究一系列的方法,通过分析采样数据与生态环境因子之间的关系,建立各种模型来分析物种的空间分布。在假设物种与环境处于动态平衡状态的前提下,说明野外观测的物种数据与环境变量之间关系的物种分布模型(Species Distribution Models,SDM)应运而生。

物种分布模型中采用的物种数据可以是野外观测数据,也可以是自然博物馆和标本馆的标本数据。而数据采集方法既可以是随机采样,也可是分层采样(Graham et al.,2004)。环境变量即影响物种分布的生境因子,包括对物种有直接或间接影响的各种因素(Guisan & Zimmermann,2000)。按照作用特征,环境因子可分为三大类:限制因子,控制物种的生理生态特征,包括温度、水分和土壤组成;干扰因子,指扰动环境系统的所有的因素,包括自然与人为引起的各类扰动因素;资源因子,指可以被生物吸收的所有因素,包括能量和水分等。

物种分布模型的建立步骤如下:概念化,数据准备,模型拟合,空间预测和模型的验证评价。物种分布模型的研究经历了以下三个阶段:第一阶段采用经验数据,运用非空间统计的定量化方法分析物种与环境的关系;第二阶段以专家知识为基础,模拟物种分布;第三阶段为空间精确性统计与经验模型相结合的模拟物种分布(Guisan and Thuiller,2005)。

按照模型采用的数据,物种分布模型可以分为:仅采用物种存在数据模型和既采用物种存在又采用其不存在数据模型。线性模型、多元线性、逻辑回归、广义线性模型、广义加性模型、判别分析、分类与回归树分析、基因算法及人工神经网络模型,以上这些方法需要物种出现和未出现的数据来建立物种与环境因子之间的统计关系。但实际上,由于物种不存在数据较难获取,即便有其不确定性也比较大。传统的统计学模型解决这一难题的方法是生成物种拟不存在数据,但是由于采样方法的不同,会对预测结果精度造成较大的影响。自 20 世纪 80 年代以来,研究人员提出了一系列仅采用物种分布数据的物种分布模型,如 BIOCLIM (Busby,1986)、DOMAIN (Carpenter et al.,1993)、生态位因子分析(Environment Niche Factor Analysis,ENFA) (Hirzel et al.,2002)、支持向量机(Support Vector Machines,SVM)(Guo et al.,2005)。这些方法已经在各类生态学研究中得到成功应用。

按照预测物种分布的机理,物种分布模型可以分为过程模型和统计模型。过程模型是运用详细的观测参数模拟物种与环境因子之间的相互作用过程来实现(Sutherst and Maywald,1985;Yonow et al.,2004)。过程模型可以用来检验理论假说、预测重要的生态学参数。但是由于观测数据的缺乏,以及由于生态学机理知识的缺失,过程模型无法满足自然保护和管理的及时需要(Carpenter et al.,1993)。

与过程机理模型不同,统计模型是以环境空间检测样点与已知样点之间的相似性为依据来预测物种分布。当缺少详细的观测数据,而且研究的空间尺度较大时,统计模型就可以用来研究物种的潜在分布范围。

物种分布模型不仅是解决应用生态学和保护生物学中实际问题的有力工具,而且也促进了相关的基础学科(如生物地理学和谱系地理学)的发展。国外已经将物种分布模型用于植被恢复的影响评价,濒危物种栖息地的保护,森林资源的勘察与管理,环境污染对野生动物特别是鱼类资源的影响等方面;而国内对物种分布模型的应用还主要局限于生物入侵,特别是动物,尤其是昆虫的入侵风险预测方面。对植物物种分布的预测仅限于农作物分布的模拟分析,对野生物种的模拟比较少。而且采用的模型较为单一,缺少对不同模型的比较研究。

综上所述,尽管目前物种分布模型的发展已经经历了非空间统计、专家知识、精确空间统计和多模型集成系统这几个明显的阶段,而且各种方法都取得了一定效果,但针对不同的物种,还是需要综合物种的生物学知识和物种分布模型的假定条件来选择合适的模型方法(冯永康,2010)。

因此,本研究选取毛竹林为研究对象,以预测和描述其空间分布特征为目的,利用 BIOCLIM 模型、DOMAIN 模型、支持向量机模型和广义线性模型为工具,综合野外实地采集的毛竹林分布地的地理坐标、DEM 计算的地形数据和插值的气候数据,构建模型的样本数据集,然后利用样本数据对这四种模型进行训练,把数据训练后产生的参数输入模型进行运算,以此预测毛竹林的分布面积及空间分布特征。用检验数据子集对预测结果进行验证,利用森林资源调查数据检验预测效果,比较不同模型的精度和优缺点。

本研究期望能够为毛竹林保护与管理提供理论依据。对于毛竹林空间分布的模拟研究可以为其他我国特有植物种在地区尺度分布的预测提供方法参考。

9.1.1 国外研究进展

模拟生物多样性分布和更好地理解环境因子与物种分布之间的关系是生态学研究中的一项重要的任务(Funk & Richardson，2002；Thuiller，2004)。物种分布模型将已知的物种样本点的位置和具有生态意义的数据图层结合起来，用来推测物种适宜分布区域(Franklin，1995)。

生态学家已经发展了一系列预测物种适宜分布区的方法，例如通过分析采样数据与生态环境因子之间的关系，建立各种模型来分析物种分布的范围。初期采用将样点描绘到地图上，在采样记录点周围绘制自由线的方法来估测物种的可能分布区域。随着地理信息系统和统计学的飞速发展，研究人员将空间分析工具和生态环境数据整合起来，生成物种分布的概率分布图来揭示生境适宜性的动态变化。大量的物种分布模型将统计算法嵌入到地理信息系统流程中，运用与物种分布地相关的物候数据、生理学数据、地理数据以及野外观测数据和适合尺度的环境数据产生一系列的规则来确认物种可能分布的环境空间 (Peterson and Vieglais,2001)。环境空间可以投影到地理空间来识别物种可能出现的合适的条件，模拟物种分布状态。

随着数字化生态数据的增加(Graham et al.，2004；Wieczorek et al.，2004)，物种分布模型得到了各种生态学家的关注(Pearce & Boyce，2006)。生态学家提出了一系列的物种分布模型，包括 BIOCLIM (Busby，1986)、DOMAIN(Carpenter et al.，1993)、线性和多元逻辑回归模型(Mladenoff et al.，1995；Bian and West 1997；Kelly et al.，2001；Felicisimo et al.，2002；Fonseca et al.，2002)、广义线性模型、广义加法模型(Frescino et al.，2001；Guisan et al.，2002a；Moisen et al.，2006)、判别分析(Livingston et al.，1990；Fielding & Haworth，1995；Manel et al.，1999a)、分类和回归树分析法(De'ath and Fabricius，2000；Fabricius and De'ath，2001；Kelly，2002)、基因算法(Stockwell and Peters，1999)、人工神经网络(Manel et al.，1999a；Spitz and Lek,1999；Moisen and Frescino，2002)、支持向量机(Guo et al.，2005)和最大熵理论法(Boyce et al.，2002；宋国杰等,2003；Elith et al.，2006；王运生等,2007；Phillips et al.，2004；2006；2008；Giovanelli，2010)。

预测得到的物种分布精度决定于三个方面的因素：模型算法、环境图层和物种出现数据的精度。尽管研究人员已经对这些因素分别如何影响模型的总体表现作了大量研究，但是到目前为止，三类因素的不确定性如何影响物种分布模型还没有一致性的结论。一些研究显示不同的方法表现相似(Peterson et al.，2007；Peterson et al.，2008)，而另一些研究显示物种分布模型在预测不同物种分布时结果差异较大(Manel et al.，1999；Elith et al.，2006；Pearson et al.，2006；Phillips et al.，2006；Kelly et al.，2007；Peterson et al.，2007；Tsoar et al.，2007；Ortega-Huerta and Peterson，2008)。

最近几年，物种分布模型的发展对于生态学、生物地理学、生物进化学的研究提供了有力帮助,同时在解决以下几方面问题中发挥了重要作用,包括生物多样性的保护和气候变化对物种分布的影响、物种入侵等。

9.1.2　国内研究进展

我国学者对物种分布的研究始于 20 世纪 80 年代,这一阶段主要是应用非空间统计方法来分析物种分布与环境之间的关系。采用的方法是建立离散的气象站点的统计资料与物种分布点之间的统计回归分析(冯永康,2010)。洪必恭和李绍珠(1981)利用标本采样记录的江苏主要常绿阔叶树种数据,结合气象站点记录的气温资料,运用统计方法分析了江苏主要常绿阔叶树种的分布与热量之间的关系。徐文铎(1982,1983,1985,1986;徐文铎和常禹,1992)在研究中国东北地区植被及部分树种与水热关系时,采用的也是选择距离树种分布点最近的气象站的气温、降水资料来分析。王效瑞(1986)在用温暖指数和湿润系数分析三北防护林区主要树种的分布与水热条件关系时,同样用最邻近的气象站数据来做近似。洪必恭和安树青(1993)在对水青冈分布点附近气象站温度、降水指标主成分分析的基础上,得出生长季降水量是限制水青冈分布的主要气候因子。倪健(1996,1997a,1997b,1998)等在分析亚热带常绿阔叶林分布与蒸散关系时,通过计算树种分布范围内气象站点的记录资料来实现,并没有将点数据插值,计算得到面上气候特征。柯文山等(1999)通过选择与大头茶采样数据最近的气象站资料,计算样点的暖度指数、冷度指数和湿润指数,分析了大头茶分布与环境因子间的关系。苏小青等(2001)采用坐标法,利用树种分布点附近的气象站记录资料,计算温暖指数和湿度指数,分析了福建省主要树种的温暖指数特征。董莉莉等(2009)根据文献资料和标本记录及野外调查数据,分析了我国主要栲属植物的地理分布特征与范围。

相比而言,此后以专家知识为基础的物种空间分析研究比较少。20 世纪 90 年代末,随着地理信息系统技术的发展,物种分布研究进入了精确地空间分析阶段。徐德应等(1997)在研究气候变化对红松、油松、马尾松、杉木及珙桐地理分布影响时,较早地将地理信息系统与生态信息系统集合起来,并将地形要素也加入到物种分布研究中。曹铭昌等(2005)比较了广义线性模型、广义加性模型和分类回归树模型对中国 15 种树种的地理分布模拟效果,其首先对气象站数据用克里格法作了插值处理。李峰等(2006)在模拟兴安落叶松地理分布对气候变化的响应时,选用的环境指标包括温暖指数、寒冷指数、1月最低气温、7月最高气温四种温度指标和湿度指数、年降水两种湿度指标,并且在分析之前对气象站点的数据插值得到了全国的栅格数据。温仲明等(2008)在模拟延河流域本氏针茅的分布时,选用了气候和地形两大类因子,并对离散的点数据用ANUSPLIN 法插值得到连续的栅格数据。冯永康(2010)利用物种分布模型模拟了湖北神农架的针叶林分布。

随着我国同国外商贸交流的增加,生物入侵的研究日益受到关注。魏淑秋等(1995)通过计算我国范围内各气象站点同美国华盛顿州斯波坎中心的生物气候相似距离,分析了小麦矮化黑穗病在我国定殖的可能性。其采用的因子指标主要包括了生长季的月降水与温度。高景斌等(1997)运用 GIS 分析了松材线虫的发生条件,研究得到松材线虫的生长发育同温度和土壤水分含量关系密切。荆玉栋等(2003)运用 CLIMEX 模型,通过计算中国气象站点与已有褐纹甘蔗象分布地区气候相似系数,得到其在我国的适生区范围。吕全等(2005)研究松材线虫在我国的适生性评价中,对气象台站的五项气候因子采用模糊综合评价方法,计算了各个台站的适生性值。

目前,我国物种分布模拟中采用的气象数据基本上都将气象站点的点数据插值生成了响应曲面。在选取的生态环境因子方面,从早期的仅含气候因子,发展到气候和地形因子的综合运用。应用领域也从单一的物种入侵,逐渐发展到物种多样性的保护等多个领域。但同国外相比,我国物种分布的模拟研究采用的模型较为单一,对不同方法的比较分析较少,地形因子引入对模型预测精度的影响及评价比较少。

9.2 物种分布模型的原理和方法

9.2.1 BIOCLIM 模型

BIOCLIM 模型假定物种能够在与它目前分布区气候相似的地方生存。模型通过计算未知点的每一个环境因子是否在已知样本点对应环境因子一定百分比范围内,来确定其是否可能会有该物种分布。每一个环境因子都有自身的包络,计算公式如下:

$$[m - c \times s, \ m + c \times s] \tag{9.1}$$

式中,m 表示已知样点环境因子的平均值;s 表示每个环境因子的标准差;c 则表示分割百分比。而每个环境因子都有上、下边界,值分别由已知样本点对应环境因子的最大、最小值来确定。通过以上 5 个参数,BIOCLIM 模型就可以在欧几里得空间定义一个矩形范围来限定物种可能分布范围。这一模型同影像分类中的平行六面体分类法相似。

尽管 BIOCLIM 模型对环境包络的描述比较粗略,但是由于其模型概念的简单性及模拟结果的合理性,这一模型在生态位模拟过程中得到了广泛应用。而且这一模型对环境生态因子采样点数量多少没有要求。BIOCLIM 模型另一方面的优势在于其仅需使用者确定一个参数。因此,这一模型模拟得到的结果常被用来作为比较其他新发展的物种分布模型的基准(Rissler et al., 2006)。这一模型的不足之处在于,每一个气候变量都是相互独立的,常会导致一些生态学不合理的预测结果。

9.2.2 DOMAIN 模型

DOMAIN 模型通过计算环境空间中待确定类别点到已知类别点的最大相似度来判

定其所属类别(Carpenter et al. ，1993)。这一模型先计算所有被测点与已知样点之间的
Gower 相似度，其计算公式如下：

$$d_{AB} = \frac{1}{P} \sum_{K=1}^{P} \left(\frac{|A_\kappa - B_\kappa|}{rangek} \right) \tag{9.2}$$

式中，P 表示空间维度；d_{AB} 表示欧几里得 p 维空间 A、B 两点之间的距离；$rangek$ 表示维度之间的极差标准差。极差标准差同方差标准差相比可以降低相似

度对样本采样点集聚程度的敏感性。然后计算被测样点的补偿相似度
(complementary similarity)RAB，公式为

$$RAB = 1 - dAB \tag{9.3}$$

最后依照式(9-3)选择被测点 A 与已知类别样点 Tj 之间的最大相似度来判断其类别属性。

$$S_A = \max_{j=1} R_{TjA} \tag{9.4}$$

DOMAIN 模型没有用概率预测，而是采用类别置信水平，即类别相似度来确定被测点的归属类型。具体的应用中阈值需要依靠专家知识或通过大量试验来确定。但由于模型采用的是最大相似度来为判别准则，当采样点数据描述粗略或者有奇异值时模型模拟的误差会比较大。

DOMAIN 模型最初的实验用于澳大利亚两类袋貂分布的模拟，同 BIOCLIM 模型及凸包模型比较，这一模型预测得到的结果同已知物种的分布范围最为一致。这一模型特别适用于采样点数据比较少，或生境因子数据较少的情况。而且可以用来启发引导野外物种分布调查方案的设计，减少野外调查的盲目性。

DOMAIN 模型需要输入的参数为相似度，取值范围为(0.8，0.99]。以气候因子为输入数据时，相似度取 0.965；当以气候和地形因子为数据时，相似度取 0.98。

9.2.3　支持向量机 SVM

作为一种新的机器学习算法，支持向量机由 Vapnik 于 1995 年提出。从统计学习理论发展而来，主要针对小样本数据学习、分类和预测而设计的一种方法。支持向量机方法设计用来解决两类别的分类问题，其基本原理是在特征空间寻找一个超平面来最大化地将两类目标分离。这一方法已广泛应用于文本分类、手写识别和遥感影像分类。

研究中由于仅有毛竹林存在的采样点，因此采用了 Scholkopf 等人提出的一类别支持向量机方法(Scholkopf et al. ，1999)。

模型假设有 l 个训练样点 $xi(i=1, 2, \cdots, l)$ 服从球面分布，模型目标是找到一个最小的球面来包含多数的训练样点。球面方程如下：

$$F(R, a, \xi_i) = R^2 + \frac{1}{vl} \sum_i \xi_i \quad (9.5)$$

满足条件

$$(x_i - c)^T(xi - c) \leqslant R^2 + \xi_i \quad \xi_i \geqslant 0 \; for all i \in [l] \quad (9.6)$$

式中，ξ_i 表示松弛变量；l 表示训练点个数；R 表示球半径；c 表示球心；T 表示矩阵的转置；v 表示球体积与舍弃训练数据点数目之间的平衡点，取值范围为$(0, 1]$。最优化问题可以通过求解拉格朗日函数实现。确定被测点 x 是否在球面内的方法是计算被测点到球心的距离。计算式为

$$(x \cdot x) - 2 \sum_i (x \cdot x_i) + \sum \alpha_i \alpha_j (x_i \cdot x_j) \leqslant R^2 \quad (9.7)$$

式中，α 表示拉格朗日乘子。

实际上数据常不服从球面分布，为使这一方法可以解决非线性分布状态，分析中引入了高斯核函数来表示内积运算，其表达式为

$$K(x_i \cdot x_j) = e^{-(x_i \cdot x_j)^2/S^2} \quad (9.8)$$

式中，S 表示核函数的宽度。

同其他采用仅出现的数据模型相比，一类别支持向量机有以下两方面的优点。首先，一类别支持向量机在努力地寻找最优化的球面，这个球面包含了所有或多数的训练样点，同时严格地限制了特征空间中出现的数据。通过运用核函数，一类别支持向量机能够展示不同的数据分布形态。其次，一类别支持向量机通过寻找超球面的边界来包含出现的数据，对数据的概率密度分布没有假设。当输入数据不满足正态分布时，或数据不足无法验证是否满足这一分布时，这一特征就很有用。同两类支持向量机相比，一类别支持向量机不需要生成拟不存在数据。由于不同的拟不存在数据会产生不同的结果，进而就需要大量的模拟来进行负数据的潜在分布的抗差估计。而且拟不存点的产生会不可避免的采集到适合物种的区域和产生较为严格的物种分布预测结果。因此，运用仅出现数据模型计算时更加高效。一类别的支持向量机特别适合于未存在数据不可信或实际意义不大的状况。

一类别支持向量机模型运行前，首先用交叉验证法实验分析了参数值的选择。本研究中用十层交叉验证方法来估计预测模型的精度。十层交叉验证方法基本步骤包括：首先，训练数据被随机分为大小相等的十个子集。其次，每一个子集轮流用来精度评价，其他的九个子集用来训练样本。最后，总的精度通过取每次验证精度的平均值得到。研究中通过交叉验证得到的精度表示了真阳性率。

仅用气候因子输入模型时，v 值取 0.25；综合地形与气候因子时，v 值选取 0.47。

9.2.4 Artificial Neural Networks

人工神经网络（Artificial Neural Networks, ANNs）也简称为神经网络（NNs）或称为

连接模型(Connectionist Model),它是一种模范动物神经网络行为特征,进行分布式并行信息处理的算法数学模型。这种网络依靠系统的复杂程度,通过调整内部大量节点之间相互连接的关系,从而达到处理信息的目的。人工神经网络具有自学习和自适应的能力,可以通过预先提供的一批相互对应的输入-输出数据,分析掌握两者之间潜在的规律,最终根据这些规律,用新的输入数据来推算输出结果,这种学习分析的过程被称为"训练"。

9.2.5　Classification and Regression Tree(CART)

决策树的构建算法很多,CART(classification and regression tree)是其中比较常用的一种。该算法于 1984 年提出,是一种广泛应用的基于树结构产生分类和回归模型的统计过程。其内部是一个分层的一元二叉树结构,在每个节点利用最好的变量将数据在中间结点处划分为两个不相交的子集,同时使每个子集中的分类标签尽可能同质。通过不断迭代划分,将数据分成更均匀的子集。CART 在建树时,不管节点 N 是否被划分,均给 N 标记相应的类,方法是判断不等式

$$\frac{C(j/i)\Pi(i)N_i(t)}{C(i/j)\Pi(j)N_j(t)} > \frac{N_i}{N_j} \tag{9.9}$$

是否成立。若对于除 i 以外的所有类 j 都成立,则将 N 标记为类 i。其中,$\Pi(i)$ 为类 i 的先验概率,N_i 是训练集中类 i 的数量,$N_i(t)$ 是节点 N 的样本中类 i 的数量。$C(j/i)$ 表示将 i 错误分类为 j 的代价,可通过查找决策损失矩阵得到。CART 算法在满足所有叶节点中的样本数为 1、样本属于同一类或者高度到达用户设置的阈值时停止建树。CART 采用交叉验证法修剪树结构,最终树的大小由"修剪"结果决定。将样本分为两部分,一部分用来建树,另外一部分用来估计误分率。然后针对不同的子集多次重复划分,对得到的误分率进行平均,从而得到特定大小的树对于新的未进行验证的数据的交叉验证估计。产生最小交叉验证误分类估计的树被确定为最终的树模型。

9.2.6　Rough Set

Rough Set (RS) 理论自 20 世纪 80 年代初由数学家 Z. Pawlak 首次提出后,20 年来无论在理论上还是在相关领域的应用上都取得了令人瞩目的研究成果。RS 理论作为一种处理含糊和不精确问题的新型数学工具,在人工智能、认知科学以及软计算领域中近年来得到大量应用。其应用主要在机器学习与决策分析等方面。RS 理论建立在分类机制即等价关系的基础上,这些等价关系将特定空间进行划分。将等价关系对空间的划分看成是一种知识,该知识可以看作给定一组数据 U 与等价关系 R,在等价关系集合 R 上对数据集 U 进行划分称之为知识,记为 U/R。现实世界中的任一概念都不可能由这种划分完全精确地表达出来,从而产生以不确定划分来描述确定性的概念的方法。又认为知识

是具有粒度的(granularity),即知识也是粗糙的,知识所具有粒度越大,则越粗糙、知识的含量越少,反之越多。

设 XR,R 是 U 上的等价关系,$A=(U,R)$ 是一个近似空间,在 A 上,如果 X 是一些 R-基本类的并集,则称 X 是 R-可定义的;否则称 X 是 R-不可定义的。R-可定义集是全集 R-一致集或 R-恰当集,而 R-不可定义集也被说成是 R-不一致集或称 R-Rough 集,简称不一致集或 Rough 集。如果存在一个等价关系 $R \in \text{IND}(U)$,其中 IND (U) 是 U 上给定的所有等价关系的交集,使得 XU 是 R 一致的,则集合 X 被称作 U 中一致集;如果 XU 对任意 $R \in \text{IND}(U)$ 都是 R-Rough 的,则 X 被称作 U 上不一致集或 Rough 集。

借用两个概念来定义 Rough 集,即上近似集和下近似集。设 XAR 是任一子集,R 是 U 上的等价关系,则有

$$R \cdot (X) = U\{Y \in U/R : YX\}$$
$$R \cdot (X) = U\{Y \in U/R : Y \bigcap X \neq \psi\} \tag{9.10}$$

分别称它们为 X 的 R-下近似和上近似,其中 ψ 是空集,Y 是 U 上按等价关系 R 做成的等价类。下近似被解释为所有那些被包含在 X 里面的等价类的并集;上近似被解释为所有那些与 X 有交的等价类的并集。

9.2.7 Maximum Entropy

最大熵方法是按最大熵原理求解不适定问题的方法。具体地,随机变量 x 的概率密度函数 $p(x)$ 的信息熵可定义为

$$H(P) = -\int_R p(\chi) \ln p(\chi) \mathrm{d}\chi \tag{9.11}$$

其中 R 为积分空间,则优化问题可以描述为

$$\max H(p) = -\int_R p(\chi) \ln p(\chi) \mathrm{d}(\chi)$$
$$s.t. \int_R p(\chi) \mathrm{d}(\chi) = 1$$
$$\int_R \chi^i p(\chi) \mathrm{d}\chi = M_i, \ i = 1, 2, \cdots, m \tag{9.12}$$

其中 Mi 为第 i 阶原点矩,m 为所用最高阶矩的阶数。通过调整 $p(x)$ 使其熵值达到最大值,采用拉格朗日乘子法可以解得

$$\int_R \chi^i p(\chi) \mathrm{d}\chi = M_i, \ i = 1, 2, \cdots, m \tag{9.13}$$

上式就是熵值最大的概率密度函数的解析形式。根据(3)式并结合(2)式中的矩约束条件,可进一步建立求解 λ_1,λ_2,$\cdots\lambda_m$ 的 m 个方程组

$$M_i = \frac{\int_R \chi^i \exp\left(\sum_{i=1}^m \lambda_i \chi^i\right) \mathrm{d}\chi}{\int_R \exp\left(\sum_{i=1}^m \lambda_i \chi^i\right) \mathrm{d}\chi} \qquad (9.14)$$

在数值求解中,可将(4)式中的非线性方程组转化为非线性优化问题,令

$$R_i = \frac{\int_R \chi^i \exp\left(\sum_{i=1}^m \lambda_i \chi^i\right) \mathrm{d}\chi}{M_i \int_R \exp\left(\sum_{i=1}^m \lambda_i \chi^i\right) \mathrm{d}\chi} \qquad (9.15)$$

R_i 为残差,用无约束非线性优化方法可以求出这些残差平方和的最小值。

9.2.8 模型验证方法

为比较模型的预测质量,研究中对 BIOCLIM、DOMAIN、SVM 模型的训练及验证采用野外采集的温性及寒温性针叶林数据。通过随机抽取总数据集的 70% 作为训练子集,剩下的 30% 最为验证子集。而 GLM 法的训练和验证数据既包括了温性及寒温性针叶林存在数据,又生成了拟不存在数据。同样对数据按照 70% 和 30% 的比例随机确定了训练样本和检验样本。

1) 真阳性率(TPR)

真阳性率($T_r$ue Positive Rate,TPR),又称为灵敏度(Sensitivity,SEN),指实际有病而按该筛检试验的标准被正确地判为有病的百分比。它反映筛检试验发现病人的概率。初期主要用于医学疾病诊断。Engler 等人将这一指标引入物种分布模型的评价中(Engler et al.,2004)。在物种分布模型评价中,TPR 指实际有物种分布,而且按照该模型试验的标准,被正确地判断为有该物种分布的百分比。

理论上讲,一个好的模型的预测结果不仅应当有较高的真阳性率,而且应当有较高的真阴性率。当仅有物种分布数据时,无法估计真阴性率,只有借助这一指标对物种分布预测结果的优劣作出评价。由于 BIOCLIM 模型、DOMAIN 模型和 SVM 法输入数据仅为温性及寒温性针叶林存在数据,无法计算 Kappa 值。因此采用真阳性率(TPR)评价这三类模型预测精度。

2) Kappa 值法

对生成了拟不存在数据的 GLM 模型,采用 Kappa 指标对预测结果评价。Kappa 值的评估标准为:Kappa<0.4,失败;0.4~0.55,一般;0.55~0.7 好;0.7~0.85 很好;>0.85,非常好(Cohen,1960;Monserud and Leemans,1992)。

3) ROC 曲线

受试者工作特征曲线(Receiver Operating Characteristic curve,ROC)这一方法早期用于描述信号和噪声之间的关系,比较雷达之间性能的差异。Fielding and Bell(1997)将这一方法用到了生态模型的评估中。这一方法不依赖于阈值,更加适合于对不同模型结

果的比较评价。这一方法计算不同阈值正确模拟存在的百分率和正确模拟不存在的百分率,然后将其分别在 y 轴和 x 轴上表示,通过比较曲线和 $45°$ 线(表示物种处于随机分布状态)之间的面积(Area Under the ROC Curve,AUC)确定模型的精度。AUC 值越大表示其分布与随机分布的差别越大,环境因子与物种分布模型之间的相关性越大,即模型预测效果越好(王运生等,2007;曹铭昌,2005)。

该方法的评价标准如下:AUC 处于 $0.50\sim0.60$,失败;$0.60\sim0.70$ 较差;$0.70\sim0.80$ 一般;$0.80\sim0.90$ 好;$0.90\sim1.0$ 非常好(Swets,1988)。本文 4.2 部分用验证 GLM 模型的数据子集分别计算四种模型的 AUC 值,对预测结果进行评价。

9.3 模拟气候变化对毛竹林分布的影响

随着大气温室气体含量上升,全球气温变暖,气候模式发生显著变化,在一定程度上影响了植物的现实与潜在空间分布格局,从而导致了一系列生态与社会效能的连锁反应(Thuiller *et al.*,2005)。因此,有必要对我国植物未来潜在空间分布的发展趋势进行研究,以预估并积极应对气候变化所造成的影响。

传统的动植物物种调查方法已经不能满足较大时空尺度内物种分布特征格局模拟和预测的需要,因此,综合应用地理信息系统、统计学以及生态学的物种空间分布模型应运而生,并在近年得到长足发展,成为模拟和预测区域物种空间分布特征的有效工具(Guisan & Thuiller,2005)。在空间尺度较大且缺乏详细的观测数据的情况下,通常采用统计模型来研究植物的潜在分布范围。统计模型是通过分析采样数据与生态环境因子之间的关系,以环境空间检测样点与已知样点之间的相似性为依据来模拟植物潜在空间分布的。目前,在基于不同方法与模型考虑空间依赖性的植物分布模拟研究中,着重考虑气候要素(作为主导驱动因子)对较大时空尺度内植物潜在分布的影响,而疏于考虑诸如土壤因子等相对气候要素而言变化速率缓慢的环境限制因子(Loehle & LeBlanc,1996;Miller *et al.*,2007;Segarra *et al.*,2009 Tsuyama *et al.*,2011)。有关土壤要素对植物分布影响的综合评价研究(Pearson *et al.*,2002;Lehmann *et al.*,2003)表明,在全球气候变化背景下土壤质地(Ashcroft *et al.*,2011)、土壤养分(He *et al.*,1999)、土壤蓄水能力(Coops *et al.*,2005)等属性对植物分布及其模拟准确率有显著影响,因此有可能造成评价全球气候变化对植物分布格局变化影响的不确定性。

毛竹是我国南方重要的森林资源与经济作物(Song *et al.*,2011),具有生长速度快、可以隔年连续采伐及永续利用等特点,其特有的巨大生态价值、经济与社会价值引起了国内外多领域科研工作者的广泛关注(Oppel *et al.*,2004;谢寅峰等,2007;Viña *et al.*,2008,2010;Donald *et al.*,2009;李腾飞和李俊清,2009;Nath *et al.*,2009;Veldman *et al.*,2009;Yen *et al.*,2010;刘君良等,2011;涂利华等,2011;庄明浩等,2011)。毛竹是多年生常绿树种，适宜温暖湿润的气候条件，对土壤的要求高于一般树种，在厚层肥沃、湿润、排水和透气性良好的酸性砂质壤土上生长良好。张雷等（2011）通过耦合 DOMAIN（Carpenter *et al.*，1993）和 NeuralEnsembles（O'hanley，2009）模型预测我国毛竹潜在分布，指出未来气候变化将导致毛竹适宜生长区向北迁移 33～266 km，面积增加 7.4%～13.9%。该研究为气候变化背景下毛竹潜在空间分布模拟提供了重要的研究思路与理论支持。本文以我国毛竹（*Phyllostachys edulisin*）为研究对象，在前人研究基础上，将土壤因子引入模拟变量中，基于支持向量机（Support Vector Machine，SVM）方法的物种分布模型，利用政府间气候变化专门委员会（IPCC）发布的加拿大气候模型与分析中心全球耦合模式的第三个版本（CGCM3）历史与未来气候情景模式数据，模拟 1981—2099 年我国毛竹的潜在空间分布及变化趋势。本研究通过比较考虑土壤限制前后模型模拟的精度、因子重要性及潜在分布的时空格局等，探究土壤要素对毛竹潜在空间分布的影响，对毛竹等高生态与经济价值植物在气候变化背景下潜在空间分布模拟的理论与方法进行补充与完善。

9.3.1　数据来源及处理

9.3.1.1　毛竹地理分布数据

本研究所使用的毛竹林现实空间分布数据来源于中国科学院植物研究所绘制的 1∶100 万植被图（见图 9.1），该植被图基本反映了 20 世纪 80、90 年代植被分布状况（中国科学院中国植物图编委会，2001）。从此图中提取的毛竹现实空间分布图层显示，我国毛竹林分布范围为 23.57°N～31.91°N、103.95°E～121.70°E，总面积约为 $2.2 \times 10^4 \text{km}^2$，主要分布在浙江、福建、四川、湖南等南方省份。对毛竹矢量图层进行栅格化处理，空间分辨率设为 10 km×10 km，得到共计 223 个毛竹林现实分布栅格单元，用于物种分布模型模拟训练与检验。

9.3.1.2　气候变量

为保证用于物种分布模型训练的历史气候数据与用于模型预测的未来气候数据的一致性，本研究所使用的气温和降水数据来源于 IPCC 数据发布中心发布的 CGCM3 历史气候数据（1980—2000）和未来气候情景模式 A2 气候数据（2001—2099）。CGCM3 为加拿大气候模型与分析中心全球耦合模式的第三个版本，是 Hadley 气候预测和研究中心发展的海气耦合模型。气候情景模式 A2 描述了具有区域性外向型经济的异质性世界，全球 CO_2 浓度由 2000 年 380 $\mu mol \cdot mol^{-1}$ 增加到 2080 年的 700 $\mu mol \cdot mol^{-1}$，同时温度增加了 2.8℃（Thuiller *et al.*，2005）。在众多未来气候情景模式中，本研究所引用的 A2 模式气温增加最为显著，该气候条件下模拟得到的我国毛竹潜在分布区向北迁移更加明显，结合我国南北土壤条件差异，更易于体现土壤因子在毛竹潜在分布模拟中的限制作用。

在气候要素选择上，我们参考张雷等（2011）在预测我国毛竹潜在分布中所选的 9 个具有明显生物学意义的气候预测变量，包括平均夏季 5—9 月降水量、平均年降水量、气

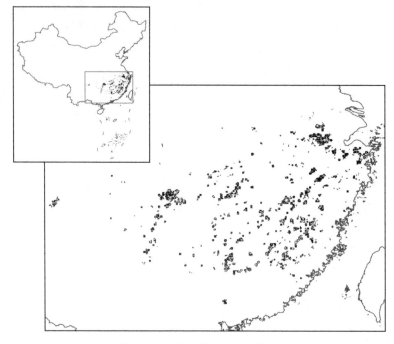

图 9.1　我国毛竹现实分布状况

温年较差、平均最暖月气温、平均最冷月气温、<0℃年积温、>18℃年积温、>5℃年积温和年平均气温。本研究所使用的 CGCM3 原始月均气温和降水数据为 grid 格式，空间分辨率为 2.8°，先将其转化为文本格式，提取我国区域内数据点，结合我国数字高程模型（DEM），利用 ANUSPLIN 软件包（朱求安等，2010）进行空间插值，得到空间分辨率为 10 km × 10 km、时间分辨率为月的气温和降水栅格数据集。在此基础上，计算上述各气候变量中每年的气温平均值、气温极值、积温、累计降水等，进一步得到 1981—2099 年 6 个时间段（1981—2000，2001—2020，2021—2040，2041—2060，2061—2080，2081—2099）20 年的各气候变量平均值。

9.3.1.3　土壤变量

本研究中，我们以 FAO 提供的 1∶500 万全球土壤图为基础，选取与毛竹生长紧密相关的土壤因子。FAO 全球土壤图源于样地调查得到的土壤剖面信息，按 FAO 土壤单位和表层土壤质地对土壤剖面数据进行分组，分别对土壤表层（0～30 cm）和底层（30～100 cm）众多理化属性进行加权统计计算。考虑到毛竹适宜土壤的质地、酸碱程度及营养状况等（李国庆等，1983；徐家琦和秦海清，2003），本研究选取砂粒含量（%）、土壤 pH、有机碳含量（%）、氮含量（%）4 个土壤属性，得到土壤上下层共 8 个因子作为模拟毛竹潜在空间分布的土壤因子（Stoner & Baumgardner，1981）。FAO 全球土壤数据为矢量格式，分别对我国范围内表层与底层土壤的选定属性进行矢量数据栅格化处理，栅格分辨率为 10 km×10 km，以匹配物种分布模型中植物与气候输入数据。

9.3.2 研究方法

9.3.2.1 支持向量机模型

Vapnik 于 1995 年提出的支持向量机(SVM)是一种新的机器学习算法。该方法从统计学习理论发展而来,主要是针对小样本数据学习、分类和预测而设计的一种方法(Cristianini & Scholkopf,2002)。SVM 模型设计可用来解决两类分类问题,其基本原理是在特征空间寻找一个超平面来最大化地将两类目标分离。本研究中由于仅有竹类现实存在的栅格单元,因此采用 Schölkopf 等(1999)提出的单类别支持向量机(one-class SVM)方法(Schölkopf *et al.*,1999)。

基于 One-class SVM 方法的物种分布模型较其他物种分布模型具有的显著优点包括通过寻找超球面的边界来划分数据,对数据的概率密度分布没有假设,解决了当输入数据不满足正态分布或数据不足无法验证是否满足这一分布的问题;不需要生成拟不存在数据,无需大量的模拟来进行负数据的潜在分布的抗差估计,特别适合于未存在数据不可信或实际意义不大的状况。本研究中,基于 One-class SVM 方法,利用我国毛竹现实分布及其所在位置气候因子与土壤因子的同时段同分辨率数据,建立我国毛竹适宜生长的环境条件规则,并以此适宜条件规则监测其他地区,判断现实中无毛竹分布区域的气候与土壤条件是否适合毛竹生长,即毛竹潜在分布区域,并以此模拟我国毛竹潜在分布的时空分布,并分析和评价气候和土壤各个因子及因子交互作用对模拟结果的影响。

9.3.2.2 模型模拟及评估

本研究把不同模拟因子分为两组对毛竹潜在分布进行模拟:第一组仅包含气候因子,共有 6 个时段的数据集,每个数据集包含 9 个气候因子;另一组同时包含气候因子和土壤因子,同为 6 个时段数据集,每个数据集包含 9 个气候因子及 8 个土壤因子。两组模拟中的气候与土壤因子空间分辨率均与毛竹现实分布数据一致。SVM 模型基于毛竹现实分布栅格训练样点,分别用两组模拟因子的 1981—2000 年数据集进行模型训练,建立分类规则,并得到该时段毛竹潜在分布区。然后基于完成训练的模型所建立的分类规则分别利用两组模拟因子的 2001—2099 年 5 时段数据集对未来毛竹潜在分布区进行模拟。

为比较两组模拟因子参与模型的模拟质量,我们选用真阳性率和试者工作特征曲线(Receiver Operating Characteristic curve,简称 ROC 曲线)两种方法对模拟结果进行评价。真阳性率($T_r$ue Positive Rate,TPR,Elith & Burgman,2002),又称为灵敏度(sensitivity,SEN),在物种分布模型评价中指实际有物种分布,而且按照该模型试验的标准,被正确地判断为有该物种分布的百分比。理论上讲,一个好的模型的模拟结果不仅应当有较高的真阳性率,而且应当有较高的真阴性率(true negative rate,TNR),即实际无物种分布被正确地判断为无该物种分布的百分比。当仅有物种分布数据时,无法估计真阴性率,只有借助这一指标对物种分布模拟结果的优劣做出评价。研究中通过交叉验证得到的精度表示了真阳性率。十层交叉验证方法基本步骤：首先，训练数据被随机分为大小相等的 10 个子集；其次，每一个子集轮流用来精度评价，其他的 9 个子集用来训练样本；最后，总的精度通过取每次验证精度的平均值得到。Fielding 和 Bell（1997）将 ROC 曲线引入到生态模型评估中，ROC 曲线计算不同阈值正确模拟存在的百分率和正确模拟不存在的百分率，然后将正确模拟存在的百分率和正确模拟不存在的百分率分别在 y 轴和 x 轴上表示，通过比较曲线和 45°线（表示物种处于随机分布状态）之间的面积（Area Under the ROC Curve，AUC）确定模型的精度（Hanley & McNeil，1982）。AUC 值越大表示其分布与随机分布的差别越大，环境因子与物种分布模型之间的相关性越大，即模型模拟效果越好。

9.3.3　结果和讨论

9.3.3.1　模型模拟精度评估

基于前文所述的毛竹现实分布样点、SVM 模型和两组模拟因子，我们分别得到土壤因子参与前后 1981—2000 年我国毛竹潜在分布模拟的结果。通过十层交叉验证方法，评价基于两组模拟因子的模型模拟精度（见表 9.1），结果仅使用气候驱动因子的模拟和同时使用气候因子及土壤限制因子的模型模拟结果都具有较高的真阳性率，其中不考虑土壤限制的模型模拟精度略高，模拟精度为 0.994 8。仅考虑气候因子模拟结果面积比同时考虑气候因子和土壤因素限制的模拟结果多 1 440 个栅格，但不考虑土壤限制模拟结果的 AUC 值比考虑土壤限制模拟结果的 AUC 值要低一些，表明其模拟效果比后者要差。由于毛竹生长与气候、土壤要素均有较强相关性，同时考虑气候与土壤影响更能反映真实的自然条件，同时考虑气候与土壤要素可优化 SVM 模型对毛竹潜在空间分布的模拟效果。

表 9.1　1981—2000 年毛竹潜在分布的模拟结果评价

	无土壤限制	有土壤限制
模拟栅格数	27 358	25 918
真阳性率	0.994 8	0.988 6
试者工作特征曲线下面积	0.916 8	0.925 1

为评价气候因子与土壤因子对毛竹潜在分布模拟的影响，我们采用如下方法对各个模拟因子进行因子重要性分析：首先，我们以 1981—2000 年所有气候与土壤因子作为整体因子组，从中选取一待评价因子，将其从整体因子组中剔除，利用剩余因子进行模型模拟，得到交叉验证后毛竹潜在分布模拟的真阳性率；随后我们再用被剔除的待评价因子进行毛竹潜在分布模拟，得到交叉验证的真阳性率。我们认为，当某一因子具有较强的独立模拟毛竹潜在分布能力且缺少该因子后整体因子组模拟结果精度显著下降时，该

因子在模拟中具有较重要作用。对有所模拟因子逐一处理，得到各因子重要性分析结果，如图9.2所示。

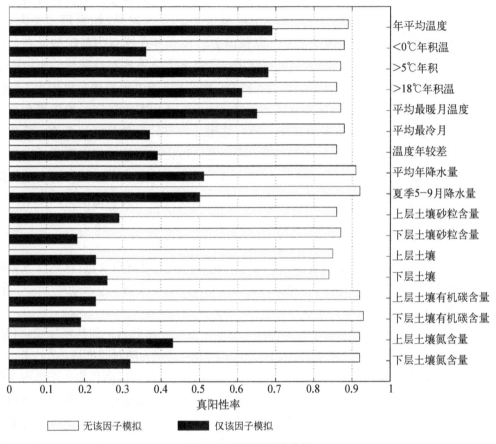

图9.2 因子重要性分析

结果表明，在毛竹潜在分布模拟中，气候因子起主导作用，而土壤因子以限制作用为主。气候因子中，气温相关因子较降水相关因子对模型模拟影响更为明显，特别是年平均气温、>5℃积温、平均最暖月气温和>18℃积温等表征温暖程度的模拟因子，不仅具有较强的独立模拟毛竹潜在分布能力（真阳性率均高于0.6），且当缺少这些因子时，模拟结果较整体因子组模拟结果（真阳性率为0.988 6）均呈现明显下降，表明与温暖程度相关的气温因子对毛竹潜在分布的影响最大，也可能使其成为全球变化条件下毛竹潜在分布变化的重要主导因子。与气候因子相比，土壤因子中表征土壤质地（土壤沙粒含量）和酸碱性（土壤pH）因子虽然自身的独立模拟毛竹潜在分布能力较弱（均低于0.3），但缺少这些因子时整体因子组模拟结果精度同样表现为明显下降，且不及缺少主导气温因子的模拟结果。该结果表明在气候条件起主导作用的条件下，土壤质地与酸碱性属性对于毛竹潜在分布有明显的限制作用，直接影响区域尺度上模型模拟结果的空间异质性。表征水分条件的因子（年平均降水和夏季降水)和土壤肥力的因子(土壤有机碳、氮含量)均对毛竹潜在分布模拟的影响较小。

毛竹生长发育的生态环境中,以温度、降水和土壤三要素为毛竹生长必需的生活要素,在不同地区其潜在分布的主导环境限制因子也有所差异(徐家琦和秦海清,2003)。本研究的因子重要性分析表明,以我国毛竹现实存在样点为基础的潜在分布模拟中,表征温暖程度的气候因子起主导作用,而表征土壤质地和酸碱性的土壤因子以限制作用为主。该结果与毛竹本身生长特性有关,从植物生长机理角度而言,气温与降水等气候因子是驱动植物生长的主导条件,该条件从根本上决定了植物潜在分布的空间范围。因此,在全球变化背景下,随着北半球中高纬度地区气温升高,毛竹潜在分布确实有向北迁移的可能。尽管如此,诸如土壤理化性质等因素在气候适宜的条件下,在一定程度上限制了植物潜在分布的立地基础,从而影响了区域尺度上植物潜在分布的空间异质性,这也导致了毛竹潜在分布向北迁移的幅度和范围受到土壤因子的限制。

9.3.3.2 毛竹潜在分布区时空分布

基于上一节中完成的模型训练及精度评价,分别利用两组模拟变量(仅包含气候因子组和同时包含气候与土壤因子组)及各自模型分类规则模拟我国 2001—2099 年 5 时段毛竹潜在分布状况。

统计两组变量模拟的毛竹潜在空间分布区面积,通过回归分析得到其年际变化和线性趋势,如图 2。结果表明:基于两组变量的模拟结果均表现为随时间推移,毛竹潜在分布区面积逐渐增加,各时期不考虑土壤因素限制模拟的潜在分布区面积均大于考虑土壤限制的模拟面积。对于不考虑土壤限制的模拟而言,具有较高的起始潜在分布面积约 274 万 km^2;6 个时段的潜在分布区面积呈明显的线性增加趋势,R^2 为 0.932,线性斜率为 1 501。而对于考虑土壤因素限制的潜在分布区模拟,潜在分布区初始面积较小,约 246 万 km^2;线性增加趋势较缓慢,线性斜率仅为不考虑土壤约束时线性增率的 1/2,R^2 为 0.938,线性斜率为 849.7。两组模拟结果的起始面积有所差别,同时二者面积差随时间增加有扩大趋势,表明土壤因素对于毛竹潜在适宜生长区空间分布模拟具有明显的限制作用。

进一步按纬度带(1°纬度带)分别统计两组变量对毛竹潜在分布的模拟结果,如图 9.3 所示,我们发现在各个纬度带上,考虑土壤要素限制组的毛竹潜在分布区面积均小于仅考虑气候要素组的模拟结果,表明在我国沿纬度梯度,土壤要素均为限制毛竹潜在分布的环境要素;在小于 30°N 的地区,两组环境变量间对毛竹潜在分布的模拟面积差异并不大,而大于 30°N 的区域该差异非常明显,这与南北方土壤属性差异有较大关系,在南方地区,土壤条件较为一致,适宜毛竹生长的区域广泛,而北方土壤性质发生较大变化,土壤 pH 不能满足自然状态下毛竹的生长(郝吉明等,2001),表现出对毛竹潜在分布的明显限制作用,表明土壤对植物潜在分布的限制具有明显的地域性差异。

9.3.3.3　潜在分布区质心迁移

通过 ARCGIS 软件计算基于两组模拟变量得到的毛竹潜在分布区的质心位置，并以此定量分析毛竹潜在分布区的年际迁移距离和方向。图 9.3 表示了未来气候情景模式 A2 下 1981—2099 年我国毛竹潜在分布区质心迁移状况，可以看出，毛竹潜在分布区在 1981—2000 年的初始质心有所差异，不考虑土壤约束的潜在分布区质心更靠北；同时，不考虑土壤约束的潜在分布区质心向北迁移较明显，达到 1.3° 左右，此结论与张雷等 (2011) 对毛竹潜在分布模拟的结果一致，而考虑土壤约束的潜在分布区质心主要向着北偏西方向移动，向北迁移仅有 0.6° 左右。这表明在气候变暖的背景下，土壤对毛竹潜在分布区向北扩展具有明显的限制作用，即使未来气候条件适宜毛竹生长，但其土壤等环境因子仍会限制其生存。

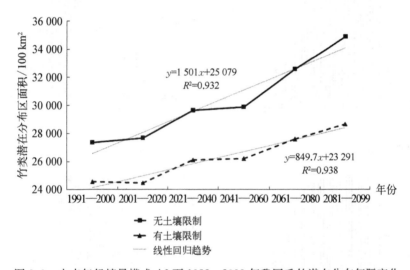

图 9.3　未来气候情景模式 A2 下 1982—2099 年我国毛竹潜在分布年际变化

目前，我国有竹子 34 属，560 余种，有一些野生竹种有很宽的生态幅度，能适应不同的气候条件与土壤类型。但毛竹作为我国竹类中种植最广、经济价值最高的竹种，对气候与土壤等环境条件要求较为严格 (李国庆等,1983；徐家琦和秦海清,2003)。经过多年毛竹北移的研究与实践，我国毛竹已在山东、河南等地部分地区人工引种栽培成功。尽管如此，对于不能满足毛竹生长发育的栽培地，需在毛竹引种栽培前进行大量的人工干预措施，改善林地土壤的理化性质。河南省博爱县引种霍山毛竹时，栽培地多为 pH≥7.4 或盐渍化土壤，造成毛竹生长不良；安徽省皖东丘陵地区引种毛竹，由于黄土粘性强和通透性差，易导致竹鞭渍水死亡，严重影响毛竹生长与量产 (徐家琦和秦海清,2003)。由此看见，在自然状态下，即使气温降水等气候要素可以满足毛竹生长需求，土壤要素对其生长也具有明显的限制作用。因此在利用物种分布模型模拟毛竹适宜生长区潜在分布的时空格局时，即应考虑气候因子的主导作用，也应同时考虑土壤因子的限制作用。然而，植物的迁移扩散与众多因素有关，除气候与土壤因素外，植物自身的生物学特性、物种及种间竞争、灾害干扰、土地覆盖与利用类型、人类活动等都会对其造成显著影响。本研究仅从气候、土壤等环境因子角度考虑，以毛竹现实存在的生存环境条件为背景知识，利用 One-class SVM 模型建立毛竹适宜环境判别规则并模拟气候变化背景下适宜生长区的潜在空间变化，该方法不能从机理上解释物种如何适应环境条件，也无法给出真实的生存环境的临界阈值，具有一定局限性。在今后针对毛竹自然状态下迁移与扩散的研究中，需进一步考虑上述因素的影响。

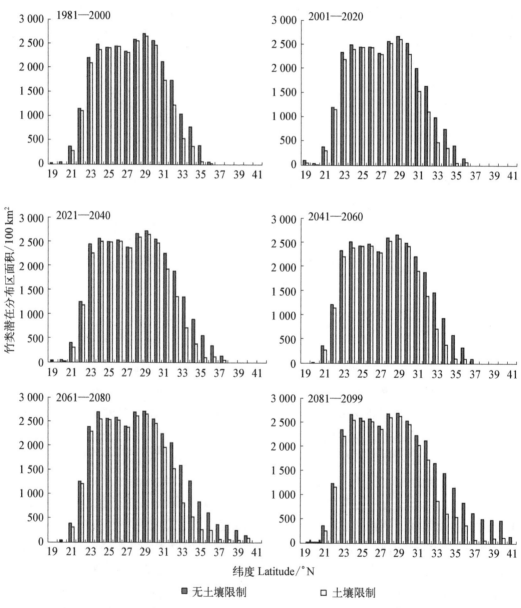

图 9.4　未来气候情景模式 A2 下 1982—2099 年我国毛竹潜在分布随纬度变化

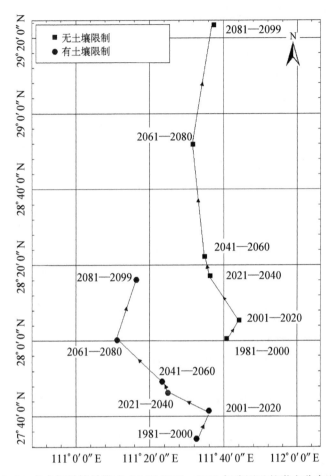

图 9.5 未来气候情景模式 A2 下 1982—2099 年我国毛竹潜在分布变化

9.3.4 结论

本研究使用基于 SVM 方法的物种分布模型，利用气候、土壤因子模拟我国毛竹潜在空间分布，聚焦于考虑土壤因子前后模拟结果的差异比较，旨在探究土壤因子对毛竹潜在空间分布模拟的影响。研究结果表明，仅以气候因子为模拟变量和同时考虑气候与土壤因子为模拟变量的毛竹潜在空间分布模拟均具有较高精度，毛竹潜在适宜分布区均表现为面积增加并向北扩张。然而，同时考虑气候与土壤因子的模拟结果具有较高的模拟效率，且毛竹潜在分布区面积增幅与向北迁移幅度均小于仅使用气候因子的模拟，表明土壤要素对植物潜在分布具有明显的限制作用。

参考文献

[1] 白云岗,宋郁东,周宏飞,等.应用热脉冲技术对胡杨树干液流变化规律的研究[J].干旱区地理,2005,28(3):373-376.

[2] 蔡富春,吴志伟,谢善文,等.雷竹地下鞭系结构分布调查[J].江苏林业科技,2009,36(1),29-33.

[3] 蔡荣荣,黄芳,孙达等.集约经营雷竹林土壤有机质的时空变化[J].浙江林学院学报,2007(4):450-455.

[4] 曹铭昌,周广胜,翁恩生.广义模型机分类回归树在物种分布模拟中的应用与比较[J].生态学报,2005,25(8):2031-2040.

[5] 曹生奎,冯起,司建华,等.植物叶片水分利用效率研究综述[J].生态学报,2009,29(7),3882-3889.

[6] 曹文强,韩海荣,马钦彦,等.山西太岳山辽东栎夏季树干液流通量研究[J].林业科学,2004,40(2):174-177.

[7] 曹云,黄志刚,欧阳志云,等.南方红壤区杜仲(Eucommia ulmoides)树干液流动态[J].生态学报,2006,26(9):2887-2895.

[8] 查同刚,张志强,朱金兆.森林生态系统碳蓄积和碳循环[J].中国水土保持科学,2008,6(6):112-119.

[9] 常学向,赵文智.荒漠绿洲农田防护树种二白杨生长季节树干液流的变化[J].生态学报,2004,24(7):1436-1441.

[10] 陈步峰,林明献,李意德,等.海南尖峰岭热带山地雨林近冠层CO_2及通量特征研究[J].生态学报,2001,12.

[11] 陈其兵.四川省竹产业链技术创新现状和技术需求报告.第十届中国竹业学术大会论文集[C],2014,12-21.

[12] 陈文婧.城市绿地生态系统碳水通量研究——以北京奥林匹克森林公园为例.北京林业大学博士论文[D].北京:北京林业大学,2013,48-59.

[13] 陈闻,吴家森,姜培坤,等.不同施肥对雷竹林土壤肥力及肥料利用率的影响[J].土壤学报,2011,48(5):1021-1028.

[14] 陈勇.中国竹产品市场现状及发展趋势[J].世界竹藤通讯,2003,1(4):10-15.

[15] 陈云飞,江洪,周国模,等.人工高效经营雷竹林CO_2通量据算及季节变化特征[J].生态学报,2013,33(11):3434-3444.

[16] 陈云飞,江洪,周国模,等.高效经营雷竹林生态系统能量通量过程及闭合度[J].应用生态学报,

2013,24(4)：1063-1069.

[17] 陈云飞.人工经营雷竹林CO_2通量及能量通量过程观测研究[D].浙江农林大学,2013.

[18] 陈智,于贵瑞,朱先进,等.北半球陆地生态系统碳交换通量的空间格局及其区域特征[J].第四纪研究,2014,34(4)：710-722.

[19] 崔瑞蕊,杜华强,周国模,等.近30a安吉县毛竹林动态遥感监测及碳储量变化[J].浙江农林大学学报,2011,28(3)：422-431.

[20] 崔崧.基于微气象学方法的落叶松人工林CO_2通量研究[D].哈尔滨：东北林业大学,2007.

[21] 戴胜利,胡小刚.宁国市梅林镇鲍家坞林场毛竹生产力研究[J].安徽农学通报,2015,21(12)：103-104.

[22] 党建友,裴雪霞,王姣爱,等.灌水时间对冬小麦生长发育及水肥利用效率的影响[J].应用生态学报,2012,23(10)：2745-2750.

[23] 丁丽霞,王祖良,周国模,等.天目山国家级自然保护区毛竹林扩张遥感监测[J].浙江林学院学报,2006,23(3)：297-300.

[24] 董莉莉,姜振华,魏文俊,等.我国主要栲属植物的地理分布[J].防护林科技,2009(5)：67-69.

[25] 窦营,余学军,岩松文代,等.中国竹资源的开发利用现状与发展对策[J].中国农业资源与区划.2011,32(5)：65-70.

[26] 杜华强,周国模,徐小军.竹林生物量碳储量遥感定量估算[M].北京：科学技术出版社,2012.

[27] 杜丽君.红壤几种典型利用方式CO_2的排放规律及其影响因素[D].武汉：华中农业大学,2006.

[28] 樊晓亮,闫平.森林固碳能力估测方法及其研究进展[J].防护林科技,2010(1)：60-63.

[29] 范渭亮,杜华强,周国模,等.大气校正对毛竹林生物量遥感估算的影响[J].应用生态学报,2010,21(1)：1-8.

[30] 方精云,陈安平.中国森林植被碳库的动态变化及其意义[J].植物学报,2001,43(9)：967-973.

[31] 方精云,黄耀,朱江玲,等.森林生态系统碳收支及其影响机制[J].中国基础科学·研究进展,2015(3)：20-25.

[32] 方精云,刘国华,徐嵩龄.我国森林植被的生物量和净生产量[J].生态学报,1996,16(5)：497-508.

[33] 方精云,郭兆迪,朴世龙.1981～2000年中国陆地植被碳汇的估算[J].中国科学：D辑,2007,37(6)：804-812.

[34] 方精云.全球生态学：气候变化的生态响应[M].北京：高等教育出版社,2000.

[35] 方精云.中国森林生产力及其对全球气候变化的响应[J].植物生态学报,2000,24(5)：513-517.

[36] 方伟,何钧潮,卢可学.雷竹早产高效栽培技术[J].浙江林学院学报,1994,11(2)：121-128.

[37] 方运霆,莫江明,Sandra Brown,等.鼎湖山自然保护区土壤有机碳贮量和分配特征[J].生态学报,2004,24(1)：135-142.

[38] 冯险峰,刘高焕,陈述彭,等.陆地生态系统净第一性生产力过程模型研究综述[J].自然资源学报,2004,19(3)：369.

[39] 冯永康.湖北省神农架温性及寒性针叶林空间分布的多模型预测及比较[D].南京：南京大学,2010.

[40] 冯宗炜.中国森林生态系统的生物量和生产力[M].北京：科学出版社,1999：8-11.

[41] 高景斌,周卫.应用GIS对松材线虫病进行信息管理[J].森林病虫通讯,1997(3)：20-22.

[42] 高岩,张汝民,刘静.应用热脉冲技术对小美旱杨树干液流的研究[J].西北植物学报 2001,21(4)：644-649.

[43] 贡璐,潘晓玲,常顺利,等.2002.SPAC 系统研究进展及其在干旱区研究应用初探[J].新疆环境保护,24(2)：1-4.

[44] 顾峰雪,陶波,温学发,等.基于 CEVSA2 模型的亚热带人工针叶林长期碳通量及碳储量模拟[J].生态学报,2010,30(23)：6598-6605.

[45] 关新德,吴家兵,于贵瑞,等.主要气象条件对长白山阔叶红松林 CO_2 通量的影响[J].中国科学,D辑,2004,34(增刊)：193-199.

[46] 管铭,金则新,李月灵,王强.千岛湖次生林优势种植物光合生理生态特性[J].生态学报,2015,35(7)：1-13.

[47] 郭维华,李思恩.西北旱区葡萄园水碳通量耦合的初步研究[J].灌溉排水学报,2010,29(5)：61-63.

[48] 韩兴国,李凌浩,黄建辉,等.生物地球化学概论[M].北京：高等教育出版社,1999：160-189.

[49] 杭州市地方志编委会编.杭州市志第十卷[M].中华书局,1994,4.

[50] 郝云庆,江洪,向成华,等.天目山毛竹种群生物量结构[J].四川林业科技,2010,31(4)：29-33.

[51] 何栋材.森林固碳能力的国内外研究进展[J].生态经济学报,2007,5(1-4)：43-50.

[52] 何亚平,杨执菊,蒋俊明,等.四川长宁毛竹种群的数量特征和生物量结构[J].四川林业科技,2008,29(3)：14-19.

[53] 洪必恭,安树青.中国水青冈属植物地理分布初探[J].植物学报,1993,35：229-233.

[54] 洪必恭,李绍珠.江苏主要常绿阔叶树种的分布与热量关系的初步研究[J].生态学报,1981,1：105-111.

[55] 洪伟,郑郁善,陈礼光.毛竹枝叶生物量模型研究[J].林业科学,1998,34(专刊 1)：11-15.

[56] 洪伟,郑郁善,邱尔发.应用列联表研究竹林产出变化规律 I.竹林产量与立竹量关系的研究[J].林业科学,1998,34(专刊 1)：35-39.

[57] 侯光良,方修琦.中国全新世气温变化特征[J].地理科学进展,2011,30(9)：1075-1080.

[58] 侯学煌.中国植被图集(1：100 万)[J].2001.

[59] 胡超宗,金爱武,黄红亚,等.雷竹生长气象因子的相关分析[J].福建林学院学报,1994,14(4)：295-300.

[60] 胡超宗,张建明,胡明强.雷竹生物学特性的研究[J].浙江林学院学报.1992,9(2)：26-36.

[61] 胡珉琦.王会军院士最新解答全球气候变暖问题.2015,http://www.sciencenet.cn.

[62] 胡中民,于贵瑞,王秋凤,等.生态系统水分利用效率研究进展[J].生态学报,2009,29(3)：1498-1507.

[63] 黄启民,杨迪蝶,沈允钢,等.毛竹林的初级生产力研究[J].林业科学研究,1993,6(5)：536-540.

[64] 黄张婷,姜培坤,宋照亮,等.不同竹龄雷竹中硅及其他营养元素吸收和积累特征[J].应用生态学报,2013,24(5)：1347-1353.

[65] 黄真娟,江洪.太湖源雷竹光合作用日变化规律研究[J].北方园艺,2013(19)：87-90.

[66] 黄真娟.安吉毛竹光合特性及固碳释氧和降温增湿效应研究[D].浙江临安：浙江农林大学,2014.

[67] 季碧勇,陶吉兴,张国江,等.高精度保证下的浙江省森林植被生物量评估[J].浙江农林大学学报,2012,29(3)：328-334.

[68] 贾治邦,论森林在应对气候变化中的重大作用.国家林业局,2007,http://www.forestry.gov.cn.

[69] 江泽慧.世界竹藤[M].沈阳：辽宁科学技术出版社,2002.

[70] 姜海梅,刘树华,刘和平.非均匀灌溉棉田能量平衡特征研究[J].地球物理学报.2012(2)：428-440.

[71] 姜培坤,徐秋芳.施肥对雷竹林土壤活性有机碳的影响[J].应用生态学报,2005(2)：253-256.

[72] 姜培坤,周国模,徐秋芳.雷竹高效栽培措施对土壤碳库的影响林业科学[J],2002(6)：6-11.

[73] 蒋琰,胡海波,张学仕,等.北亚热带次生栎林碳通量及其影响因子研究[J].南京林业大学学报（自然科学版）.2011(3)：38-42.

[74] 蒋琰.北亚热带次生栎林碳收支的研究[D].南京：南京林业大学,2010.

[75] 金爱武,郑炳松,陶金星,等.雷竹光合速率日变化及其影响因子[J].浙江林学院学报,2000,17(3)：271-275.

[76] 荆玉栋,任立,张润志.褐纹甘蔗象在中国的适生区分析[J].昆虫知识,2003,40(5)：446-450.

[77] 康惠宁,马钦彦,袁嘉祖.中国森林C汇功能基本估计[J].应用生态学报,1996,7(3)：230-234.

[78] 柯文山,钟章成,杨毅,王万贤.四川大头茶地理分布与环境因子的关系[J].生态学杂志,1999,18(6)：24-27.

[79] 冷方伟.东亚地区碳循环研究新进展[J].生物化学与生物物理进展,2011,38(11)：1015-1019.

[80] 黎曦,鲍雪芳,王福升.赣南毛竹生物量研究[J].安徽林业科技,2007,(1-2)：9-11.

[81] 李博,赵斌,彭容豪.陆地生态系统生态学原理[M].北京：高等教育出版社,2005.

[82] 李彩虹,冯美臣,王超,尹超.不同播期冬小麦叶绿素含量的冠层光谱响应研究[J].核农学报,2014,28(2)：309-316.

[83] 李峰,周广胜,曹铭昌.兴安落叶松地理分布对气候变化响应的模拟[J].应用生态学报,2006,17(12)：2256-2260.

[84] 李国栋,张俊华,陈聪,等.气候变化背景下中国陆地生态系统碳储量及碳通量研究进展[J].生态环境学报,2013,22(5)：873-878.

[85] 李国栋,张汝民,高岩.几种园林树种光合特性的研究.内蒙古农业大学学报（自然科学版）,2008.**29**(2),185-189.

[86] 李国栋,刘国群,庄舜尧,等.不同种植年限下雷竹林土壤的有机质转化[J].土壤通报,2010,41(4),847-848.

[87] 李国庆,刘君慧,张顺平.毛竹北移技术效果的研究[J].竹子研究汇刊,1983,1：007.

[88] 李海涛,陈灵芝.应用热脉冲技术对棘皮桦和五角枫树干液流的研究[J].北京林业大学学报,1998,20(1)：1-6.

[89] 李海涛.暖温带山地森林生态系统的能量平衡及蒸发散的研究,暖温带森林生态系统结构与功能的研究[M].北京科学出版社,1997,203-214.

[90] 李宏宇,张强,王春玲,等.空气热储存、光合作用和土壤垂直水分运动对黄土高原地表能量平衡的影响[J].物理学报.2012(15)：537-547.

[91] 李洁静,潘根兴,李恋卿,等.红壤丘陵双季稻稻田农田生态系统不同施肥下碳汇效应及收益评估[J].农业环境科学学报,2009,28(12)：2520-2525.

[92] 李菊,刘允芬,杨晓光,等.千烟洲人工林水汽通量特征及其与环境因子的关系[J].生态学报,2006,26(8)：2449-2456.

［93］ 李俊,于强,孙晓敏等.华北平原农田生态系统碳交换及其环境调控机制[J].中国科学D辑地球科学,2006,36(增刊)：210-223.

［94］ 李克让.土地利用变化和温室气体排放与陆地生态系统碳循环[M].北京：气象出版社,2002.

［95］ 李怒云.中国林业碳汇[M].北京：中国林业出版社,2007.

［96］ 李腾飞,李俊清.四川王朗自然保护区缺苞箭竹(Fargesia denudate Yi.)总酚含量及变化规律[J]. Acta Ecologica Sinica, 2009, 29(8)：24512-4516.

［97］ 李晓,冯伟,曾晓春.叶绿素荧光分析技术及应用进展[J].西北植物学报,2006(10)：2186-2196.

［98］ 李旭华,扈强,潘义宏,等.不同成熟度烟叶叶绿素含量及其与SPAD值的相关分析[J].河南农业科学,2014,43(3)：47-52,58.

［99］ 李玉强,赵哈林,陈银萍.陆地生态系统碳源与碳汇及其影响机制研究进展[J].生态学杂志,2005,24(1)：34-42.

［100］ 李正才,杨校生,蔡晓郡,等.竹林培育对生态系统碳储量的影响[J].南京林业大学学报(自然科学版),2010,34(1)：24-28.

［101］ 李正泉,贵瑞,温学发,等.中国通量观测网络(ChinaFULX)能量平衡闭合状况的评价[J].中国科学D辑,地球科学34(增刊n)：46-56.

［102］ 梁捷宁.黄土高原半干旱区复杂地形上大气边界层湍流特征[D].兰州大学,2014.

［103］ 廖培涛,蒋忠诚,罗为群,等.碳汇估算方法研究进展[J].广西科学院报,2011,27(1)：39-43,54.

［104］ 林小春.美报告说气候不作为经济损失大.2014,http://www.tech.gmw.cn.

［105］ 刘昌明,孙睿.水循环的生态学方面：土壤植被大气系统水分能量平衡研究进展[J].水科学进展,1999,10(3)：252.

［106］ 刘恩斌,周国模,杜华强,等.生物量统一模型构建及非线性偏最小二乘辨识——以毛竹为例[J].生态学报,2009,29(10)：5564-5565.

［107］ 刘奉觉,Edwards W. R. N.杨树树干液流时空动态研究[J].林业科学研究,1993,6(4)：368-372.

［108］ 刘奉觉,郑世锴,巨关升.树木蒸腾耗水测算技术的比较研究[J].林业科学,1997,33(2)：118-225.

［109］ 刘华,雷瑞德.我国森林生态系统碳储量和碳平衡的研究方法及进展[J].西北植物学报,2005,25(4)：835-843.

［110］ 刘君良,孙柏玲,杨忠.近红外光谱法分析慈竹物理力学性质的研究[J].光谱学与光谱分析,2011,31(3)：647-651.

［111］ 刘强,刘嘉麒,贺怀宇.温室气体浓度变化及其源与汇研究进展[J].地球科学进展,2000,15(4)：453-460.

［112］ 刘强.不同经营取向毛竹林成本效益及其固碳能力研究[D].浙江农林大学硕士论文,2013.

［113］ 刘绍辉,方精云,清田信.北京山地温带森林的土壤呼吸[J].植物生态学报,1998,22(2)：119-126.

［114］ 刘世荣,郭泉水,王兵.中国森林生产力对气候变化响应的预测研究[J].生态学报,1998,18(5)：478-483.

[115] 刘淑明,孙丙寅,等. 油松蒸腾速率与环境因子的研究[J]. 西北林学院学报,1999,14(4)：27-30.

[116] 刘树华,麻益民,1997. 农田近地面层CO_2和湍流通量特征研究[J]. 气象学报,**55**(2),187-199.

[117] 刘文国. 湖南岳阳滩地抑螺防病林生态系统水热、CO_2通量研究[D]. 中国林业科学研究院,2010：137-141.

[118] 刘应芳,黄从德,陈其兵. 蜀南竹海风景区毛竹林生态系统碳储量及其空间分配特征[J]. 四川农业大学学报,2010,28(2)：136-140.

[119] 刘玉莉,江洪,陈健,等. 安吉毛竹林碳水通量及水分利用效率的日动态研究[J]. 生态科学,2015,34(4)：43-51.

[120] 刘玉莉. 安吉毛竹林和太湖源雷竹林碳水耦合及水分利用效率研究[D]. 浙江临安：浙江农林大学,2014.

[121] 刘允芬,于贵瑞,温学发,等. 千烟洲中亚热带人工林生态系统CO_2通量的季节变异特征[J]. 中国科学 D 辑：地球科学,2006,36(增刊 I)：91-102.

[122] 刘允芬,宋霞,孙晓敏,等. 千烟洲人工针叶林CO_2通量季节变化及其环境因子的影响[J]. 中国科学 D 辑地球科学 2004,34(增刊)：109-117.

[123] 刘允芬,于贵瑞,温学法,王迎红等. 千烟洲亚热带人工林生态系统CO_2通量的季节变异特征[J]. 中国科学 D 辑地球科学 2006,36(增刊)：91-102.

[124] 柳艺博,居为民,朱高龙,等,2011. 内蒙古不同类型草地叶面积指数遥感估算[J]. 生态学报,**31**(18),5159-5170.

[125] 柳媛普,李锁锁,吕世华,等. 几种通量资料修正方法的比较[J]. 高原气象,2013,32(6)：1704-1711.

[126] 罗华河. 毛竹生物学特性与栽培管理措施[J]. 中国林副特产,2004,6：29-30.

[127] 骆仁祥,张春霞,王福升,等. 毛竹等 3 个竹种的根系分布特征及其林地土壤抗冲性比较研究[J]. 竹子研究会刊,2009,28(4)：23-26.

[128] 吕全,王卫东,梁军,等. 松材线虫在我国的潜在适宜性评价[J]. . 林业科学研究. 2005,18(4)：460-464.

[129] 马虹,陈亚宁,李卫红. 陆地生态系统CO_2与水热通量的研究进展[J]. 新疆环境保护,2012,34(2)：1-8.

[130] 马李一,孙鹏森,马履一. 油松、刺槐单木与林分水平耗水量的尺度转换[J]. 北京林业大学学报,2001,23(4)：1-5.

[131] 马丽. 气候变化和CO_2浓度升高对森林影响的探讨[J]. 林业资源管理,2014,10(5)：28-34.

[132] 马玲,赵平,饶兴权,等. 马占相思树干液流特征及其与环境因子的关系[J]. 生态学报,2005,25(9)：2145-2151.

[133] 马履一,王华田,林平. 北京地区几个造林树种耗水性比较研究[J]. 北京林业大学学报,2003,25(2)：1-7.

[134] 毛子军. 森林生态系统碳平衡估测方法及其研究进展[J]. 植物生态学报,2002,26(6)：731-738.

[135] 倪健,宋永昌. CO_2倍增条件下中国亚热带常绿阔叶林优势种及常见种分布的变迁[J]. 植物生态学报,1997a,21：455-467.

[136] 倪健,宋永昌. 中国青冈的地理分布与气候的关系[J]. 植物学报,1997b,39：451-460.

[137] 倪健,宋永昌. 中国亚热带常绿阔叶林优势种及常见种的分布与 Kira 指标的关系[J]. 生态学报,1998,18：248-262.

[138] 倪健. 中国木荷及木荷林的地理分布与气候的关系[J]. 植物资源与环境,1996,5：28-24.

[139] 牛铮,王长耀. 碳循环的遥感技术应用[M]. 北京：科学出版社,2008.

[140] 潘瑞炽. 植物生理学(第六版)[M]. 北京：高等教育出版社,2008.

[141] 潘瑞炽. 植物生理学(第四版)[M]. 北京：高等教育出版社,2001.

[142] 漆良华,刘广路,范少辉,等. 不同抚育措施对闽西毛竹林碳密度、碳贮量与碳格局的影响[J]. 生态学杂志,2009,28(8)：1482-1488.

[143] 气候变化对中国森林影响研究[M]. 中国科学技术出版社,1997.

[144] 秦欣,刘克,周丽丽,等. 华北地区冬小麦-夏玉米轮作节水体系周年水分利用特征[J]. 中国农业科学,2012,45(19)：4014-4024.

[145] 邱岭,祖元刚,王文杰,等. 帽儿山地区落叶松人工林 CO_2 通量特征及对林分碳收支的影响[J]. 应用生态学报,2011,22(1)：1-8.

[146] 全球气候变暖令世界经济损失 1.2 万亿美元/年. 2012,http：//www. zgqxb. com. cn.

[147] 任玉忠,王水献,谢蕾,等. 干旱区不同灌溉方式对枣树水分利用效率和果实品质的影响[J]. 农业工程学报,2012,28(22)：95-102.

[148] 申双和,崔兆韵. 棉田土壤热通量的计算[J]. 气象科技,1999,19(3)：276-281.

[149] 沈文清,马钦彦,刘云芬. 森林生态系统碳收支状况研究进展[J]. 江西农业大学学报,2006,28(2)：312-317.

[150] 司建华,冯起,张小由. 热脉冲技术在确定胡杨幼树干液流中的应用[J]. 冰川冻土,2004,26(4)：503-508.

[151] 宋国杰,唐世渭,杨冬青,等. 基于最大熵原理的空间特征选择方法[J]. 软件学报,2003,14(9)：1544-1550.

[152] 宋海清,张一平,谭正洪,等. 热带季节雨林生态系统净光合作用特征及其影响因子[J]. 应用生态学报,2010,21(12)：3007-3014.

[153] 宋海清,张一平,于贵瑞,等. 热带季节雨林优势树种叶片和冠层尺度二氧化碳交换特征[J]. 应用生态学报,2008,19(4)：723-728.

[154] 宋廷宇,陈赫楠,常雪,等. 2 个薄皮甜瓜叶片 SPAD 值与叶绿素含量的相关性分析[J]. 江苏农业科学,2014,42(4)：127-129.

[155] 宋霞,刘允芬,徐小锋,等. 红壤丘陵区人工林冬春时段碳、水、热通量的观测与分析[J]. 资源科学,2004,26(3)：96-104.

[156] 宋霞. 中亚热带人工针叶林生态系统水分利用效率的季节动态及其环境控制机制研究. 中国科学院研究生院博士学位论文[D],2007：3.

[157] 苏建平,康博文. 我国树木蒸腾耗水研究进展[J]. 水土保持研究,2004,11(2)：177-179.

[158] 苏小青,陈世品,童建宁. 福建主要树种的分布与气候条件关系的研究[J]. 福建林学院学报,2001,21：371-375.

[159] 酸沉降临界负荷及其应用[M]. 清华大学出版社,2001.

[160] 孙常青,郭志利,屈非,等. 不同施肥条件对杂交谷叶绿素含量的影响[J]. 作物杂志,2014(5)：

72 - 76.

[161] 孙成,江洪,周国模,等.我国亚热带毛竹林CO_2通量的变异特征[J].应用生态学报,2013,24 (10):2717 - 2724.

[162] 孙成,江洪,陈健,等.安吉毛竹林能量通量过程及闭合度[J].《生态学报》录用待发表)

[163] 孙成.毛竹林生态系统CO_2通量及能量通量变化的动态监测[D].浙江农林大学,2014.

[164] 孙慧珍,李夷平,等.不同木材结构树干液流对比研究[J].生态学杂志,2005,24(16):1434 - 1439.

[165] 孙慧珍,周晓峰,赵惠勋.白桦树干液流的动态研究[J].生态学报,2002,22(9):1387 - 1391.

[166] 孙鹏森,马履一.水源保护树种耗水特性研究应用[J].北京:中国环境科学出版社,2002.

[167] 谭外球,王荣富,闫晓明,等.中国森林生态系统碳循环研究进展[J].湖南农业科学,2013(11):65 - 68.

[168] 谭正洪,张一平,于贵瑞,等.热带季节雨林林冠上方和林内近地层CO_2浓度的时空动态及其成因分析[J].植物生态学报,2008.**32**(3),555 - 567.

[169] 唐晓鹿,范少辉,漆良华.不同经营措施对毛竹林碳储量及碳分配影响[J].江西农业大学学报,2012,34(4):736 - 742.

[170] 陶波,葛全胜,李克让,等.陆地生态系统碳循环研究进展[J].地理研究,2001,20(5):564 - 575.

[171] 田海涛,温国胜,张明如,等.浙江杭州西郊雷竹林叶绿素荧光特性的初步研究[J].福建林学院学报,2009,29(4):97 - 102.

[172] 铁军,张晶,彭林鹏,等.神农架川金丝猴栖息地优势树种生态位及食源植物[J].植物生态学报,2009,33(3):482 - 491.

[173] 同小娟,张劲松,孟平,等.华北低丘山地人工混交林经生态系统碳交换的变化特征[J].林业科学,2010,46(3):37 - 43.

[174] 涂利华,胡庭兴,张健,等.模拟氮沉降对两种竹林不同凋落物组分分解过程养分释放的影响[J].生态学报,2011,31(6):1547 - 1557.

[175] 汪森.森林生态系统碳循环研究进展[J].安徽农业科学,2013,41(4):1560 - 1563.

[176] 汪祖潭,方伟,何钧潮.雷竹笋用林高产经营技术[M].北京:中国林业出版社,1993.

[177] 王宝山主编.植物生理学[M].北京:科学出版社,2007:64 - 105.

[178] 王春林,于贵瑞,周国逸,等.鼎湖山常绿针阔叶混交林CO_2通量估算[J].中国科学D辑:地球科学,2006,36(增刊D):119 - 129.

[179] 王春林,周国逸,王旭,等.鼎湖山针阔叶混交林生态系统能量平衡分析[J].热带气象学报,2007,23(6):643 - 651.

[180] 王华田,马履一.利用热扩式边材液流探针(TDP)测定树木整株蒸腾耗水量的研究[J].植物生态学报 2002,26(6)661 - 667.

[181] 王建林,温学发,孙晓敏,等.华北平原冬小麦生态系统齐穗期水碳通量日变化的非对称响应[J].华北农学报,2009,24(5):159 - 163.

[182] 王静,陈积民,万惠娥,等.黄土高原芨芨草光合与蒸腾作用的初步研究[J].草业学报,2003,12(6):472 - 521.

[183] 王俊刚,宋新青.不同竹龄雷竹若干光合特性的比较研究[J].浙江林业科技,2002,22(1):11 - 13.

[184] 王美莲,崔学明,韩鹏,等.大兴安岭原始林区土壤热通量变化特征的初探[J].内蒙古农业大学学报(自然科学版),2010,31(4):139-142.

[185] 王鹏程,邢乐杰,肖文发,等.三峡库区森林生态系统有机碳密度及碳储量[J].生态学报,2009,29(1):97-107.

[186] 王庆丰,王传宽,谭立何.移栽自不同纬度的落叶松(Larix gmelinii Rupr.)林的春季土壤呼吸[J].生态学报,2008,28(5):1883-1892.

[187] 王秋凤,牛栋,于贵瑞,等.长白山森林生态系统 CO_2 和水热通量的模拟研究[J].中国科学 D 辑:地球科学,2004,34(增刊Ⅱ):131-140.

[188] 王秋凤.陆地生态系统水-碳耦合循环的生理生态机制及其模拟研究.中国科学院研究生院博士学位论文[D].北京:中国科学院研究生院,中国科学院地理科学与资源研究所,2004,12-20.

[189] 王瑞辉,马履一,奚如春,等.元宝枫生长旺季树干液流动态及影响因素[J].生态学杂志,2006,25(3):231-237.

[190] 王绍强,周成虎,罗承文.中国陆地自然植被碳量空间分布特征探讨[J].地理科学进展,1999(18):23.

[191] 王绍强,周成虎.东北地区陆地碳循环平衡模拟分析[J].地理学报,2001,56(4):390-400.

[192] 王绍武,闻新宇,罗勇.近千年中国温度序列的建立[J].科学通报,2007,52(8):958-964.

[193] 王文杰,于景华,毛子军,等.森林 CO_2 通量的研究方法与探究进展[J].生态学杂志,2003,22(5):102-107.

[194] 王文杰,祖元刚,王辉民,等.基于涡度协方差法和生理生态法对落叶松 CO_2 通量的初步研究[J].植物生态学报,2007,31(1):118-128.

[195] 王效科,冯宗炜,欧阳庆云.中国森林生态系统的植被碳储量和碳密度研究[J].应用生态学报,2001,12(1):13-16.

[196] 王效科,冯宗炜.森林生态系统生物碳储存量的研究历史.见:王如松主编.现代生态学的热点问题研究[M].北京:中国科学技术出版社,1996:335-347.

[197] 王效瑞,范建华,汪祥森."三北"防护林地区主要树种的分布与水、热条件的关系[J].生态学杂志,1986,5:13-17.

[198] 王新闻,齐光,于大炮,等.吉林省森林生态系统的碳储量、碳密度及其分布[J].应用生态学报,2011,22(8):2013-2020.

[199] 王兴昌,王传宽.森林生态系统碳循环的基本概念和野外测定方法评述[J].生态学报,2015,35(13):4241-4256.

[200] 王旭,周国逸,张德强,等.南亚热带针阔混交林土壤热通量研究[J].生态环境,2005,14(2):260-265.

[201] 王妍,张旭东,彭镇华,等.森林生态系统碳通量研究进展[J].世界林业研究,2006,19(3):12-17.

[202] 王颖.基于无线传感网的森林生态系统碳收支研究[D].南京:南京大学,2016.

[203] 王运生,谢丙炎,万方浩,等.相似穿孔线虫在中国的适生区预测[J].中国农业科学,2007,40(11):2502-2506.

[204] 王昭艳.长江滩地抑螺防病林生态系统能量平衡与水汽通量研究[D].中国林业科学研究院,2008.

[205] 尉海东,马详庆,刘爱琴,等. 森林生态系统碳循环研究进展[J]. 中国生态农业学报,2007,15(2)：188 - 192.

[206] 魏淑秋,章正,郑耀水. 应用生物气候相似距对小麦矮化腥黑穗病在我国定殖可能性的研究[J]. 北京农业大学学报,1995,21(2)：128 - 133.

[207] 魏远,张旭东,江泽平,等. 湖南岳阳地区杨树人工林生态系统净碳交换季节动态研究[J]. 林业科学研究. 2010(5)：656 - 665.

[208] 温国胜,田海涛,张明如等. 叶绿素荧光分析技术在林木培育中的应用[J]. 应用生态学报,2006,1710)：1973 - 1977.

[209] 温仲明,郝晓慧,焦峰,等. 延河流域本氏针茅分布预测[J]. 生态学报,2008,28(1)：192 - 201.

[210] 翁友恒,王念奎. 森林生态系统碳循环研究进展[J]. 林业勘察设计(福建),2010(1)：43 - 46.

[211] 吴家兵,关德新,张弥,等. 长白山阔叶红松林碳收支特征[J]. 北京林业大学学报,2007,29(1)：1 - 6.

[212] 吴家兵,张玉书,关德新. 森林生态系统 CO_2 通量研究方法与进展[J]. 东北林业大学学报,2003,31(6)：49 - 51.

[213] 吴顺,张雪芹,蔡燕. 干旱胁迫对黄瓜幼苗叶绿素含量和光合特性的影响[J]. 中国农学通报,2014,30(1)：133 - 137.

[214] 吴志祥,谢贵水,杨川,等. 橡胶林生态系统干季微气候特征和通量的初步观测[J]. 热带作物学报,2010,31(12)：2081 - 2090.

[215] 吴仲民,曾庆波,李意德,等. 尖峰岭热带森林土壤 C 储量和 CO_2 排放量的初步研究[J]. 植物生态学报,1997,21：416 - 423.

[216] 夏桂敏,康绍忠,等. 甘肃石羊河流域干旱荒漠区柠条树干液流的日季变化[J]. 生态学报,2006,26(4)：1186 - 1193.

[217] 肖复明,范少辉,汪思龙,等. 毛竹、杉木人工林生态系统碳贮量及其分配特征[J]. 生态学报,2007,27(7)：2794 - 2801.

[218] 肖复明. 毛竹林生态系统碳平衡特征的研究[D]. 中国林科院国际竹藤网络中心研究生院,2007.

[219] 肖立平. 毛竹低改丰产栽培技术的研究[J]. 竹子研究汇刊,2002,21(2)：36 - 40.

[220] 肖宋高,陈明亮,江雄波,等. 集约经营雷竹林分结构特征[J]. 华中农业大学学报,2012,31(4)：440 - 444.

[221] 肖文发. 油松林的能量平衡[J]. 生态学报,1992,12(1)：16 - 24.

[222] 谢寅峰,杨万红,杨阳,等. 外源一氧化氮对模拟酸雨胁迫下箬竹(Indocalamus barbatus)光合特性的影响[J]. 生态学报,2007,27(12)：5193 - 5201.

[223] 徐德聪,吕芳德,潘晓杰. 叶绿素荧光分析技术在果树研究中的应用[J]. 经济林研究,2003,21(3)：89 - 91.

[224] 徐家琦,秦海清. 毛竹北移和引种栽培制约因素研究[J]. 世界竹藤通讯,2003,1(2)：27 - 31.

[225] 徐缪畅,胡永斌,胡余楚,等. 雷竹生产发展与竹园覆盖技术[J]. 上海农业科技,2008,2：85 - 86.

[226] 徐文铎,常禹. 中国东北地带性顶级植被类型及其预测判别模型-动态地植物学说的继承与发展[J]. 应用生态学报,1992,3：215 - 222.

[227] 徐文铎. 东北地带性植被建群种及常见种的分布与水热关系研究[J]. 植物学报,1983,25：264 - 274.

[228] 徐文铎.东北主要树种的分布与热量关系的初步研究[J].东北林学院学报,1982,4:1-10.

[229] 徐文铎.吉良的热量指数及其在中国植被中的应用[J].生态学杂志,1985,3:35-39.

[230] 徐文铎.中国东北主要植被类型的分布与气候的关系[J].植物生态学与地植物学学报,1986,10:254-26.

[231] 徐先英,孙保平,丁国栋,等.干旱荒漠区典型固沙灌木液流动态变化及其对环境因子的响应[J].生态学报,2008,28(3):895-905.

[232] 徐小锋,田汉勤,万师强.气候变暖对陆地生态系统碳循环的影响[J].植物生态学报,2007,31(2):175-188.

[233] 许浩,张希明,王永东,等.塔里木沙漠公路防护林乔木状沙拐枣耗水特性[J].干旱区研究,2006,23(2):216-222.

[234] 许旭日,汤章城,王万里,等.植物水分关系[M].北京:科学出版社,1989.

[235] 延芳芳.陆地生态系统碳通量观测方法的研究进展[J].科技促进发展(工程技术-能源与动力工程),2012(4).

[236] 严昌容,AlecDowney,韩兴国,等.北京山区落叶阔叶林核桃楸在生长中期的射干液流研究[J].生态学报,1999,19(16):793-797.

[237] 杨存建,刘纪远,黄河,等.热带森林植被生物量与遥感地学数据之间的相关性分析[J].地理研究,2005,24(3):473-479.

[238] 杨爽.浙江安吉毛竹林生态系统 CO_2 通量观测研究[D].浙江临安:浙江农林大学,2012.

[239] 杨文斌,任建民,贾翠萍.柠条抗旱的生理生态与土壤水分关系的研究[J].生态学报,1997,17(3):239-441.

[240] 杨晓洪,吴波,张金屯,等.森林生态系统的固碳功能和碳储量研究进展[J].北京师范大学学报(自然科学版),2005,41(2):172-177.

[241] 杨振,张一平,于贵瑞,等.西双版纳热带季节雨林大气稳定度特征[J].生态学杂志,2008,27(1),130-134.

[242] 杨振,张一平,于贵瑞,等.西双版纳热带季节雨林树冠上生态边界层大气稳定度时间变化特征初探[J].热带气象学报,2007,23(4):413-416.

[243] 姚玉刚,张一平,于贵瑞,等.热带季节雨林近地层 CO_2 堆积的气象条件分析[J].应用基础与工程科学学报,2012,20(1):36-45.

[244] 伊光彩,王旭,周国逸,等,鼎湖山针阔混交林土壤热状况研究[J].华南农业大学学报(自然科学版),2006,27(3):16-20.

[245] 殷秀敏,伊力塔,余树全,江洪,刘美华.酸雨胁迫对木荷叶片气体交换和叶绿素荧光参数的影响[J].生态环境学报,2010,19(7):1556-1562.

[246] 殷秀敏,余树全,江洪等.酸雨胁迫对秃瓣杜英幼苗叶片叶绿素荧光特性和生长的影响[J].应用生态学报,2012,21(6):1374-1380.

[247] 尤鑫,龚吉蕊.叶绿素荧光动力学参数的意义及实例辨析_尤鑫[J].西部林业科学,2012,41(5):90-94.

[248] 于贵瑞,付玉玲,孙晓敏,等.中国陆地生态系统通量观测研究网络(CninaFLUX)的研究进展及其发展思路[J].中国科学 D 辑:地球科学,2006,36(增刊 D):1-21.

[249] 于贵瑞,孙晓敏.陆地生态系统通量观测的原理与方法[M].高等教育出版社,2006.

[250] 于贵瑞,孙晓敏.中国陆地生态系统碳通量观测技术及时空变化特征研究[M].科学出版社,2008.

[251] 于贵瑞,王秋凤,于振良.陆地生态系统水-碳耦合循环与过程管理研究[J].地球科学进展,2004,19(5):831-838.

[252] 于贵瑞,伏玉玲,孙晓敏,等.中国陆地生态系统通量观测研究网络(ChinaFLUX)的研究进展及其发展思路[J].中国科学,D辑:地球科学,2006(S1):1-21.

[253] 于贵瑞,高扬,王秋凤,等.陆地生态系统碳-氮-水循环的关键耦合过程及其生物调控机制探讨[J].中国生态农业学报,2013,21(1):1-13.

[254] 于贵瑞,孙晓敏,王绍强,等.陆地生态系统通量观测的原理与方法[M].北京:高等教育出版社,2006,4:24-27.

[255] 于贵瑞,孙晓敏.中国陆地生态系统碳通量观测技术及时空变化特征[M].北京:科学出版社,2008.

[256] 于贵瑞,王秋凤,米娜,等.植物光合、蒸腾与水分利用效率的生理生态学研究[M].北京:科学出版社,2010:370-390.

[257] 于贵瑞,张雷明,孙晓敏,等.亚洲区域陆地生态系统碳通量观测研究进展[J].中国科学D辑:地球科学,2004,34:15-29.

[258] 于强,王天铎.光合作用-蒸腾作用-气孔导度的耦合模型及C_3植物叶片对环境因子的生理响应[J].植物学报,1998,40(8):740-754.

[259] 于颖.基于InTEC模型东北森林碳源、汇的时空分布研究[D].东北林业大学,2013.

[260] 于占源,杨玉盛,陈光水.紫色土人工林生态系统碳库与碳吸存变化[J].应用生态学报,2004,15(10):1837-1841.

[261] 余朝林,杜华强,周国模,等.毛竹林地上部分生物量遥感估算模型的可移植性[J].应用生态学报,2012,23(9):2422-2428.

[262] 俞世雄,李芬,李绍林,等.水分胁迫对小麦新品系叶绿素含量的影响[J].云南农业大学学报,2014,29(3):353-358.

[263] 袁凤辉,德新,吴家兵,等.箱式气体交换观测系统及其在植物生态系统气体交换研究中的应用[J].应用生态学报,2009,20(6):1495-1504.

[264] 岳广阳,张铜会,刘新平,等.热技术方法测算树木茎流的发展及应用[J].林业科学,2006,42(8):102-108.

[265] 岳广阳,张铜会,赵哈林,等.科尔沁地黄柳和小叶锦鸡儿茎流及蒸腾特征[J].生态学报 2006 年10 月第 26 卷 10 期.

[266] 岳平,张强,杨金虎,等.黄土高原半干旱草地地表能量通量及闭合率[J].生态学报,2011,31(22):6866-6876.

[267] 翟洪波,李吉跃,HUANGWD,等.SPAC 中油松栓皮栎混交林水分特征与气体交换[J].北京林业大学学报,2004,26(1):302-341.

[268] 翟洪波,李吉跃.Darcy 定律在测定油松木质部导水特征中的应用[J].北京林业大学学报,2001,23(4):6-9.

[269] 詹乐昌.毛竹造林技术应用研究[J].福建林业科技,1997,24(3):20-23.

[270] 张家洋,蔺芳,李慧,等.基于叶面积指数分析毛竹林林冠生态水文效应[J].北方园艺,2011,

(10)：77 - 80.

[271] 张娇,施用军朱月清,等.浙北地区常见绿化树种光合固碳特征[J].生态学报,2013,33(6)：1740 - 1750.

[272] 张雷,刘世荣,孙鹏森,等.基于 DOMAIN 和 Neural Ensembles 模型预测中国毛竹潜在分布[J].林业科学,(2011),47(7),20 - 26.

[273] 张利阳.临安岳山毛竹碳吸收动态及影响因素研究.浙江农林大学硕士研究生论文,浙江：浙江农林大学,2011：27 - 28.

[274] 张培新,王建锋,张宏亮.浙江安吉毛竹林水分管理与提高抗旱力的措施[J].世界竹藤通讯,2008,6(1)：23 - 24.

[275] 张蕊,申贵仓,张旭东,等.四川长宁毛竹林碳储量与碳汇能力估测[J].生态学报,2014,34(13)：3592 - 3601.

[276] 张守仁,高荣孚,王连军.杂种杨无性系的光系统 II 放氧活性、光合色素及叶绿体超微结构对光胁迫的响应[J].植物生态学报,2004,28(2)：143 - 149.

[277] 张喜英.提高农田水分利用效率的调控机制[J].中国生态农业学报,2013,21(1)：80 - 87.

[278] 张小由,龚家栋.利用热脉冲技术对梭梭液流的研究[J].西北植物学报,2004,24(12)：2250 - 2254.

[279] 张新建,袁凤辉,陈妮娜,等.长白山阔叶红松林能量平衡和蒸散[J].应用生态学报,2011,22(3)：607 - 613.

[280] 张艳,姜培坤,许开平,等.集约经营雷竹林土壤呼吸年动态变化规律及其影响因子[J].林业科学,2011,47(6)：17 - 22.

[281] 张燕.北京地区杨树人工林能量平衡和水量平衡[D].北京林业大学,2010.

[282] 张新建,袁凤辉,陈妮娜,等.长白山阔叶红松林能量平衡和蒸散[J].应用生态学报,2011,22(3)：607 - 613.

[283] 张永强,刘昌明,沈彦俊,等,2001.农田生态系统 CO₂ 通量的转换计算[J].应用生态学报,**12**(5),726 - 730.

[284] 张友焱,周泽福,党宏忠,等.利用 TDP 茎流计研究沙地樟子松的树干液流[J].水土保持研究,2006,13(4)：78 - 80.

[285] 张志山,张小由,谭会娟,等.热平衡技术与气孔计法测定沙生植物蒸腾[J].北京林业大学学报,2007,29(1)：60 - 66.

[286] 招礼军,李吉跃,于界芬,等.干旱胁迫对苗木蒸腾耗水日变化的影响[J].北京林业大学学报,2003,25(3)：422 - 471.

[287] 赵风华,于贵瑞.陆地生态系统碳-水耦合机制初探[J].地理科学进展,2008,27(1)：32 - 38.

[288] 赵风华,陈阜.北京地区引种菊苣在不同水分条件下光合与蒸腾特性探究[J].华北农学报,2005,20(2)：63 - 65.

[289] 赵风华.华北冬小麦-夏玉米农田生态系统碳水通量耦合生理生态机制研究,中国科学院研究生院博士学位论文[D].北京：中国科学院研究生院,中国科学院地理科学与资源研究所,2008,6.

[290] 赵俊芳,延晓冬,贾根锁.基于 FORCCHN 的未来东北森林生态系统碳储量模拟[J].地理科学,2009,29(5)：690 - 696.

[291] 赵敏,周广胜.森林植被碳贮量与气候因素的关系研究[J].地理科学,2004,24(1)：50 - 54.

[292] 赵平,饶兴权,马玲,等. Granier 树干液流测定系统在马占相思的水分利用研究中的应用[J]. 热带亚热带植物学报,2005,13(6):457-468.

[293] 赵平,饶兴权等. 马占相思林冠层气孔导度对环境驱动因子的响应[J]. 应用生态学报,2006,17(7):1149-1156.

[294] 赵示洞,汪业勖. 森林与碳循环[J]. 科学对社会的影响,2001(3):38-41.

[295] 赵双菊,张一平,于贵瑞,等. 西双版纳热带季节雨林晴天 CO_2 交换的日变化和季节变化特征[J]. 植物生态学报,2006,30(2):295-301.

[296] 赵双菊,张一平. 热带森林碳通量研究综述[J]. 南京林业大学学报(自然科学版),2005,29(4):96-100.

[297] 赵仲辉,张利平,康文星,等. 湖南会同杉木人工林生态系统 CO_2 通量特征[J]. 林业科学,2011,47(11):6-12.

[298] 郑炳松,金爱武,程晓建,等. 雷竹光合特性的研究[J]. 福建林学院学报,2001,21(4):359-362.

[299] 郑怀舟,朱锦懋,魏霞,等. 5 种热动力学方法在树干液流研究中的应用评述[J]. 福建师范大学学报:自然科学版,2008(4).

[300] 郑景明,张育红. 森林生物量综述[J]. 辽宁林业科技,1998,(4):43-45.

[301] 郑景云,葛全胜,方修琦. 从中国过去 2000 年温度变化看 20 世纪增暖[J]. 地理学报,2002,57(6):4-11.

[302] 中国哺乳动物分布[M]. 中国林业出版社,1997.

[303] 周广胜,王玉辉,蒋延玲,等. 陆地生态系统类型转变与碳循环[J]. 植物生态学报,2002,26(2):250-254.

[304] 周广胜,张新时,高素华,等. 中国植被对全球变化反应的研究[J]. 植物学报,1997,39(9):879-888.

[305] 周广胜,张新时. 全球变化的中国气候-植被分类研究[J]. 植物学报,1996,38(1):8-17.

[306] 周国模,姜培坤,徐秋芳. 竹林生态系统的碳固定与转化[M]. 北京:科学出版社,2005.

[307] 周国模,姜培坤,徐秋芳. 竹林生态系统中碳的固定与转化[M]. 北京:科学出版社,2010.

[308] 周国模,姜培坤. 毛竹林的碳密度和碳贮量及其空间分布[J]. 林业科学,2004,40(6):20-24.

[309] 周国模,吴家森,姜培坤. 不同管理类型对毛竹林碳贮量的影响[J]. 北京林业大学学报,2006,28(6):51-56.

[310] 周国模,刘恩斌,施拥军,等. 基于小尺度的浙江省毛竹生物量精确估算[J]. 林业科学,2011,47(1):1-5.

[311] 周国模. 毛竹林生态系统中碳储量、固定及其分配与分布的研究[D]. 浙江:浙江大学,2006.

[312] 周洁,张志强,孙阁,等. 不同土壤水分条件下杨树人工林水分利用效率对环境因子的响应[J]. 生态学报,2013,33(5):1465-1474.

[313] 周丽艳,贾丙瑞,曾伟,等. 原始兴安落叶松林生长季净生态系统 CO_2 交换及其光响应特征[J]. 生态学报,2010,30(24):6919-6926.

[314] 周玉荣,于振良,赵示洞. 我国主要森林生态系统碳储量和碳平衡[J]. 植物生态学报,2000,24(5):518-522.

[315] 朱国全. 毛竹发笋及竹笋高生长与温度相对湿度的关系[J]. 湖南林业科技,1979(5):24-27.

[316] 朱求安,江洪,刘金勋,等. 基于 IBIS 模型的 1955~2006 年中国土壤温度模拟及时空演变分析

[J]. 地理科学,2010,3:7.

[317] 朱瑞亮. 浅谈资产清查数据收集与整理中的问题[J]. 科技创新导报,2007,(32):135.

[318] 朱咏莉,童成立,吴金水,等. 亚热带稻田生态系统 CO_2 通量的季节变化特征[J]. 环境科学,2007(2):283-288.

[319] 庄明浩,李迎春,李应,等. 3 种地被类观赏竹对大气臭氧浓度倍增的生理响应[J]. 西北植物学报,2011,31(10).

[320] Abbate P E, Dardanelli J L, Cantarero M G, et al. Climatic and water availability effects on water-use efficiency in wheat [J]. Crop Science, 2004, 44:474-483.

[321] Anderson R P, Peterson A T, Gómez-Laverde M. Using niche-based GIS modeling to test geographic predictions of competitive exclusion and competitive release in South American pocket mice[J]. Oikos, 2002, 98(1):3-16.

[322] Andrew T. Hudak, Eva K. Strand, Lee A. Vierling, et al. Quantifying aboveground forest carbon pools and fluxes from repeat LiDAR surveys [J], Remote Sensing of Environment. 2012, 123:25-40.

[323] Arain M A, Restrepo-Coupe N. Net ecosystem production in a temperate pine plantation in southeastern Canada [J]. Agricultural and Forest Meteorology, 2005, 128(3):223-241.

[324] Araújo M B, Cabeza M, Thuiller W, et al. Would climate change drive species out of reserves? An assessment of existing reserve-selection methods[J]. Global change biology, 2004, 10(9):1618-1626.

[325] Arkley R J. Relationship between pland growth and transpiration[J]. Hilgardia, 1963 (34):559-584.

[326] Ashcroft M B, French K O, Chisholm L A. An evaluation of environmental factors affecting species distributions [J]. Ecological Modelling, 2011, 222(3):524-531.

[327] Asseng S, Hsiao T C. Canopy CO_2 assimilation, energy balance, and water use efficiency of an alfalfa crop before and after cutting [J]. Field Crop Research, 2000, 67:191-206.

[328] Aubinet M, Heinesch B. Estimation of the carbon sequestration by a heterogeneous forest: night flux correction, heterogeneity of the site and inter-annual variability [J]. Global Change Biol, 2002 (810):53-107.

[329] Aublent M. Long term carbon dioxide exchange above a mixed forest in the Belgian Ardennes [J]. Agric For Meteoroi, 2001, 108(4):293-315.

[330] Austin M P, Nicholls A O and Margules C R. Measurement of the realized qualitative niche: environmental niches of five Eucalyptus species [J]. *Ecol. Monogr.*, 1990, 60:161-177.

[331] B. Gielen, B. De Vos, M. Campioli, et al. Biometric and eddy covariance-based assessment of decadal carbonsequestration of a temperate Scots pine forest [J], *Agricultural and Forest Meteorology*. 2013,(174-175):135-143.

[332] Bacastow R, Keeling C D. Atmospheric carbon dioxide and radiocarbon in the natural carbon cycle: changes from A. D. 1700 to 2070 as deduced from a geochemical model[C]. Woodwell GM, Pecan EV. Carbon and the biosphere. Washington: Atomic Energy Commission,1973.

[333] Baidocchi D D. On measuring net ecosystem carbon exchange over tall vegetation on complex

terrain [J]. Boundary-Layer Meteorol, 2000, 96: 257 - 291.

[334] Baldocchi D D, Falge e, Gu L, et al. Fluxnet: A New Tool to Study theTemporal and Spatial Variability of Ecosystem-Scale Carbon Dioxide, WaterVapor, and Energy Flux Densities [J].

[335] Bulletin of the American Meteorological Society, 2001, 82: 2415 - 2434.

[336] Baldocchi D D, Hincks B B, Meyers T P. Measuring biosphere-atmosphere exchanges of biologically related gases with micrometeorological methods [J]. Ecology, 1988: 1331 - 1340.

[337] Baldocchi D D, Meyers T P, Wilson K B. Correction of eddy-covariance measurements incorporating both advective effects and density fluxes [J]. Boundary-Layer Meteorology, 2000, 97(3): 487 - 511.

[338] Baldocchi D D, Falge E, Gu L, et al. FLUXNET: A New Tool to Study the Temporal and Spatial Variability of Ecosystem — Scale Carbon Dioxide, Water Vapor, and Energy Flux Densities[J]. Bulletin. Amerian. Meteorological Society. 2001, 82: 2415 - 2434.

[339] Baldocchi D D, Falge E, Gu L, et al. FLUXNET: A New Tool to Study the Temporal and Spatial Variability of Ecosystem — Scale Carbon Dioxide, Water Vapor, and Energy Flux Densities[J]. Bulletin. Amerian. Meteorological. Society. 2001, 82: 2415 - 2434.

[340] Baldocchi D, Finnigan J, Wilsonk, et al. On measuring net ecosystem carbon exchange over tall vegetation on complex terrain [J]. Boundary-Layer Meteorology, 2000, 96: 257 - 291.

[341] Baldocchid D, Valentini R, Running S, et al. Strategies for measuring and modeling carbon dioxide and water vapour fluxes over terrestrial ecosystems [J]. Global Change Biology, 1996, 2 (3): 159 - 168.

[342] Baldocchi D, Falge E, Wilson K. A spectral analysis of biosphere-atmosphere trace gas flux densities and meteorological variables across hour to multi-year time scales [J]. Agricultural and Forest Meteorology, 2001, 107(1): 1 - 27.

[343] Beer C, Ciais P, Reichstein M, et al. Temporal and among-site variability of inherent water use efficiency at the ecosystem level[J]. Global biogeochemical cycles, 2009, 23(2).

[344] Beer C, Reichstein M, Ciais P, et al. Mean annual GPP of Europe derived from its water balance [J]. Geophysical Research Letters, 2007, 34(5).

[345] Beer C, Reichstein M, Tomelleri E, et al. Terrestrial gross carbon dioxide uptake: global distribution and covariation with climate[J]. Science, 2010, 329(5993): 834 - 838.

[346] Beerling D J, Huntley B and Bailey J P. Climate and the distribution of Fallopia japonica: use of an introduced species to test the predictive capacity of response surface [J]. J. Veg. Sci., 1995, 6: 269 - 282.

[347] Bernier P Y, Bre'da N, Granier A, et al. Validation of a canopy gas exchange model and derivation of a soil water modifier fortranspiration for sugar maple (Acer saccharum Marsh.) using sap flow density measurements [J]. Forest Ecology and Management, 2012, 163 (1): 185 - 196.

[348] Bhaskar J, Choudhury Modeling radiation- and carbon-use effciencie of maize, sorghum, and rice [J]. Agricultural and Forest Meteorology . 2001, 106: 317 - 330.

[349] Bian L and West E. Gis modeling of elk calving habitat in a prairie environment with statistics

[J]. *Photogrammetric Engineering & Remote Sensing*, 1997, 63: 161 - 167.

[350] Bierhuizen J F, Slatyer R O. Effect of atmospheric concentration of watervapour and CO_2 in determining transpiration-photosynthesis relationships ofcotton leaves [J]. Agricultural and forest meteorology, 1965, 2: 259 - 270.

[351] Black T A, Hartog G D, Neumann H H, et al. Annual cycles of water vapor and carbon dioxide fluxes in and above a boreal aspen forest [J]. Global Change Biology, 1996, 2: 219 - 229.

[352] Bonan G B. Forests and climate change: forcings, feedbacks, and the climate benefits of forests [J]. Science, 2008, 320(5882): 1444 - 1449.

[353] Bouwman AF, Leemans R. The role of forests soils in the global carbon cycle. In: McFee W, Kelly eds JM. Carbon forms and functions in forest soils. Madison, [J]. Soil Science Society of America, 1995, 503 - 525.

[354] Boyce M, Vernier P, Nielsen S, Schmiegelow F. Evaluating resource selection functions to insert individual citation into a bibliography in a word-processor, select your preferred citation style below and drag-and-drop it into the document[J]. Ecological Modelling, 2002, 157: 281 - 300.

[355] Brach E J, Desjardins R L, St Amour G T. Open path CO_2 analyzer. Journal of Physics and Earth Science Instrumentation. 1981, 14: 1415 - 1419.

[356] Broennimann O, Thuiller W, Hughes G, et al. Do geographic distribution, niche property and life form explain plants' vulnerability to global change? [J]. Global Change Biology, 2006, 12(6): 1079 - 1093.

[357] Brümmer C, Black T A, Jassal R S, et al. How climate and vegetation type influence evapotranspiration and water use efficiency in Canadian forest, peatland and grassland ecosystems [J]. Agricultural and Forest Meteorology, 2012, 153: 14 - 30.

[358] Busby J R. A biogeoclimatic analysis of nothofagus cunninghamii (hook.) oerst. In southeastern Australia[J]. *Australian Journal of Ecology*, 1986, 11: 1 - 7.

[359] Cai T, Price D T, Orchansky A L, et al. Carbon, water, and energy exchanges of a hybrid poplar plantation during the first five years following planting [J]. Ecosystems, 2011, 14(4): 658 - 671.

[360] Canadell J G, Mooney H A, Baldocchi D D, et al. Carbon Metabolism of the Terrest rial biosphere: A multi technique approach for improved understanding [J] Ecosystems, 2000, 3: 115 - 30.

[361] Carpenter G, Gillison A N, Winter J. DOMAIN: a flexible modelling procedure for mapping potential distributions of plants and animals [J]. Biodiversity & Conservation, 1993, 2(6): 667 - 680.

[362] Chahuneau F, Desjardins R L, Brach E J, et al. A micrometeorological facility for eddy flux measurements of CO_2 and H_2O[J]. Clim Appi Meteoroi, 1989, 25: 1100 - 1124.

[363] Chapin F S, Maston P A, Mooney H A. Principles of Terrestrial Ecosystem Ecology.

[364] 李博，赵斌，彭容豪等译. 陆地生态系统生态学原理(中文版)[M]. 北京：高等教育出版社，2005: 81 - 103.

[365] Chefaoui R M, Hortal J and Lobo J M. Potential distribution modelling, niche characterization

and conservation status assessment using GIS tools: A case study of Iberian copris species [J]. *Biological Conservation*, 2005, 122: 327 – 338.

[366] Chen B, Chen J M, Mo G, et al. Comparison of regional carbon flux estimates from CO_2 concentration measurements and remote sensing based footprint integration [J]. Global Biogeochemical Cycles, 2008, 22(2).

[367] Christlan P. Iardinas G, Holly Barnard. The effect of fertilization onsap flux and canopy conductance in a Eucalyptus saligna experimental forest[J]. Global Change Biology, 2004, 10: 427 – 436.

[368] Coombs J, Hall DO, Hong SP, et al. Techniques in bio-productivity and photosynthesis [M]. New York: Pergamon Press, 1985.

[369] Coops N C, Waring R H, Law B E. Assessing the past and future distribution and productivity of ponderosa pine in the Pacific Northwest using a process model, 3 – PG [J]. Ecological Modelling, 2005, 183(1): 107 – 124.

[370] Cristianini N, Scholkopf B. Support vector machines and kernel methods: the new generation of learning machines [J]. Ai Magazine, 2002, 23(3): 31.

[371] Davidson E C, Belk E, Boone R D. Soil water content and temperature as independent or confounded factors controlling soil respiration in a temperate mixed hardwood forest[J]. Global change biology, 1998, 4(2): 217 – 227.

[372] De wit C. Transpiration and crop yields. In Agricultural Research Reports, Wageningen, 1958, 88.

[373] Desjardins R L, Lemom E R. Limitations of an eddy covariance technique for the determination of the carbon dioxide and sensible heat fluxes [J]. *Boundary-Layer Meteorology*, 1974, 5: 475 – 488.

[374] Dixon R K, Brown S, Houghton R A, et al. Carbon pools and flux of global forest ecosystems [J]. Science, 1994, 263: 185 – 190.

[375] Do F, Rocheteau A. Influence of natural temperature gradients on measurements of xylem sap flow with thermal dissipation probes. 1. Field observations and possible remedies [J]. Tree physiology, 2002, 22(9): 641 – 648.

[376] Donald P F, Aratrakorn S, Htun T W, et al. Population, distribution, habitat use and breeding of Gurney's Pitta Pitta gurneyi in Myanmar and Thailand[J]. Bird Conservation International, 2009, 19(04): 353 – 366.

[377] Dong G, Guo J, Chen J, et al. Effects of spring drought on carbon sequestration, evapotranspiration and water use efficiency in the Songnen meadow steppe in northeast China [J]. Ecohydrology, 2011, 4(2): 211 – 224.

[378] Du H, Zhou G, Fan W, et al. Spatial heterogeneity and carbon contribution of aboveground biomass of moso bamboo by using geostatistical theory[J]. Plant Ecology, 2010, 207 (1): 131 – 139.

[379] Edwards W R N, Warwick N W M. Transpiration from a kiwifruit vine as estimated by the heat pulse technique and the Penman-Monteith equation [J]. New Zealand Journal of Agricultural

Research, 1984, 27(4): 537 - 543.

[380] Elith J, Burgman M A. Predictions and their validation: rare plants in the Central Highlands, Victoria, Australia [J]. Predicting species occurrences: issues of accuracy and scale, 2002: 303 - 314.

[381] Embaye K, Weih M, Ledin S, et al. Biomass and nutrient distribution in a highland bamboo forest in southwest Ethiopia: implications for management [J]. Forest Ecology and Management, 2005, 204: 159 - 169.

[382] Engler R, Guisan A and Rechsteiner L. An improved approach for predicting the distribution of rare and endangered species from occurrence and pseudo-absence dat[J]a. J. Appl. Ecol. , 2004, 41: 263 - 274.

[383] Etheridge DM, Steele LP, Francey RJ, et al. Atmospheric methane between 1000 A. D. and present: evidence of anthropogenic emissions and climatic variability[J]. Journal of Geophysical Research, 1998, 103: 15979.

[384] Falge E, Baldocchi D, Olson R, et al. Gap filling strategies for defensible annual sums of net ecosystem exchange [J]. Agricultural and Forest Meteorology, 2001, 107(1): 43 - 69.

[385] Falge E, Baldocchi D, Olson R,et al. Gap filling strategies for long term energy flux data sets [J]. Agriculture and Forest Meteorology, 2001, 107(1): 71 - 77.

[386] Fang J Y, Chen A P, Peng CH, et al. Changes in forest biomass carbon storage in China between 1949 and 1998[J]. Science, 2001, 292 (5525): 2320 - 2322.

[387] Farquhar G D, Richards R A. Isotopic composition of plant carbon correlates with water use efficiency of wheat genotypes [J]. Australian Journal of Plant Physiology, 1984, 11: 539 - 552.

[388] Farquhar G D, Sharkey T D. Stomatal conductance and photosynthesis [J]. Annual Review of Plant Physiology, 1982, 33: 317 - 345.

[389] Feria T P. and Peterson A T. Prediction of bird community composition based on point-occurrence data and inferential algorithms: A valuable tool in biodiversity assessments [J]. *Diversity and Distributions*, 2002, 8: 49 - 56.

[390] Ferrier S, Drielsma M. , Manion G and Watson G. Extended statistical approaches to modelling spatial pattern in biodiversity in north-east New South Wales. II. Communitylevel modelling. Biodivers [J]. *Conserv*, 2002, 11: 2309 - 2338.

[391] Ferrier S. Mapping spatial pattern in biodiversity for regional conservation planning: where to from here? [J]. Syst. Biol, 2002, 51: 331 - 363.

[392] Fielding A H, Bell J F. A review of methods for the assessment of prediction errors in conservation presence absence models [J]. Environmental conservation, 1997, 24(01): 38 - 49.

[393] Flerchinger G N, Cooley K R. A ten-year water balance of a mountainous semi-arid watershed [J]. Journal of Hydrology, 237: 86 - 99.

[394] Foken T, Wichura B. Tools for quality assessment of surface-based flux measurements [J]. Agricultural and forest meteorology, 1996, 78(1): 83 - 105.

[395] Fowier D, Duyzer J H. Micrometeoroiogicai technigues for the measurement of trace gas exchange [M]. In: Andreae MO, Schimei DS eds. Exchange of trace gases between terrestrial

ecosystems and the atmosphere, WiieyChichester, 1989: 189 - 207.

[396] Franklin J. Predictive vegetation mapping: geographic modeling of biospatial patterns in relation to environmental gradients [J]. Prog . Phys. Geogr, 1995, 19: 474 - 499.

[397] Fred S S, Dennis T A. Unstoppable Global Warming [M]. Rowman & Littlefield Publishers, Inc. , 2007.

[398] Frescino T S, Edwards T C and Moisen G G. Modeling spatially explicit forest structural attributes using generalized additive models [J]. *Journal of Vegetation Science*, 2001, 12: 15 - 26.

[399] Fu W, Jiang P, Zhao K, et al. The carbon storage in moso bamboo plantation and its spatial variation in Anji County of southeastern China [J]. Journal of soils and sediments, 2014, 14(2): 320 - 329.

[400] Funk V A. and Richardson K S. Systematic data in biodiversity studies: Use it or lose it [J]. *Systematic Biolog*, 2002, 51: 303 - 316.

[401] Garratt J R. Limitations of the eddy correlation technique for determination of turbulent fluxes near the surface [J]. Boundary-Layer Meteorology, 1975, 8: 255 - 259.

[402] Gashj H C. A note on estimating the effect of a limited fetch on micrometeorological evaporation measurements [J]. Boundary- Lay Meteorology. 1986,5: 409 - 414.

[403] Ge Z M, Kellomaki S, Zhou X, et al. The role of climatic variability in controlling carbon and water budgets in a boreal Scots pine forest during ten growing seasons [J]. Boreal environment research, 2014, 19(3 - 4): 181 - 195.

[404] Gifford D M. The global carbon cycle: a viewpoint on the missing Sink [J]. Australian Journal of Plant Physiology, 1994,21(1): 1 - 15.

[405] GIFFORD, R. The global carbon cycle: a viewpoint on the missing sink [J]. Functional Plant Biology. 1994, 21(1): 1 - 15.

[406] Giovanelli J G R, Siqueirac M F, Haddadb C F B, Alexandrino J. Modeling a spatially restricted distribution in the Neotropics: How the size of calibration area affects the performance of five presence-only methods [J]. *Ecological Modelling*, 2010, 221: 215 - 224.

[407] Goulden M L, Munger J W, Fan S M, et al. Exchange of carbon dioxide by a deciduous forest: response to inter-annual climate variability [J]. Science, 1996, 271: 1576 - 1578.

[408] Goulden M L, Munger J W, Fan S, et al. Measurements of carbon sequestration by long-term eddy covariance: methods and a critical evaluation of accuracy[J]. Global Change Biology, 1996, 2: 169 - 182.

[409] Grace J, Lloyd J, Miranda AC, et al. Carbon dioxide uptake by an undisturbed tropical rain forest in Southwest Amazonia 1992 - 1993 [J]. Science, 1995,270: 778 - 780.

[410] Graham C H, Ferrier S, Huettman F, Moritz C and Peterson A T. New developments in museum-based informatics and applications in biodiversity analysis [J]. *Trends Ecol. Evol*, 2004a, 19: 497 - 503.

[411] Graham C H, Ron S R, Santos J C, et al. Integrating phylogenetics and environmental niche models to explore speciation mechanisms in dendrobatid frogs [J]. Evolution, 2004, 58(8):

1781 - 1793.

[412] Granier A, Bre'da N, Biron P, et al. A lumped water balance model to evaluate duration and intensity of drought constraints in forest stands [J]. Ecological Modeling, 1999, 116 (2): 269 - 283.

[413] Granier A, Claustres J P. Water relations of a Norway spruce(Piceaabies)tree growing in natural condation: Variation within the tree. Acta Oecol[J]. 1998,10(3): 295 - 310.

[414] Granier A, Huc R, Barigah S T. Transpiration of natural rain forest andits dependence on climatic factors[J]. Agricultural and Forest Meteorology,1996,78: 19 - 29.

[415] Granier A. Evaluation of transpiration in a Douglas fir stands by means of sap flow measurements [J]. Tree Physiology, 1987, 3: 309 - 320.

[416] Guisan A and Zimmermann N E. Predictive habitat distribution models in ecology [J]. *Ecol. Model.*, 2000, 135: 147 - 186.

[417] Guisan A, Edwards Jr T C. Hastie T. Generalized linear and generalized additive models in studies of species distributions: setting the scene [J]. Ecological Modelling, 2002, 57: 89 - 100.

[418] Guisan A, Thuiller W. Predicting species distribution: offering more than simple habitat models [J]. Ecology letters, 2005, 8(9): 993 - 1009.

[419] Guo Q H, Kelly M and Graham C H. Support vector machines for predicting distribution ofsudden oak death in california [J]. Ecological Modelling, 2005, 182: 75 - 90.

[420] Guomo Zhou, Cifu Meng, Pekun Jiang, Qiufang Xu. Review of Carbon Fixation in Bamboo Forests in China [J]. The Botanical Review, 2011. 77: 262 - 270.

[421] Haenel H D, Grbnhage L. Footprint analysis: a closed analytical solution based on height dependent profiles of wind speed and eddy viscosity [J]. *Boundary-Lay Meteorology*, 1999,93: 395 - 409.

[422] Hanks R J. Yield and water-use relationship: an overview. In: Limitations to efficient water use in crop production, Taylor H M et al. Eds. [J]. Madison: AmericanSociety of Agronomy, Inc., 1983: 29 - 43.

[423] Hanley JA, McNeil BJ (1982). The meaning and use of the area under a Receiver Operating Characteristic (ROC) curve [J]. *Radiology*, 143, 29 - 36.

[424] Hansen J, Sato M, Ruedy R, et al. Proceedings of the National Academy of Sciences of United States of America, *Global temperature change*[J]. 2006, 103: 14288 - 14293.

[425] Harry M. Influence of climate and disturbance on carbon cycling in forest and peatland ecosystems [M]. In: Enhancing, Quantifying and Verifying Forest C Stock Changes: Kyoto and Beyond, Ottawa, 2002: 17 - 18.

[426] He HS, Mladenoff DJ, Crow TR (1999). Linking an ecosystem model and a landscape model to study forest species response to climate warming [J]. *Ecological Modelling*, 114, 213 - 233.

[427] Heilman J L, Ham J M. Measurement of mass flow rate of sap in Ligustrum japonicum [J]. HortScience, 1990, 25(4): 465 - 467.

[428] Hetherington A M, Woodward F I. The role of stomata in sensing anddriving environmental change [J]. Nature, 2003,424, 901 - 908.

[429] Hirzel A H, Hausser J, Chessel D, Perrin N. Ecologicalniche factor analysis: how to compute

habitat-suitability maps without absence data [J]. *Ecology*, 2002, 83: 2027 – 2036.

[430] Horst T W, Weil J C. How far is far enough the fetch requirement for micrometeorological measurement of surface fluxes. [J]. *Journal of Atmospheric and Oceanic Technology*,1994, 11: 1018 – 1025.

[431] Houghton J T, Ding Y, Griggs D J, et al. Climate Change 2001: The Scientific Basis Contribution of Working Group I to the Third Assessment Report of the Intergovernmental Panel on Climate Change (IPCC) [M]. Cambridge, United Kingdom and New York, NY, USA, Cambridge University Press, 2001.

[432] Houghton RA. Land-use change and the carbon cycle [J]. Global Chang Biology, 1995,1: 275 – 287.

[433] Hu Huifeng, Wang Shaopeng, Guo Zhaodi, et al. The stage-classified matrix models project a significant increase in biomass carbon stocks in China's forests between 2005 – 2050[J]. Scitific Reports, 2015, doi: 10. 1038 – 11203.

[434] Hu Z, Yu G, Fu Y, et al. Effects of vegetation control on ecosystem water use efficiency within and among four grassland ecosystems in China[J]. Global Change Biology, 2008, 14(7): 1609 – 1619.

[435] Inoue I. An aerodynamic measurement of photosynthesis over a paddy field [J]. In: Proceedingof the 7th Japan National Congress of Applied Mechanics, 1958: 211 – 214.

[436] IPCC. Climate Change 2001: The Scientific Basis. Contribution of Working Group I to the Third Assessment Report of the Intergovernmental Panel on Climate Change. (ed By Houghton J T, Ding Y, Griggs D J, et al). Cambridge, United Kingdom and New York, NY, USA, Cambridge University Press, 2001.

[437] IPCC. Climate change 2013: the physical science basis Cambridge: Cambridge University Press, in press. 2013 – 09 – 30 [2013 – 09 – 30]. http://www. ipcc. ch/report/ar5/wg1/♯. Uq tD7KBRR1.

[438] Irmak S, Asce M. Dynamics of nocturnal, daytime, and sum-of-hourly evapotranspiration and other surface energy fluxes over Nonstressed maize canopy [J]. Journal of Irrigation and Drainage Engineering, 2011, 137(8): 475 – 490.

[439] Jarvis PG, Massheder JM, Hale JB, et al. Seasonal variation of carbon dioxide, water vapor and energy exchanges of a boreal black spruce forest[J]. Journal of Geophysical Research, 1997, 102: 28953 – 28966.

[440] Jassal R S, Black T A, Spittlehouse D L, et al. Evapotranspiration and water use efficiency in different-aged Pacific Northwest Douglas-fir stands [J]. Agricultural and Forest Meteorology, 2009, 149(6): 1168 – 1178.

[441] Jin J X, Jiang H, Peng W, et al. Evaluating the impact of soil factors on the potential distribution of Phyllostachys edulis (bamboo) in China based on the species distribution model [J]. Chinese Journal of Plant Ecology, 2013, 37: 631 – 640.

[442] Jones E P, Zwick H, Ward T V. A fast response atmospheric CO_2 sensor for eddy correlation flux measurement [J]. *Atmospheric Environment*. 1978, 12: 845 – 851.

[443] Kang Min Ngo, Benjamin L. Turner, Helene C. Muller-Landau, et al. Carbon stocks in primary and secondary tropical forests in Singapore, *Forest Ecology and Management* [J]. 2013,296: 81 – 89.

[444] Katul G G, Lai C T, Schafer K V, Vidakovic B. Multiscale analysis of vegetation surface: from seconds to years[J]. *Advances in Water Research*, 2001, 24: 1119 - 1132.

[445] Keeling CD, Whorf TP. Atmospheric CO_2 records from sites in the SIO air sampling network [C]. Trends: a compendium of data on global change. Oak Ridge Tenn: Carbon Dioxide Information Analysis Center, Oak Ridge National Laboratory, U. S. Department of Energy, 2002.

[446] Kelly N M. Monitoring sudden oak death in california using high-resolution imagery [J]. *USDA-Forest Service*, 2002, 799 - 810.

[447] Kljun N, Calanca P, Rotach M W, et al. A simple parameterisation for flux footprint predictions [J]. Boundary-Layer Meteorology, 2004, 112(3): 503 - 523.

[448] Kljun, N., R. Kormann, M. W. Rotach, and F. X. Meixner: 2003, Comparison of the Lagrangian Footprint Model LPDM-B with an Analytical Footprint Model. Boundary-Layer Meteorol. 106, 349 - 355. http://footprint. kljun. net/varinput. php.

[449] Kljun, N., R. Kormann, M. W. Rotach, and F. X. Meixner: 2003, Comparison of the Lagrangian Footprint Model LPDM-B with an Analytical Footprint Model [J]. Boundary-Layer Meteorol. 106, 349 - 355.

[450] Kohen J. A coefficient of agreement for nominal scale [J]. Educ Psychol Meas, 1960, 20: 37 - 46.

[451] Kotani A, Kononov A V, Ohta T, et al. Temporal variations in the linkage between the net ecosystem exchange of water vapour and CO_2 over boreal forests in eastern Siberia [J]. Ecohydrology, 2014, 7(2): 209 - 225.

[452] Kramer P J, Boyer J S. Water relations of plants and soils. London: Academic Press Inc, 1995. 12. 15, 224, 243 - 251.

[453] Kuehl Y, Li Y, Henley G. Impacts of selective harvest on the carbon sequestration pontential in Moso Bamboo (*Phyllostachys pubescence*) plantations [J]. Forests, Trees and Livelihoods, 2013, 22(1): 1 - 18.

[454] Kueppers L M, Snyder M A, Sloan L C. Modeled regional climate change and California endemic oak ranges [J]. *Proceedings of the National Academy of Sciences USA*, 2005, 102: 16281 - 16286.

[455] Kuglitsch F G, Reichstein M, Beer C, et al. Characterisation of ecosystem water-use efficiency of european forests from eddy covariance measurements [J]. Biogeosciences Discussions, 2008, 5 (6): 4481 - 4519.

[456] Laurent A, Carlo B, Piers RF, et al. Eight glacial cycles from an antactic ice core [J]. Nature, 2004, 429: 623.

[457] Law B E, Falge E, Gu L, Baldocchi D D, et al. Environmental controlsover carbon dioxide and water vapor exchange of terrestrial vegetation[J]. Agriculture and Forest Meteorology, 2002, 113, 97 - 120.

[458] Law B E, Ryan M G, Anthoni P M. Seasonal and annual respiration of a Ponserosa pine ecosystem [J]. Global Change Biology, 1999, 5: 169 - 182.

[459] Leathwick J R, Whitehead D and McLeod M. Predicting changes in the composition of New Zealand's indigenous forestsin response to global warming: a modelling approach [J]. *Environ. Softw.* 1996, 11: 81 – 90.

[460] Leathwick J R. Are New Zealand's Nothofagus species in equilibrium with their environment? [J] *J. Veg. Sci.*, 1998, 9: 719 – 732.

[461] Lee X H. On micrometeorological observation of surface-air exchange over tall vegetation [J]. Agriculture and Forest Meteorology, 1998, 91(1 – 2): 39 – 49.

[462] Lehmann A, Overton J M C, Leathwick J R. GRASP: generalized regression analysis and spatial prediction [J]. Ecological modelling, 2002, 157(2): 189 – 207.

[463] Lemon ER. Photosynthesis under field conditions. II. An aerodynamic method forAgronomy Journal, 1960, 52: 697 – 703.

[464] Leuning R. Measurements of trace gas fluxes in the atmosphere using eddy covariance: WPL corrections revisited. In: Lee X, Massman W, Law B (eds). Handbook of Micrometeorology: A guide for Surface Flux Measurement and Analysis. [J]. Kluwer Academic Publisher, Dordrecht. 2004, 119 – 132.

[465] Leuning R. Measurements of trace gas fluxes in the atmosphere using eddy covariance: WPL corrections revisited [J]. Handbook of Micrometeorology, 2005, 119 – 132.

[466] Limin Dai, Juan Dapao Yu, Bernard J. Lewis, et al. Effects of climate change on biomass carbon sequestration in old-growth forest ecosystems on Changbai Mountain in Northeast China [J]. Forest Ecology and Management . 2013, 300: 106 – 116.

[467] Livingston S A, Todd C S, Krohn W B and Owen R B. Habitat models for nesting bald eagles in Maine [J]. Journal of Widlife Management, 1990, 54: 644 – 665.

[468] Lloyd J, Shibistova O, Tchebokova N, et al. The carbon balance of a central Siberian forest [M]. In: Proceedings of international workshop for advanced flux network and flux evaluation. Sapporo: ASAHI Printing CO, Ltd. 2000, 39 – 45.

[469] Lloyd J, Taylor J A. On the tempereature dependenceof soil respiration [J]. Funct Eco, 1994, 8: 315 – 323.

[470] Lobovikov M, Schoene D, Y ping L. Bamboo in climate change and rural livelihoods [J]. Mitigation and Adaptation Strategies for Global Change, 2012, 17(3): 261 – 276.

[471] Loehle C, LeBlanc D. Model-based assessments of climate change effects on forests: a critical review [J]. Ecological Modelling, 1996, 90(1): 1 – 31.

[472] Loescher H W, Oberbauer S F, Gholz H L, et al. Environmental controls on net ecosystem-level carbon exchange and productivity in a Central American tropical wet forest [J]. Global Change Biology, 2003, 9: 396 – 421.

[473] Lu X, Jiang H, Liu J, et al. Comparing simulated carbon budget of a Lei bamboo forest with flux tower data [J]. Terrestrial, Atmospheric & Oceanic Sciences, 2014, 25(3).

[474] Lu X, Zhuang Q. Evaluating evapotranspiration and water-use efficiency of terrestrial ecosystems in the conterminous United States using MODIS and AmeriFlux data [J]. Remote Sensing of Environment, 2010, 114(9): 1924 – 1939.

[475] Malhi Y, Baldocchi DD, Jarvis PG. The carbon balance of tropic, temperate and boreal forests [J]. Plant, Cell and Environment, 1999, 22: 715 – 740.

[476] Manel S, Dias J M, Buckton S T and Ormerod S J. Alternative methods for predicting species distribution: An illustration with Himalayan River birds [J]. Journal of Applied Ecology, 1999, 36: 734 – 747.

[477] Martin T A. Winter season tree sap flow and stand transpiration in an intensively-managed loblolly and slash pine plantation [J]. Journal of Sustainable Forestry, 1999, 10 (1 – 2): 155 – 163.

[478] McMillen R. T. , 1988: An eddy correlation technique with extended applicability to non-simple terrain [J]. Bound. -Layer Meteor,43, 231 – 245.

[479] Mi, N. , X. F. Wen, F. Cai, Y. Wang, and Y. S. Zhang 2014: Effects of seasonal drought on the water use efficiency of Qianyanzhou plantation. [J]. ScientiaSilvaeSinicae, 50, 24 – 31.

[480] Miller J, Franklin J, Aspinall R. Incorporating spatial dependence in predictive vegetation models [J]. ecological modelling, 2007, 202(3): 225 – 242.

[481] Mladenoff D J, Sickley T A, Haight R G, et al. A regional landscape analysis and prediction of favorable gray wolf habitat in the northern Great Lakes region [J]. Conservation Biology, 1995, 9(2): 279 – 294.

[482] Moisen G G, Edwards T C and Osborne P E. Further advances in predicting species distributions [J]. Ecological Modelling, 2006, 199: 129 – 131.

[483] Monserud R A and Leemans R. Comparing global vegetation maps with the Kappa statistic [J]. *Ecological Modelling*, 1992, 62: 275 – 293.

[484] Monteith J L. A reinterpretation of stomatal responses to humidity [J]. Plant, Cell &. Environment, 1995, 18(4): 357 – 364.

[485] Monteith JL, Szeicz G. The CO_2 flux over a field of sugar beets [J]. Quarterly Journal of theRoyal Meteorological Society, 1960, 86: 205 – 214.

[486] Nath A J, Das G, Das A K. Above ground standing biomass and carbon storage in village bamboos in North East India[J]. Biomass and Bioenergy, 2009, 33(9): 1188 – 1196.

[487] Neilson R P, King G A, Koerper G. Toward a rule-based biome model [J]. Landscape Ecology, 1992, 7, 27 – 43.

[488] O'Grady A P, Tissue D T, Beadle C L. Canopy processes in a changing climate [J]. Tree Physiology, 2011, 31(9): 887 – 892.

[489] O'Hanley J R. NeuralEnsembles: a neural network based ensemble forecasting program for habitat and bioclimatic suitability analysis [J]. Ecography, 2009, 32(1): 89 – 93.

[490] Oppel S, Schaefer H M, Schmidt V, et al. Habitat selection by the pale-headed brush-finch (Atlapetes pallidiceps) in southern Ecuador: implications for conservation [J]. Biological Conservation, 2004, 118(1): 33 – 40.

[491] Oren R, Pataki D E. Transpiration in response to variation in microclimate and soil moisture in southeastern deciduous forests [J]. Oecologia, 2001, 127(4): 549 – 559.

[492] Ortega-Huerta M, and Peterson A. Modeling ecological niches and predicting geographic

distributions: a test of six presence-only methods [J]. Revista Mexicana de Biodiversidad, 2008, 79: 205 - 216.

[493] Pan Y. et al. A Large and Persistent Carbon Sink in the World's Forests [J], Published online 14 July 2011 [DOI: 10. 1126/science. 1201609].

[494] Pasquill F, Smith F B. Atmospheric Diffusion[M]. U K: West Sussex Press,1983: 142.

[495] Paul B. CO_2 and water vapor fluxes for 2 years above Euroflux forest site [J]. Agricultural and Forest Meteorology, 2001, 108(3): 183 - 197.

[496] Pearce J and Lindenmayer D. Bioclimatic analysis to enhance reintroduction biology of the endangered helmeted honeyeater (Lichenostomus melanops cassidix) in southeastern Australia [J]. Restor. *Ecol*, 1998, 6: 238 - 243.

[497] Pearce, J. L. and Boyce, M. S.. Modelling distribution and abundance with presence-only data [J]. Journal of Applied Ecolog, 2006, 43: 405 - 412.

[498] Pearson R G, Dawson T P, Berry P M, et al. SPECIES: a spatial evaluation of climate impact on the envelope of species [J]. Ecological modelling, 2002, 154(3): 289 - 300.

[499] Pearson R, Raxworthy C, Nakamura M, and Peterson A. Predicting species distributions from small numbers of occurrence records: a test case using cryptic geckos in Madagascar[J]. Journal of Biogeography, 2007, 34: 102 - 117.

[500] Peterson A T, Ball L G and Cohoon K P. Predicting distributions of Mexican birds using ecological niche modelling methods [J]. *Ibis*, 2002, 144: 27 - 32.

[501] Peterson A T, Vieglais D A. Predicting species invasions using ecological niche modeling: new approaches from bioinformatics attack a pressing problem [J]. Bioscience, 2001, 51: 363 - 371.

[502] Peterson A, Papes M, and Soberón J. Rethinking receiver operating characteristic analysis applications in ecological niche modeling[J]. Ecological Modelling, 2008, 213: 63 - 72.

[503] Peterson R G and Dawson T E. Predicting the impacts of climate change on the distribution of species: are bioclimate envelope models useful? [J] *Glob. Ecol. Biogeogr*, 2003, 12: 361 - 372.

[504] Phillips N, Oren R, Zimmermann R, Radial patterns of xylem sap flow innondiffuseand ringporous tree species[J]. Plant Cell Environ,1996,19: 983 - 990.

[505] Piao S L, Fang J Y, Ciais P, et al. The carbon balance of terrestrial ecosystems in China [J]. Nature, 2009, 458 (7241): 1009 - 1013.

[506] Ponton S, Flanagan L B, Alstad K P, et al. Comparison of ecosystem water-use efficiency among Douglas-fir forest, aspen forest and grassland using eddy covariance and carbon isotope techniques [J]. Global Change Biology, 2006, 12(2): 294 - 310.

[507] Post, Wilfred M, Peng Tsung — Hung. The global carbon cycle [J]. American Scientist, 1990, 78: 310 - 326.

[508] Pritchard, S. G. , Ju, Z. L. , Santen, E. V. , *et al.* , The influence of elevated CO_2 on the activities of antioxidative enzymes in two soybean genotypes [J]. Functional Plant Biology, 2000. 27(11), 1061 - 1068.

[509] Pruitt W O, Morgan D L, Lourence F J. Momentum and mass transfers in the surface boundary layer[J]. Quarterly Journal of the Royal Meteorological Society, 1973, 99(420): 370 - 386.

［510］ Qin, Z. , Karnieli, A. , Berliner, P. , 2001. A mono-window algorithm for retrieving land surface temperature from Landsat TM data and its application to the Israel-Egypt border region ［J］. International Journal of Remote Sensing, **22**(18), 3719 - 3746.

［511］ R Oren, N Phillips, B E Ewers, et al. Sap flux scaled transpiration responses to light, vapor pressure deficit, and leaf area reduction in a flooded Taxodium distichum forest［J］. Tree Physiology,1999,19: 337 - 347.

［512］ Raw U K, Baldocchic D D, Meyers T P, et al. Correction of eggy covariance measurements. incorporating both advective effective effect and density fluxes［J］. Boundary-Layer Meteorolgy, 2000,97: 487 - 511.

［513］ Raxworthy C J, Martinez-Meyer E, Horning N, et al. Predicting distributions of known and unknown reptile species in Madagascar［J］. Nature, 2003, 426(6968): 837 - 841.

［514］ Reichstein M, Ciais P, Papale D, et al. Reduction of ecosystem productivity and respiration during the European summer 2003 climate anomaly: a joint flux tower, remote sensing and modelling analysis ［J］. Global Change Biology, 2007, 13(3): 634 - 651.

［515］ Reichstein M, Tenhunen J D, Roupsard O, et al. Severe drought effects on ecosystem CO_2 and H2O fluxes at three Mediterranean evergreen sites: revision of current hypotheses? ［J］. Global Change Biology, 2002, 8(10): 999 - 1017.

［516］ Renan Ulrich Goetz, Natali Hritonenko, Ruben Mur, et al. Forest management for timber and carbon sequestration in the presence of climatechange: The case of Pinus Sylvestris［J］, Ecological Economics. 2013,88: 86 - 96.

［517］ Reynolds O. On the dynamical theory of incompressible viscous fluids and the determination of the criterion ［J］. Proceedings of the Royal Society of London, 1894, 56(336 - 339): 40 - 45.

［518］ Rissler L J, Hijmans R J, Graham C H, et al. Phylogeographic lineages and species comparisons in conservation analyses: a case study of California herpetofauna［J］. The American Naturalist, 2006, 167(5): 655 - 666.

［519］ Rodeghiero M, Niinemets U, Cescatti A. Major diffusion leaks of clamp-on leaf cuvettes still unaccounted: how erroneous are the estimates of Farquhar *et al.* model parameters? ［J］. Plant, Cell & Environment, 2007, 30(8): 1006 - 1022.

［520］ Rodrigues A, Pita G, Mateus J, et al. Eight years of continuous carbon fluxes measurements in a Portuguese eucalypt stand under two main events: drought and felling ［J］. Agricultural and Forest Meteorology, 2011, 151(4): 493 - 507.

［521］ Rosenberg N J, Verma S B. A system and program for monitoring CO_2 concentration, gradient, and flux in an agricultural region ［J］. Agronomy Journal, 1976, 68(2): 414 - 418.

［522］ Rosenzweig M. L. Net primary productivity of terrestrial communities: predication from climatological data ［J］. The American Naturalists, 1968, 102: 67 - 74.

［523］ Ruimy A, Jarvis P G, Baldocchi D D, et al. CO_2 fluxes over plant canopies and solar radiation: A review ［J］. Advances in Ecological Research, 1995, 26: 1 - 81.

［524］ Sauerbeck D. Temperate agriculture systems［R］. IPCC update WGII AFOS Section 2, 1992.

［525］ Scanlon T M, Albertson J D. Canopy scale measurements of CO_2 and water vapor exchange along a precipitation gradient in southern Africa [J]. Global Change Biology, 2004, 10(3): 329 - 341.

[526] Scarse F J. Some charateristics of eddy motion in the atmosphere. Geophysical Memoirs, 52. London: *Meteorological Office*, 1930, 56.

[527] Schimel D S, House J I, Hibbard K A, et al. Recent patterns and mechanisms of carbon exchange by terrestrial ecosystems [J]. Nature, 2001, 414: 169 - 172.

[528] Schimel D S. Terrestrial ecosystems and the carbon cycle [J]. Global change biology, 1995, 1: 77 - 91.

[529] Schmid H P. Source areas for scalars and scalar fluxes [J]. Boundary-Layer Meteorology, 1994, 67: 293 - 318.

[530] SCHMID H P. Source areas for scalars and scalar fluxes [J]. Boundary-Layer Meteorology, 1994, 67: 293 - 318.

[531] Schölkopf B, Platt J C, Shawe-Taylor J, et al. Estimating the support of a high-dimensional distribution [J]. Neural computation, 2001, 13(7): 1443 - 1471.

[532] Schulze E D, Wirth C, Heimann M. Managing forests after Kyoto [J]. Science, 2000, 289: 2058 - 2059.

[533] Schulze ED, Lloyd J, Kelliher J, et al. Productivity of forests in the Eurosiberia boreal region and their potential to act as a carbon sink—a synthesis [J]. Global Change Biology, 1999, 5: 703 - 722.

[534] ScraseFJ. Some characteristics of eddy motion in the atmosphere [J]. LondonMeteorological Office Geophysical Memoirs, 1930, 52: 16.

[535] Segarra J, Acevedo M, Raventós J, et al. Coupling soil water and shoot dynamics in three grass species: A spatial stochastic model on water competition in Neotropical savanna[J]. Ecological Modelling, 2009, 220(20): 2734 - 2743.

[536] Shi Shengwei, Han Pengfei. Estimating the soil carbon sequestration potential of China's Grain for Green Project [J]. Global Biogeochemical Cycles, 2014, 28(11): 1279 - 1294.

[537] Shukla J, Mintz Y. Influence of land-surface evapotranspiration on the Earth's Climate [J]. Science, 1982, 215 (4539): 1498 - 1501.

[538] Song X, Yu G, Liu Y, et al. Seasonal variations and environmental control of water use efficiency in subtropical plantation [J]. Science in China Series D: Earth Sciences, 2006, 49(2): 119 - 126.

[539] Song X, Zhou G, Jiang H, et al. Carbon sequestration by Chinese bamboo forests and their ecological benefits: assessment of potential, problems, and future challenges[J]. Environmental Reviews, 2011, 19: 418 - 428.

[540] Sperry J S, Hacke U G, Oren R, et al. Water deficits and hydraulic limits to leaf water supply [J]. Plant, Cell & Environment, 2002, 25(2): 251 - 263.

[541] Steduto P, Hsiao T C. On the conservative behavior of biomass water productivity[J]. Irrigation Science, 2007, 25: 189 - 207.

[542] Stephenson N L. Climatic control of vegetation distribution: the role of thewater balance [J]. The American Naturalist, 1990, 135, 649 - 670.

[543] Stockwell D and Peters D. The garp modelling system: Problems and solutions to automated spatial prediction [J]. International Journal of Geographical Information Science, 1999. 13: 143 - 158.

[544] Stoner E R, Baumgardner M F. Characteristic variations in reflectance of surface soils[J]. Soil Science Society of America Journal, 1981, 45(6): 1161 - 1165.

[545] Sutherst R W, Maywald G F. A computerised system for matching climates in ecology. Agric [J]. Ecosys. Environ., 1985, 13: 281 - 299.

[546] Suzuki S. Chronological location analyses of giant bamboo (Phyllostachys pubescens) groves and their invasive expansion in a satoyama landscape area, western Japan[J]. Plant Species Biology, 2015, 30(1): 63 - 71.

[547] Swanbank W C. Measurement of vertical transfer of heat and water vapor by eddies in the lower atmosphere [J]. Journal of Meteorology, 1951, 8: 135 - 145.

[548] Swanson R HVelocity distribution patterns in ascending xylem sap during transpiration[C]. Symposium on Flow-It's Measurement and Control in Science and Industry. CanadianForest Service, Alberta, 1971, 4/2/171.

[549] Swets K A. Measuring the accuracy of diagnostic systems [J]. *Science*, 1988, 240: 1285 - 1293.

[550] Swinbank W C. Measurement of vertical transfer of heat and water vapour by eddies in the lower atmosphere [J]. *Journal of Meteorology*, 1951, 8: 135 - 145.

[551] Tallec T, Beziat P, Jarosz N, et al. Crops'water use efficiencies in temperate climate: Comparison of stand, ecosystem and agronomical approaches [J]. Agricultural and Forest Meteorology, 2013, 168: 69 - 81.

[552] Tang X, Li H, Desai A R, et al. How is water-use efficiency of terrestrial ecosystems distributed and changing on Earth? [J]. Scientific reports, 2014, 4.

[553] Tans P P, Fung I Y, Takahashi T. Observational constraints on the global atmospheric CO_2 budget [J]. Science. 1990, 247: 1431 - 1438.

[554] Teobaldelli M, Mencuccini M, Piussi P. Water table salinity, rainfall and water use by umbrella pine trees (Pinus pinea L.)[J]. Plant Ecology, 2004, 171(1 - 2): 23 - 33.

[555] Testi L, Orgaz F, Villalobos F. Carbon exchange and water use efficiency of a growing, irrigated olive orchard [J]. Environmental and Experimental Botany, 2008, 63(1): 168 - 177.

[556] Thomas C D, Cameron A, Green R E, et al. Extinction risk from climate change [J]. Nature, 2004, 427(6970): 145 - 148.

[557] Thomas C K, Law B E, Irvine J, et al. Seasonal hydrology explains interannual and seasonal variation in carbon and water exchange in a semiarid mature ponderosa pine forest in central Oregon [J]. Journal of Geophysical Research: Biogeosciences, 2009, 114.

[558] Thuiller W, Lavorel S, Araújo M B, et al. Climate change threats to plant diversity in Europe [J]. Proceedings of the National Academy of Sciences of the united States of America, 2005, 102 (23): 8245 - 8250.

[559] Thuiller W. Patterns and uncertainties of species' range shifts under climate change[J]. *Global Change Biology*, 2004. 10: 2020 - 2027.

[560] Tong X J, Li J, Yu Q, et al. Ecosystem water use efficiency in an irrigated cropland in the North

China Plain [J]. Journal of hydrology, 2009, 374(3): 329 – 337.

[561] Tong X, Zhang J, Meng P, et al. Ecosystem water use efficiency in a warm-temperate mixed plantation in the North China [J]. Journal of Hydrology, 2014, 512: 221 – 228.

[562] Torst t W, weil J C. How far is far enough the fetch requirement for micrometeorological measurement of surface fluxes. [J]. Journal of Atmospheric and Oceanic Technology,1994, 11: 1018 – 1025.

[563] Tsoar A, Allouche O, Steinitz O, et al. A comparative evaluation of presence-only methods for modelling species distribution[J]. Diversity and distributions, 2007, 13(4): 397 – 405.

[564] Tsuyama I, Nakao K, Matsui T, et al. Climatic controls of a keystone understory species, Sasamorpha borealis, and an impact assessment of climate change in Japan[J]. Annals of forest science, 2011, 68(4): 689 – 699.

[565] Tyree M T. A dynamic model for water flow in a single tree: evidence that models must account for hydraulic architecture [J]. Tree Physiology, 1988, 4(3): 195 – 217.

[566] Valentini R, Matteucci G. , Dolman A. J. , et al. Respiration as the main determinant of carbon balancein European forests [J]. Nature, 2000, 404(6780), 861 – 865.

[567] Valentini R. Respiration as the main determinant of carbon balance in European forests [J]. Nature, 2000, 404: 861 – 865.

[568] Vapnik V. The nature of statistical learning theory [M]. Springer Science & Business Media, 2013.

[569] Veldman J W, Mostacedo B, Pena-Claros M, et al. Selective logging and fire as drivers of alien grass invasion in a Bolivian tropical dry forest [J]. Forest Ecology and Management, 2009, 258 (7): 1643 – 1649.

[570] Verma S B, Baldocchi D D, Anderson D E, et al. Eddy fluxes of CO_2, water vapor, and sensible heat over a deciduous forest [J]. Boundary Layer Meteorology, 1986, 36: 71 – 91.

[571] Verma, S. B. , Rosenberg, N. J. , Accuracy of lysimetric, energy balance, and stability-corrected aerodynamic methods of estimating above-canopy flux of CO_2 [J]. *Agronomy Journal*, 1975. **67**(5), 699 – 704.

[572] Vetaas O R. Realized and potential climate niches: a comparison of four Rhododendron tree species [J]. *J. Biogeogr*, 2002, 29: 545 – 554.

[573] Vickers D, Thomas C K, Pettijohn C, et al. Five years of carbon fluxes and inherent water-use efficiency at two semi-arid pine forests with different disturbance histories [J]. Tellus B, 2012, 64.

[574] Viña A, Bearer S, Zhang H, et al. Evaluating MODIS data for mapping wildlife habitat distribution[J]. Remote Sensing of Environment, 2008, 112(5): 2160 – 2169.

[575] Viña A, Tuanmu M N, Xu W, et al. Range-wide analysis of wildlife habitat: Implications for conservation[J]. Biological Conservation, 2010, 143(9): 1960 – 1969.

[576] Vitousek PM, Moony HA, Lubchenco J. Human domination of Earth's ecosystems [J]. Science, 1997, 277: 494 – 499.

[577] Wang F, Jiang H, Zhang X. Spatial — temporal dynamics of gross primary productivity,

evapotranspiration, and water-use efficiency in the terrestrial ecosystems of the Yangtze River Delta region and their relations to climatic variables[J]. International Journal of Remote Sensing, 2015, 36(10): 2654 - 2673.

[578] Wang K Y, Seppo kellomaki, Zha T S, et al. Annual and seasonal variation of sap flowand conductance of pine trees grown in elevated carbon dioxideand temperature [J]. Journal of Experimental Botany,2005,56(409): 155 - 165.

[579] Wang Y P, Leuning R. A two-leaf model for canopy conductance, photosynthesis and partitioning of available energy I: Model description and comparison with a multi-layered model [J]. Agricultural and Forest Meteorology, 1998, 91(1 /2): 89 - 111.

[580] Webb EK, Pearman GI, Leuning R. Correction of flux measurements for density effects due to heat and water vapor transfer [J]. Quarterly Journal of the Royal Meteorological Society, 1980, 106(447): 85 - 100.

[581] Webb W, Szarek S, Lauenroth W, et al. Primary productivity and water use in native forest, grassland, and desert ecosystem[J]. Ecology, 1978, 59(6): 1239 - 1247.

[582] Whittaker RH, Bormann FH, Likens GE, et al. The Hubbard Brook ecosystem study: Forest biomass and production [J]. Ecol. Monogr. , 1974, 44: 233 - 254.

[583] Wieczorek J, Guo Q G and Hijmans R J. The point-radius method for georeferencing locality descriptions and calculating associated uncertainty [J]. *International Journal of Geographical Information Science*, 2004, 18: 745 - 767.

[584] Wilson K B, Baldocchi D D. Comparing independent estimates of carbon dioxide exchange over 5 years at a deciduous forest in the southeastern United States[J]. *Journal of Geophysical Research-Atmospheres*, 2001,106(D24): 34167 - 34178.

[585] Wilson K, Goldstein A, Falge E, et al. Energy balance closure at FLUXNET sites[J]. Agricultural and Forest Meteorology, 2002, 113(1): 223 - 243.

[586] Winjum J K, Dixon R K, Schroeder P E. Forest management and carbon storage: an analysis of 12 key forest nations [J]. Water, Air&Soil Pollution, 1993, 70(1 - 4): 239 - 257.

[587] WINJUM, J. K. , DIXON R. K. , SCHROEDER P. E. , et al. Forest management and carbon storage: An analysis of 12 key forest nations[J]. Water, Air and Soil Pollution. 1993, 70(1 - 4): 239 - 257.

[588] Wofsy S C, Goulden M L, Munger J W, et al. Net exchange of CO_2 in a mid-latitude forest [J]. Science, 1993, 260: 1314 - 1317.

[589] Yamamoto S, Saigusa N, Murayama S, et al. Long-term results of flux measurement from a temperate deciduous forest site(Takeyama) [M]. In: Proceedings of international workshop for advanced flux network and flux evaluation. Sapporo: ASAHI Printing CO. , Ltd. 2000, 5 - 10.

[590] Yan J H, Wang Y P, Zhou G Y, et at. Estimates of soil respiration and net primary production of three forests at different succession stages in South China [J]. Global Change Biology 2006, 12 (5): 810 - 821.

[591] Yang B A I, Pallardy S G, Meyers T P, et al. Environmental controls on water use efficiency during severe drought in an Ozark Forest in Missouri, USA [J]. Global Change Biology, 2010,

16(8): 2252 - 2271.

[592] Yen T M, Ji Y J, Lee J S. Estimating biomass production and carbon storage for a fast-growing makino bamboo (Phyllostachys makinoi) plant based on the diameter distribution model[J]. Forest Ecology and Management, 2010, 260(3): 339 - 344.

[593] Yen T M, Lee J S. , Comparing aboveground carbon sequestration between moso bamboo (*Phyllostachys heterocycla*) and China fir (*Cunninghamia lanceolata*) forests based on the allometric model[J]. Forest Ecology and Management, 2011, 261(6): 995 - 1002.

[594] Yonow T, Zalucki M P, Sutherst R W, et al. Modelling the population dynamics of the Queensland fruit fly, Bactrocera (Dacus) tryoni: a cohort-based approach incorporating the effects of weather [J]. Ecological Modelling, 2004, 173(1): 9 - 30.

[595] Yu G R, Nakayama K, Matsuoka N, et al. Distribution characteristics of resisance to water flow in the SPAC[J]. Japanese Journal of Ecology,1997,47: 261 - 273.

[596] Yu G R, Song X, Wang Q F, et al. Water-use efficiency of forest ecosystems in eastern China and its relations to climatic variables [J]. New Phytologist, 2008, 177(4): 927 - 937.

[597] Yu G R, Zhuang J. An attempt to establish a synthetic model of photosynthesis-transpiration-based on stomata behavior for maize and soybean plants grown in field [J]. Journal of plant physiology, 2001, 158: 861 - 874.

[598] Yukio Y, Tsutomu W. Comparative measurements of CO_2 flux over a forest using closed-path and open-path CO_2 analyzers [J]. Boundary- Layer Meteoroi, 2001, 100(2): 191 - 208.

[599] Zeri M, Sá L D A, Manzi A O, et al. Variability of carbon and water fluxes following climate extremes over a tropical forest in southwestern Amazonia[J]. PloS one, 2014, 9(2): e88130.

[600] Zhang L M, Yu G R, Sun X M, et al. Seasonal variations of ecosystem apparent quantum yield and maximum photosynthesis rate of different forest ecosystems in China [J]. Agriculture and Forest Meteorology, 2006, 137: 176 - 187.

[601] Zhao F H, Yu G R, Li S G, et al. Canopy water use efficiency of winter wheat in the North China Plain [J]. Agricultural water management, 2007, 93(3): 99 - 108.

[602] Zhou G, Jiang P. Density, storage and spatial distribution of carbon in Phyllostachy pubescens forest [J]. Scientia Silvae Sinicae, 2003, 40(6): 20 - 24.

[603] Zhou J, Zhang Z, Sun G, et al. Water-use efficiency of a poplar plantation in Northern China [J]. Journal of Forest Research, 2014, 19(6): 483 - 492.

[604] Zhu B, Wang X P, Fang J Y, et al. Altitudinal changes in carbon storage of temperate forests on Mt Changbai, Northeast China [J]. Journal plant research, 2010, 123: 439 - 452.

[605] Zhu Q A,Jiang H, Peng C,et al. Evaluating theeffectsoffutureclimatechangeandelevatedCO$_2$ on the water use efficiency interrestrial ecosystems of China [J]. Ecological Modelling, 2010, 035 (09): 5994 - 6010.

[606] Zhu X J, Yu G R, Wang Q F, et al. Spatial variability of water use efficiency in China's terrestrial ecosystems [J]. Global and Planetary Change, 2015, 129: 37 - 44.

[607] Zhu X, Yu G, Wang Q, et al. Seasonal dynamics of water use efficiency of typical forest and grassland ecosystems in China [J]. Journal of forest research, 2014, 19(1): 70 - 76.

索　引

后 记

利用初步总结竹林生态系统能量水分平衡和碳通量过程的机会,笔者简单回顾了从事生态系统通量和竹林生态研究的经历,有许多感触。

笔者 1989 年底从东北林业大学生态学博士毕业后,在 1990 年初开始在中国科学院植物研究所做生态学博士后研究。在合作导师陈灵芝教授指导下,参与了北京森林生态系统定位站的建设和暖温带落叶阔叶混交林(辽东栎为主)通量观测系统的选址与建设。与陈灵芝教授、中国科学院生态环境研究中心的冯宗炜院士和茅树声高工,中国科学院植物研究所的黄建辉博士和李树森副所长等一起在东灵山小龙门冒着大风雪选择通量塔地址的情景历历在目。1990—1995 年间,通过各种努力,我们在非常困难的条件下,建设北京森林生态系统定位站和暖温带落叶阔叶混交林(辽东栎为主)20 米高的森林生态系统通量观测系统,加入了中国生态系统研究网络(CERN)。其间,孙鸿烈院士,张新时院士,蒋有绪院士,郑慧莹教授等许多国内外著名的生态学家给予了很多指导。中国科学院植物研究所的马克平博士、韩兴国博士、黄建辉博士,孙雪峰博士和李海涛博士等以此为平台,开展了大量卓越的博士和博士后研究,在暖温带森林生态系统的结构功能和生物多样性的研究方面,取得了许多高水平的成果。

笔者 1992 年博士后出站后,留在中国科学院植物研究所任副研究员和研究员,1994年底转到中国科学院地理科学与资源研究所担任研究员和博士生导师,其中最主要的工作是协助中国科学院的有关领导从事国家"8.5'重大科学工程项目,世界银行贷款项目和科技部重大攻关项目'中国生态系统研究网络(CHINESE ECOSYSTEM RESEARCH NETWOR,简称 CERN)"的项目申报、建设实施、科学研究和运行管理,继续从事生态系统长期定位观测和研究的工作。

笔者从 20 世纪 90 年代初期开始,与美国的长期生态研究网络(LTER)建立了较深入的学术合作。在 1993 年,我受中国科学院的安排,带队去美国 University of New Mexico 的美国长期生态研究网络(Long Term Ecological Research,LTER)总部学习和合作研讨长期生态学观测与科学试验数据的管理、挖掘、集成和共享;在水土气生的综合观测、分布式数据管理、网络化信息传输、多尺度数据集成和分析方面有了全新的提高。作为美国俄勒冈州立大学的客座教授和保护生物学研究所的高级研究员,在 1995—1996 年和2001—2006 年笔者参与了 LTER 中著名的森林生态系统定位站 H. J. Andrews 定位站的系列研究工作,特别是有关的通量观测、卫星遥感应用和模型模拟的研究。针对美国太平洋西北部老森林的分布、格局、过程、林火干扰和固碳与自然保护等方面合作在"Conservation Biology","Ecological Application"和"Remote Sensing of Environment"等著名杂志上发表了多篇论文。1993年在新墨西哥州(New Mexico)的Sevilleta荒漠实验站,住站工作了3个月,学习了有关荒漠植被的通量观测数据处理。

除了美国太平洋西北部温带雨林的生态系统格局与过程的工作,我还进行了北方森林生态系统的有关研究。1997—2001年在加拿大阿尔伯塔大学和加拿大自然资源部北方林业研究中心工作期间,参与了IGBP全球样带计划中加拿大BFTCS样带研究,该样带横跨加拿大萨斯卡奇万和曼妮托巴省,依托这条典型的北方森林样带,开展了大量定位调查、模型模拟和遥感监测的研究。从2007年开始,参与中国科技部重大基础项目,与俄罗斯科学院和蒙古科学院的科学家一起,开展了横跨中国-蒙古-俄罗斯的东北亚南北样带研究。其中与俄罗斯西伯利亚雅库茨克SPASSKAYA PAD定位站在北方森林和湿地综合定位站开展了合作研究。

这些研究经历使笔者比较系统地掌握了通量观测的技术体系,积累了对于多种生态系统能量水分平衡和碳通量过程研究的经验。

竹林生态系统是中国亚热带重要的生态系统类型。我在2003—2005年在浙江大学进行教育部春晖学者研究时,与浙江大学常杰和葛滢教授,浙江农林大学的周国模和余树全教授,浙江林科院的江波,岳春雷和袁位高研究员等合作,开展了"浙江省森林植被动态的遥感分类"、"竹林生态系统分布格局和碳水过程研究"等方面的工作。比较系统开展竹林生态系统研究,是2006年开始,作为浙江省政府特聘教授期间,在浙江农林大学与周国模教授和余树全教授,中国林业科学研究院刘世荣研究员(现在国际竹藤组织工作)等合作,在科技部973项目、重大国际合作项目、国家自然科学基金重大项目、浙江省重大科技专项等资助下,在浙江安吉,天目山,临安等地进行的一系列研究。通过我们的合作,在毛竹"爆发式增长"的理论,毛竹林扩张过程的空间分析,物联网技术监测毛竹生态系统能量水分平衡和碳通量过程,森林生态系统碳水耦合机制等方面产生了大量成果。

由于竹林的能量水分平衡和碳通量过程的长期通量观测数据一直是一个空白,竹林碳汇缺乏系统、精准和长期的监测数据来支持有关研究,是国内外科学家都十分关心的领域。自本世纪初开始,浙江农林大学周国模教授为首的团队筹建了浙江省森林生态系统碳循环与节能减排重点实验室,我们生态学科是其中重要的部分。成立浙江省森林生态系统碳循环与节能减排重点实验室后,我们一直酝酿开展竹林通量的长期观测。通过长时间的选址踏查和比较分析,2010年最终确定浙江省安吉县山川乡的毛竹林示范园区和浙江省临安市太湖源镇的雷竹林示范园区,分别建立了40米高和20米高的铁塔,安装了通量观测系统,建立了有关样地,围绕毛竹林和雷竹林两种典型的竹林生态系统,开展其能量和水分平衡,碳收支过程和有关的生理生态机制的系统观测和分析。这个领域的研究,浙江农林大学生态学科的余树全、宋新章、陈健、马元丹、王艳红、王彬、姜小丽等参与了大量工作,温国胜教授,姜培坤教授,侯平教授,杜华强教授,施拥军教授和汤孟平教授等给予了很大的帮助。

这方面的研究正在逐步总结发表,迄今为止,在竹林生态系统和相关的领域共发表了100多篇学术论文,其中 SCI 和 EI 论文 60 多篇,包括 Global Change Biology,Science of the Total Environment, Environmental Science and Technology, Agriculture and Forestry Metrology, Global and Planetary Change, Ecological Application, Ecological Modelling, Canadian Journal of Forest Research,International Journal of Remote Sensing 等杂志。

需要提到的是,从 2010 年以来,在国家林业局和浙江省林业厅的大力支持下,通过浙江农林大学、天目山国家级自然保护区管理局、临安市林业局、安吉县林业局、浙江省林业科学研究院、南京林业大学、浙江大学和南京大学等单位的通力合作,建立了以天目山国家级自然保护区为主体,同时包括安吉毛竹林和临安太湖源雷竹林的天目山森林生态系统国家级定位研究站,成为国家林业局陆地生态系统定位研究网络中的重要组成部分,为该区域的长期定位研究提供了重要依托。天目山森林生态系统国家级定位研究站建设和运行过程中,中国林业科学研究院的王兵研究员给予了大量支持和帮助。天目山国家级自然保护区管理局的楼涛(高工)、吕建中(原局长)、杨淑贞(教授级高工)、赵明水(高工)、王祖良(高工)、陆森宏(科长)、姚芸飞(科长)、徐良(科长)、詹敏(工程师)、牛晓玲(工程师)等参加了大量工作;浙江省林业厅公益林管理中心教授级高工李土生、高洪娣(工程师)等,浙江林科院研究员江波,岳春雷、袁位高、张骏等,南京林业大学教授张金池和阮宏华等给予了大量帮助和支持。

加拿大首席教授和国家千人计划获得者彭长辉教授,美国加州伯克利大学教授和清华大学地球系统科学研究中心的宫鹏教授,UBC 大学殷永元教授等非常关注竹林生态系统的功能过程和全球竹林的分布和变化等领域的研究,提出了许多重要的建议,正在开展有关的合作研究。

鉴于竹林生态系统能量水分平衡和碳通量过程的观测和研究刚刚起步,要取得较好的成果,笔者认为有如下几个方面需要高度重视。① 坚持长期的定位观测和研究。这方面,我认为芬兰 HYYTIALA 北方森林生态系统定位站是一个值得学习的楷模。该站是芬兰赫尔辛基大学的林学、物理和化学等多个学院研究和教学实习综合基地,代表植被类型是北方森林。近年来,配置大量综合观测设备,产生大量数据。由于长期定位观测和跨学科综合性研究,积累了大量的科学数据,近 10 年发表 Nature 和 Science 论文 20 多篇,ACP (IF 6.5),GCB (IF 6.8)等高质量刊物的论文近 100 篇。成为国际著名全球变化研究平台 IGBP 计划中陆地生态系统与大气过程的相互作用项目(iLEAPS)的总部。② 加强长期监测、机理研究和模型与遥感的结合,从不同尺度和不同手段进行综合研究,探究机理,预测未来演变的趋势,可以提升研究的深度和广度。③ 继续引入物联网等高新技术,从方法和长期观测手段上进行革新。

江 洪

2016 年 7 月 20 日